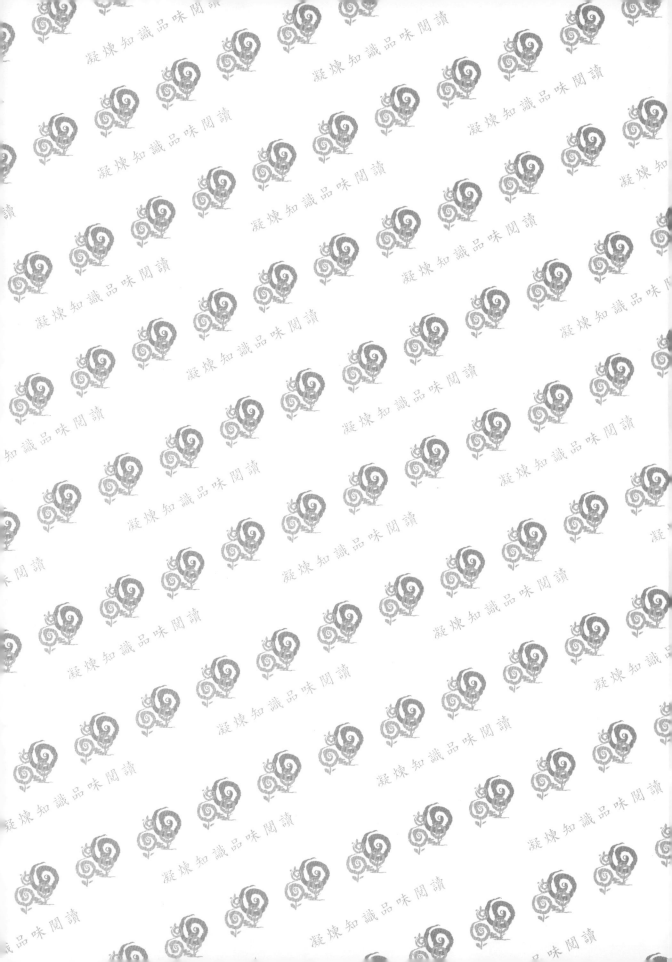

景觀設計與施工

各論

王小璘　　何友鋒

自 序

　　這是一套適用於景觀和建築、都市計畫、土木、水利及水土保持等與景觀專業有關設計與技術的參考書。

　　回顧數十年來，個人於國內從事景觀教育和參與規劃設計及施工，迄國外求學和工作回來後持續投入學術與實務；加上多年來有幸擔任中央各部會和地方縣市政府評審及評鑑委員，接觸不同類型的專案，發覺其在提案、規劃、設計、施工及維護管理等計畫生命週期階段所產生的問題，皆大同小異且重覆出現，乃亟思將所見所聞，試圖分門別類提出一個最大公約數的方案，因而有本書之誕生。

　　有鑑於國內外景觀設計專題和相關書圖資料雖不在少數，然而能兼顧設計與工程並有系統論著者，則較為有限。乃彙整多年累積的圖資和照片，經過修改數十版本，並與時俱進，納入最新資訊，編輯成冊，期能為有志投入此行業的同好，略盡綿薄之力，並藉以激勵自我，終身學習！

　　爰此，本書將內容歸納為設計與施工兩個部分；前者側重於理念之鋪陳，後者為落實前者之技術，並分別對接為總論及各論；總論提出景觀專業之定位和主要課題之論述，包含國家高等考試、技術士檢定及國際技能競賽；同時選取公園綠地、水體場域和植物，研擬其設計原則。各論則選擇常用之景觀設施與資材，分別說明其功能和設計準則，以及施工圖說和單價分析。

　　本書之成，感謝具有建築專業背景的先生友鋒，給予實務上的提點和建議，使本書內容更臻完善。感謝遠在國外摯愛的女兒英慈、欣慈和友人 Hilary 寄來照片並由不同觀察視角給予深度點評，以及皓軒和大川提供的優質臺灣實景照。這些多樣而珍貴的作品，不僅增加了本書的廣度與厚度，並且成就了本書在剛性的工程技術中注入了柔性的詮釋，因而提高了全書的可讀性和辨識性。感謝內政部國土管理署李立森委員協助校核施工圖，強化圖說的專業性和準確性。特別感

謝能從我積累數十年的檔案中抽絲剝繭地找出所需的書圖和照片，並繕打成冊的得力助手覃慧。此外，本書亦納入當前幾位國內傑出中生代景觀師之施工圖說，並予冠名以示傳承之意。最後感謝書房窗外每日造訪的鳥兒，聽著牠們啾啾的話語，看著牠們享受日光浴的憨態，每每助我打通卡住的思路，並終日喜樂！

　　謹此　深致謝忱！

王小璘

中華民國 臺灣 臺中

2024.01.04

目次

各 論

圖目次

表目次

施工大樣索引表

▌ 單價分析索引表

▌ 照片索引表

各 論

I

地坪設施
（Pavements）

01　舖面（Paving）

舖面係指位於路基之上，構成斷面各層之材料。

對用路人而言，舖面是最直接的親身體驗，其安全性、舒適性和視覺感受隨著舖面材料的不同而異。舖面可以引導動線和方向，或運用舖面型式防止行人誤入。舖面也可減少裸露地揚塵及雜草滋生，並且可以止滑防撞、增加美觀。

（一）舖面的構成

依舖面的斷面形成，扣除路基部分之外，可分為以下三層：

1. 基層：其作用為強化地基成為底層之延伸；若底層材料理想或地基堅實可省去不用。

2. 底層：築於面層與基層之間，為柔性舖面之主要結構層。其主要作用為供給面層以均勻密實之支持，並將載重自面層傳至基層或地基。若其材料合乎理想，亦可直接築於地基之上，而不加基層。

3. 面層：係舖面最上不甚厚的一層，用於以抵抗磨損，同時使舖面表面密實平整，並可防塵、防水。

（二）舖面的分類

依構造及應力傳布方式可分為：

1. 柔性舖面：係由分層壓實之材料組成，舖面本身不能承受彎曲應力，故底下任何一層發生變形，面層亦隨之變形。如各種混凝土及未黏結之卵石舖面。

2. 剛性舖面：係舖面本身可承受彎曲應力，當地基或底層有局部鬆軟或沉陷時，舖面可藉梁的作用支持而不致發生沉陷。如混凝土或鋼筋混凝土舖面。

3. 單元舖面：係指舖面之面層由一個個單元材料鋪排而成。如紅磚、面磚、木磚、預鑄混凝土板、連鎖磚、植草磚、天然石片。

（三）常用舖面面層種類特性與功能

1. 花崗石舖面：花崗石為一種火山岩，質地堅硬不易變形，耐磨損，視表面處理止滑性可達良好效果，化學性質穩定，吸水率低，不易風化，耐酸鹼及腐蝕，色澤不易改變，且花色均勻，可拼性高，易維護，是最常見的景觀舖面天然石材。常用於步道、廣場、階梯等。一般規格有 10×10×10cm，30×10×10cm， 60×30×3cm，60×30×6cm 等。

2. 大理石舖面：大理石是由石灰岩（碳酸鈣）或白雲石（碳酸鎂）經過變質作用而形成的天然石材。在變質過程中，若有錳、石墨或矽鹽鹽類業物混入，生成的大理石就會呈現不同的顏色。因其質感柔和，美觀高雅，是許多室內設計師愛用的建材。若作為戶外景觀設施或舖面，則須善用其優點，並克服其缺點。

   大理石的優點有：①硬度高；②不生鏽；③不腐爛；④防蟲蛀；⑤紋理不重覆；⑥顏色多；⑦容易拼磚圖案；⑧可拋光翻新；⑨可做無接縫處理；⑩材質本身有毛細孔，吸水速度較其他人造材料快。

   缺點有：①質量重、不易搬運及施工；②不耐衝擊、無法吸收衝擊和震動，撞擊易碎裂；③傳熱快速；④需用專用中性清潔劑；⑤易吸色且無法復原；⑥破裂時須處理或更換；⑦止滑性低；⑧質感冰涼；⑨日久變暗淡無光澤；⑩無完全一樣的紋理。

3. 卵石舖面：卵石又稱鵝卵石。體積小，紋路細緻，耐磨，色多，可依照步道、廣場、遊戲場之大小隨形鋪設，亦可利用不同的顏色地坪豐富多樣的圖案型式，營造美觀的視覺效果，可塑性高。常用於步道、廣場、兒童遊戲場、休憩區等。一般規格由 0.5 ～ 7cm 不等。

4. 碎石級配舖面：係以天然級配料作為道路舖面。其優點為景觀質感佳、自然經濟，缺點為塵土容易飛揚。適用於自然度較高地區之步道、車道及廣場。

5. 鐵平石板舖面：鐵平石係天然石材，可裁切成板條狀，止滑性良好、硬度高、不生鏽、不腐爛、防蟲蛀。惟無法吸收，衝擊與震動撞擊易碎裂，傳熱快

速。常用於步道及戶外砌石牆等。規格大小有 5×20×3cm，5×25×3cm，20×20×1cm 等。

6. 鐵平石亂片舖面：鐵平石亂片係鐵平石材切成不規則狀，止滑性良好。常用於步道、飛石小徑、廣場及車道等。規格以直徑及厚度有 15/3cm，20/2cm，40/3cm 等。

7. 青石板舖面：青石板屬天然石材的一種。硬度、強度、穩定度及承載力高，抗老化及抗變形力強，止滑性良好，且不生鏽、不腐爛、防蟲蛀；惟撞擊易破裂，傳熱快速。常用於步道、廣場、活動場地等。一般規格依用途而異，如用於步道者有 15×30×1cm，60×60×1cm 等；用於車道者有 30×60×2cm，40×80×2.5cm，60×90×2.5cm 等，也有製成亂片型式。

8. 原木：是樹木乾燥加工後取得的木板；實木則是將原木經過拼接膠合而成。原木種類因樹種不同而有百百種，景觀工程常用者有太平洋鐵木、婆羅州鐵木及南方松木。

太平洋鐵木（Merbau），學名 *Intsia* spp.。木材光澤無特殊氣味，紋理交錯，材質粗糙，堅硬且重，耐久性良好，強度高，乾燥性能佳，耐腐，能抗白蟻危害。

邊材呈淡黃褐色，蕊材呈鐵斑色，導管內有黃色木脂狀物質；惟沾水後有紅色單寧酸汁液流出，易潮濕腐蝕，維護成本相對較高。

婆羅洲鐵木（Ulin, Belian），學名 *Eusideroxyoln zwageri*。原產地為馬來西亞。生材斷面有新鮮檸檬香味。木理通直偶有淺交錯。心材淡黃色後呈暗黃，且隨時間轉為濃赤、暗褐仍至黑色。木質地硬、重，且耐強度及耐久性，抗海蟲性高。邊材淡黃色後呈暗黃色。惟沾水後有紅色單寧酸汁液流出，易潮濕腐蝕，維護成本相對較高。

南方松木：係生長在溫寒帶松木之統稱。主要有長葉松、短葉松、濕地松及火炬松四種。其中又因使用之防腐劑種類和處理方法不同而非分乾性南方松和濕性南方松兩種。南方松因木質鬆軟、硬度較低，用於戶外須定期上護木漆，否則容易受潮發霉、變形，或因蟲蛀而裂開，因此維護成本相對較高。

木磚舖面則以檜木為材料，須防腐加工處理。適用於步道，不適用於車道及廣場。

9. 木屑舖面：木屑係由樹枝樹幹經由壓碎而成，一般多為松木。用於鋪設地

坪，可增加土壤養分及行走舒適感；用於覆蓋樹幹基部，可防止雜草生長；混合土壤可增加排水性及通透性；此外，木屑自然腐化，不易造成環境汙染。常用於公園步道、兒童遊戲場、水池、濕地周邊或河岸步道、屋頂花園等。

10. 紅磚鋪面：紅磚由塊狀黏土經高溫焰燒而成，亦稱窯燒紅磚。止滑性佳，常用於步道、廣場、遊戲場、體健區、休憩空間，或有特殊歷史場域及文化意涵的場所；也可用於大面積鋪面之分界線、伸縮縫及鋪面兩側之收邊材料，以增加美觀效果。紅磚鋪築型式可分為立砌和平鋪。鋪面用紅磚，規格大小依我國 CNS-382 建築用普通磚尺寸為 23×11×6cm。

11. 火頭磚鋪面：火頭磚因顏色不均勻，故又稱花磚。由於燒結時受熱面積較大，且時間較久，故硬度較高且耐熱。常用於大面積廣場收邊或具有歷史場域及文化意涵的場所。一般規格有 19.5×19.5×5cm 等。

12. 水泥瓦鋪面：水泥瓦又稱混凝土瓦。由水泥高壓製成，密度高，重量輕，抗凍性及抗滲水性佳，不易變形、變色，質感及紋路均屬上乘；且青瓦歷史悠久，具有時代文化傳承意涵，並予人以素雅、沉穩、古樸、寧靜之美感。常用於步道、廣場、庭院、花圃周邊、路緣及牆面等。其形狀有拱形及平板形。一般規格有 27.5×42.5cm 及 42×33cm 等。

13. 塑木鋪面：係以不同的塑料，如 PE（聚乙烯）、PP（石墨烯）、PS（聚苯乙烯）、玻璃纖維，加上回收木屑或粒料混合後，利用不同的技術，製作而成，質感近似實木，可減少森林砍伐，永續資源；具有防水防潮、不生鏽、耐酸鹼、防霉防蟲、抗壓抗彎，不易變形、不易導熱、阻燃可回收再利用、可替代原木減少木材消耗等功能；且施工快速、品質穩定，木紋和質感有如實木，壽命較長，在正常使用情況下，一般平均為 10～20 年不等。惟須注意空心塑木遇太陽照射之處容易變形易脆；實心塑木在結構應力上較空心塑木容易斷裂，且不易膠著及油漆，容易熱漲冷縮而影響其耐久度。我國已自行研發由 100% 純塑料製作，並通過 CNS15730 塑木國家規範之環保塑木，且已應用多年。一般規格有 2.5×10cm，3.0×15cm 不等。常用於戶外休憩桌椅、花架、涼亭、木棧道、木平臺、欄杆、扶手、解說設施、兒童遊戲場及體健設施、樹穴、圍籬、車阻等。

14. 玻璃纖維仿木鋪面：玻璃纖維仿木係一種纖維強化高分子複合材料。硬度高、重量輕、耐性佳，且碳排量低，使用年限長。常用於步道、欄杆、座椅、涼亭等景觀設施。

15. RC仿木舖面：RC仿木為預鑄RC仿木製品。因其紋理仿自木材，適合與草皮、卵礫石等多種材料搭配，使用上十分靈活，抗彎性及抗拉強度高，不易變形及斷裂，穩定性佳，且較原木易於維護又不破壞森林資源。常用於公園綠地、園道、登山步道、廣場、欄杆、座椅、告示牌、景觀雕塑等。可因功能不同而有大小不一的設計規格與型式。

16. 混凝土及鋼筋混凝土舖面：係以水泥混凝土及鋼筋（或無鋼筋）為主要材料之剛性舖面。其優點為耐用、易保養、路面平整，對彎曲應力抵抗力較大。但景觀性及透水性差，故適用於維修要求簡單、車速較高之車道。若用於步道，表面可以斬假石或洗石子等作法修飾。

17. 洗露骨材舖面：洗露骨材係於舖設混凝土舖面時，用高壓水槍沖洗，使其實骨材暴露在外的一種透水舖面，不僅可以有效降低噪音，補充地下水，且因孔隙率較大，能將舖面表面水分及時排出，降低路面的打滑度，確保行人及車輛安全通行；又因能吸附空氣中的粉塵及雜質，故可視為節能環保材料。

天然露骨材透水混凝土面色彩多樣，有助提升環境景觀品質及功能；加之其天然石材自身的形狀及光澤，止滑效果佳，常用於園道及廣場等。

18. 瀝青混凝土舖面：有別於柏油為對健康有害的煤或煤焦油，瀝青是石油精煉過程具有高黏度的有機黑色液體。多孔隙瀝青混凝土舖面主要由碎石級配、瀝青混凝土及瀝青結合劑按一定比例配合，並經嚴密控制在拌合場拌合均勻的混合料。拌合料再以舖築機按照一定標準舖築而成瀝青混凝土舖面。具有路面施工迅速、路面平整、有高強度承載力、止滑性良好，且保養容易之優點，是一種被廣泛使用的道路舖面。

19. PC混凝土整體粉光刷毛：係以人工或機械方式在混凝土澆置後初凝前，刮平混凝土表面，使其符合契約圖說之高程、坡度及進行拍漿或相同效果之動作，使粗粒徑之粒料、碎塊不致突出表層，以利整平粉光，並於粉光後進行刷毛處理。其優點為堅固耐用、止滑性良好，造型及顏色選擇多樣、維護容易。新作混凝土表面刷毛處理部分，須以鋼刷整齊刷出細紋，且刷毛方向須垂直道路行進方向。常用於步道、廣場、休憩區等。

20. 高壓混凝土磚舖面：係一種耐壓耐磨的水泥製品。因施工簡便、迅速，不影響交通，磚面摩擦係數大，止滑性佳，遇水不易濕滑；加之造型圖案及顏色種類多，可增加地坪美觀，維護容易，常被廣泛應用於公園綠地、步

道及廣場。相關準則有 CNS 1240 A2029、CNS 6919 G3130 及 CNS 13295 A2255。

21. 連鎖磚舖面：連鎖磚是一種具有鋸齒緣的厚重水泥磚，以鋼模高壓製成，利用鋸齒嵌合可避免磚材受壓移動，故連鎖磚舖面無需以水泥等黏著劑與地面黏合，有利排水且環保。因其摩擦係數大，止滑性良好，透水性佳，行走不易滑倒，且顏色及規格多樣，選擇性高，可拼貼出各種圖案；加之容易排列整齊，可節省工期；又因鋸齒緣有大波浪及小波浪之分，可依設計需求作選擇。常用於公園步道、園道、廣場、學校等；惟因不耐重壓，故不適用於停車場及車道。一般規格有 12×12×6cm，12×24×6cm，24×24×6cm 等。

22. 高壓連鎖磚舖面：高壓連鎖磚為高硬度、耐壓、耐磨，止滑性良好，不易龜裂及碎裂的水泥磚。顏色多種，施工簡便迅速，較不影響交通。常用於步道、活動廣場、臺階等。一般規格有 12×12×6cm，12×24×6cm，40×40×3cm 等。

23. 植草磚舖面：植草磚為有孔之預鑄混凝土單元，於鋼模中壓製而成。具有減少地面反光、輻射熱、聲波傳送；降低噪音汙染，減少揚塵，淨化空氣，雨水自然滲漏，土壤不流失，耐磨、耐腐蝕，植草功能佳，增加綠化面積，水、空氣和肥料自然循環，土層不板結，承重效果佳，施工簡易，可自由組合及拆卸，並可重覆使用，達到環保效果等多項優點。常用於校園及公園草坪、停車場、高爾夫球場車道、屋頂花園等。一般規格有 24×24×8cm，30×30×9cm，50×60×10cm 等，有時需搭配分隔塊使用。

24. 水泥壓花地坪：水泥壓花地坪為於現場澆築的混凝土面，利用耐磨的礦物骨料、高磅數水泥、無機顏料和聚合物添加劑等硬化料及特製紙模具施工而成。其優點為堅固耐用、止滑性佳、造型及顏色選擇多樣、表面平整低跳動。依施工方式可分為乾式及濕式兩種。乾式紙模地坪係結合天然礦物及造型紙模具，配合高分子樹脂而成，施工容易。濕式紙模地坪係在水泥結構面未乾前施作，施工較受限制。兩種工法完成面差異不大。壓花地坪優點為高強度耐磨，不易變色，耐紫外線，防油，防水，防滑，表面不易開裂、脫落及褪色，且快速施工，一次性成型，使用壽命長，易於維修。缺點為可能因混凝土基層乾燥不足而容易出現凸起狀況，或施工時撒播彩色強化料和著色脫膜粉不足量，導致顏色分布不均。常用種類有彩色壓花

地坪、拼花地坪、壓印地坪、彩繪地坪及創意地坪等。常用於人行道、園道、公園、廣場、校園、休憩場所、住宅區、商業區等。

25. 橡膠地墊：橡膠地墊係使用高耐磨橡膠材質的舖面材料；具有止滑、防滑、防撞、減震、隔音等效果，且顏色多樣，可組成各種圖案。常用於公園、遊戲場、體健區、休憩區、活動廣場等。有廠製成品及 EPDM 現澆無縫地墊兩類。後者不存在裂縫問題，可依使用功能需求製作成不同厚度與寬度。

26. 人工草皮：人工草皮是以塑料為原料，採用人工方法製作之擬草皮。它是解決利用強度過度，生長條件極端不利等天然草皮不易生長而不宜建置草坪的替代產品。其發展起源於美國，至今已將近六十年的歷史，目前全世界已超過上萬個中小型人工草坪運動場。其優點包括防火、防汙、防霉、防紫外線、防滑、不變色、耐用性高、表面層可回收再利用，且整塊草皮均勻一致，無土壤裸露情形。無需修剪、清除雜草及澆水、所需安裝時間較少。其缺點為在長時間陽光直射下會變熱，使用有不舒適感；潮濕時會變光滑，存在安全疑慮。清潔及去汙漬較困難。若以混凝土作為基層，則反彈力高，摩擦力大，易造成運動員的腳踝或膝關節受傷。目前我國已自行研發具抗靜電功能之人工草皮，可提高使用場域的安全性。

（四） 舖面設計原則

1. 掌握舖面七大要素：功能、質感、色彩、尺度、文化、風格與安全。
2. 發揮承載作用：利用舖面材質及地坪，承載使用場地之活動。
3. 反應地方特色：利用舖面構圖元素紋路及材質，反應在地生態及人文特色。
4. 產生引導作用：利用舖面不同尺寸，透過地坪視覺設計，予人以行進之方向感。
5. 具有辨識性：應十分清楚明顯，讓人一目瞭然，使人方便通達。
6. 具有舒適性：表面要平整、乾燥、平緩。寬度要足夠容納預計的使用量。
7. 型塑藝術功能：利用材質、顏色、形狀、大小及光影予空間產生不同的藝術效果；並突顯舖面之肌理和精緻度。
8. 營造空間分隔效果：利用舖面尺度、圖案、線條、色彩界定不同空間。
9. 公園綠地（含園道）透水率未達 65%，以透水材料工法施作。大於 65% 則以不透水材質且表面平整工法施作。
10. 依無障礙原則，園區主動線以表面平整工法施作。

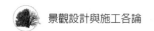

11. 同一基地內舖面種類、型式，以不超過三種爲原則。

12. 石材舖面應避免小角小塊之出現。

（五）舖面設計準則

1. 依不同的機能，選擇適當的材料及型式。

2. 藉由舖面圖案型式、材質、顏色、紋理等呈現在地民俗文化，如原鄉、客庄、閩南。

3. 材料不同的舖面轉換，必須平順以避免唐突。

4. 組合性舖面須兼顧材料特性，避免接合不良或斷裂等現象。

5. 舖面單元應避免分割過於複雜，以保持舖面之視覺美感與完整性。

6. 顏色不宜過於複雜，且需考慮質感、美感、地域性和機能性。

7. 大型舖面單元，應儘可能簡單化，並考慮其特殊機能。小型舖面單元，可提供較多的變化型式，例如使步道呈現曲線變化。

8. 同一區域的舖面型式、材質與色調，應有連續性及整體性，以利使用者辨識方向，並維持良好之景觀品質。

9. 步道舖面轉彎及轉角處應採用圓弧形或鈍角，避免行人走出捷徑而增加維護工作。

10. 舖面依鄰接土地使用情況，以緣石、草溝、卵石溝、阻隔鋼板、碎石級配，植栽槽、植穴、排水溝等作收邊處理。

11. 鋪設木屑除考慮深度之安全性（至少 30cm）之外，須避免木屑尖角造成安全疑慮。

12. 底土夯實必須足夠，避免日後地坪塌陷或凹凸不平。

13. 無論採用何種圖案，水線須筆直，曲線須圓順，收邊依地坪呈一致方向修整細平。

14. 模具壓製圖案時，務必保持平整，並一致成型不能重壓。

15. 人行道應有足夠三人行走或並肩而行的寬度，其寬度約 0.8 ～ 1.5m。

16. 若採用飛石等石砌舖面，其步行距離應小於 60cm。

17. 整體粉光刷毛處理，刷毛間距小於 1cm 一次施作，不得以粉飾修補。

18. 步道面磚約每 10 ～ 12m 留設一處寬 2cm 的伸縮縫，須切割至底層，並填入填充物固定之。

19. 伸縫爲考量舖面長期性伸脹與壓應力而設計，以避免舖面挫曲破壞。縮縫爲解除混凝土舖面因溫度、濕度與摩擦力等所產生之張應力，並控制

裂縫位置而設計。

20. 注意舖面排水坡度。如混凝土舖面為 1：60，瀝青舖面為 1：40，碎石舖面為 1：30，砌磚舖面為 1：60，舖面磚為 1：70。

（六）舖面材料選擇原則

1. 依不同使用功能選擇適合材料。
2. 可回收性、可再利用性、耐久性及載重強度。
3. 材料厚度必須符合使用機能。
4. 反射率和安全率。
5. 排水性和透水性。
6. 外觀維護之難易度。
7. 不同材質組合維護之難易度。
8. 不規則石材選材時宜考慮碎拼型式；且顏色、厚度和面層粗糙程度宜較為接近。
9. 能反應當地環境特色。
10. 能展現民俗風格。

（七）舖面相關法規及標準

1. 內政部營建署，2003，市區道路人行道設計手冊，第四章規劃設計準則之4.6地坪舖面。
2. 交通部運輸研究所，2017，自行車道系統規劃設計參考手冊（2017 年修訂版），第五章車道舖面暨附屬設施設計之 5.1 舖面。
3. 內政部營建署，2018，都市人本交通道路規劃設計手冊（第二版），第四章都市人行環境規劃設計之 4.3.2 人行環境設計原則之七、人行道舖面。
4. 內政部，2022，市區道路及附屬工程設計規範（111 年 2 月修訂版），第二篇道路工程設計第六章 6.4 人行道舖面及第九章舖面設計。

（八）以下施工圖樣僅供參考，實際應用仍須因地制宜作適度調整。

參考文獻

1. 王小璘、何友鋒，1994，休閒農業區設施物參考圖集，台灣省農會，p.512。

2. 王小璘、何友鋒，1998，台中市新市政中心專用區都市設計、景觀設計規範擬訂，臺中市政府，p.404。

3. 王小璘、何友鋒，1998，台中市新市政中心專用區都市設計暨景觀設計規範研究，臺中市政府，p.651。

4. 王小璘、何友鋒，1999，公園綠地規劃設計準則研究，內政部營建署，p.186。

5. 王小璘、何友鋒，1999，景觀設施專業施工、監造制度研究，內政部營建署，p.380。

6. 王小璘、何友鋒，2001，觀光農園公共設施物圖集，行政院農業委員會，p.402。

7. 內政部營建署，2003，市區道路人行道設計手冊。

8. 內政部，2022，市區道路及附屬工程設計規範（111 年 2 月修訂版）。

9. 內政部營建署，2018，都市人本交通道路規劃設計手冊（第二版）。

10. 交通部運輸研究所，2017，自行車道系統規劃設計參考手冊（2017 年修訂版）。

11. 何友鋒、王小璘，2006，台中市（不含新市政中心及干城地區）都市設計審議規範及大坑風景區設計規範擬定，臺中市政府，p.395。

12. 何友鋒、王小璘，2006，台中市都市設計審議規範手冊，臺中市政府，p.109。

13. 李玉生、王小璘、何友鋒，2009，生態城市都市設計準則應用之研究，內政部建研所，p.294。

14. 臺中市政府建設局，2022，臺中美樂地計畫工程美學指引手冊。

15. 財團法人全國認證基金會，2019，遊戲場鬆填式舖面材料之要求
https://www.taftw.org.tw/report/2019/33/playground/。

16. Artificial intelligence ──維基百科
https://en.wikipedia.org/wiki/Artificial_intelligence。

17. VSDiffer
http://www.vsdiffer.com。

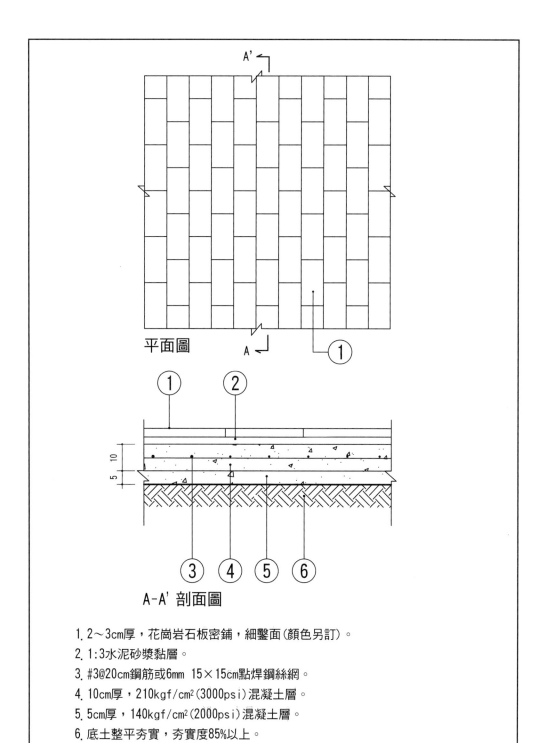

平面圖

A-A'剖面圖

1. 2～3cm厚，花崗岩石板密鋪，細鑿面(顏色另訂)。

2. 1:3水泥砂漿黏層。

3. #3@20cm鋼筋或6mm 15×15cm點焊鋼絲網。

4. 10cm厚，210kgf/cm²(3000psi)混凝土層。

5. 5cm厚，140kgf/cm²(2000psi)混凝土層。

6. 底土整平夯實，夯實度85%以上。

舖面	花崗岩石舖面	單位：cm	圖號：2-1-1
		本圖僅供參考(劉金花提供)	

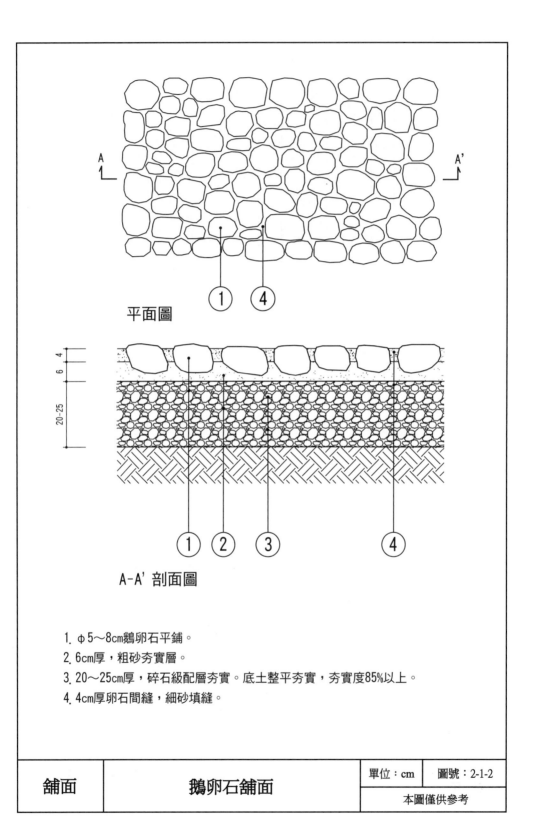

平面圖

A-A' 剖面圖

1. φ5～8cm鵝卵石平鋪。

2. 6cm厚，粗砂夯實層。

3. 20～25cm厚，碎石級配層夯實。底土整平夯實，夯實度85%以上。

4. 4cm厚卵石間縫，細砂填縫。

舖面	鵝卵石舖面	單位：cm	圖號：2-1-2
		本圖僅供參考	

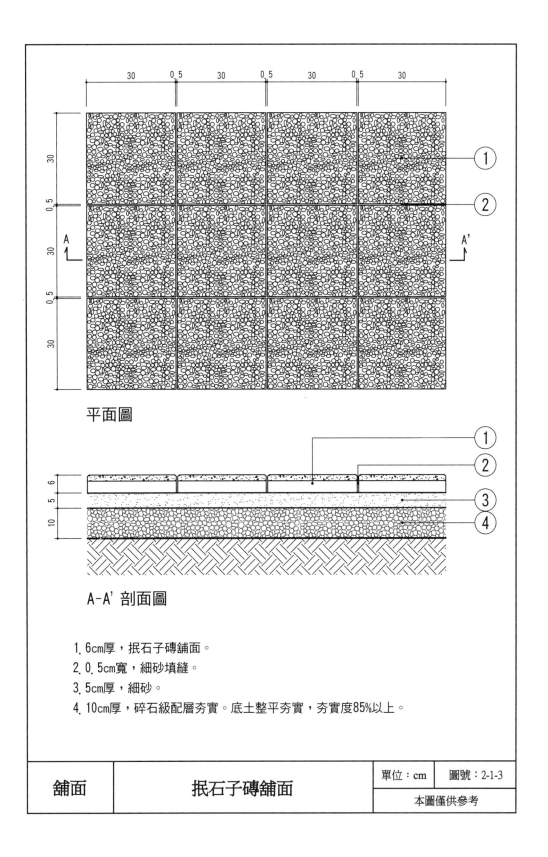

平面圖

A-A' 剖面圖

1. 6cm厚，抿石子磚鋪面。

2. 0.5cm寬，細砂填縫。

3. 5cm厚，細砂。

4. 10cm厚，碎石級配層夯實。底土整平夯實，夯實度85%以上。

鋪面	抿石子磚鋪面	單位：cm	圖號：2-1-3
		本圖僅供參考	

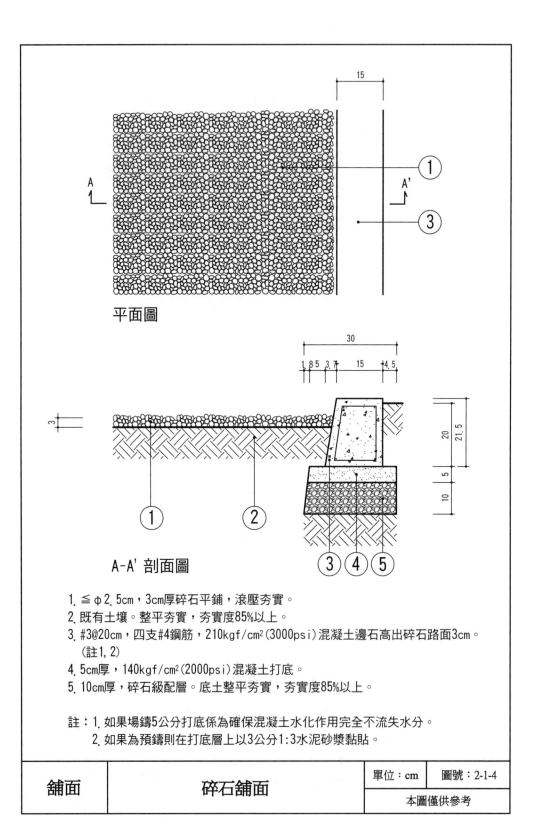

平面圖

A-A' 剖面圖

1. ≦φ2.5cm，3cm厚碎石平鋪，滾壓夯實。

2. 既有土壤。整平夯實，夯實度85%以上。

3. #3@20cm，四支#4鋼筋，210kgf/cm²(3000psi)混凝土邊石高出碎石路面3cm。
   (註1, 2)

4. 5cm厚，140kgf/cm²(2000psi)混凝土打底。

5. 10cm厚，碎石級配層。底土整平夯實，夯實度85%以上。

註：1. 如果場鑄5公分打底係為確保混凝土水化作用完全不流失水分。

　　2. 如果為預鑄則在打底層上以3公分1:3水泥砂漿黏貼。

鋪面	碎石鋪面	單位：cm	圖號：2-1-4
		本圖僅供參考	

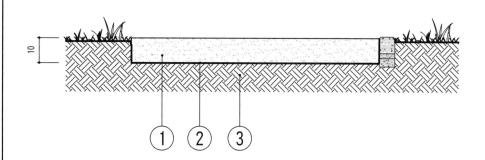

剖面圖

1. 10cm厚，清碎石，滾壓夯實。
2. 尼龍紗網。
3. 底土整平夯實，夯實度85%以上。

註：清碎石舖面須注意兩側收邊材料及高度。

舖面	清碎石舖面	單位：cm	圖號：2-1-5
		本圖僅供參考(林煥堂提供)	

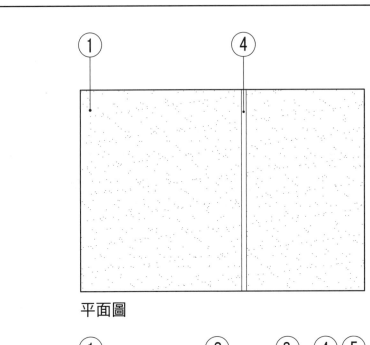

平面圖

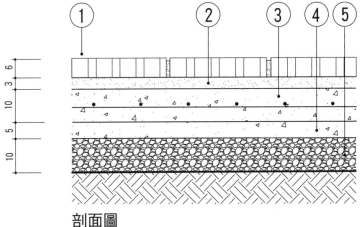

剖面圖

1. 6cm厚，30×30cm磨石子地磚。
2. 1：3水泥砂漿。
3. 10cm厚，#3@20cm鋼筋或6mm 15×15cm點焊鋼絲網，210kgf/cm²(3000psi)
   混凝土層。
4. 5cm厚，140kgf/cm²(2000psi)混凝土。
5. 10cm厚，碎石級配層。底土整平夯實，夯實度85%以上。

舖面	磨石子地磚舖面	單位：cm	圖號：2-1-6
		本圖僅供參考	

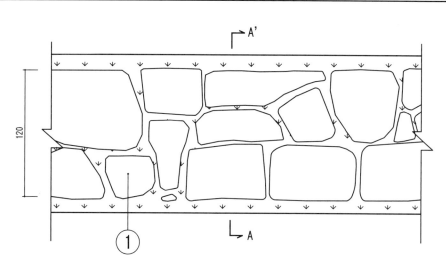

平面圖

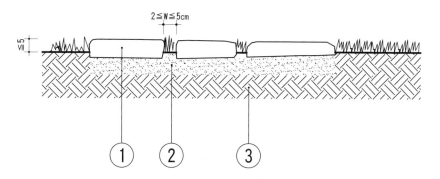

A-A' 剖面圖

1. 鐵平石，平整面朝上。
2. 2～5cm寬細砂填縫，植草。
3. 底土整平夯實，夯實度85%以上。

舖面	鐵平石舖面	單位：cm	圖號：2-1-7
		本圖僅供參考(劉金花提供)	

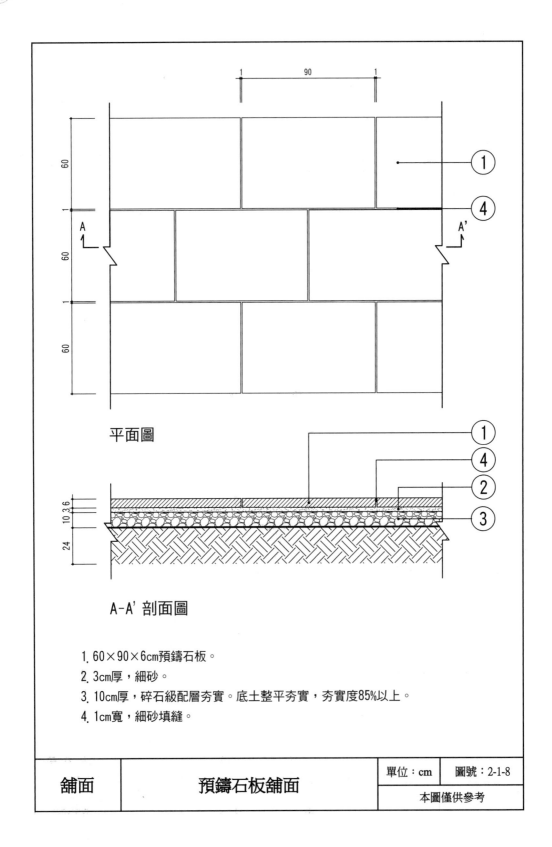

平面圖

A-A' 剖面圖

1. 60×90×6cm預鑄石板。

2. 3cm厚，細砂。

3. 10cm厚，碎石級配層夯實。底土整平夯實，夯實度85%以上。

4. 1cm寬，細砂填縫。

舖面	預鑄石板舖面	單位：cm	圖號：2-1-8
		本圖僅供參考	

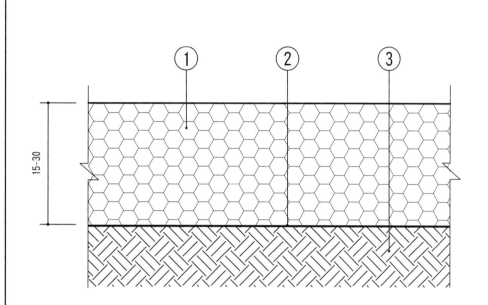

剖面圖

1. 15～30cm厚，80%碎石（φ3cm）＋20%松樹皮（厚度≧1cm），滾壓夯實。
2. 尼龍紗網。
3. 底土整平夯實，夯實度85%以上。

舖面	碎石混松樹皮舖面	單位：cm	圖號：2-1-9
		本圖僅供參考	

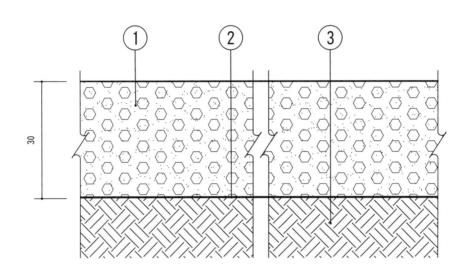

剖面圖

1. 30cm厚松樹皮 (厚度 ≧ 1cm)，局部做滾壓。
2. 尼龍紗網。
3. 底土整平夯實，夯實度85%以上。

舖面	松樹皮舖面	單位：cm	圖號：2-1-10
		本圖僅供參考	

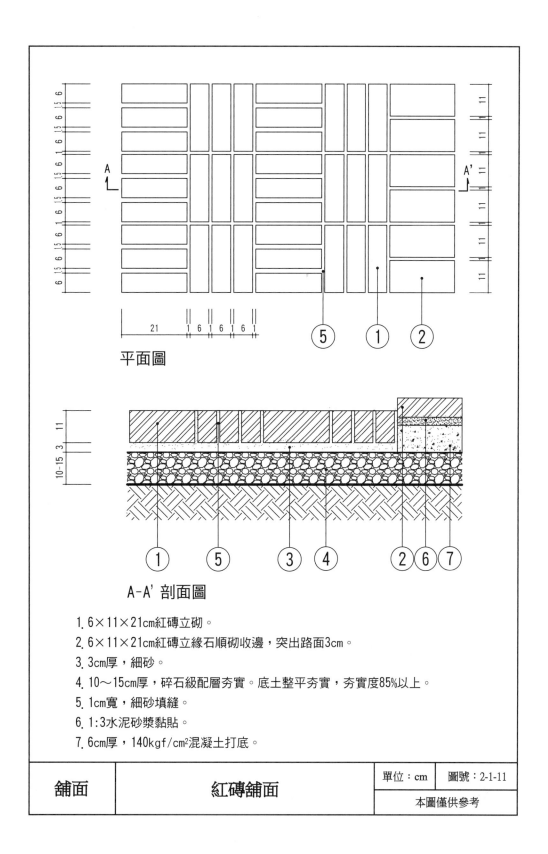

平面圖

A-A' 剖面圖

1. 6×11×21cm紅磚立砌。

2. 6×11×21cm紅磚立緣石順砌收邊，突出路面3cm。

3. 3cm厚，細砂。

4. 10～15cm厚，碎石級配層夯實。底土整平夯實，夯實度85%以上。

5. 1cm寬，細砂填縫。

6. 1:3水泥砂漿黏貼。

7. 6cm厚，140kgf/cm²混凝土打底。

舖面	紅磚舖面	單位：cm	圖號：2-1-11
		本圖僅供參考	

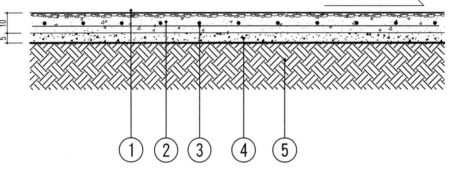

泄水方向（或依現況
調整泄水方向）

剖面圖

1. 面層露骨材粒料。

2. 10cm厚，210kgf/cm²(3000psi)混凝土。

3. #3@20cm鋼筋或6mm 15×15cm點焊鋼絲網。

4. 5cm厚，140kgf/cm²(2000psi)混凝土。

5. 底土整平夯實，夯實度85%以上。

舖面	露骨材舖面	單位：cm	圖號：2-1-12
		本圖僅供參考(林煥堂提供)	

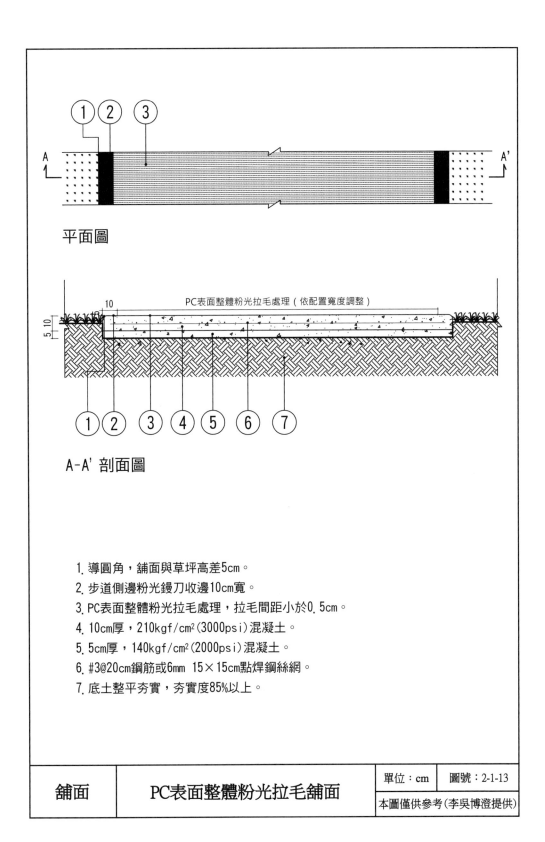

平面圖

A-A' 剖面圖

1. 導圓角，舖面與草坪高差5cm。

2. 步道側邊粉光鏝刀收邊10cm寬。

3. PC表面整體粉光拉毛處理，拉毛間距小於0.5cm。

4. 10cm厚，210kgf/cm² (3000psi)混凝土。

5. 5cm厚，140kgf/cm² (2000psi)混凝土。

6. #3@20cm鋼筋或6mm 15×15cm點焊鋼絲網。

7. 底土整平夯實，夯實度85%以上。

舖面	PC表面整體粉光拉毛舖面	單位：cm	圖號：2-1-13
		本圖僅供參考(李吳博澄提供)	

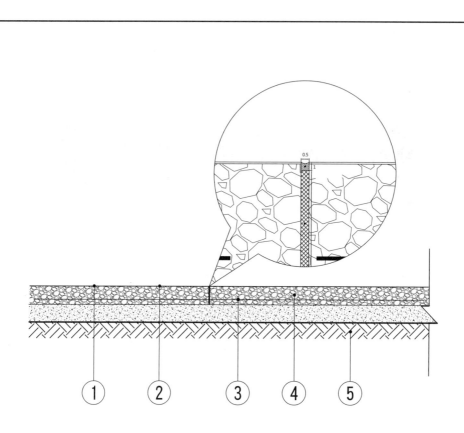

剖面圖

1. 環保奈米面漆及石英砂 0.3kg/㎡。

2. 10cm 剛性透水舖面，留伸縮縫。

3. 6mm 15×15cm點焊鋼絲網。

4. 10cm厚，碎石級配，應埋設透排水管。夯實度85%以上。

5. 底土整平夯實，夯實度85%以上。

舖面	剛性透水混凝土舖面	單位：cm	圖號：2-1-14
		本圖僅供參考(李吳博澄提供)	

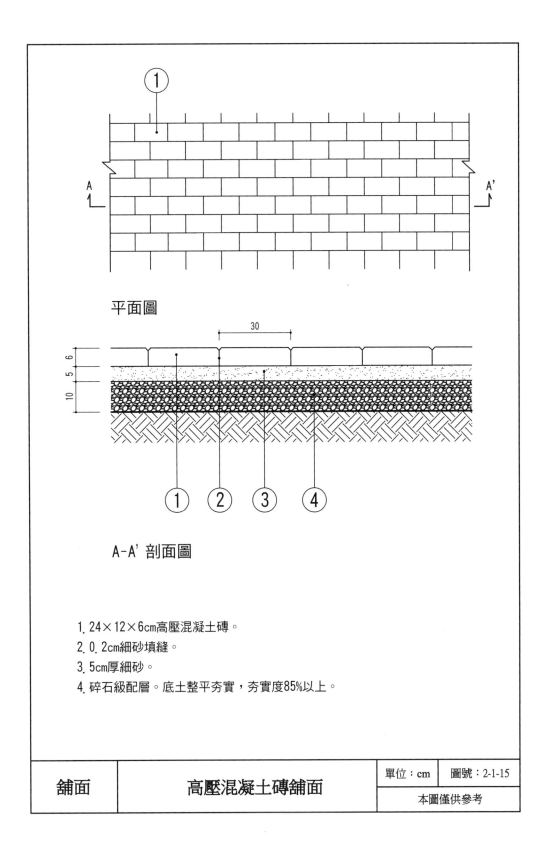

平面圖

30

6
5
10

A-A' 剖面圖

1. 24×12×6cm高壓混凝土磚。

2. 0.2cm細砂填縫。

3. 5cm厚細砂。

4. 碎石級配層。底土整平夯實，夯實度85%以上。

舖面	高壓混凝土磚舖面	單位：cm	圖號：2-1-15
		本圖僅供參考	

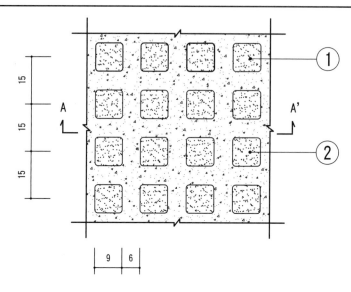

平面圖

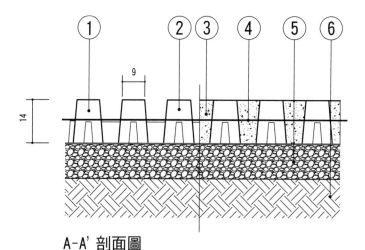

A-A' 剖面圖

1. 60×60×14cm植草磚。

2. 填入沃土撒草籽。

3. 210kgf/cm² (3000psi)混凝土。

4. 6mm 15×15cm點焊鋼絲網。

5. 11cm厚，碎石級配料鋪壓（含再生料）。夯實度85%以上。

6. 底土整平夯實，夯實度85%以上。

舖面	方形植草孔PC透水舖面	單位：cm	圖號：2-1-16
		本圖僅供參考(李吳博澄提供)	

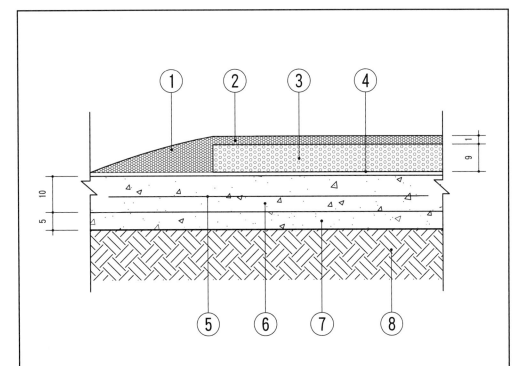

剖面圖

1. 橡膠顆粒斜面收邊。

2. 1cm EPDM橡膠顆粒+PU膠。

3. 9cm(依需求)SBR橡膠顆粒+PU膠。

4. 黏著劑,單液型透明PU膠。

5. 6mm 15×15cm點焊鋼絲網。

6. 10cm厚,210kgf/cm²(3000psi)混凝土。

7. 5cm厚,140kgf/cm²(2000psi)混凝土。

8. 底土整平夯實,夯實度85%以上。

舖面	無接縫彈性地墊舖面	單位:cm	圖號:2-1-17
		本圖僅供參考(劉金花提供)	

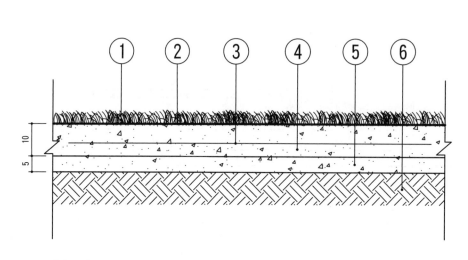

剖面圖

1. 4cm厚人工草皮。

2. 黏著劑。

3. 6mm 15×15cm點焊鋼絲網。

4. 10cm，210kgf/m²(3000psi)混凝土層。

5. 5cm，140kgf/m²(2000psi)混凝土打底。

6. 底土整平夯實，夯實度85%以上。

鋪面	人工草皮	單位：cm	圖號：2-1-18
		本圖僅供參考(劉金花提供)	

表 2-1 舖面單價分析表

項次	項目及說明	單位	工料數量	單價	複價	備註
2-1-1	花崗岩石舖面					
	花崗岩板石，細鑿面	m^2				
	1：3 水泥砂漿	m^3				
	210kgf/cm^2 預拌混凝土	m^3				
	140kgf/cm^2 預拌混凝土	m^3				
	#3@20cm 鋼筋或點焊鋼絲網，D = 6mm，15×15cm	m^2				
	夯實	m^2				
	大工	工				
	小工	工				
	工具損耗及零星工料	式				
	小　計	m^2				
2-1-2	鵝卵石舖面					
	Ø 5～8cm 卵石	m^2				
	粗砂夯實	m^3				
	碎石級配	m^3				
	細砂填縫	m^3				
	夯實	m^2				
	大工	工				
	小工	工				
	工具損耗及零星工料	式				
	小　計	m^2				
2-1-3	抿石子磚舖面					
	抿石子磚	m^2				
	細砂填縫	m^3				
	細砂	m^3				
	碎石級配	m^3				
	夯實	m^2				
	大工	工				
	小工	工				
	工具損耗及零星工料	式				
	小　計	m^2				
2-1-4	碎石舖面					
	Ø 2.5cm 以下碎石	m^3				
	夯實	m^2				
	大工	工				
	小工	工				
	工具損耗	式				
	小　計	m^2				

項次	項目及說明	單位	工料數量	單價	複價	備註
2-1-5	清碎石舖面					
	基地及路堤填築，回填夯實	m²				
	清碎石	m³				
	尼龍紗網	m²				
	夯實	m²				
	大工	工				
	小工	工				
	工具損耗及零星工料	式				
	小　計	m²				
2-1-6	磨石子地磚舖面					
	石粒	kg				
	1：3 水泥砂漿	m³				
	210kgf/cm² 預拌混凝土	m³				
	140kgf/cm² 預拌混凝土	m³				
	#3@20cm 鋼筋或點焊鋼絲網，D = 6mm，15×15cm	m²				
	碎石級配	m³				
	技術工	工				
	大工	工				
	小工	工				
	工具損耗及零星工料	式				
	小　計	m²				
2-1-7	鐵平石舖面					
	鐵平石	m²				
	細砂填縫	m³				
	大工	工				
	小工	工				
	工具損耗及零星工料	式				
	小　計	m²				
2-1-8	預鑄石板舖面					
	預鑄石板（高壓混凝土磚）	片				
	細砂填縫	m³				
	碎石級配	m³				
	夯實	m²				
	大工	工				
	小工	工				
	工具損耗及零星工料	式				
	小　計	m²				
2-1-9	碎石混松樹皮舖面					

項次	項目及說明	單位	工料數量	單價	複價	備註
	碎石	m³				
	松樹皮	m³				
	尼龍紗網	m²				
	夯實	m²				
	小工	工				
	工具損耗及零星工料	式				
	小　計	m²				
2-1-10	松樹皮鋪面					
	松樹皮	m³				
	尼龍紗網	m²				
	夯實	m²				
	小工	工				
	工具損耗及零星工料	式				
	小　計	m²				
2-1-11	紅磚鋪面					
	紅磚	塊				
	細砂填縫	m³				
	碎石級配	m³				
	夯實	m²				
	大工	工				
	小工	工				
	工具損耗及零星工料	式				
	小　計	m²				
2-1-12	露骨材鋪面					
	露骨材粒料	m²				
	210kgf/cm² 預拌混凝土	m³				
	140kgf/cm² 預拌混凝土	m³				
	#3@20cm 鋼筋或點焊鋼絲網，D = 6mm，15×15cm	m²				
	化學摻料，混凝土添加劑	m²				
	普通模板	m²				
	伸縮縫（含切割縫）	式				
	夯實	m²				
	技術工	工				
	小工	工				
	工具損耗及零星工料	式				
	小　計	m²				
2-1-13	PC 表面整體粉光拉毛鋪面					
	基礎模板製作及裝拆	m²				

項次	項目及說明	單位	工料數量	單價	複價	備註
	210kgf/cm² 預拌混凝土	m³				
	140kgf/cm² 預拌混凝土	m³				
	#3@20cm 鋼筋或點焊鋼絲網，D = 6mm，15×15cm	m²				
	1：3 水泥砂漿粉光	m²				
	技術工	工				
	大工	工				
	小工	工				
	工具損耗及零星工料	式				
	小　計	m²				
2-1-14	剛性透水混凝土舖面					
	環保奈米面漆及石英砂	m²				
	210kgf/cm²，2 分石透水混凝土	m³				
	點焊鋼絲網，D = 6mm，15×15cm	m²				
	碎石級配	m³				
	標線切割 + 海綿接縫墊條 + 填縫膠	m²				
	透排水管	m				
	夯實	m²				
	大工	工				
	工具損耗及零星工料	式				
	小　計	m²				
2-1-15	高壓混凝土磚舖面					
	挖土	m³				
	回填土及殘土處理	m³				
	高壓混凝土磚	塊				
	細砂填縫	m³				
	細砂	m³				
	碎石級配	m³				
	夯實	m²				
	大工	工				
	小工	工				
	工具損耗及零星工料	式				
	小　計	m²				
2-1-16	方形植草孔 PC 透水舖面					
	方型孔植草磚（高性能綠建材）	m²				
	210kgf/cm² 預拌混凝土	m³				
	回填客土，砂質沃土	m³				
	撒草籽	m²				

項次	項目及說明	單位	工料數量	單價	複價	備註
	點焊鋼絲網， D = 6mm，15×15cm	m²				
	碎石級配料鋪壓（含再生料）	m³				
	夯實	m²				
	技術工	工				
	小工	工				
	工具損耗及零星工料	式				
	小　計	m²				
2-1-17	無接縫彈性地墊鋪面					
	底層：SBR 黑色橡膠	m²				
	面層：EPDM 彩色橡膠	m²				
	黏著劑	m²				
	210kgf/cm² 預拌混凝土	m³				
	140kgf/cm² 預拌混凝土	m³				
	點焊鋼絲網， D = 6mm，15×15cm	m²				
	夯實	m²				
	大工	工				
	小工	工				
	零星工料	式				
	小　計	m²				
2-1-18	人工草皮					
	人工草皮	m²				
	黏著劑	m²				
	210kgf/cm² 預拌混凝土	m³				
	140kgf/cm² 預拌混凝土	m³				
	點焊鋼絲網， D = 6mm，15×15cm	m²				
	夯實	m²				
	大工	工				
	小工	工				
	零星工料	式				
	小　計	m²				

02 緣石（Curbs）

緣石又稱界石、收邊石、邊界石等；係指位於舖面或路肩邊緣並高出路面，包括公共設施帶、人行道、交通島之邊緣構造物。一般以水泥混凝土或天然石為材料，質硬、耐用、容易維護；也有採用木條、磚等材質作收邊。常用於公園、綠地、園道、人行道、校園、運動場、遊戲場、停車場、河岸、植穴、植栽槽、排水溝。一般規格有 10×10×6cm，30×30×30cm，50×15×15cm 等。

（一）緣石的功能

1. 排水控制。
2. 路面邊線指示。
3. 縮減路權用地。
4. 人行道邊緣指示。
5. 區分步道、廣場與草皮、綠籬等區域，不讓邊緣脫落、塌陷，達到安全隔離的效果。
6. 分隔不同材料和不同性質的舖面，以維持舖面與舖面之間邊緣的完整性。
7. 界定空間。
8. 道路美觀。
9. 降低維護管理。

（二）緣石設計原則

1. 須能清楚地標示所有區域或分隔區域。
2. 須能明確地建立道路層級特性。
3. 在地形變化明顯處，以緣石界定，可以避免危險發生的可能性。
4. 依緣石高度及傾斜度可設計為可跨式及屏障式。
5. 服務道路如考量緊急狀況時供救災車輛使用，得採用可跨式緣石。

（三）緣石設計準則

1. 道路、車道、步道可採用混凝土、自然石、磚或木條緣石。
2. 緣石應與排水系統互相配合。
3. 道路設置緣石如有行人庇護需求，應採用屏障式緣石，高度採 20cm 以下為宜。

4. 緣石高度 ≦ 10cm 及 10 ＜ h ≦ 15cm 且傾斜度 V/H ≦ 1 及 V/H ＞ 1 者，可採用可跨式。

5. 緣石高度 10 ＜ h ≦ 15cm 且傾斜度 V/H ≦ 1 及 V/H ＞ 1，及高度 15 ＜ h ≦ 20cm 者，可採用屏障式。

6. 緣石須考慮其耐久性、耐用程度，並配合整體環境設計。

7. 配合排水溝留設排水金屬閘。

8. 將緣石埋入適當深度，降低緣石損耗。

（四） 緣石材料選擇原則

1. 耐久性、適用性、可回收性、可再利用性。

2. 外觀及組合性。

3. 維護的難易度。

4. 材料厚度及載重強度必須依機能不同而有所增減。

5. 材料質感依場所的用途加以變化。

6. 材料種類及特性可參考「景觀設計與施工各論 01 舖面」。

（五） 緣石相關法規及標準

1. 內政部營建署，2003，市區道路人行道設計手冊，第四章規劃設計準則之 4.5 人行道與車道間的區隔之 4.5.1 緣石區隔。

2. 內政部，2022，市區道路及附屬工程設計規範（111 年 2 月修訂版），第三篇道路附屬工程設計第十五章緣石及交通島之 15.1 緣石。

（六） 以下施工圖樣僅供參考，實際應用仍須因地制宜作適度調整。

參考文獻

1. 王小璘、何友鋒，1993，觀光農園設施物圖樣參考圖集，臺灣省政府農林廳，p.228。

2. 王小璘、何友鋒，1994，休閒農業區設施物參考圖集，台灣省農會，p.512。

3. 王小璘、何友鋒，1998，台中市新市政中心專用區都市設計、景觀設計規範擬訂，臺中市政府，p.404。

4. 王小璘、何友鋒，1998，台中市新市政中心專用區都市設計暨景觀設計規範研究，臺中市政府，p.651。

5. 王小璘、何友鋒，1999，公園綠地規劃設計準則研究，內政部營建署，p.186。

6. 王小璘、何友鋒，1999，景觀設施專業施工、監造制度研究，內政部營建署，p.380。

7. 王小璘、何友鋒，2001，觀光農園公共設施物圖集，行政院農業委員會，p.402。

8. 王小璘、何友鋒，2002，農業環境景觀生態規劃設計規範，行政院農委會，p.182。

9. 王小璘、何友鋒，2002，台中市石岡區保健植物教育農園規劃設計及景觀改善，行政院農委會，p.105。

10. 內政部營建署，2003，市區道路人行道設計手冊。

11. 內政部，2018，都市人本交通道路規劃設計手冊（第二版）。

12. 內政部，2022，市區道路及附屬工程設計規範（111 年 2 月修訂版）。

13. 何友鋒、王小璘，2006，台中市（不含新市政中心及干城地區）都市設計審議規範及大坑風景區設計規範擬定，臺中市政府，p.395。

14. 李玉生、王小璘、何友鋒，2009，生態城市都市設計準則應用之研究，內政部建研所，p.294。

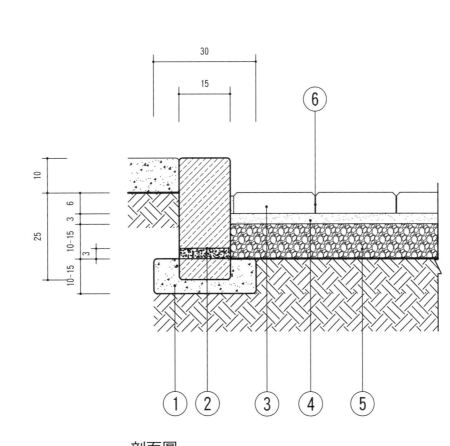

剖面圖

1. 10～15cm厚，140kgf/cm²（2000psi）混凝土層。底土夯實，夯實度85%以上。

2. 15×35×20cm天然石塊緣石。以3cm 1:3水泥砂漿黏貼混凝土層。

3. 24×12×6cm高壓混凝土磚平鋪。

4. 3cm厚，細砂。

5. 10～15cm厚，碎石級配層，滾壓並夯實。底土夯實度85%以上。

6. 0.2cm寬，細砂填縫。

緣石	天然石塊緣石	單位：cm	圖號：2-2-1
		本圖僅供參考	

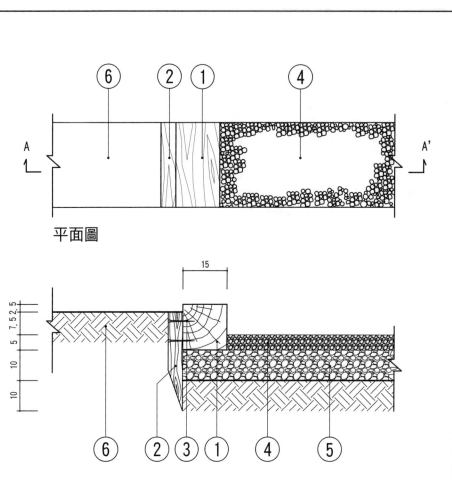

平面圖

A-A' 剖面圖

1. 15×15cm枕木緣石，經焦油防腐處理後，埋入土中12.5cm深。

2. 5×5×32.5cm實木固定木樁，經焦油水防腐處理後，埋入土中32.5cm深。

3. @5cm一支木牙螺栓固定。

4. 5cm厚，φ0.3～0.5cm礫石層，滾壓並夯實。

5. 10cm厚，碎石級配層夯實。夯實度85%以上。

6. 底土整平夯實，夯實度85%以上。

緣石	枕木緣石	單位：cm	圖號：2-2-2
		本圖僅供參考	

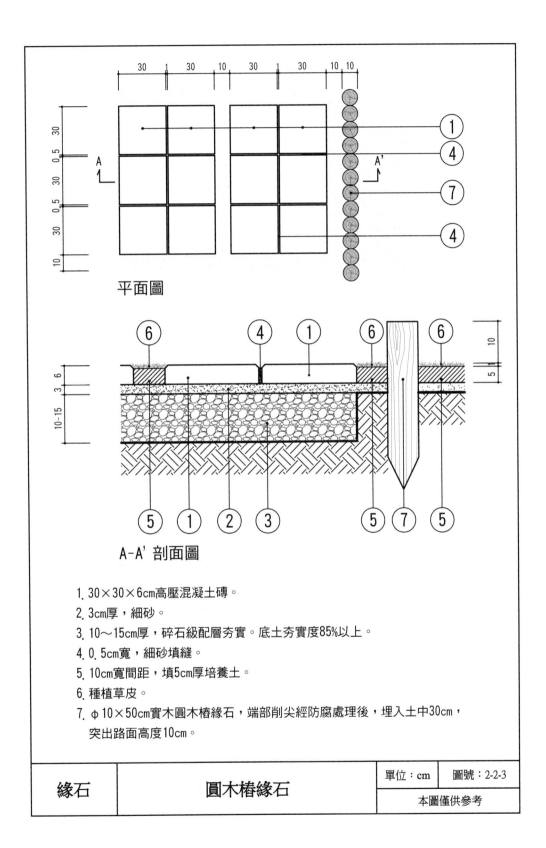

平面圖

A-A' 剖面圖

1. 30×30×6cm高壓混凝土磚。

2. 3cm厚，細砂。

3. 10～15cm厚，碎石級配層夯實。底土夯實度85%以上。

4. 0.5cm寬，細砂填縫。

5. 10cm寬間距，填5cm厚培養土。

6. 種植草皮。

7. φ10×50cm實木圓木樁緣石，端部削尖經防腐處理後，埋入土中30cm，
   突出路面高度10cm。

緣石	圓木樁緣石	單位：cm	圖號：2-2-3
		本圖僅供參考	

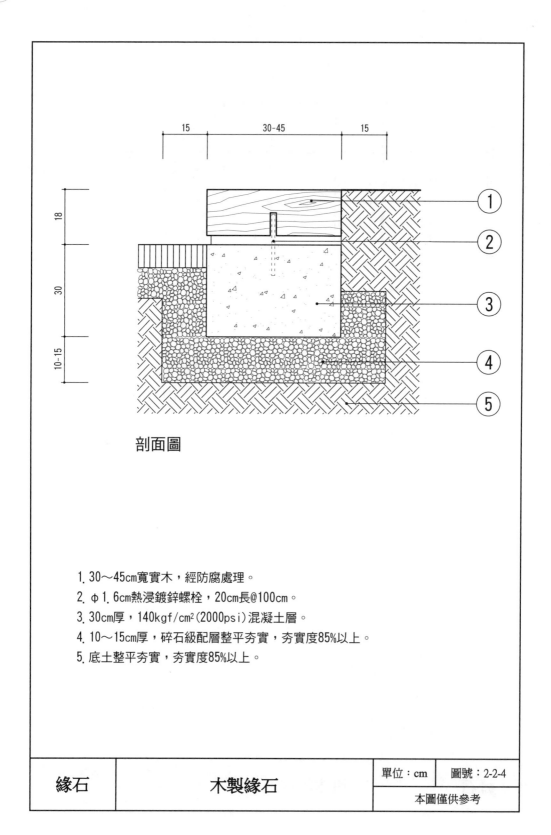

剖面圖

1. 30～45cm寬實木，經防腐處理。

2. φ1.6cm熱浸鍍鋅螺栓，20cm長@100cm。

3. 30cm厚，140kgf/cm² (2000psi)混凝土層。

4. 10～15cm厚，碎石級配層整平夯實，夯實度85%以上。

5. 底土整平夯實，夯實度85%以上。

緣石	木製緣石	單位：cm	圖號：2-2-4
		本圖僅供參考	

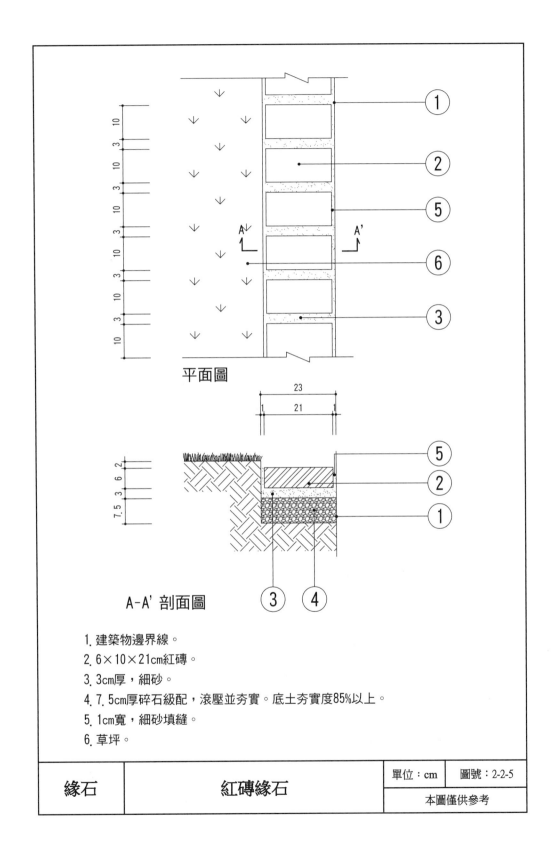

平面圖

A-A' 剖面圖

1. 建築物邊界線。
2. 6×10×21cm紅磚。
3. 3cm厚，細砂。
4. 7.5cm厚碎石級配，滾壓並夯實。底土夯實度85%以上。
5. 1cm寬，細砂填縫。
6. 草坪。

緣石	紅磚緣石	單位：cm	圖號：2-2-5
		本圖僅供參考	

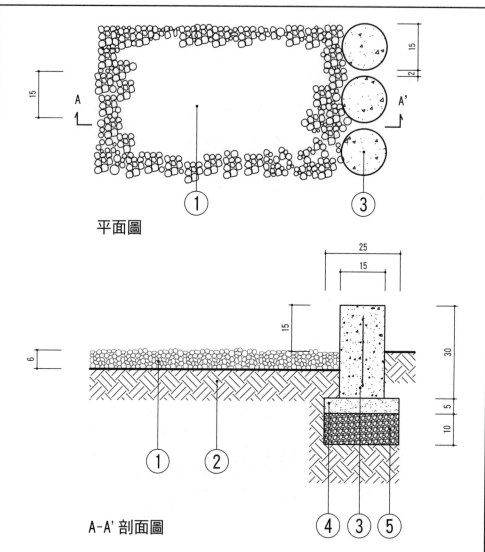

平面圖

A-A' 剖面圖

1. 6cm厚，礫石平鋪（φ2.5cm以下），滾壓整平夯實。
2. 底土夯實，夯實度85%以上。
3. #3@20cm，二支#4鋼筋，φ15×30cm混凝土樁緣石收邊，突出礫石路面15cm。
4. 5cm厚，140kgf/cm²(2000psi)混凝土層。
5. 10cm厚，碎石級配層。底土整平夯實，夯實度85%以上。

註：1. 混凝土緣石如為場鑄，底層5cm應為PC混凝土打底，可保場鑄混凝土水分
　　　不流失，完全水化作用。
　　2. 如為場鑄PC打底層，其上以3cm1:3水泥砂漿黏貼。

緣石	混凝土樁緣石	單位：cm	圖號：2-2-6
		本圖僅供參考	

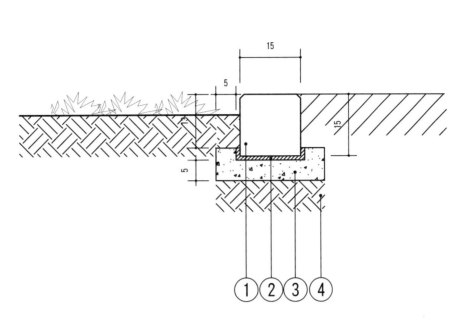

剖面圖

1. 15×15×60cm預鑄緣石。
2. 1cm厚，1:3水泥砂漿黏貼。
3. 5cm厚，140kgf/cm²(2000psi)混凝土。
4. 底土整平夯實，夯實度85%以上。

緣石	預鑄混凝土緣石	單位：cm	圖號：2-2-7
		本圖僅供參考(劉金花提供)	

▌ 表 2-2　緣石單價分析表

項次	項目及說明	單位	工料數量	單價	複價	備註
2-2-1	天然石塊緣石					
	天然石塊	m³				
	140kgf/cm² 混凝土	m³				
	細砂	m³				
	碎石級配	m³				
	夯實	m²				
	大工	工				
	小工	工				
	工具損耗及零星工料	式				
	小　計	m				
2-2-2	枕木緣石					
	枕木（焦油防腐處理）	支				
	實木木樁（焦油防腐處理）	支				
	礫石	m³				
	碎石級配	m³				
	夯實	m²				
	大工	工				
	小工	工				
	工具損耗及零星工料	式				
	小　計	m				
2-2-3	圓木樁緣石					
	實木木樁（防腐處理）	支				
	有機土壤（培養土）	m³				
	草皮	m²				
	夯實	m²				
	大工	工				
	小工	工				
	工具損耗及零星工料	式				
	小　計	m				
2-2-4	木製緣石					
	挖土	m³				
	回填土及殘土處理	m³				
	實木（防腐處理）	支				
	140kgf/cm² 混凝土	m³				
	Ø 1.6cm 熱浸鍍鋅螺栓	支				
	碎石級配	m³				
	夯實	m²				
	大工	工				

項次	項目及說明	單位	工料數量	單價	複價	備註
	小工	工				
	工具損耗及零星工料	式				
	小　計	m				
2-2-5	紅磚緣石					
	挖土	m³				
	回填土及殘土處理	m³				
	紅磚	塊				
	細砂	m³				
	碎石級配	m³				
	細砂填縫	m³				
	夯實	m²				
	大工	工				
	小工	工				
	工具損耗及零星工料	式				
	小　計	m				
2-2-6	混凝土樁緣石					
	挖土	m³				
	回填土及殘土處理	m³				
	210kgf/cm² 混凝土樁	個				
	140kgf/cm² 混凝土	m³				
	#3@20cm 鋼筋	kg				
	碎石級配	m³				
	夯實	m²				
	大工	工				
	小工	工				
	工具損耗及零星工料	式				
	小　計	m				
2-2-7	預鑄混凝土緣石					
	緣石	m				
	1：3 水泥砂漿黏層	m²				
	140kgf/cm² 預拌混凝土	m³				
	夯實	m²				
	大工	工				
	小工	工				
	工具損耗及零星工料	式				
	小　計	m				

筆記欄

Ⅱ

交通設施
（Accessibility Facilities）

03　坡道（Ramps）

　　坡道係一種無障礙的通路，常設置於高程變化的地點、重要活動地點、階梯旁及通往公共空間入口處，並與舖面及安全設施作整體規劃。常用於公園、綠地、園道、人行道、遊戲場等。

（一）坡道的功能

　　1. 提供人行車輛、輪椅、輔具及手推車使用者安全舒適的通路。

　　2. 提供高程變化。

　　3. 創造不同層次的空間感和意境。

　　4. 保護生物棲地不受人為活動干擾。

　　5. 便於貨物上下搬運。

（二）坡道設計原則

　　1. 因地制宜，以不改變既有地形為原則。

　　2. 坡度大小應考慮舖面材料，光滑者坡度宜小，粗糙者坡度可較大。

　　3. 儘可能保持舖面的連續性及完整性。

　　4. 坡度需具安全性及排水功能。

　　5. 扶手尺寸需符合人體工學。

　　6. 除滿足功能需求之外，其材質、色彩、風格須與周邊環境相協調。

（三）坡道設計準則

　　1. 考慮坡度的舒適與安全，一般步道坡度不宜大於 1：10；供兒童少年安全使用不應大於 1：12；供輪椅使用不應大於 1：12；困難地段不應大於 1：8；

自行車不宜大於 1：5；小客車為 1：6～1：8。

2. 無障礙通路縱坡度超過 5% 者，應視為無障礙坡道，但不包括路緣斜坡。

3. 坡度大小應適應排水要求，雨量較大地區，坡度宜大；平原地區，坡度線約須與地面線平行而略高。

4. 若路線沿河川而行，則坡度線須位於最高洪水位之上。

5. 坡度超過 1：8，可設置階梯，並於一定距離內設置緩衝平臺。

6. 如地形太陡，得拉長動線，以達到安全舒適之需求。

7. 坡面必須粗糙具防滑性，以確保使用者安全。

8. 行人與輪椅及輔具使用者之入口宜分開，且起點及終點均應留出 1.5m 以上深度之緩衝空間。

9. 自然地區設置坡道，以保護生物棲地為優先考量。

10. 無障礙坡道淨寬以 2.5m 以上為宜，供兩輛輪椅併行者最小淨寬為 1.5m，如因局部路段空間受限時，不得小於 0.9m；坡道上方最小淨高為 2.1m。

11. 無障礙坡道最大縱坡度為 8.33%（1：12），最大橫坡度為 2%。

12. 無障礙坡道長度限制如下：超過限制長度者應設置緩衝平臺。

縱坡度（G）	斜坡限制長度（水平投影方向）
6.25%（1：16）≦ G ≦ 8.33%（1：12）	9m
5%（1：20）≦ G ≦ 6.25%（1：16）	12m

13. 無障礙坡道需設置平臺的位置包括坡頂、坡底、轉向處及緩衝平臺。平臺最小縱向長度為 1.5m，最小寬度不得小於坡道寬度；坡頂、坡底、轉向平臺寬度亦不得小於 1.5m；平臺上方最小淨高為 2.1m；平臺最大坡度為 2%。

14. 無障礙坡道兩側應設置連續之扶手，其端部須採防勾撞處理。

15. 採雙道扶手時，扶手上緣距地面高度分別為 65 及 85cm；採單道扶手時，高度為 75～85cm。

16. 扶手若鄰近牆面，則應與牆面保持 3～5cm 淨距。

17. 扶手採圓形斷面時，外徑為 2.8～4.0cm；採用其他斷面形狀，外緣邊長 9～13cm。

18. 無障礙坡道及平臺，如無側牆，則應設置高度 5cm 以上防護緣。

19. 坡道兩側及平臺四周應避免種植有害樹種（植物種類可參考「景觀設計與施工總論 09 各類有害植物種類」）。

（四） 坡道材料選擇準則

1. 耐久性、耐磨性及耐腐性。
2. 需防滑具安全性。
3. 維護的難易度。
4. 強度高且結構均勻。
5. 排水性和透水性。
6. 美觀性。
7. 材料種類及特性可參考「景觀設計與施工各論 01 舖面」。

（五） 坡道相關法規及標準

1. 內政部營建署，2003，市區道路人行道設計手冊，第四章規劃設計準則之 4.4 人行道坡度及 4.14 人行道無障礙環境設施。
2. 內政部營建署，2018，都市人本交通道路規劃設計手冊（第二版），第四章都市人行環境規劃設計之 4.3.3 人行環境通用設計之三、路口斜坡道。
3. 內政部，2022，市區道路及附屬工程設計規範（111 年 2 月修訂版），第二篇道路工程設計第六章 6.2 人行道坡度與淨高。

（六） 以下施工圖樣僅供參考，實際應用仍須因地制宜作適度調整。

參考文獻

1. 王小璘、何友鋒，1993，觀光農園設施物圖樣參考圖集，臺灣省政府農林廳，p.228。
2. 王小璘、何友鋒，1994，休閒農業區設施物參考圖集，台灣省農會，p.512。
3. 王小璘、何友鋒，1998，台中市新市政中心專用區都市設計暨景觀設計規範研究，臺中市政府，p.651。
4. 王小璘、何友鋒，1999，公園綠地規劃設計準則研究，內政部營建署，p.186。
5. 王小璘、何友鋒，1999，景觀設施專業施工、監造制度研究，內政部營建署，p.380。
6. 王小璘、何友鋒，2000，原住民文化園區景觀規劃設計整建計畫，行政院原

住民委員會文化園區管理局，p.362。

7. 王小璘、何友鋒，2001，觀光農園公共設施物圖集，行政院農業委員會，p.402。

8. 王小璘、何友鋒，2002，台中市自行車專用道系統之研究計畫，臺中市政府，p.515。

9. 王小璘，2014，邢臺縣天梯山風景名勝區總體規劃，邢臺縣天梯山遊覽區管理處。

10. 內政部營建署，2003，市區道路人行道設計手冊。

11. 內政部營建署，2018，都市人本交通道路規劃設計手冊（第二版）。

12. 內政部，2022，市區道路及附屬工程設計規範（111 年 2 月修訂版）。

13. 何友鋒、王小璘，2006，台中市（不含新市政中心及干城地區）都市設計審議規範及大坑風景區設計規範擬定，臺中市政府，p.395。

14. 何友鋒、王小璘，2006，台中市都市設計審議規範手冊，臺中市政府，p.109。

15. 何友鋒、王小璘，2011，台中生活圈高鐵沿線及筏子溪自行車道建置工程委託設計監造案，臺中市政府。

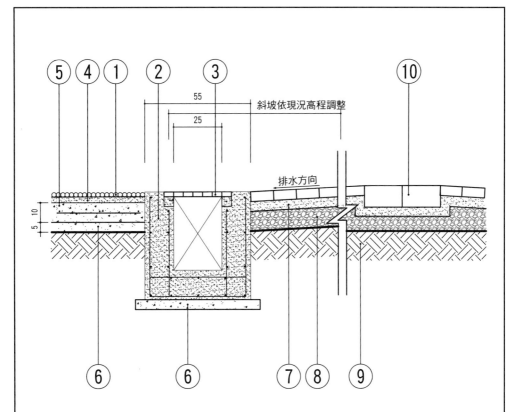

剖面圖

1. φ0.6cm抿石子（寬度依現場尺寸調整）。

2. 排水溝。

3. 鑄鐵溝蓋。

4. 1:3水泥砂漿黏貼。

5. 10cm厚，210kgf/cm² 混凝土，6mm 15×15cm點焊鋼絲網。

6. 5cm厚，140kgf/cm² 混凝土層。底土夯實度85%以上。

7. 5cm厚，細砂夯實。

8. 10cm厚，碎石級配夯實。夯實度85%以上。

9. 底土夯實，夯實度85%以上。

10. 舖面磚。

坡道	步道坡道	單位：cm	圖號：2-3-1
		本圖僅供參考	

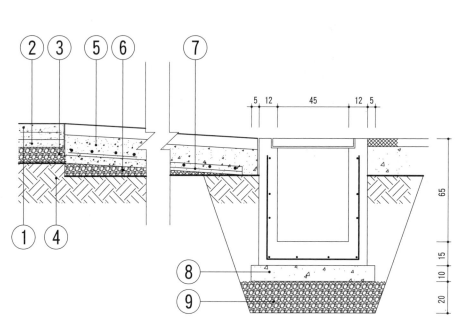

剖面圖

1. 10cm厚，210kgf/cm²(3000psi)混凝土，6mm點焊鋼絲網舖面。

2. 5cm厚，140kgf/cm²(2000psi)混凝土。

3. 10cm厚，碎石級配，夯實度90%以上。

4. 底土夯實，夯實度90%以上。

5. 20cm厚，210kgf/cm²(3000psi)混凝土；下層5cm厚，140kgf/cm²(2000psi) 混凝土打底。

6. 10～20cm厚，碎石級配，夯實度90%以上。

7. #3@15cm鋼筋雙層雙向。

8. 10cm厚，140kgf/cm²(2000psi)混凝土層。

9. 20cm厚，碎石級配。底土夯實度85%以上。

坡道	車行坡道	單位：cm	圖號：2-3-2
		本圖僅供參考	

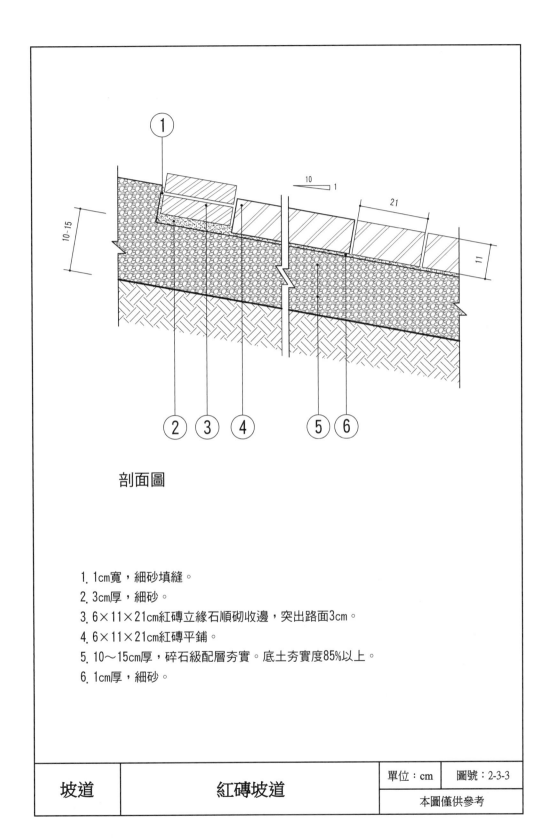

剖面圖

1. 1cm寬，細砂填縫。

2. 3cm厚，細砂。

3. 6×11×21cm紅磚立緣石順砌收邊，突出路面3cm。

4. 6×11×21cm紅磚平鋪。

5. 10～15cm厚，碎石級配層夯實。底土夯實度85%以上。

6. 1cm厚，細砂。

坡道	紅磚坡道	單位：cm	圖號：2-3-3
		本圖僅供參考	

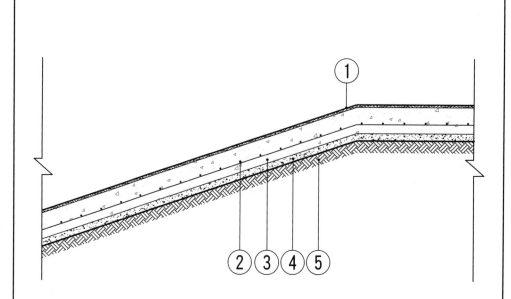

剖面圖

1. RC混凝土刷毛。

2. 人行道:6mm 15×15cm點焊鋼絲網。
   小型車車道:#3@15cm。
   小/大型車車道:#4@20cm。

3. 15cm厚,210kgf/cm²(3000psi)鋼筋混凝土層。

4. 5cm厚,140kgf/cm²(2000psi)混凝土層。

5. 底土夯實度85%以上。

坡道	RC混凝土坡道	單位:cm	圖號:2-3-4
		本圖僅供參考(劉金花提供)	

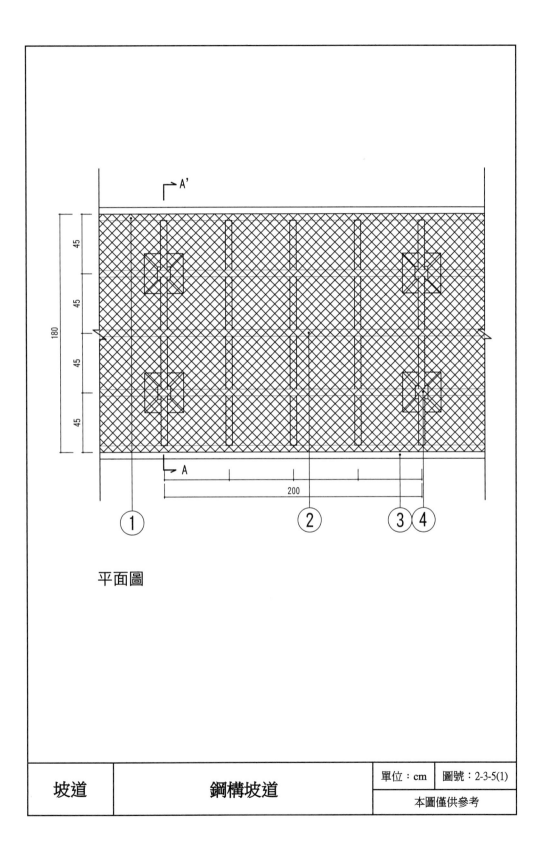

平面圖

坡道	鋼構坡道	單位：cm	圖號：2-3-5(1)
		本圖僅供參考	

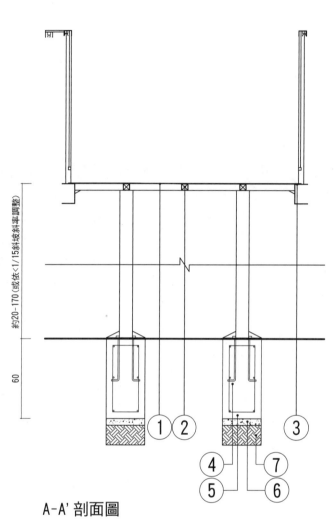

約20-170 (或依<1/15斜坡斜率調整)

60

A-A' 剖面圖

1. 150×180×4.5cm厚，熱浸鍍鋅擴張網。

2. 5×5×0.2cm熱浸鍍鋅烤漆方管格柵梁。

3. 5×10cm槽鋼。

4. 10×10×0.3cm熱浸鍍鋅夯烤漆方管立柱，頂部需封管。

5. 30×30×60cm，210kgf/cm²(3000psi)PC混凝土層。

6. 140kgf/cm²(2000psi)PC預拌混凝土層。

7. 底土夯實，夯實度85%以上。

坡道	鋼構坡道	單位：cm	圖號：2-3-5(2)
		本圖僅供參考	

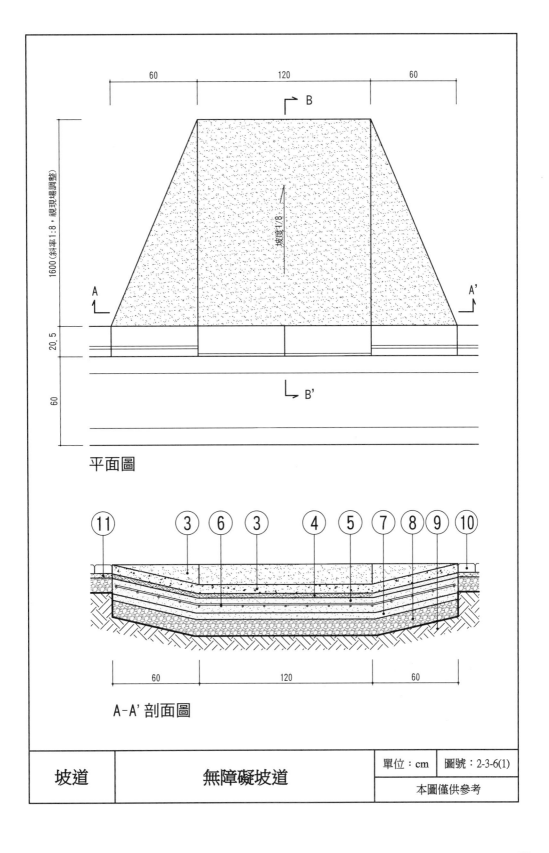

平面圖

A-A' 剖面圖

坡道	無障礙坡道	單位：cm	圖號：2-3-6(1)
		本圖僅供參考	

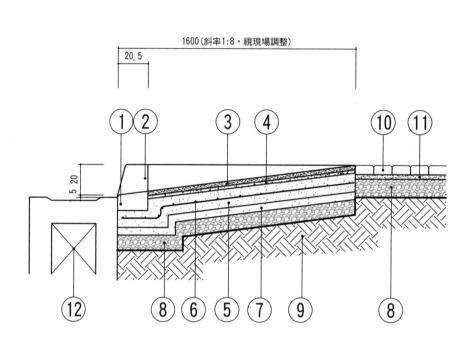

B-B' 剖面圖

1. 20.5×(10～12.5)×60cm預鑄路緣石。
2. (15～20.5)×30×60cm預鑄路緣石。
3. 3cm厚，抿石子。
4. 2cm厚，混凝土打底。
5. 12cm厚，210kgf/cm²(3000psi)混凝土鋪面。
6. #3@20cm鋼筋。
7. 5cm厚，140kgf/cm²(2000psi)混凝土層。
8. 10cm厚，碎石級配夯實。夯實度85%以上。
9. 底土整平夯實，夯實度85%以上。
10. 6cm厚，鋪面。
11. 3cm厚，細砂。
12. 原有水溝箱涵。

註：210kgf/cm²混凝土下應先施打5cm PC混凝土打底，可保210kgf/cm²混凝土水分
　　不流失完全水化作用。

坡道	無障礙坡道	單位：cm	圖號：2-3-6(2)
		本圖僅供參考	

表 2-3　坡道單價分析表

項次	項目及說明	單位	工料數量	單價	複價	備註
2-3-1	步道坡道					
	抿石子舖面	m²				
	RC 造排水溝（含鑄鐵溝蓋）	m				
	1：3 水泥砂漿黏貼	m²				
	210kgf/cm² 混凝土	m³				
	140kgf/cm² 混凝土	m³				
	點焊鋼絲網，D = 6mm，15×15cm	m²				
	細砂	m³				
	碎石級配	m³				
	舖面磚	塊				
	夯實	m²				
	大工	工				
	小工	工				
	工具損耗及零星工料	式				
	小　計	m²				
2-3-2	車行坡道					
	210kgf/cm² 混凝土	m³				
	140kgf/cm² 混凝土	m³				
	#3@15cm 鋼筋雙層雙向	kg				
	碎石級配（夯實）	m²				
	基礎底層壓實	m²				
	大工	工				
	小工	工				
	工具損耗及零星工料	式				
	小　計	m²				
2-3-3	紅磚坡道					
	細砂	m³				
	細砂填縫	m³				
	紅磚平鋪	塊				
	夯實	m²				
	大工	工				
	小工	工				
	工具損耗及零星工料	式				
	小　計	m²				
2-3-4	RC 混凝土坡道					
2-3-4.1	RC 混凝土坡道（一般人行道）					
	土方工作，開挖	m³				

項次	項目及說明	單位	工料數量	單價	複價	備註
	土方近運利用（含推平，運距2km）	m³				
	路基整理	m²				
	混凝土表面處理，水泥刷毛處理，刷毛機使用費	m²				
	210kgf/cm² 預拌混凝土	m³				
	140kgf/cm² 預拌混凝土	m³				
	點焊鋼絲網，D = 6mm，15×15cm	m²				
	雜費，收邊板	式				
	標高調整器	m²				
	夯實	m²				
	大工	工				
	小工	工				
	工具損耗及零星工料	式				
	小　計	m²				
2-3-4.2	PC 混凝土坡道（小型車車道）					
	土方工作，開挖	m³				
	土方近運利用（含推平，運距2km）	m³				
	路基整理	m²				
	混凝土表面處理，水泥刷毛處理，刷毛機使用費	m²				
	210kgf/cm² 預拌混凝土	m³				
	140kgf/cm² 預拌混凝土	m³				
	#3@15cm 鋼筋，SD280，連工帶料	kg				
	雜費，收邊板	式				
	標高調整器	m²				
	夯實	m²				
	工具損耗及零星工料	式				
	小　計	m²				
2-3-4.3	PC 混凝土坡道（小 / 大型車車道）					
	土方工作，開挖	m³				
	土方近運利用（含推平，運距2km）	m³				
	路基整理	m²				
	混凝土表面處理，水泥刷毛處理，刷毛機使用費	m²				
	210kgf/cm² 預拌混凝土	m³				

項次	項目及說明	單位	工料數量	單價	複價	備註
	140kgf/cm² 預拌混凝土	m³				
	#4@20cm 鋼筋，SD280，連工帶料	kg				
	雜費，收邊板	式				
	標高調整器	m²				
	夯實	m²				
	大工	工				
	小工	工				
	工具損耗及零星工料	式				
	小　計	m²				
2-3-5	鋼構坡道					
	土方工作，含挖方、回填、餘方處理、壓實	式				
	普通模板，丙種	m²				
	210kgf/cm² 預拌混凝土	m³				
	140kgf/cm² 預拌混凝土	m³				
	熱浸鍍鋅擴張網	m²				
	金屬材料，鋼料，方管	kg				
	槽鋼	kg				
	熱浸鍍鋅處理	kg				
	金屬製品，氟碳烤漆	kg				
	金屬材料，鋼料，加工費，裁切及滿焊處理	式				
	金屬材料，鋼料，加工費，打模及補漆處理	m²				
	不鏽鋼固定五金及五金零件	式				
	吊裝費	式				
	夯實	m²				
	技術工	工				
	大工	工				
	小工	工				
	工具損耗及零星工料	式				
	小　計	m²				
2-3-6	無障礙坡道					
	(10 – 12.5) ×20.5×60cm 預鑄路緣石	m				
	(15 – 20.5) ×30×60cm 預鑄路緣石	m				
	抿石子	m²				
	210kgf/cm² 混凝土	m³				

項次	項目及說明	單位	工料數量	單價	複價	備註
	140kgf/cm² 混凝土	m³				
	#3@20cm 鋼筋	kg				
	碎石級配	m³				
	細砂	m³				
	舖面	m²				
	夯實	m²				
	大工	工				
	小工	工				
	工具損耗及零星工料	式				
	小　計	m²				

04 階梯（Steps）

　　階梯是戶外通行不可或缺的交通設施之一。良好的階梯設計不僅能提供步行者安全舒適的通路，更能善用空間並兼具美觀功能。

（一）階梯的功能

1. 設置於具高程變化之地區，串聯不同空間與活動。
2. 於坡地設置階梯，可有效利用空間。
3. 搭配階梯周邊造景，可使整體空間生動活潑。
4. 提供安全舒適的步行通路。

（二）階梯設計原則

1. 儘可能因地制宜，避免破壞既有地形。
2. 考量銜接地形的高低差，設計需具有靈活度。
3. 因應不同地形的變化，應有不同之型式與施工方法。
4. 同一路段階梯之階深及階高應維持不變，以免打亂人的自然生理節奏而絆倒，造成危險。
5. 使用的材質應與周遭環境相協調。

（三）階梯設計準則

1. 應考慮無障礙坡道的設置。
2. 戶外階梯之階深（tread）及階高（riser）依：$2R + T \geq 64cm$，且 $R \leq 18cm$ 計算。
3. 一般階高在 $10 \sim 15cm$ 為宜。
4. 階深以不超過 45cm，不少於 28cm 為原則。
5. 階梯橫向寬度依場地大小和使用需求設置，但不得小於 1.2m。必要時，得於兩側或中間設置扶手，且需連續，不得中斷。
6. 扶手高度應為 90cm，若雙層扶手，則下層高度以 65cm 為宜。
7. 階梯高度每 3m 應設置平臺一處，平臺深度不得小於階梯寬度。但平臺深度大於 2m 者，得免再增加其寬度。
8. 平臺階梯之寬度在 6m 以上者，應於中間加裝扶手。
9. 階梯應注意排水，避免鋪面表面積水易滑。

10. 階梯動線上盡可能避開建築物。若動線上有落水口，則開口不得大於 1.3cm。

11. 距階梯終端處 30cm 處，須設置深度不小於 30cm，顏色且質地不同之舖面材質。

12. 在階梯轉換處須設置明顯標誌及燈具。

13. 階梯兩側及平臺四周應避免種植有害樹種（植物種類可參考「景觀設計與施工總論 09 各類有害植物種類」）。

（四）階梯材料選擇準則

1. 耐候性、耐磨性及耐腐性。

2. 材料需防滑平整，具安全性。

3. 強度高、且結構均勻。

4. 維護的難易度。

5. 排水性和透水性。

6. 美觀性。

7. 材料種類及特性可參考「景觀設計與施工各論 01 舖面」。

（五）階梯相關法規及標準

1. 內政部營建署，2012，建築物無障礙設施設計規範。

2. 內政部，2020，建築技術規則建築設計施工篇，第 266 條戶外平臺階梯中間扶手設置規範。

3. 內政部，2022，市區道路及附屬工程設計規範（111 年 2 月修訂版）。

（六）以下施工圖樣僅供參考，實際應用仍須因地制宜作適度調整。

參考文獻

1. 王小璘、何友鋒，1993，觀光農園設施物圖樣參考圖集，臺灣省政府農林廳，p.228。

2. 王小璘、何友鋒，1998，台中市新市政中心專用區都市設計暨景觀設計規範研究，臺中市政府，p.651。

3. 王小璘、何友鋒，1999，公園綠地規劃設計準則研究，內政部營建署，p.186。

4. 王小璘、何友鋒，1999，景觀設施專業施工、監造制度研究，內政部營建署，p.380。

5. 王小璘、何友鋒，2001，觀光農園公共設施物圖集，行政院農業委員會，p.402。

6. 王小璘，2001，王功漁港港區照明、親水及安全設施工程規劃設計，彰化縣政府。

7. 王小璘、何友鋒，2002，農業環境景觀生態規劃設計規範，行政院農委會，p.182。

8. 王小璘，2014，邢臺縣天梯山風景名勝區總體規劃，邢臺縣天梯山遊覽區管理處。

9. 王小璘，2014，張家口市水母宮風景名勝區總體規劃，張家口園林綠化管理局。

10. 王小璘，2014，邢臺紫金山風景名勝區總體規劃，邢臺縣盛敖旅遊開發有限公司。

11. 內政部，2020，建築技術規則建築設計施工篇，第 266 條戶外平臺階梯中間扶手設置規範。

12. 內政部，2022，市區道路及附屬工程設計規範（111 年 2 月修訂版）。

13. 內政部營建署，2012，建築物無障礙設施設計規範。

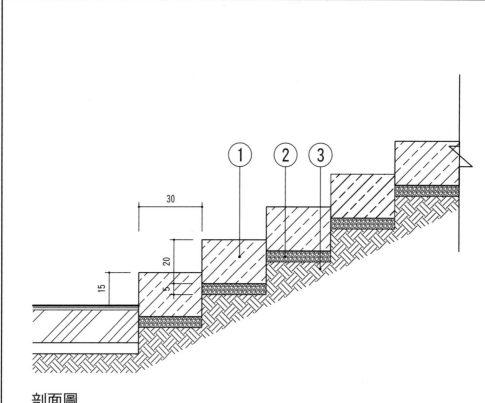

剖面圖

1. 20×30cm石塊，粗鑿面。
2. 5cm碎石級配。
3. 底土整平夯實，夯實度85%以上。

階梯	塊石階梯	單位：cm	圖號：2-4-1
		本圖僅供參考(劉金花提供)	

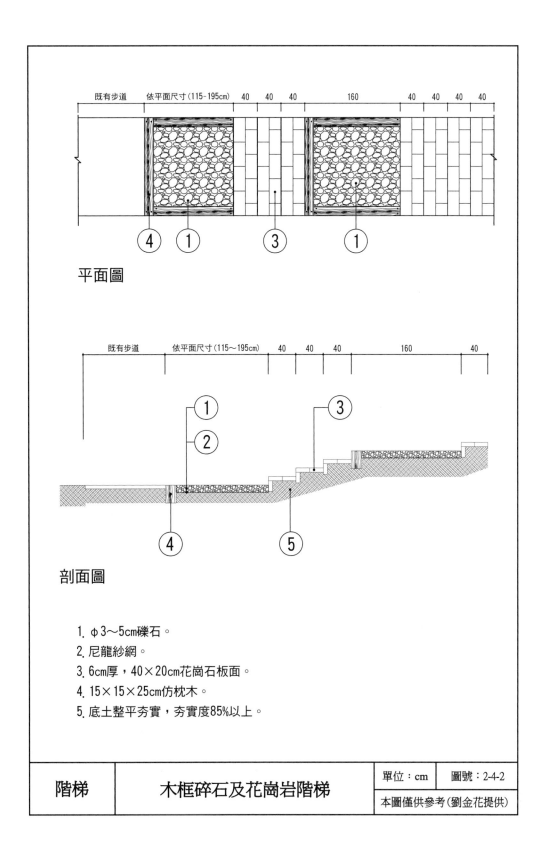

平面圖

剖面圖

1. φ3～5cm礫石。
2. 尼龍紗網。
3. 6cm厚，40×20cm花崗石板面。
4. 15×15×25cm仿枕木。
5. 底土整平夯實，夯實度85%以上。

階梯	木框碎石及花崗岩階梯	單位：cm	圖號：2-4-2
		本圖僅供參考(劉金花提供)	

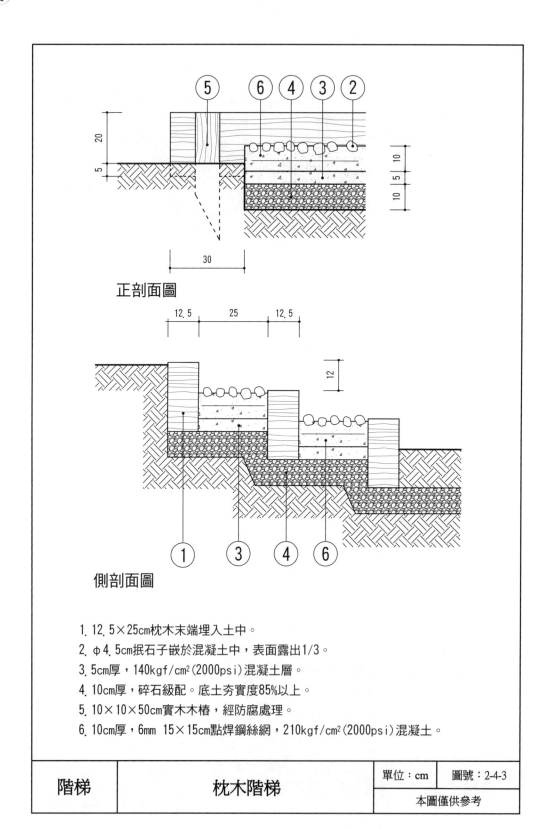

正剖面圖

側剖面圖

1. 12.5×25cm枕木末端埋入土中。

2. φ4.5cm抿石子嵌於混凝土中，表面露出1/3。

3. 5cm厚，140kgf/cm²(2000psi)混凝土層。

4. 10cm厚，碎石級配。底土夯實度85%以上。

5. 10×10×50cm實木木樁，經防腐處理。

6. 10cm厚，6mm 15×15cm點焊鋼絲網，210kgf/cm²(2000psi)混凝土。

階梯	枕木階梯	單位：cm	圖號：2-4-3
		本圖僅供參考	

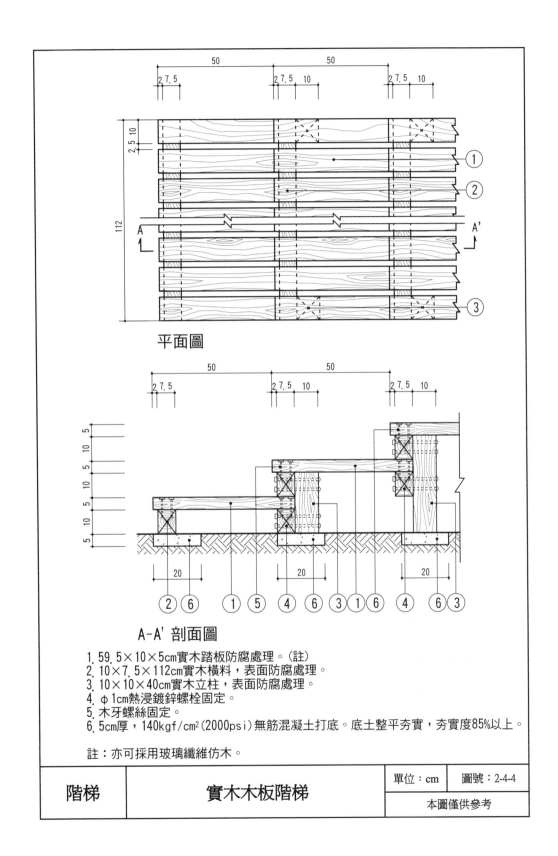

平面圖

A-A' 剖面圖

1. 59.5×10×5cm實木踏板防腐處理。（註）
2. 10×7.5×112cm實木橫料，表面防腐處理。
3. 10×10×40cm實木立柱，表面防腐處理。
4. φ1cm熱浸鍍鋅螺栓固定。
5. 木牙螺絲固定。
6. 5cm厚，140kgf/cm²（2000psi）無筋混凝土打底。底土整平夯實，夯實度85%以上。

註：亦可採用玻璃纖維仿木。

階梯	實木木板階梯	單位：cm	圖號：2-4-4
		本圖僅供參考	

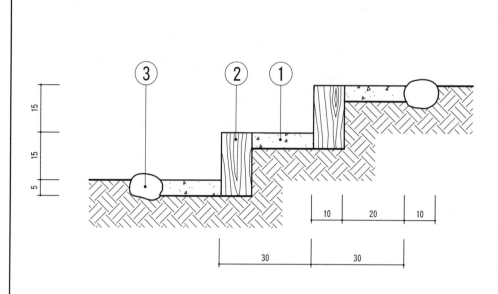

剖面圖

1. 5cm厚，140kgf/cm²(2000psi)混凝土層。

2. φ10×20cm圓木柱立砌梯面，經防腐處理。（註）

3. φ10cm石塊嵌於混凝土。底土整平夯實，夯實度85%以上。

註：亦可採用玻璃纖維仿木。

階梯	圓木柱階梯	單位：cm	圖號：2-4-5
		本圖僅供參考	

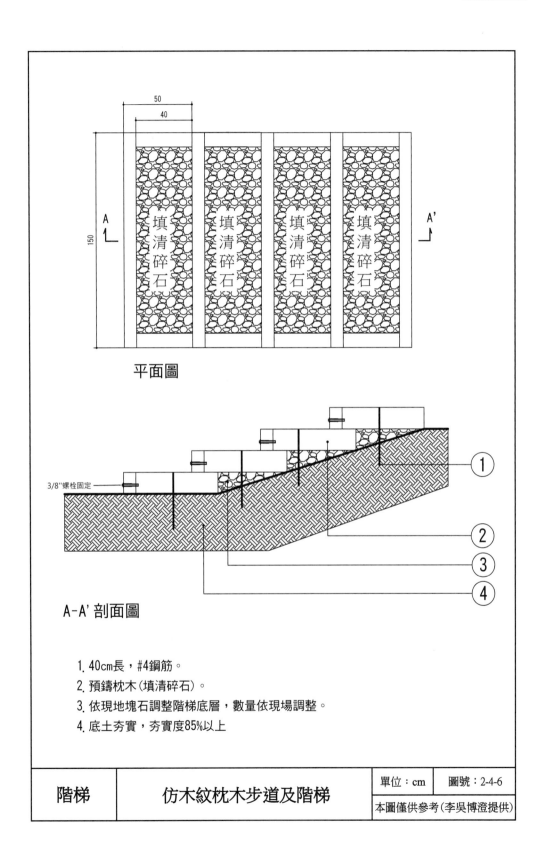

平面圖

3/8"螺栓固定

A-A' 剖面圖

1. 40cm長，#4鋼筋。
2. 預鑄枕木(填清碎石)。
3. 依現地塊石調整階梯底層，數量依現場調整。
4. 底土夯實，夯實度85%以上

階梯	仿木紋枕木步道及階梯	單位：cm	圖號：2-4-6
		本圖僅供參考(李吳博澄提供)	

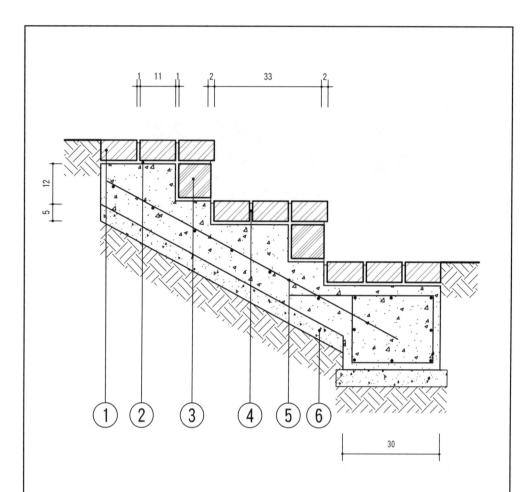

剖面圖

1. 6×11×21cm紅磚平鋪。

2. 1cm厚，1:3水泥砂漿黏貼。

3. 10×10×50cm，210kgf/cm²(3000psi)混凝土磚立砌。

4. 1cm寬，細砂填縫。

5. 12cm厚，#3@20cm鋼筋，210kgf/cm²(3000psi)混凝土層。

6. 5cm厚，140kgf/cm²(2000psi)混凝土打底，底土夯實度85%以上。

階梯	平鋪紅磚階梯	單位：cm	圖號：2-4-7
		本圖僅供參考	

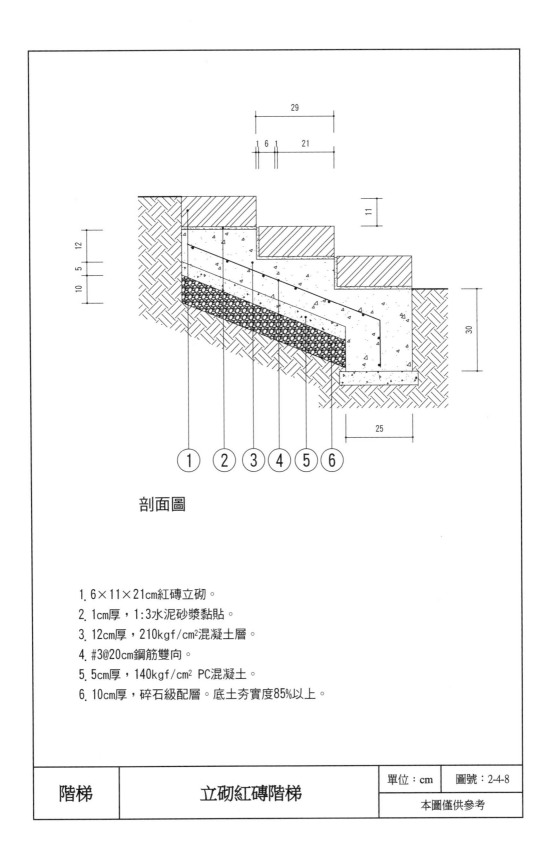

剖面圖

1. 6×11×21cm紅磚立砌。

2. 1cm厚，1:3水泥砂漿黏貼。

3. 12cm厚，210kgf/cm²混凝土層。

4. #3@20cm鋼筋雙向。

5. 5cm厚，140kgf/cm² PC混凝土。

6. 10cm厚，碎石級配層。底土夯實度85%以上。

階梯	立砌紅磚階梯	單位：cm	圖號：2-4-8
		本圖僅供參考	

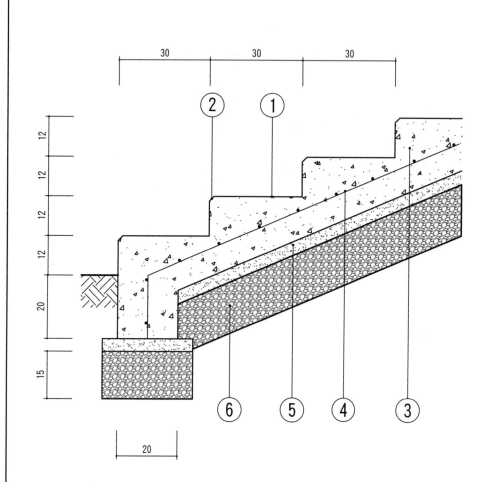

剖面圖

1. 水泥鑿面。
2. 切角1.5×1.5cm。
3. 12cm厚，210kgf/cm²(3000psi)混凝土。
4. #3@20cm鋼筋雙向。
5. 140kgf/cm²(2000psi)混凝土層。
6. 碎石級配層，底土夯實，夯實度85%以上。

階梯	混凝土階梯	單位：cm	圖號：2-4-9
		本圖僅供參考	

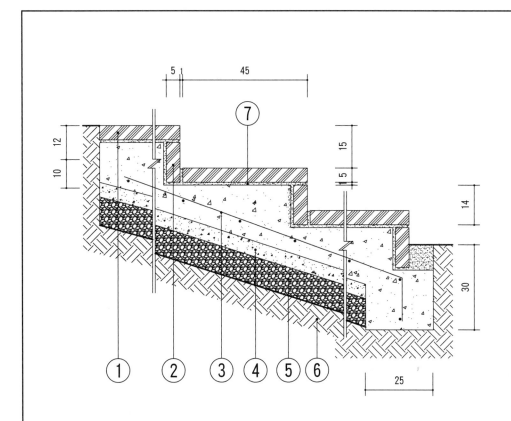

剖面圖

1. 45×90×5cm預鑄混凝土板鋪面。

2. 14×45×5cm預鑄混凝土板立砌。

3. 10cm厚，#3@20cm鋼筋雙向，210kgf/cm²(3000psi)混凝土層。

4. 5cm厚，140kgf/cm²(2000psi)混凝土打底。

5. 10cm厚，碎石級配夯實。夯實度85%以上。

6. 底土夯實度85%以上。

7. 1cm厚，1：3水泥砂漿黏貼。

階梯	預鑄混凝土板階梯	單位：cm	圖號：2-4-10
		本圖僅供參考	

▌表 2-4　階梯單價分析表

項次	項目及說明	單位	工料數量	單價	複價	備註
2-4-1	塊石階梯					
	石塊	m^3				
	碎石級配	m^3				
	夯實	m^2				
	大工	工				
	小工	工				
	工具損耗及零星工料	式				
	小　計	m^2				
2-4-2	木框碎石及花崗岩階梯					
	礫石	m^3				
	尼龍紗網	m^2				
	花崗岩石板	m^2				
	RC 仿枕木	m				
	夯實	m^2				
	大工	工				
	小工	工				
	工具損耗及零星工料	式				
	小　計	m^2				
2-4-3	枕木階梯					
	枕木	支				
	實木木樁（含防腐處理）	支				
	$210kgf/cm^2$ 混凝土	m^3				
	$140kgf/cm^2$ 混凝土	m^3				
	點焊鋼絲網，D=6mm，15×15cm	m^2				
	抿石子	m^2				
	碎石級配	m^3				
	夯實	m^2				
	大工	工				
	小工	工				
	工具損耗及零星工料	式				
	小　計	m^2				
2-4-4	實木木板階梯					
	挖土	m^3				
	回填土及殘土處理	m^3				
	實木踏板（含防腐處理）	支				
	實木橫料（含防腐處理）	支				
	實木立柱（含防腐處理）	支				

項次	項目及說明	單位	工料數量	單價	複價	備註
	140kgf/cm^2 混凝土	m^3				
	五金	式				
	夯實	m^2				
	大工	工				
	小工	工				
	工具損耗及零星工料	式				
	小 計	m^2				
2-4-5	圓木柱階梯					
	140kgf/cm^2 混凝土	m^3				
	檜木圓柱（含防腐處理）	才				
	石塊	m^3				
	夯實	m^2				
	大工	工				
	小工	工				
	工具損耗及零星工料	式				
	小 計	m^2				
2-4-6	仿木紋枕木步道及階梯					
	預鑄枕木	塊				
	固定五金（含鋼筋）	階				
	石塊	m^3				
	清碎石	m^3				
	夯實	m^2				
	大工	工				
	小工	工				
	工具損耗及零星工料	式				
	小 計	m^2				
2-4-7	平鋪紅磚階梯					
	紅磚	塊				
	1：3 水泥砂漿黏貼	m^3				
	210kgf/cm^2 混凝土磚	m^3				
	210kgf/cm^2 混凝土	m^3				
	#3@20cm 鋼筋	kg				
	細砂填縫	m^3				
	夯實	m^2				
	大工	工				
	小工	工				
	工具損耗及零星工料	式				
	小 計	m^2				
2-4-8	立砌紅磚階梯					

項次	項目及說明	單位	工料數量	單價	複價	備註
	紅磚	塊				
	1：3 水泥砂漿黏貼	m^3				
	210kgf/cm^2 混凝土	m^3				
	140kgf/cm^2 混凝土	m^3				
	#3@20cm 鋼筋雙向	kg				
	碎石級配	m^3				
	夯實	m^2				
	大工	工				
	小工	工				
	工具損耗及零星工料	式				
	小　計	座				
2-4-9	混凝土階梯					
	挖土	m^3				
	回填土及殘土處理	m^3				
	碎石底層	m^3				
	210kgf/cm^2 混凝土	m^3				
	140kgf/cm^2 混凝土	m^3				
	#3@20cm 鋼筋雙向	kg				
	模板	m^2				
	水泥鑿面	m^2				
	夯實	m^2				
	大工	工				
	小工	工				
	工具損耗及零星工料	式				
	小　計	座				
2-4-10	預鑄混凝土板階梯					
	預鑄混凝土板鋪面	m^2				
	預鑄混凝土板立砌	m^2				
	1：3 水泥砂漿黏貼	m^3				
	210kgf/cm^2 混凝土	m^3				
	140kgf/cm^2 混凝土	m^3				
	#3@20cm 鋼筋雙向	kg				
	碎石級配	m^3				
	夯實	m^2				
	大工	工				
	小工	工				
	工具損耗及零星工料	式				
	小　計	座				

05 木棧道（Wooden Paths）

　　木棧道作為戶外交通樞紐的一環，是介於水體和駁岸之間的交通設施，帶領人們由硬質陸域空間過渡到軟性水體空間的視覺感受，提供親水近水的機會，提高休閒遊憩和探索的樂趣；也讓人們於坡度較大地區便於行走。常用於生態保護區、濕地、生態水池及公園等自然度較高的地區。

（一）木棧道的功能

1. 方便人們行走、休息、觀景和交流，並豐富視覺景觀的層次感。
2. 在景區中具有引導、疏散和圍合的作用。
3. 在地形變化較大之處，提供安全的通路。
4. 串聯觀光遊憩景點，達到休閒娛樂的功能。
5. 由於木料具有一定的彈性和樸實的質感，因此行走其上比一般人造材料之棧道較為舒適。
6. 保護生物棲地。

（二）木棧道設計原則

1. 以安全、舒適、便利及完善設施為考量。
2. 因地制宜，以不破壞既有地形地貌為宜。
3. 儘可能保存既有植栽，並充分運用於木棧道之綠化。
4. 避開地質不穩定或風化侵蝕明顯之區域。
5. 設置在生態較敏感，以保護生物棲地。
6. 若設置在生態池，應避免從池中經過。
7. 避免大面積使用，以減少熱漲冷縮造成局部損壞。

（三）木棧道設計準則

1. 可採用全木結構或混凝土、金屬、石材及人造合成材料混合搭建。
2. 板面厚度依據下部木架空層的支撐點間距而定，一般為 3 ～ 5cm 厚，板寬 10 ～ 20cm 之間。
3. 板面須作防滑處理。
4. 可視遊客使用量決定步道寬度，一般以 1.5 ～ 3.0m 為宜。
5. 立柱間距以 1.5 ～ 2m 為原則，可視地勢及現場狀況增設加強構件。

6. 木棧道表面須平順，且高出所建地坪。

7. 木棧道高度超過 60cm 以上者，應加設斜拉桿或橫拉桿，以確保結構安全。

8. 踏木木板留縫間距以 0.5 ～ 0.8cm 為宜。

9. 木棧道兩端基座應先整地、夯實；若表層土質鬆軟，則須先行挖除鬆土至監造單位認可之深度，再回填碎石級配。

10. 踏面木板接縫或釘眼須排列規整，弧線順暢，螺釘及螺栓頂部不得高出踏木表面。

11. 踏木底部應予削切，以提供基座枕木穩固的承受面。

12. 踏木不應直接鋪在地面上，下部需有至少 2cm 的架空層，以避免雨水浸泡，並保持木材底部乾燥通風。

13. 連接木料的螺釘、螺栓、木螺絲、鐵釘及其他補強繫結鐵件均須為不鏽鋼材質或熱浸鍍鋅防鏽處理，並不得使用無螺紋釘直接釘入木板。

14. 立柱、橫梁除特別標示之外，皆為原木裁切一體成型。立柱、橫梁材料不得使用非膠合木柱，或僅以螺栓鎖合的拼裝木料。

15. 木製材料於自然環境下自然濕漲、乾縮容許尺寸為 ±5% 之內，木材裁切、施工容許誤差尺寸在 ±5% 之內。

16. 木材運到工地後，及加工後的木裝材料，須置於通風、有覆蓋、不受潮的場地，日後發現有彎曲變形的材料不得採用。

17. 木棧道兩側應避免種植有害樹種（植物種類可參考「景觀設計與施工總論 09 各類有害植物種類」）。

(四) 木棧道材料選擇準則

1. 木棧道所用木料必須經過嚴格的防腐、防蟲和乾燥處理。

2. 所有木材應於進行防腐處理前，先做完整而精確的加工，並須乾淨且無滴油現象。

3. 適當塗護木油保護，以延長木材壽命與保護色澤。

4. 護木油選用戶外專用防霉、防鏽的中性抗紫外線、無毒環保的塗料。

5. 木料應削去表皮且底端削切平整，所有突出枝幹與節瘤應去除。

6. 材料厚度必須依材質不同而有所增減。

7. 材料質感依其場所的用途加以變化。

8. 結構用木料及木板應符合 AASHTO M168 之規定。

9. 木料的防腐劑及防腐處理應符合 AASHTO M133 之規定。

10. 所用之沖釘與暗榫應符合 ASTM A307 之規定。

11. 鍍鋅五金配件應符合 AASHTO M230 之規定。

12. 材料種類及特性可參考「景觀設計與施工各論 01 舖面」。

(五) 木棧道相關法規及標準

1. 行政院公共工程委員會——公共工程技術資料庫國際標準技術規定
   (1) 美國州公路及運輸標準 AASHTO 規定。
   (2) 美國材料試驗標準 ASTM 規定。

(六) 以下施工圖樣僅供參考，實際應用仍須因地制宜作適度調整。

參考文獻

1. 王小璘、何友鋒，1993，觀光農園設施物圖樣參考圖集，臺灣省政府農林廳，p.228。

2. 王小璘、何友鋒，1994，休閒農業區設施物參考圖集，台灣省農會，p.512。

3. 王小璘、何友鋒，1999，公園綠地規劃設計準則研究，內政部營建署，p.186。

4. 王小璘、何友鋒，1999，景觀設施專業施工、監造制度研究，內政部營建署，p.380。

5. 王小璘，2001，王功漁港港區照明、親水及安全設施工程規劃設計，彰化縣政府。

6. 王小璘、何友鋒，2001，台中縣太平市頭汴坑自然保育教育中心規劃設計，臺中縣太平市農會，p.130。

7. 王小璘、何友鋒，2002，石崗鄉保健植物教育農園規劃設計及景觀改善，行政院農委會，p.105。

8. 王小璘，2014，邢臺縣天梯山風景名勝區總體規劃，邢臺縣天梯山遊覽區管理處。

9. 王小璘，2014，邢臺紫金山風景名勝區總體規劃，邢臺縣盛敖旅遊開發有限公司。

10. 何友鋒、王小璘，2006，台中市（不含新市政中心及干城地區）都市設計審議規範及大坑風景區設計規範擬定，臺中市政府，p.395。

11. 台灣山林悠遊網

    https://recreation.forest.gov.tw。

12. 交通部高速公路局

    https://www.freeway.gov.tw。

13. 行政院公共工程委員會——公共工程技術資料庫

    https://pcces.pcc.gov.tw/csi/Default.aspx?FunID=Fun_4_4。

14. 桃園市政府環境保護局

    https://www.tydep.gov.tw。

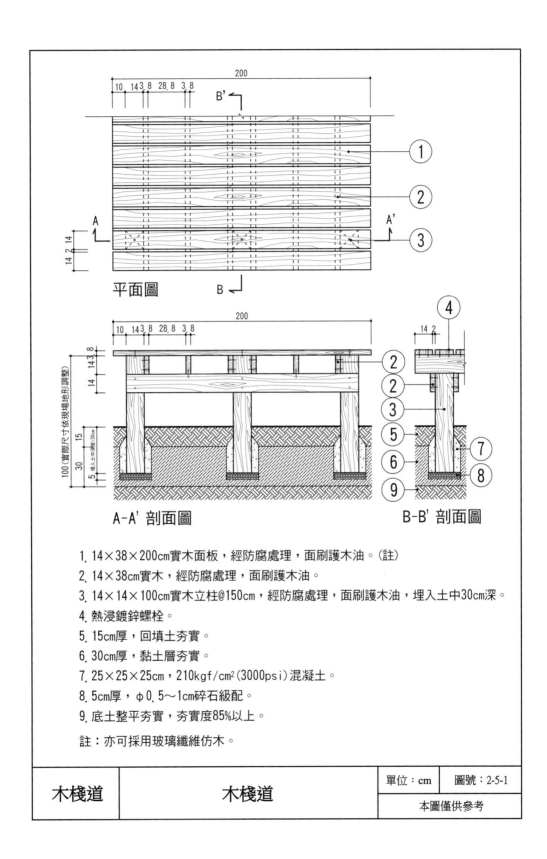

平面圖

A-A' 剖面圖

B-B' 剖面圖

1. 14×38×200cm實木面板，經防腐處理，面刷護木油。(註)

2. 14×38cm實木，經防腐處理，面刷護木油。

3. 14×14×100cm實木立柱@150cm，經防腐處理，面刷護木油，埋入土中30cm深。

4. 熱浸鍍鋅螺栓。

5. 15cm厚，回填土夯實。

6. 30cm厚，黏土層夯實。

7. 25×25×25cm，210kgf/cm²(3000psi)混凝土。

8. 5cm厚，φ0.5～1cm碎石級配。

9. 底土整平夯實，夯實度85%以上。

註：亦可採用玻璃纖維仿木。

木棧道	木棧道	單位：cm	圖號：2-5-1
		本圖僅供參考	

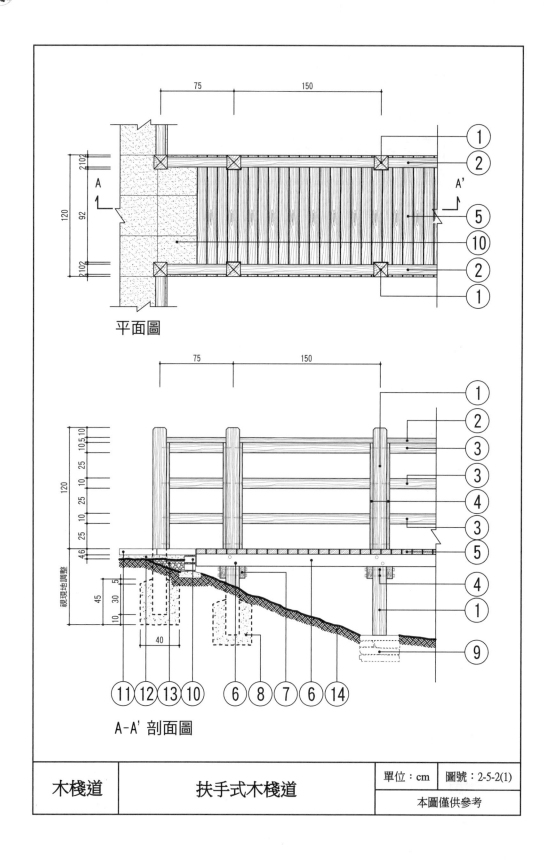

平面圖

A-A'剖面圖

木棧道	扶手式木棧道	單位：cm	圖號：2-5-2(1)
		本圖僅供參考	

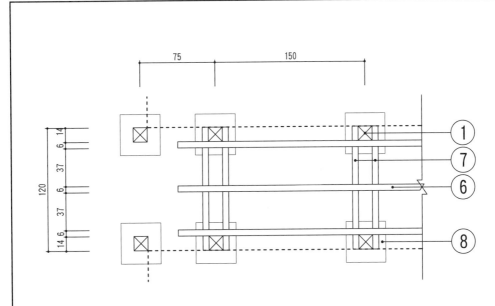

梁柱結構平面圖

1. 14×14×220cm實木立柱，經防腐處理，面刷護木油。（註）
2. 10×5×136cm實木扶手蓋板，經防腐處理，面刷護木油。
3. 10×4×136cm實木扶手側板，經防腐處理，面刷護木油。
4. 3×3×105cm實木扶手固定板，經防腐處理，面刷護木油，以四支3/8" 木牙拴固定。
5. 10×5×120cm實木上踏板，經防腐處理，面刷護木油，每片間隙0.5cm。
6. 6×12×136cm實木上橫木，經防腐處理，面刷護木油。
7. 6×12×120cm實木下橫木，經防腐處理，面刷護木油。
8. 40×40×45cm，210kgf/cm² (3000psi)混凝土基座。
9. 40×40×6cm岩石磚。
10. 6×12×24cm紅磚或混凝土預鑄緣石。
11. 40×40×6cm混凝土高壓地磚。
12. 4cm厚，細砂。
13. 碎石級配填平夯實
14. 原有土壤夯實，夯實度85%以上。

註：亦可採用玻璃纖維仿木。

木棧道	扶手式木棧道	單位：cm	圖號：2-5-2(2)
		本圖僅供參考	

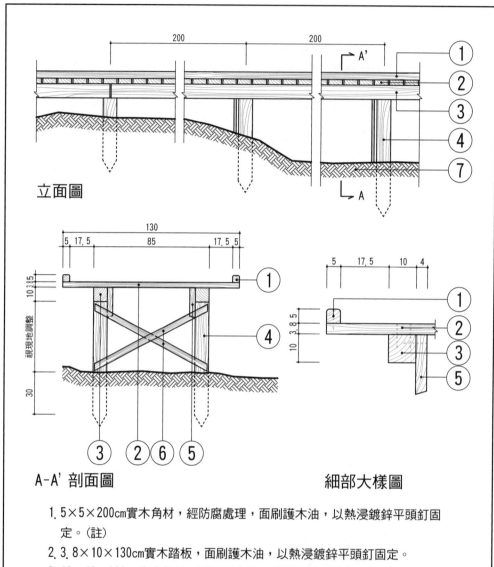

立面圖

A-A' 剖面圖

細部大樣圖

1. 5×5×200cm實木角材，經防腐處理，面刷護木油，以熱浸鍍鋅平頭釘固定。（註）

2. 3.8×10×130cm實木踏板，面刷護木油，以熱浸鍍鋅平頭釘固定。

3. 10×10×200cm實木橫梁，面刷護木油，以熱浸鍍鋅平頭釘固定。

4. 7.5×7.5×200cm實木立柱，面刷護木油，以熱浸鍍鋅平頭釘固定，埋入土中30cm深。

5. 10×21×4cm實木補強料，面刷護木油，以熱浸鍍鋅平頭釘固定。

6. 3×4.5×110cm實木斜撐材，面刷護木油，以熱浸鍍鋅平頭釘固定。

7. 原有土壤夯實，夯實度85%以上。

註：亦可採用玻璃纖維仿木。

木棧道	平臺式木棧道	單位：cm	圖號：2-5-3
		本圖僅供參考	

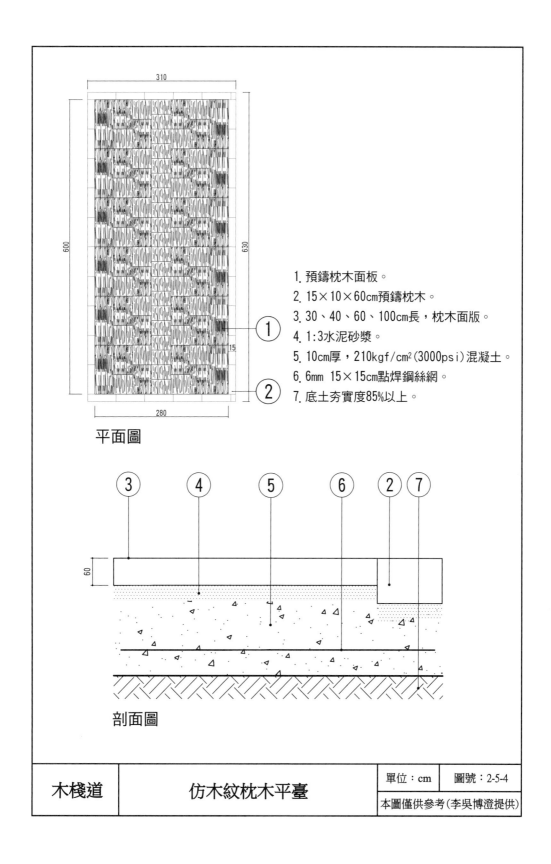

平面圖

1. 預鑄枕木面板。
2. 15×10×60cm預鑄枕木。
3. 30、40、60、100cm長，枕木面版。
4. 1:3水泥砂漿。
5. 10cm厚，210kgf/cm² (3000psi)混凝土。
6. 6mm 15×15cm點焊鋼絲網。
7. 底土夯實度85%以上。

剖面圖

木棧道	仿木紋枕木平臺	單位：cm	圖號：2-5-4
		本圖僅供參考(李吳博澄提供)	

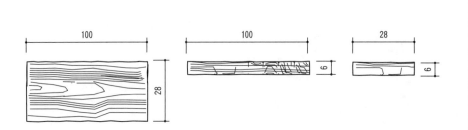

平面圖

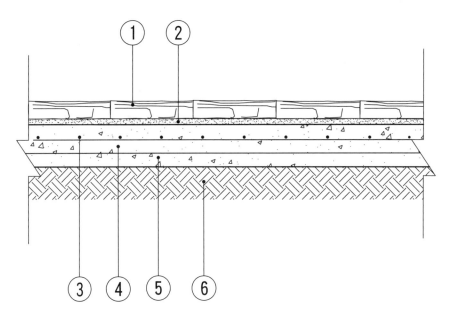

剖面圖

1. 6cm厚，混凝土仿木，留設伸縮縫。
2. 2～3cm厚，1:3水泥砂漿。
3. 6mm 15×15cm點焊鋼絲網。
4. 10cm厚，210kgf/cm²(3000psi)混凝土。
5. 5cm厚，140kgf/cm²(2000psi)混凝土。
6. 底土整平夯實，夯實度85%以上。

木棧道	混凝土木棧道	單位：cm	圖號：2-5-5
		本圖僅供參考(劉金花提供)	

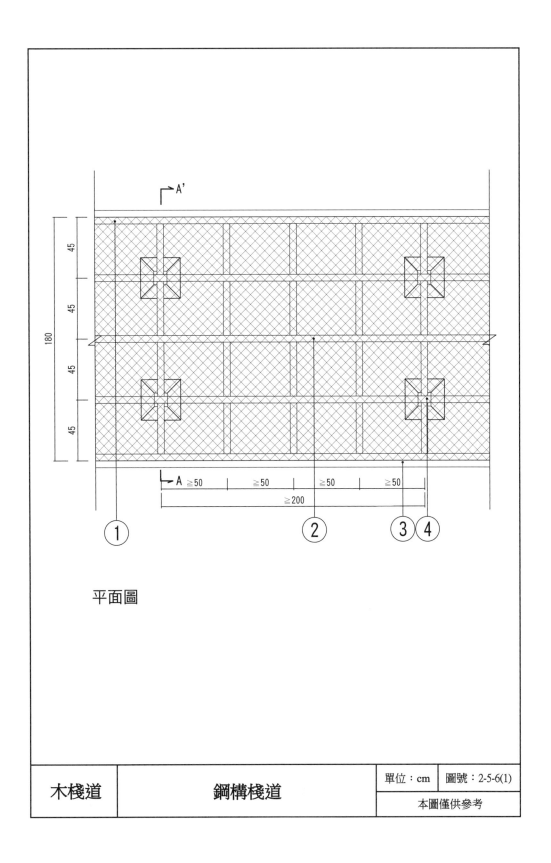

平面圖

木棧道	鋼構棧道	單位：cm	圖號：2-5-6(1)
		本圖僅供參考	

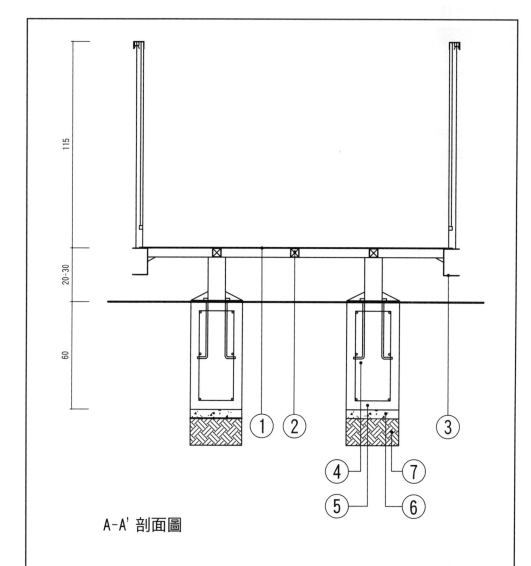

A-A' 剖面圖

1. 150×180×4.5cm厚,熱浸鍍鋅擴張網。

2. 5×5×0.2cm熱浸鍍鋅烤漆方管格柵梁。

3. 9×15cm槽鋼。

4. 10×10×0.3cm熱浸鍍鋅烤漆方管立柱,頂部需封管。

5. 30×30×60cm,210kgf/cm² (3000psi)預拌混凝土。

6. 140kgf/cm² (2000psi)預拌混凝土。

7. 底土整平夯實。

木棧道	鋼構棧道	單位:cm	圖號:2-5-6(2)
		本圖僅供參考	

表 2-5　木棧道單價分析表

項次	項目及說明	單位	工料數量	單價	複價	備註
2-5-1	木棧道					
	實木面板材	支				
	實木支撐材	m				
	實木基腳材	支				
	防腐處理、護木油	式				
	熱浸鍍鋅螺栓	支				
	回填土壤	m^3				
	黏土層	m^3				
	210kgf/cm^2 混凝土	m^3				
	碎石級配	m^3				
	原有土壤夯實	m^2				
	零料五金	式				
	大工	工				
	小工	工				
	工具損耗及零星工料	式				
	小　計	m^2				
2-5-2	扶手式木棧道					
	實木立柱	支				
	實木扶手蓋板	支				
	實木扶手側板	支				
	實木扶手固定板	支				
	實木木踏板	支				
	實木上橫木	支				
	實木下橫木	支				
	防腐處理、護木油	式				
	210kgf/cm^2 混凝土	m^3				
	細砂	m^3				
	碎石級配	m^3				
	零料五金	式				
	夯實	m^2				
	大工	工				
	小工	工				
	工具損耗及零星工料	式				
	小　計	m^2				
2-5-3	平臺式木棧道					
	實木角材	支				
	實木面板材	支				
	實木橫梁	支				

項次	項目及說明	單位	工料數量	單價	複價	備註
	實木立柱	支				
	實木補強料	支				
	實木斜撐材	支				
	防腐處理、護木油	式				
	零料五金	式				
	夯實	m²				
	大工	工				
	小工	工				
	工具損耗及零星工料	式				
	小　計	座				
2-5-4	仿木紋枕木平臺					
	預鑄枕木板	塊				
	預鑄枕木面板	m²				
	1：3 水泥砂漿	m³				
	210kgf/cm² 預拌混凝土	m³				
	點焊鋼絲網，D = 6mm，15×15cm	m²				
	基礎模板製作及裝拆	m²				
	夯實	m²				
	大工	工				
	小工	工				
	工具損耗及零星工料	式				
	小　計	座				
2-5-5	混凝土木棧道					
	預鑄型單元磚鋪面，C 級人行道用，平板形磚，仿木紋磚	m²				
	填縫劑及填縫料，W = 1cm，地坪伸縮縫	式				
	1：3 水泥砂漿	m³				
	210kgf/cm² 預拌混凝土	m³				
	140kgf/cm² 預拌混凝土	m³				
	點焊鋼絲網，D = 6mm，15×15cm	m²				
	夯實	m²				
	大工	工				
	小工	工				
	工具損耗及零星工料	式				
	小　計	m²				
2-5-6	鋼構棧道					
	土方工作，含挖方、回填、餘方處理、壓實	式				

項次	項目及說明	單位	工料數量	單價	複價	備註
	普通模板，丙種	m^2				
	210kgf/cm^2 預拌混凝土	m^3				
	140kgf/cm^2 預拌混凝土	m^3				
	金屬材料，熱浸鍍鋅擴張網	m^2				
	熱浸鍍鋅烤漆方管格柵梁	kg				
	熱浸鍍鋅烤漆方管立柱	kg				
	槽鋼，H15×9cm， （t1 = 0.6cm，t2 = 1.05cm）	kg				
	熱浸鍍鋅處理	kg				
	金屬製品，氟碳烤漆	kg				
	金屬材料，鋼料，加工費，裁切及滿焊處理	式				
	金屬材料，鋼料，加工費，打模及補漆處理	m^2				
	不鏽鋼固定五金及五金零件	式				
	吊裝費	式				
	夯實	m^2				
	技術工	工				
	大工	工				
	小工	工				
	工具損耗及零星工料	式				
	小　計	m^2				

06 停車場（Car Parks）

　　一個妥善規劃的停車場，能使駕駛人享受到交通的便利，並可搭配相關設施滿足休憩、購物、交流等多方面的需求。停車空間是城鄉遠距通行不可或缺的交通設施。因此，如何選擇適當的停車場位置並予妥善評估，是停車場設置的重點；而停車場的空間、車道寬度與坡度及配套設施，以及綠美化，均需全盤考量與規劃。

（一）停車場的功能

1. 提供民眾安全舒適便利的停車空間。
2. 提供民眾休憩聚集的場所。
3. 提供民眾夜間戶外活動的場地。
4. 提供民眾戶外賞景的機會。
5. 提供生物遷移的中繼站。

（二）停車場設計原則

1. 區位與規模：
   ⑴停車場的位置須能從主要道路快速到達，且其出口應使駕駛人能看見其他方向來車，而不致被遮擋視線。
   ⑵所需規模依設置區位可供最大面積、使用車次和周邊及鄰近交通狀況計算之。
   ⑶汽車出入口距離都市主要幹道交叉口不小於 70m。
   ⑷距離捷運站出入口、公共運輸站臺邊緣不小於 15m。
   ⑸距離公園、學校、兒童及身心障礙者使用之出入口不小於 20m。
   ⑹距離公園或風景區主要入口 100～150m 可抵達。
   ⑺強調與環境之協調性，並最大地依自然地形地勢，因地制宜設置。
   ⑻停車場所需面積較大、土地價格又高時，可分散成幾處配置。
2. 停車空間：
   ⑴機車、自行車、身心障礙車須與各類大、中、小型汽車停車空間安全並容。
   ⑵友善通道及出入口一併納入考量。
   ⑶停車場設在山坡地，其坡度不得超過 1：20，且停車位須適度予以整地。

⑷應考量車輛進出方便及行人安全；出入口應採「人車分離」及「汽、機車分道」之方式規劃。

⑸五十輛汽車停車場，應設置一個出入口。

⑹五十至三百個停車位之停車場，應設置兩個出入口。

⑺大於三百個停車位的停車場，出口和入口須分開設置，且出入口之間的距離應大於 20m。

⑻大於五百個停車位的停車場，其出入口不得少於三處。

⑼每部停放空間為大客車 4.0×12.4m；小客車 2.5×5.5m；身障車 2.0×2.3m 以上；機車 0.7×2m。

3. 停車型式：

⑴平行型式（180°）：停車帶較窄，車輛駛出方便，適宜停放不同類型及車身長度的車輛，但一定長度內停放車輛數最少。

⑵垂直型式（90°）：用地較省，車道較寬，須倒車一次。

⑶斜列型式（30°、45°、60°、人字型）：停車帶寬度隨車身長度和停放角度而異。車輛停放較靈活，進出較方便，可迅速停放和疏散。適用於場地受限制的區域。

⑷停車位之一側應設寬度不小於 1.2m 的輪椅位置，使乘輪椅者能直接進入人行道到達目的地。

⑸停車場一側之輪椅通道與人行通道地面有高差時，應設置寬 1m 之輪椅坡道。

⑹若停車場設一處出入口，其進出通道須留設 9 ～ 10m 寬；若有兩處以上出入口，其淨距須大於 10m。

⑺若路寬不足，可利用公共設施帶植栽間之空間設置機車停車位。

⑻機車停車位以劃設於路旁停車帶為優先考慮。

4. 車道寬度與坡度：

⑴單車道寬度為 3.5m 以上，雙車道寬度為 5.5m 以上。

⑵車道坡度不得超過 1：6。

⑶車道坡道出入口應設置縱坡緩坡段 ≦ 2%。

⑷停車位角度超過 60° 者，其停車位前方應留設深 6m、寬 5m 以上的空間。

⑸車道之轉彎半徑：小型車 6m，中型車 10m，大型車 12m，聯結車 13m。

(6) 車道表面應採用粗糙不滑之材料。

(7) 無論舖面材料及構造，植物種類及種植方式，均以安全、美觀及好維護為原則。

(8) 以植草磚或鏤空石板作為植物根群透氣之用。

5. 停車配套設施：

(1) 輔助設施包括停車位欄杆、擋車器、阻車器、車輪地擋、限位器、阻擋胎橡膠減速帶、護草墊、界石等，視場地需要選用設置。

(2) 相關設施包括座椅、垃圾桶、洗手台、欄杆、指示牌、廁所、澆灌、照明設施等，配合停車型式作整體規劃。

(3) 標示牌之高度以不低於 2m 為宜。

(4) 監視系統主要針對停車場出入口、廁所、停車區、車道等區域，以提升停車場內之安全及服務品質。

6. 地坪材料：

(1) 瀝青混凝土舖面用於使用年限較短、臨時性停車場或現址已有較堅硬底層之停車場。適用於小汽車停車場，但不宜使用於含機車停車場。

(2) 混凝土舖面用於使用年限較久、現址底層較軟弱或有大載重需求之停車場。適用於機車、汽車及大客車停車場。

(3) 植草磚舖面適用於汽車停車位，但不宜使用於行人走道或乘客下車區。

(4) 透水磚透水係數至少需達 $8 \times 10 - 2$ cm/sec（JIS A1218），抗壓強度至少需達 250kgf/cm^2（JIS R2206）。適用於堤外及公園停車場。

(5) 舖面材料之組合必須與整體環境相協調。

(6) 以不同的材料組合變化，達到降低車速的目的。

(7) 材料種類及特性可參考「景觀設計與施工各論 01 舖面」。

7. 綠化植栽：

(1) 以「林下停車場」概念設計綠化植栽。

(2) 以樹下停車，車下有草，車上有樹冠之生態綠化停車場為佳。

(3) 綠化植栽以不影響車輛正常通行為原則。

(4) 以生態與人本兼具，提供優質的停車空間。

(5) 停車場周邊應種植高大常綠喬木，並有灌木綠籬作複層隔離綠帶。

(6) 以開展喬木、不落花、落葉、落果、無惡臭及具毒、無板根、枝條不脆弱、不易折斷、樹幹光滑、非誘鳥且樹型優美、觀賞性佳之種類。

⑺ 灌木避免選用有炫光之種類。

⑻ 以在地或鄉土樹種爲優先選擇種類。

⑼ 耐旱、耐風及空氣汙染、非誘鳥且易維護之樹種。（植物種類可參考「景觀設計與施工總論 08 各類環境景觀植物種類」）

⑽ 避免採用「問題樹種」。（植物種類可參考「景觀設計與施工總論 09 各類有害植物種類」）

（三）停車場設計準則

1. 地坪鋪設：

⑴ 鋪面需以耐壓、耐磨、抗滑、易維護之材質作連續性的組合排列。

⑵ 鋪面之材質及色彩應採用當地之素材，並與基地自然環境相協調。

⑶ 應配合鄰近區域的鋪面型式、材質，以營造整體鋪面之延續性。

⑷ 以綠帶或槽化島劃分各區停車空間。車位與通道、步道之間，車道與步道之間及車位與通道、車位與步道之間及停車場與外部空間之綠化植栽應整體設計。

⑸ 若停車場的使用強度不高，則匍匐性根且耐踩踏的草坪是良好的材料。

⑹ 停車場的表面材料應依停車的種類、使用頻率、交通流量而設計。基礎應與表面材料相配合，以延長使用年限。

⑺ 車道鋪面需做基礎以防重壓。

⑻ 應以無障礙友善通道設計。

⑼ 地面若有凹洞破損，應儘速以原材料補平，以確保行車安全及順暢。

⑽ 無論鋪面材料及構造、植物種類及種植方式，均以安全、美觀及好維護爲原則。

⑾ 材料種類及特性可參考「景觀設計與施工各論 01 鋪面」。

2. 地坪排水：

⑴ 洩水坡度視基地大小而定。

⑵ 排水坡度應爲 0.5% 以上，如面積大則視需要增設區內排水溝。

⑶ 排水型式得採用地表逕流及透水鋪面兩種：

A. 地表逕流：將雨水藉由地表鋪面之洩水坡度導引至排水溝後排出基地之外。

B. 透水鋪面：雨水降落後由地表吸收滲透至透水層下之排水系統，增加

地表水分滲透量。

(4) 停車場若無法順利排水，應立即修復，並重新挖填舖面。若爲排水溝渠或人孔不足，則應增加數量以利排水。

3. 生態綠化：

(1) 樹木枝下高度應符合停車位深高度；小型車爲 2.5m；中型車爲 3.5m；大型車爲 4.5m。

(2) 以生態綠化植栽劃分各區的停車空間。

(3) 停車場內種植穴之內徑宜 ≧ 1.5m×1.5m，周邊擋土墩高度＞ 20cm。

(4) 停車場內之植栽種植須不影響行車視線及周邊住家、運動場等之安全性與私密性。

(5) 槽化島若有落葉或斷裂樹枝，應立即清除以維護用路人之安全。

(6) 綠覆率不得小於 60%。

(7) 以開展性常綠喬木作遮蔭，耐空氣汙染之小喬木及灌木作綠籬，觀花，觀葉，觀果之灌木及多年生開花之地被植物搭配作複層植栽，美化環境。

(8) 耐旱耐踩草坪及耐陰之多年生草花作地被植物。

4. 照明系統：

(1) 應配合公共路燈擬訂照明計畫，並以設置高燈爲主。

(2) 高燈應避免過於接近大型喬木，以免燈光被樹葉遮蔽。

(3) 在不影響行人的順暢通行之前提下，採用柔和暖色系的低光源。

(4) 停車場出入口及場內人行道應有連續適當的夜間照明，以確保安全。

(5) 考量行人視覺與活動，塑造舒適之光環境。

（四）停車場相關法規及標準

1. 交通部，2015，交通工程規範，第九章停車設施。

2. 交通部，2015，道路交通標誌標線號誌設置規則及準用建築技術規則規定。

3. 交通部，2019，利用空地申請設置臨時路外停車場辦法。

4. 交通部運輸研究所，2017，自行車道系統規劃設計參考手冊（2017 年修訂版），第五章車道舖面暨附屬設施設計之 5.8 自行車停車。

5. 衛生福利部，2015，身心障礙者專用停車位設置管理辦法。

6. 內政部，2022，市區道路及附屬工程設計規範（111 年 2 月修訂版），第三篇道路附屬工程設計之 10.2 路邊停車帶。

7. 臺北市停車管理工程處，2018，停車場設計準則。

8. 行政院農業委員會，2022，休閒農業輔導管理辦法（111 年修正版）。

(五) 以下施工圖樣僅供參考，實際應用仍須因地制宜作適度調整。

參考文獻

1. 王小璘、何友鋒，1990，苗栗縣大湖鄉石門休閒農業區規劃研究，行政院農委會，p.255。

2. 王小璘、何友鋒，1991，台中發電廠廠區植栽選種與試種研究，台灣電力公司，p.261。

3. 王小璘、何友鋒，2000，原住民文化園區景觀規劃設計整建計畫，行政院原住民委員會文化園區管理局，p.362。

4. 內政部，2004，建築技術規則建築設計施工編。

5. 王小璘、何友鋒，1999，城鄉風貌改造——台中市東光、興大園道改善工程計畫研究，臺中市政府，p.81。

6. 王小璘、何友鋒，2002，台中市自行車專用道系統之研究計畫，臺中市政府，p.515。

7. 王小璘、何友鋒，2002，石崗鄉保健植物教育農園規劃設計及景觀改善，行政院農委會，p.105。

8. 王小璘、何友鋒，2006，台灣電力公司龍門計畫核能四廠景觀細部設計，台灣電力公司。

9. 王小璘、何友鋒，2013，101 年台中港路——臺灣大道景觀旗艦計畫成果報告，臺中市政府，p.160。

10. 王小璘，2014，張家口市水母宮風景名勝區總體規劃，張家口園林綠化管理局。

11. 內政部，2022，市區道路及附屬工程設計規範（111 年 2 月修訂版）。

12. 交通部，2015，道路交通標誌標線號誌設置規則及準用建築技術規則規定。

13. 交通部，2015，交通工程規範，交通技術標準規範公路類公路工程部。

14. 交通部，2019，利用空地申請設置臨時路外停車場辦法。

15. 交通部運輸研究所，2017，自行車道系統規劃設計參考手冊（2017 年修訂版）。

16. 行政院農業委員會，2022，休閒農業輔導管理辦法（111 年修正版）。

17. 何友鋒、王小璘，2006，台中市（不含新市政中心及干城地區）都市設計審議規範及大坑風景區設計規範擬定，臺中市政府，p.395。

18. 臺北市停車管理工程處，2018，停車場設計準則。

19. 衛生福利部，2015，身心障礙者專用停車位設置管理辦法。

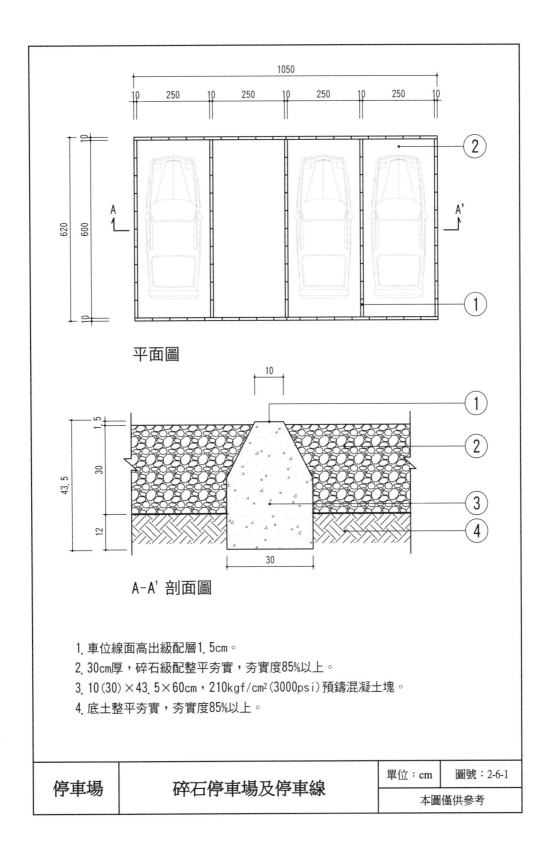

平面圖

A-A' 剖面圖

1. 車位線面高出級配層1.5cm。
2. 30cm厚，碎石級配整平夯實，夯實度85%以上。
3. 10(30)×43.5×60cm，210kgf/cm²(3000psi)預鑄混凝土塊。
4. 底土整平夯實，夯實度85%以上。

停車場	碎石停車場及停車線	單位：cm	圖號：2-6-1
		本圖僅供參考	

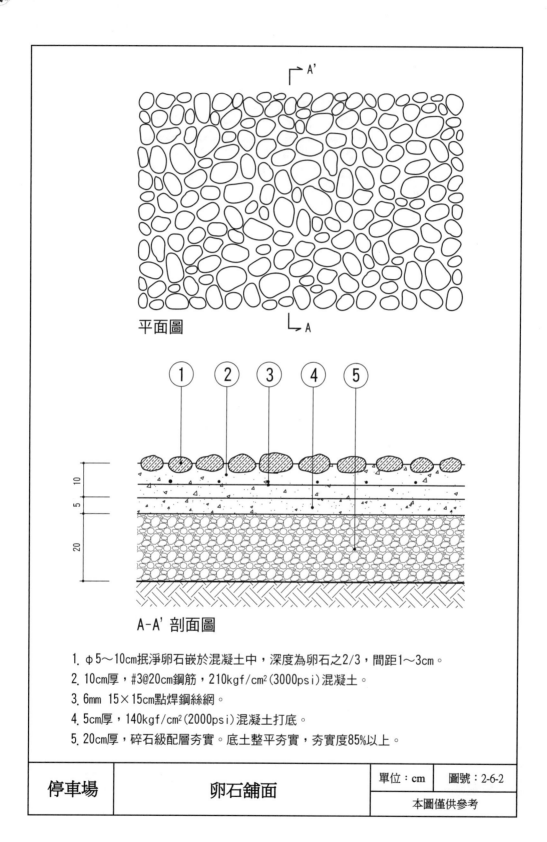

平面圖

① ② ③ ④ ⑤

A-A' 剖面圖

1. φ5～10cm抵淨卵石嵌於混凝土中，深度為卵石之2/3，間距1～3cm。

2. 10cm厚，#3@20cm鋼筋，210kgf/cm²（3000psi）混凝土。

3. 6mm 15×15cm點焊鋼絲網。

4. 5cm厚，140kgf/cm²（2000psi）混凝土打底。

5. 20cm厚，碎石級配層夯實。底土整平夯實，夯實度85%以上。

停車場	卵石舖面	單位：cm	圖號：2-6-2
		本圖僅供參考	

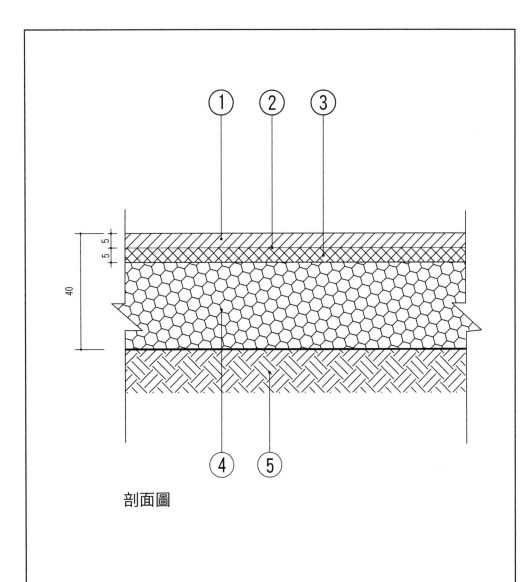

剖面圖

1. 5cm厚，3/4"密級配瀝青混凝土。
2. 黏層。
3. 5cm厚，3/4"密級配瀝青混凝土。
4. 30cm厚，級配粒料底層。
5. 底土整平夯實，夯實度85%以上。

停車場	瀝青混凝土停車場舖面	單位：cm	圖號：2-6-3
		本圖僅供參考(劉金花提供)	

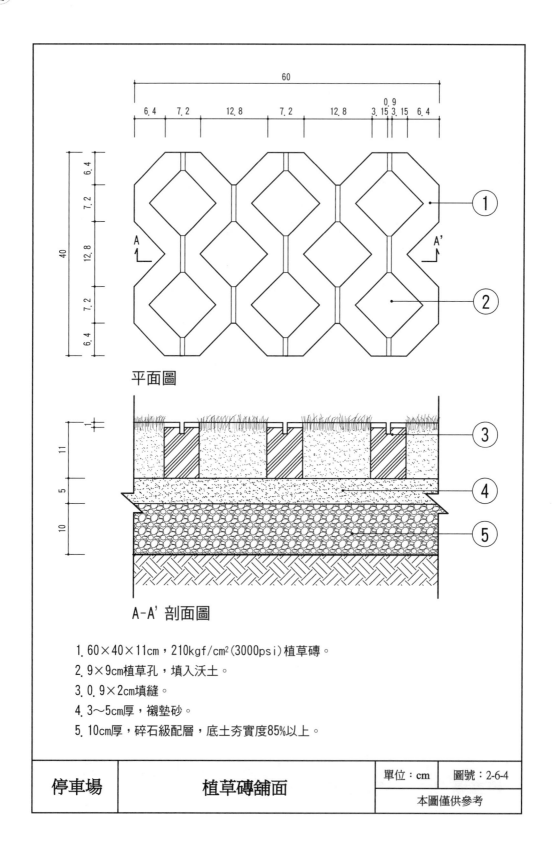

平面圖

A-A' 剖面圖

1. 60×40×11cm，210kgf/cm²(3000psi)植草磚。

2. 9×9cm植草孔，填入沃土。

3. 0.9×2cm填縫。

4. 3～5cm厚，襯墊砂。

5. 10cm厚，碎石級配層，底土夯實度85%以上。

停車場	植草磚舖面	單位：cm	圖號：2-6-4
		本圖僅供參考	

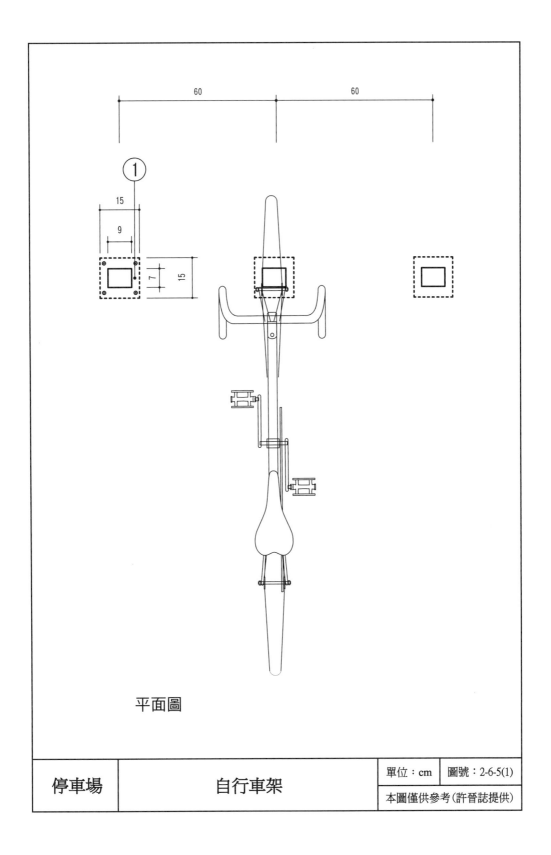

平面圖

停車場	自行車架	單位：cm	圖號：2-6-5(1)
		本圖僅供參考(許晉誌提供)	

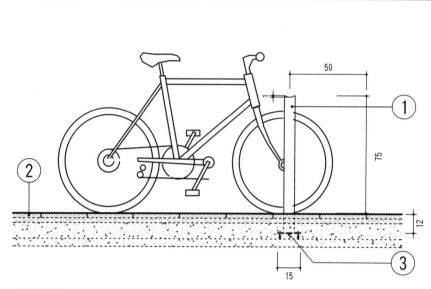

立面圖

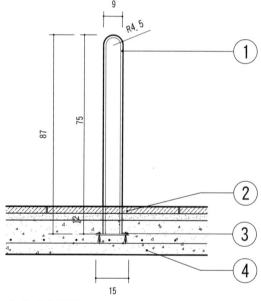

車架剖面圖

1. 0.3cm厚，不鏽鋼板。
2. 3cm厚，花崗石。
3. 0.5cm厚，鋼板。
4. 210kgf/cm²(3000psi)混凝土層。底土整平夯實，夯實度85%以上。

停車場	自行車架	單位：cm	圖號：2-6-5(2)
		本圖僅供參考(許晉誌提供)	

表 2-6 停車場單價分析表

項次	項目及說明	單位	工料數量	單價	複價	備註
2-6-1	碎石停車場及停車線					
	挖土	m^3				
	回填土及殘土處理	m^3				
	碎石級配	m^3				
	210kgf/cm^2 預鑄混凝土塊	塊				
	夯實	m^2				
	大工	工				
	小工	工				
	工具損耗及零星工料	式				
	小　計	m^2				
2-6-2	卵石舖面					
	整地	m^3				
	卵石	m^3				
	210kgf/cm^2 透水混凝土	m^3				
	#3@20cm 鋼筋	kg				
	140kgf/cm^2 混凝土	m^3				
	點焊鋼絲網， D = 6mm，15×15cm	m^2				
	碎石級配料	m^3				
	夯實	m^2				
	大工	工				
	小工	工				
	工具損耗及零星工料	式				
	小　計	m^2				
2-6-3	瀝青混凝土停車場舖面					
	土方工作，開挖	m^3				
	土方近運利用 （含推平，運距 2km）	m^3				
	路基整理	m^2				
	瀝青黏層，快凝油溶瀝青， RC-70	m^2				
	瀝青透層，中凝油溶瀝青， MC-70	m^2				
	瀝青混凝土舖面， 粗粒料 1.9cm，黏度 AC-10	m^3				
	瀝青混凝土舖面，（第 1 類型， 密級配），粗粒料 1.9cm，黏 度 AC-20	m^3				
	碎石級配	m^3				

項次	項目及說明	單位	工料數量	單價	複價	備註
	夯實	m²				
	大工	工				
	小工	工				
	工具損耗及零星工料	式				
	小　計	m²				
2-6-4	植草磚舖面					
	210kgf/cm² 植草磚	m²				
	沃土	m³				
	襯墊砂	m³				
	碎石級配	m³				
	夯實	m²				
	大工	工				
	小工	工				
	工具損耗及零星工料	式				
	小　計	m²				
2-6-5	自行車架					
	不鏽鋼板	kg				
	210kgf/cm² 混凝土	m³				
	工廠內鋼料加工、焊接、切割、成形	kg				
	夯實	m²				
	小工	工				
	工具損耗及零星工料	式				
	小　計	座				

07 車阻（Bollards）

車阻可以引導行車方向，保障行人安全，並界定空間。其造型色彩多樣，可美化景觀，也可作為藝術小品，點綴景區。

（一）車阻設計原則

1. 設置於需阻擋車輛進入之處、重要活動地點及通往公共空間入口處，以及需界定空間屬性之地點。
2. 須兼顧行人、輔具使用者及視障者之安全。
3. 造型色彩須兼具警示性及辨識性。
4. 須兼具實用及美觀。
5. 依使用需求採用固定式、活動式或升降式。

（二）車阻設計準則

1. 車阻間的距離，應能阻止車輛通過。
2. 車阻設置的高度，應能阻止自行車跨越。
3. 車阻上應漆有明亮的色彩，或貼附反光材質飾條提醒用路人注意。
4. 與鋪面連接應有收邊處理。
5. 車阻可作為公共藝術品設計。
6. 造型應兼具簡約創意。
7. 構造力求簡單。

（三）車阻材料選擇準則

1. 堅固耐用、適用性及可回收性。
2. 具有地方特色。
3. 質感力求自然。
4. 易於維修及保養。
5. 水泥預鑄面材以天然石材較佳。
6. 除反光飾條，金屬材質以本色為原則。
7. 材料種類及特性可參考「景觀設計與施工各論 01 鋪面」。

（四） 車阻相關法規及標準

1. 內政部營建署，2018，都市人本交通道路規劃設計手冊（第二版），第四章都市人行環境規劃設計之 4.3.2 人行環境設計原則之五、人行道路口轉角屏障設施設置原則——車阻。

2. 交通部，2020，公路景觀設計規範，第六章公路景觀設施之 6.5 街道傢俱。

（五） 以下施工圖樣僅供參考，實際應用仍須因地制宜作適度調整。

參考文獻

1. 王小璘、何友鋒，2001，觀光農園公共設施物圖集，行政院農業委員會，p.402。

2. 王小璘、何友鋒，2002，台中市自行車專用道系統之研究計畫，臺中市政府，p.515。

3. 內政部，2022，市區道路及附屬工程設計規範（111 年 2 月修訂版）。

4. 內政部營建署，2014，都市公園綠地各主要出入口無障礙設施設置原則辦理。

5. 內政部營建署，2018，都市人本交通道路規劃設計手冊（第二版）。

6. 交通部運輸研究所，2017，自行車道系統規劃設計參考手冊（2017 年修訂版）。

7. 交通部，2020，公路景觀設計規範，交通技術標準規範公路類公路工程部。

8. 內政部營建署人本道路資訊網

https://myway.cpami.gov.tw/Downloadcent/designDownloadcent.html?page=1。

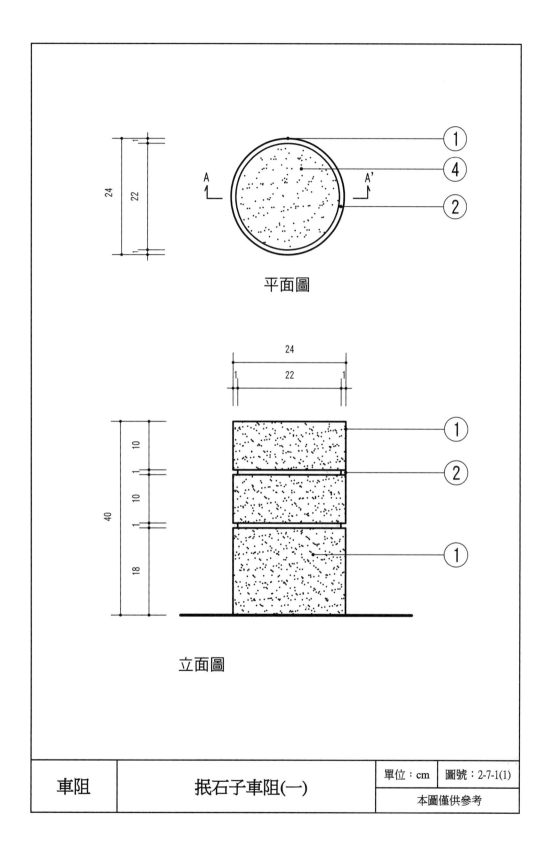

平面圖

立面圖

車阻	抿石子車阻(一)	單位：cm	圖號：2-7-1(1)
		本圖僅供參考	

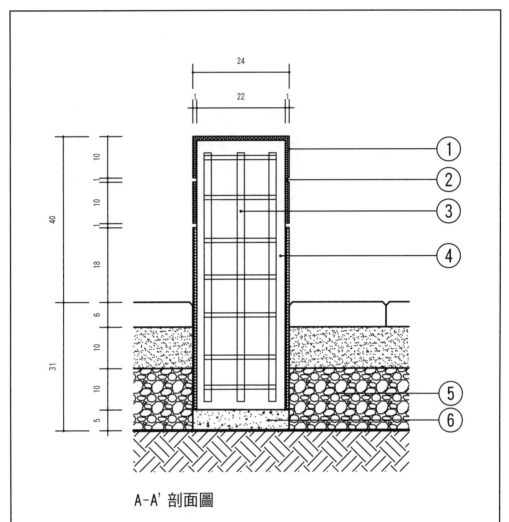

A-A' 剖面圖

1. 1cm厚，φ0.3cm抿石子，導圓角，R=1.5cm。

2. 0.5cm寬，勾縫。

3. φ1.6cm或φ1.9cm鋼筋四支，60cm長。

4. 210kgf/cm²(3000psi)混凝土。

5. 15cm碎石級配，底土夯實度85%以上。

6. 5cm厚，140kgf/cm²(2000psi)混凝土。底土整平夯實，夯實度80%以上。

車阻	抿石子車阻(一)	單位：cm	圖號：2-7-1(2)
		本圖僅供參考	

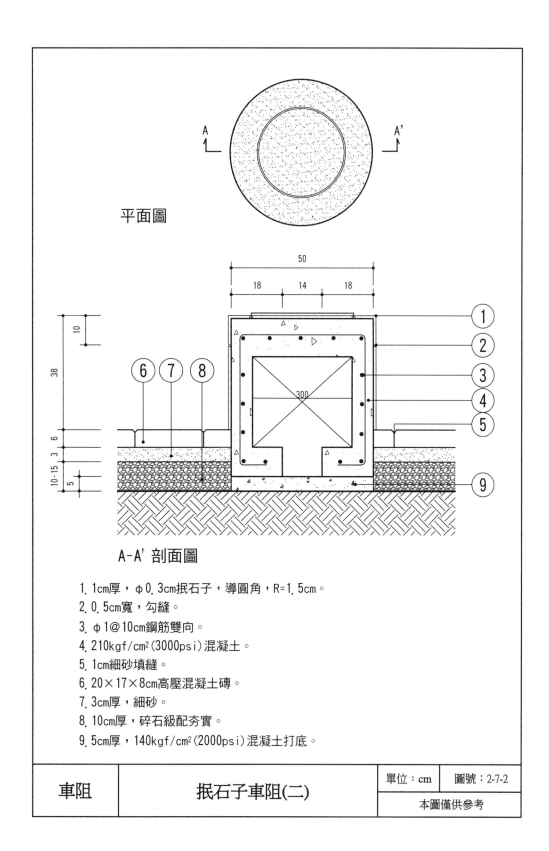

平面圖

A-A' 剖面圖

1. 1cm厚，φ0.3cm抿石子，導圓角，R=1.5cm。

2. 0.5cm寬，勾縫。

3. φ1@10cm鋼筋雙向。

4. 210kgf/cm²(3000psi)混凝土。

5. 1cm細砂填縫。

6. 20×17×8cm高壓混凝土磚。

7. 3cm厚，細砂。

8. 10cm厚，碎石級配夯實。

9. 5cm厚，140kgf/cm²(2000psi)混凝土打底。

車阻	抿石子車阻(二)	單位：cm	圖號：2-7-2
		本圖僅供參考	

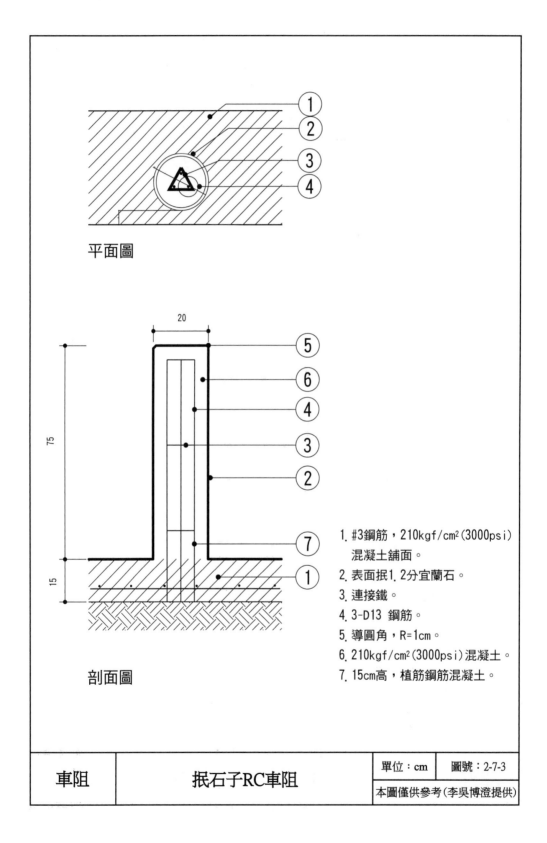

平面圖

剖面圖

20

75

15

1. #3鋼筋，210kgf/cm²(3000psi)
   混凝土舖面。
2. 表面抿1.2分宜蘭石。
3. 連接鐵。
4. 3-D13 鋼筋。
5. 導圓角，R=1cm。
6. 210kgf/cm²(3000psi)混凝土。
7. 15cm高，植筋鋼筋混凝土。

車阻	抿石子RC車阻	單位：cm	圖號：2-7-3
		本圖僅供參考(李吳博澄提供)	

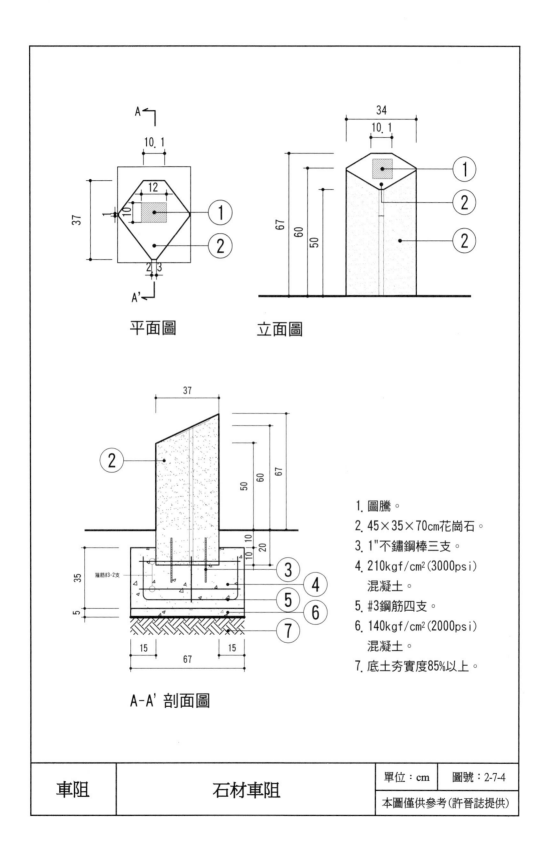

平面圖

立面圖

1. 圖騰。
2. 45×35×70㎝花崗石。
3. 1"不鏽鋼棒三支。
4. 210kgf/cm²(3000psi)
   混凝土。
5. #3鋼筋四支。
6. 140kgf/cm²(2000psi)
   混凝土。
7. 底土夯實度85%以上。

A-A' 剖面圖

車阻	石材車阻	單位：cm	圖號：2-7-4
		本圖僅供參考(許晉誌提供)	

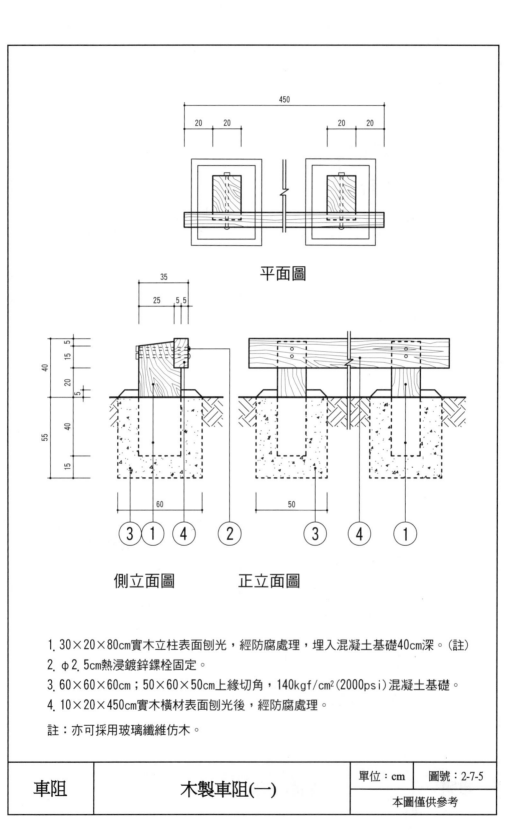

平面圖

側立面圖　　　　正立面圖

1. 30×20×80cm實木立柱表面刨光，經防腐處理，埋入混凝土基礎40cm深。(註)
2. φ2.5cm熱浸鍍鋅鏍栓固定。
3. 60×60×60cm；50×60×50cm上緣切角，140kgf/cm²(2000psi)混凝土基礎。
4. 10×20×450cm實木橫材表面刨光後，經防腐處理。

註：亦可採用玻璃纖維仿木。

車阻	木製車阻(一)	單位：cm	圖號：2-7-5
		本圖僅供參考	

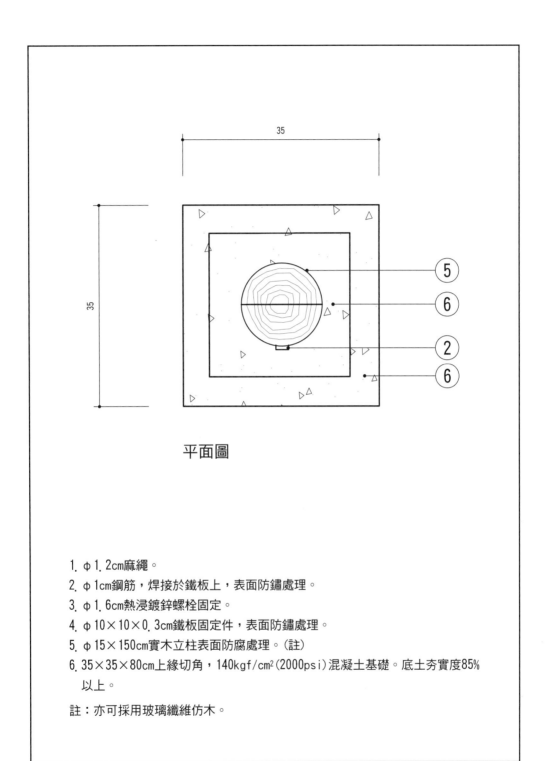

平面圖

1. φ1.2cm麻繩。
2. φ1cm鋼筋，焊接於鐵板上，表面防鏽處理。
3. φ1.6cm熱浸鍍鋅螺栓固定。
4. φ10×10×0.3cm鐵板固定件，表面防鏽處理。
5. φ15×150cm實木立柱表面防腐處理。（註）
6. 35×35×80cm上緣切角，140kgf/cm² (2000psi) 混凝土基礎。底土夯實度85%
　　以上。

註：亦可採用玻璃纖維仿木。

車阻	木製車阻(二)	單位：cm	圖號：2-7-6(1)
		本圖僅供參考	

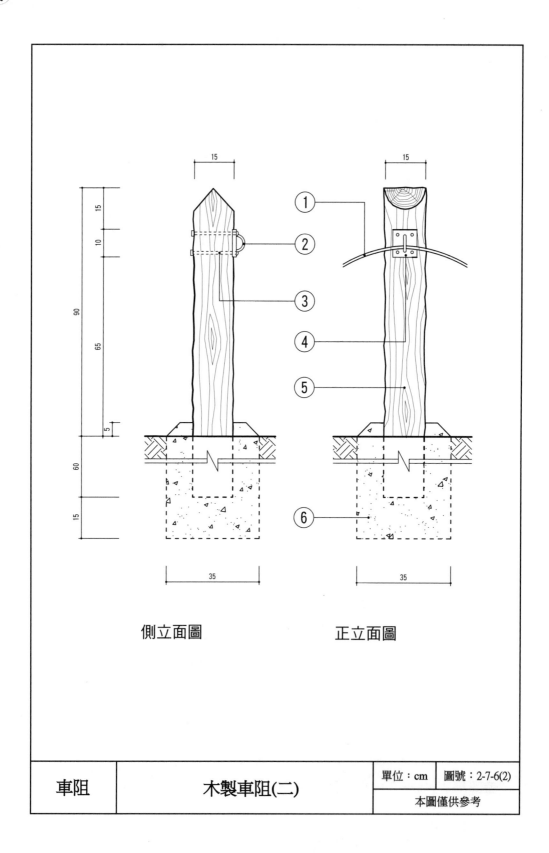

車阻	木製車阻(二)	單位：cm	圖號：2-7-6(2)
		本圖僅供參考	

側立面圖　　　正立面圖

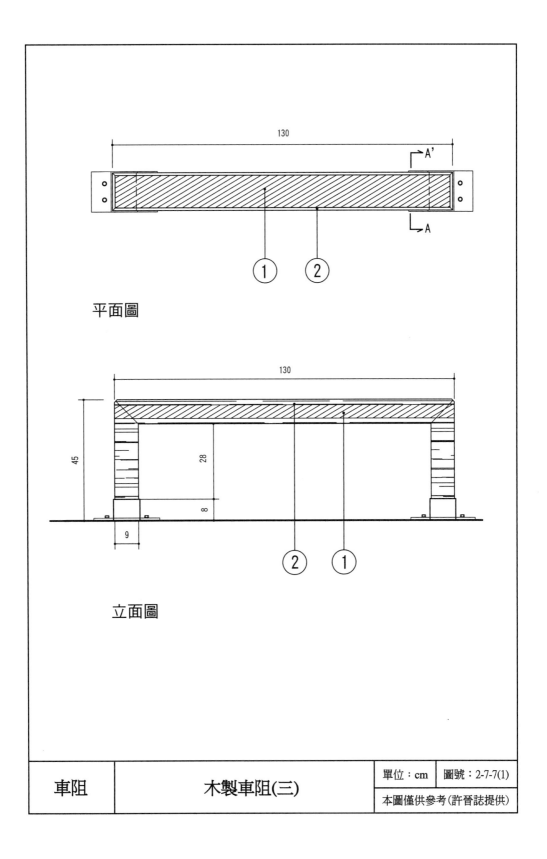

平面圖

立面圖

車阻	木製車阻(三)	單位：cm	圖號：2-7-7(1)
		本圖僅供參考(許晉誌提供)	

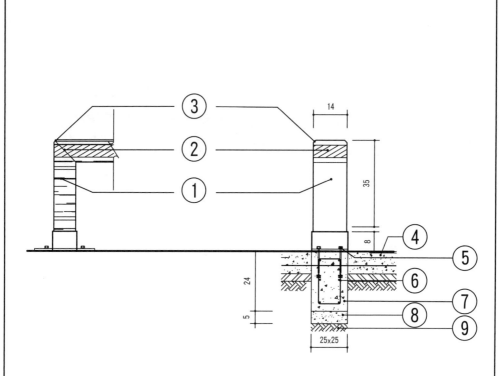

A-A' 剖面圖

1. 14×9cm鐵木。

2. 5cm寬，黑黃斜紋反光貼紙。

3. 切斜角1cm。

4. PC混凝土。

5. φ1cm，20cm長，固定螺桿四支。

6. #3@15×15cm鋼筋。

7. 210kgf/cm²(3000psi)混凝土。

8. 5cm厚，140kgf/cm²(2000psi)混凝土打底。

9. 底土夯實度85%以上。

車阻	木製車阻(三)	單位：cm	圖號：2-7-7(2)
		本圖僅供參考(許晉誌提供)	

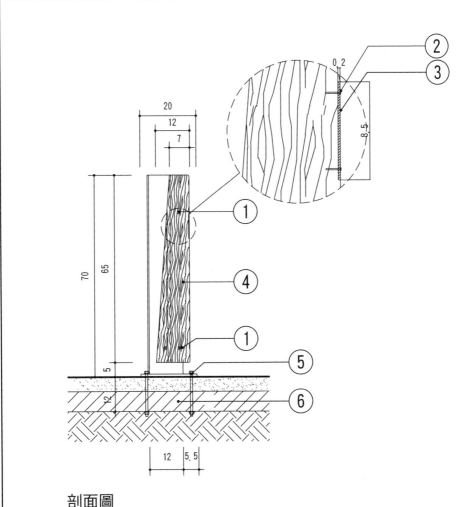

剖面圖

1. 鋼製圓蓋螺帽。
2. 螺栓鎖固。
3. 0.2cm厚，鋼板嵌入，面貼反光貼紙。
4. 鐵木。
5. 1cm厚，鋼底板，接合需滿焊固定磨平。
6. 面層結構。底土夯實度85%以上。

車阻	棧道型木製鋼料車阻	單位：cm	圖號：2-7-8
		本圖僅供參考(許晉誌提供)	

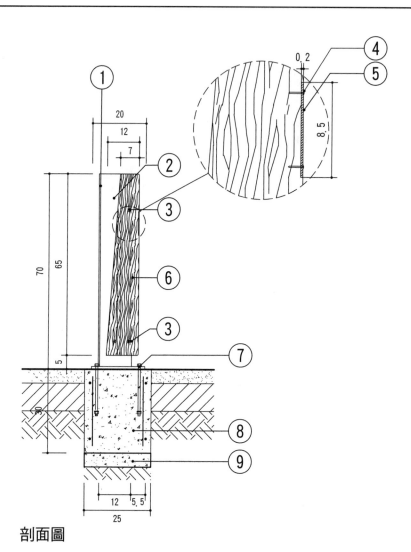

剖面圖

1. 0.5cm厚，8.5×70cm鋼板氟碳烤漆處理。
2. 0.5cm厚，12×70cm鋼板氟碳烤漆處理。
3. 鋼製圓蓋螺帽。
4. 螺栓鎖固。
5. 0.2cm厚，鋼板嵌入，面貼反光貼紙。
6. 鐵木。
7. 1cm厚，鋼底板，接合需滿焊固定磨平。
8. #3@15cm鋼筋，210kgf/cm²(3000psi)混凝土。
9. 5cm厚，140kgf/cm²(2000psi)混凝土打底。

車阻	堤下型木製鋼料車阻	單位：cm	圖號：2-7-9
		本圖僅供參考(許晉誌提供)	

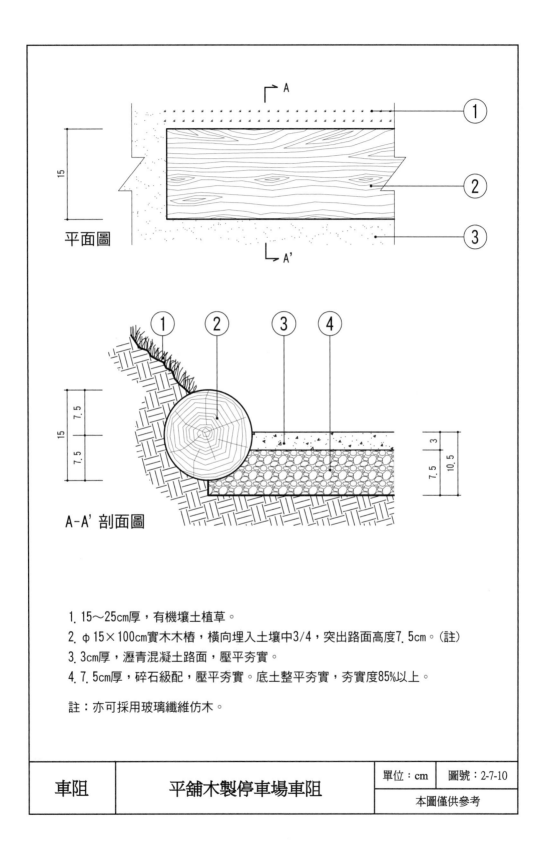

平面圖

A-A' 剖面圖

1. 15～25cm厚，有機壤土植草。

2. φ15×100cm實木木樁，橫向埋入土壤中3/4，突出路面高度7.5cm。（註）

3. 3cm厚，瀝青混凝土路面，壓平夯實。

4. 7.5cm厚，碎石級配，壓平夯實。底土整平夯實，夯實度85%以上。

註：亦可採用玻璃纖維仿木。

車阻	平舖木製停車場車阻	單位：cm	圖號：2-7-10
		本圖僅供參考	

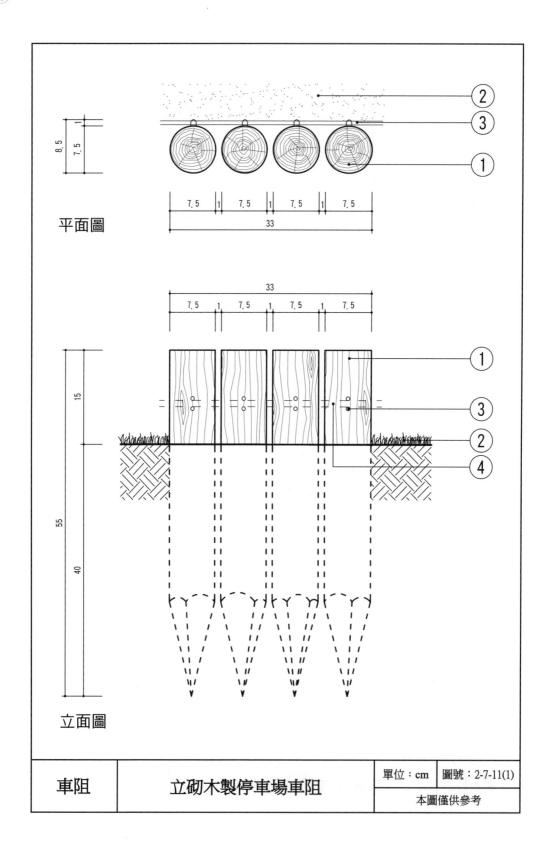

平面圖

立面圖

車阻	立砌木製停車場車阻	單位：cm	圖號：2-7-11(1)
		本圖僅供參考	

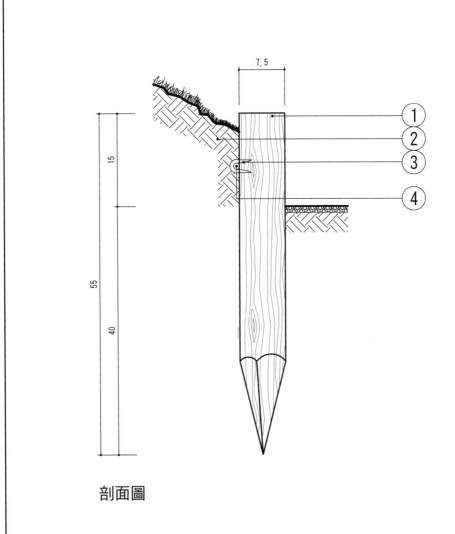

剖面圖

1. φ7.5×55cm實木木樁，經防腐處理以1～2.5cm寬間距埋設一支，頂部削平端部削尖後埋入土中深度40cm，突出路面高度15cm。（註）

2. 12.5cm厚，有機壤土層植草。

3. φ0.2～0.3cm雙頭削尖U型大釘，以固定實木木樁緣石。

4. φ0.1～0.2cm熱浸鍍鋅鐵絲穿過U型大釘，以穩固木樁緣石和土堆。

註：亦可採用玻璃纖維仿木。

車阻	立砌木製停車場車阻	單位：cm	圖號：2-7-11(2)
		本圖僅供參考	

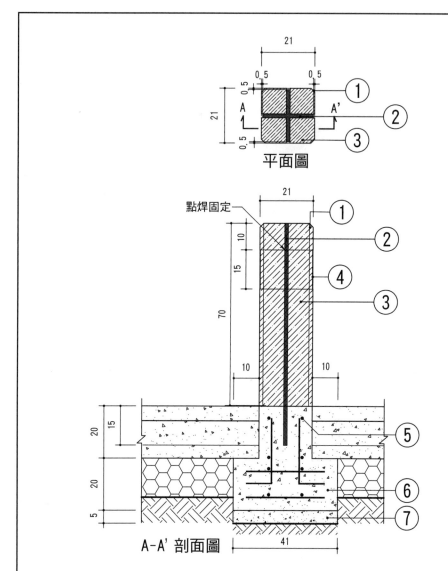

平面圖

點焊固定

A-A' 剖面圖

1. 導圓角，D=1.5cm。
2. 1.5cm厚耐候鋼，表面點焊。6mm 15×15cm點焊鋼絲網。
3. 10×10×70cm，210kgf/cm²(3000psi)混凝土。
4. 0.2cm厚耐候鋼，面貼反光貼紙。
5. #4@15×15cm鋼筋。
6. 210kgf/cm²(3000psi)混凝土。
7. 5cm厚，140kgf/cm²(2000psi)混凝土打底。

車阻	預鑄混凝土車阻	單位：cm	圖號：2-7-12
		本圖僅供參考(許晉誌提供)	

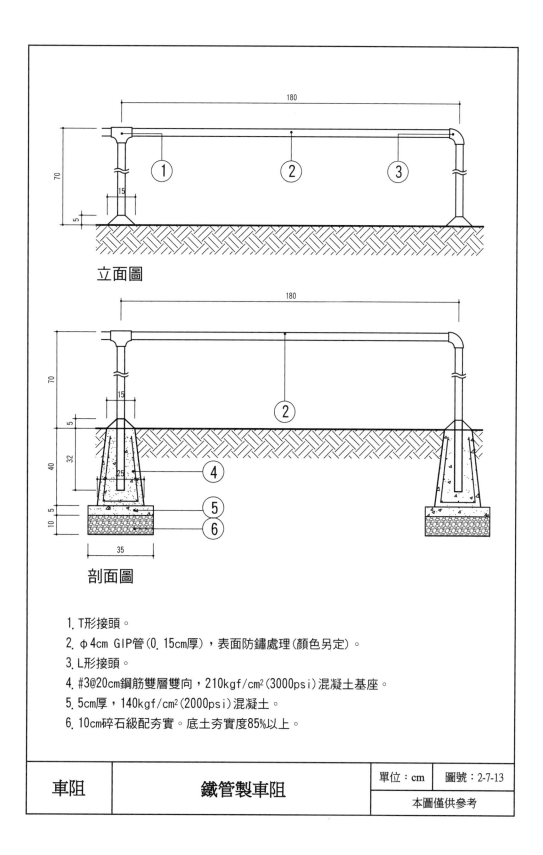

立面圖

剖面圖

1. T形接頭。

2. φ4cm GIP管(0.15cm厚)，表面防鏽處理(顏色另定)。

3. L形接頭。

4. #3@20cm鋼筋雙層雙向，210kgf/cm²(3000psi)混凝土基座。

5. 5cm厚，140kgf/cm²(2000psi)混凝土。

6. 10cm碎石級配夯實。底土夯實度85%以上。

車阻	鐵管製車阻	單位：cm	圖號：2-7-13
		本圖僅供參考	

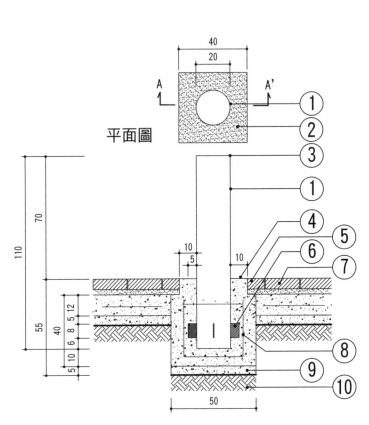

平面圖

A-A' 剖面圖

1. 0.3cm不鏽鋼板。

2. 抿石子。

3. 焊合磨平整。

4. 表面抿石子。

5. 10×10cm舖面收邊。

6. 固定翼板，0.5cm厚焊實，每柱四片。

7. 舖面示意。

8. 210kgf/cm²(3000psi)混凝土，#3@30cm鋼筋雙層雙向。

9. 5cm厚，140kgf/cm²(2000psi)混凝土。

10. 底土夯實度85%以上。

車阻	不鏽鋼車阻	單位：cm	圖號：2-7-14
		本圖僅供參考(許晉誌提供)	

▌ 表 2-7 車阻單價分析表

項次	項目及說明	單位	工料數量	單價	複價	備註
2-7-1	抿石子車阻 (一)					
	挖土	m^3				
	回填土及殘土處理	m^3				
	Ø 0.3cm 抿石子	m^2				
	勾縫	m				
	Ø 1.6cm 或 Ø 1.9cm 鋼筋	kg				
	210kgf/cm^2 混凝土	m^3				
	140kgf/cm^2 混凝土	m^3				
	碎石級配	m^3				
	模板	m^2				
	夯實	m^2				
	大工	工				
	小工	工				
	工具損耗及零星工料	式				
	小 計	座				
2-7-2	抿石子車阻 (二)					
	挖土	m^3				
	回填土及殘土處理	m^3				
	Ø 0.3cm 抿石子	m^2				
	勾縫	m				
	Ø 1 @10cm 鋼筋雙向	kg				
	210kgf/cm^2 混凝土	m^3				
	140kgf/cm^2 混凝土	m^3				
	細砂	m^3				
	碎石級配	m^3				
	模板	m^2				
	夯實	m^2				
	大工	工				
	小工	工				
	工具損耗及零星工料	式				
	小 計	座				
2-7-3	抿石子 RC 車阻					
	抿 1.2 分宜蘭石	m^2				
	210kgf/cm^2 預拌混凝土	m^3				
	鋼筋加工及組立	T				
	鋼筋，植筋	處				
	基礎模板製作及裝拆	m^2				
	小 計	組				

項次	項目及說明	單位	工料數量	單價	複價	備註
2-7-4	石材車阻					
	開挖	m^3				
	造型圖騰雕刻	座				
	花崗石阻車柱	座				
	1" 不鏽鋼棒	支				
	鋼筋彎紮組立	T				
	210kgf/cm^2 混凝土，含澆置及搗實	m^3				
	140kgf/cm^2 混凝土，含澆置及搗實	m^3				
	一般模板	m^2				
	夯實	m^2				
	技術工	工				
	大工	工				
	小工	工				
	工具損耗及零星工料	式				
	小　計	座				
2-7-5	木製車阻 (一)					
	挖土	m^3				
	回填土及殘土處理	m^3				
	實木立柱（含防腐處理）	支				
	Ø 2.5cm 熱浸鍍鋅螺栓	支				
	140kgf/cm^2 混凝土	m^3				
	實木圍籬橫材（含防腐處理）	支				
	夯實	m^2				
	大工	工				
	小工	工				
	工具損耗及零星工料	式				
	小　計	座				
2-7-6	木製車阻 (二)					
	挖土	m^3				
	回填土及殘土處理	m^3				
	實木圍籬立柱（含防腐處理）	支				
	鐵板固定鐵件（含防鏽處理）	式				
	Ø 1.2cm 麻繩	m				
	Ø 1.6cm 熱浸鍍鋅螺栓	支				
	Ø 1cm 圓鋼筋（含防鏽處理）	式				
	140kgf/cm^2 混凝土	m^3				
	夯實	m^2				

項次	項目及說明	單位	工料數量	單價	複價	備註
	大工	工				
	小工	工				
	工具損耗及零星工料	式				
	小　計	座				
2-7-7	木製車阻（三）					
	構造物開挖，人工挖方	m³				
	210kgf/cm² 預拌混凝土	m³				
	140kgf/cm² 混凝土	m³				
	#3@15×15cm 鋼筋，SD280W，連工帶料	kg				
	結構用鋼材（含材料及加工）	kg				
	熱浸鍍鋅處理	kg				
	金屬製品，烤漆	kg				
	鐵木	才				
	標誌，反光紙（CNS 4345 第 9 或 11 型）	m²				
	金屬材料，鐵件，五金零件	式				
	夯實	m²				
	大工	工				
	小工	工				
	工具損耗及零星工料	式				
	小　計	個				
2-7-8	棧道型木製鋼料車阻					
	構造物開挖，人工挖方	m³				
	210kgf/cm² 預拌混凝土	m³				
	140kgf/cm² 混凝土	m³				
	鋼筋，SD280W，連工帶料	kg				
	結構用鋼材（含材料及加工）	kg				
	熱浸鍍鋅處理	kg				
	金屬製品，烤漆	kg				
	鐵木	才				
	標誌，反光紙（CNS 4345 第 9 或 11 型）	m²				
	金屬材料，鐵件，五金零件	式				
	夯實	m²				
	大工	工				
	小工	工				
	工具損耗及零星工料	式				
	小　計	個				
2-7-9	堤下型木製鋼料車阻					

項次	項目及說明	單位	工料數量	單價	複價	備註
	構造物開挖，人工挖方	m^3				
	210kgf/cm^2 預拌混凝土	m^3				
	鋼筋，SD280W，連工帶料	kg				
	結構用鋼材（含材料及加工）	kg				
	熱浸鍍鋅處理	kg				
	金屬製品，烤漆	kg				
	鐵木	才				
	標誌，反光紙（CNS 4345 第 9 或 11 型）	m^2				
	金屬材料，鐵件，五金零件	式				
	夯實	m^2				
	大工	工				
	小工	工				
	工具損耗及零星工料	式				
	小　計	個				
2-7-10	平舖木製停車場車阻					
	實木木樁	支				
	瀝青混凝土路面	m^2				
	碎石級配	m^3				
	夯實	m^2				
	大工	工				
	小工	工				
	工具損耗及零星工料	式				
	小　計	個				
2-7-11	立砌木製停車場車阻					
	實木圓木樁	支				
	防腐處理	式				
	Ø 0.2～0.3cm U 型大釘	支				
	Ø 0.1～0.2cm 熱浸鍍鋅鐵絲連接	m				
	大工	工				
	小工	工				
	工具損耗及零星工料	式				
	小　計	個				
2-7-12	預鑄混凝土車阻					
	基地及路幅開挖，未含運費	m^3				
	土方工作，填方（既有土方回填）	m^3				
	基地及路堤填築，回填夯實	m^2				
	210kgf/cm^2 預拌混凝土	m^3				

項次	項目及說明	單位	工料數量	單價	複價	備註
	140kgf/cm^2 混凝土	m^3				
	#4@15×15cm 鋼筋，SD280	kg				
	普通模板，丙種	m^2				
	1：3 水泥砂漿，整體粉光	m^2				
	金屬材料，鋼料，加工費（耐候鋼 ASTMA588，含材料及加工製造）	kg				
	金屬材料，鋼料（定鏽處理）	kg				
	標誌，反光紙（CNS 4345 第 9 或 11 型）	m^2				
	夯實	m^2				
	大工	工				
	工具損耗及零星工料	式				
	小　計	個				
2-7-13	鐵管製車阻					
	挖土	m^3				
	回填土及殘土處理	m^3				
	210kgf/cm^2 混凝土基座	m^3				
	140kgf/cm^2 混凝土	m^3				
	#3@20cm 鋼筋雙層雙向	kg				
	模板	m^2				
	Ø 4cm GIP 管（表面防鏽處理）	m				
	碎石級配	m^3				
	夯實	m^2				
	大工	工				
	小工	工				
	工具損耗及零星工料	式				
	小　計	個				
2-7-14	不鏽鋼車阻					
	0.3cm 不鏽鋼板	支				
	抿石子	m^2				
	210kgf/cm^2 預拌混凝土	m^3				
	140kgf/cm^2 預拌混凝土	m^3				
	#3@30cm 鋼筋雙層雙向及彎紮組立	kg				
	夯實	m^2				
	技術工	工				
	大工	工				
	工具損耗及零星工料	式				
	小　計	個				

筆記欄

Ⅲ

休憩設施
（Recreation Facilities）

08 涼亭（Pavilions）

涼亭係指具有頂蓋之建築構造物。其主要功能在於休憩及觀景，且為民眾提供遮蔭、擋風、避雨而又不完全與外界環境隔離，是景區中主要的休憩設施，也是遊客在遊憩活動中停留時間較長的地點。設計良好的涼亭也可以成為園區的視覺焦點，提升景區的環境品質。

（一）涼亭的配置原則

1. 供人休憩的涼亭，應設於林蔭清靜之處。
2. 活動聚集處的涼亭，應設於入口附近。
3. 位於岔路口的涼亭，應避免擋住路口。
4. 用以俯視的觀景亭，應設置在視野開闊處，以免地形或植物遮擋觀景視線。
5. 平視的觀景亭，宜較靠近主景區，且避免被植物或地形遮蔽視線。
6. 日曬強烈處應設置涼亭，以提供休憩遮蔭。
7. 在不破壞自然環境資源之前提下，水岸邊或湖中設亭，既可觀賞水景，亦可達到水景畫龍點睛的效果。
8. 儘量避免在陡坡或地質不穩之處設置涼亭。

（二）涼亭設計原則

1. 既可成為觀景點，亦可成為景觀點。
2. 應儘量保留及利用既有植栽，以快速達到林蔭效果。
3. 避免造成環境和動植物棲地之破壞。
4. 應考量輪椅、輔具及幼兒手推車使用者之安全性、可及性及方便性。
5. 控制設置數量，以免破壞景區之自然美景及增加維護之困難度。

6. 造型、色彩與材料應與周邊環境相協調。不突兀且創意性的設計可以成為焦點景觀。

7. 構造簡單，質感力求自然。

8. 亭內照明應柔和不刺眼。

9. 陰冷的地點，可設置適當實牆，以提供保護效果。

10. 強風地區之迎風面，宜利用周圍植栽達致「破風」效果。

(三) 涼亭設計準則

1. 應與景區內的動線連接。

2. 構造物之安全性應基於地質調查資料的載重條件。

3. 在地勢低凹之處需抬高地基，以防積水。

4. 陡峭之山坡宜以架空處理，避免破壞地形。

5. 涼亭四周應作適當的植栽設計（植物種類可參考「景觀設計與施工總論 08 各類環境景觀植物種類」），並避免種植有害樹種。（植物種類可參考「景觀設計與施工總論 09 各類有害植物種類」）

6. 附屬設施如座椅、垃圾桶、解說牌及欄杆等須配合整體設計。

7. 必須易於維修及保養。

(四) 涼亭的種類

1. 依組合性而分：
    ⑴獨立式：
        A. 幾何形：有三角形、正方形、矩形、多邊形、圓形等。
        B. 自由形：有蘑菇形、筆形、梅花形、海棠形及少數抽象的自由形。
    ⑵組合式：由各種相同或相異的平面組合而成。
        A. 對稱形。
        B. 線形。
        C. 群簇形。
    ⑶倚附式：與其他休憩空間之構造物相連接之型式。

2. 依屋頂型式而分：
    ⑴斜屋頂：傾斜的屋面較能迎合視覺尺度之構造型式。
    ⑵平屋頂：將涼亭作成三角形、方形、矩形、多邊形、圓形或自由形。

⑶尖屋頂：屋頂由數個曲面三角形組合而成。頂角集中抬高形成尖形屋頂；計有四角、六角、八角等多種型式。

⑷折板屋頂：爲因應結構而生的造型，適用於較大跨距。造型較具現代感，較不適用於自然的環境。

⑸薄殼屋頂：屬結構造型，因外型生動，且無任何突兀的尖角和線條，適用於自然的環境。

⑹閣柵屋頂：因其間隙的透空性與天空不會直接隔斷，但須攀爬植物輔助其遮蔽功能，且無法避雨。

⑺風土造型：採用現地素材如茅草、竹子、棕櫚葉等築成，外形無特定型式，但材料質感較具地域性。

⑻其他尚有福字亭、八卦亭、半邊亭、雙層亭等。

（五）涼亭的材料種類

1. 金屬材料：不鏽鋼、鐵、銅、鋁合金等。常用於較豪華端莊的場所，兼具古典和現代感。惟因易受酸鹽之侵蝕，較不適於濱海地區。

2. 鋼筋混凝土：堅固耐用、維護費用低，惟質感較爲冰冷。

3. 石材：具厚重質感及原始風味，須有堅固的架梁結構，使能建構屋頂。適用於自然度較高的地區。

4. 磚材：主要用以保護梁、柱，少數以全部磚造涼亭，具有莊重、靜穆之感。

5. 木、竹及玻璃纖維仿木：具活潑之外觀造型，易與自然環境結合。適用於自然度較高的地區，惟須經常保養。

6. 不同材料的使用須注意其搭配效果及其接頭的平順和處理方式。

（六）涼亭材料選擇原則

1. 耐久性。
2. 安全性。
3. 適用性強度。
4. 除了必要的防腐、防蛀處理，應儘量不施以過度的人工處理。
5. 材料種類及特性可參考「景觀設計與施工各論 01 舖面」。

（七）涼亭相關法規及標準

1. 行政院農業委員會，2022，休閒農業輔導管理辦法（111 年修正版）。

(八) 以下施工圖樣僅供參考，實際應用仍須因地制宜作適度調整。

參考文獻

1. 王小璘、何友鋒，1991，台中發電廠景觀規劃設計，台灣電力公司，p.275。
2. 王小璘、何友鋒，1999，公園綠地規劃設計準則研究，內政部營建署，p.186。
3. 王小璘、何友鋒，1999，景觀設施專業施工、監造制度研究，內政部營建署，p.380。
4. 王小璘、何友鋒，2000，原住民文化園區景觀規劃設計整建計畫，行政院原住民委員會文化園區管理局，p.362。
5. 王小璘、何友鋒，2001，台中縣太平市頭汴坑自然保育教育中心規劃設計，臺中縣太平市農會，p.130。
6. 王小璘、何友鋒，2002，石崗鄉保健植物教育農園規劃設計及景觀改善，行政院農委會，p.105。
7. 王小璘、何友鋒，1999，城鄉風貌改造 —— 台中市東光、興大園道改善工程計畫研究，臺中市政府，p.81。
8. 行政院農業委員會，2022，休閒農業輔導管理辦法（111 年修正版）。

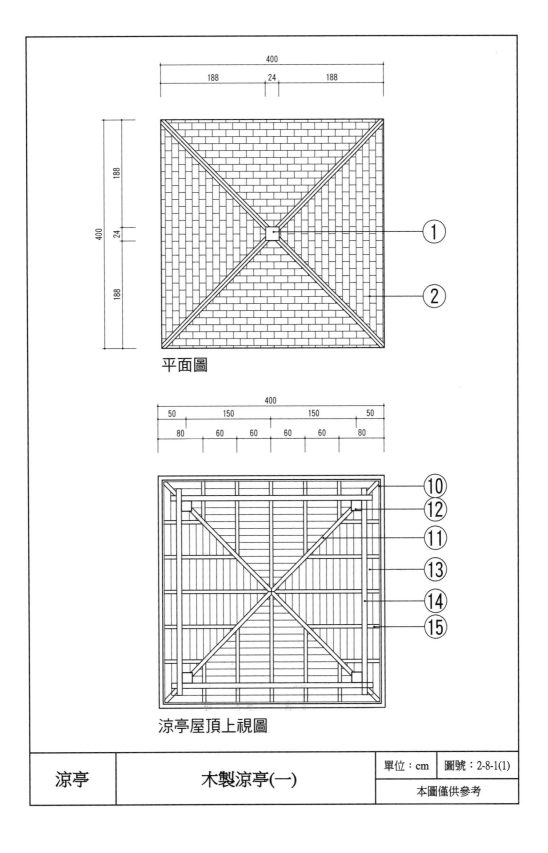

平面圖

涼亭屋頂上視圖

涼亭	木製涼亭(一)	單位：cm	圖號：2-8-1(1)
		本圖僅供參考	

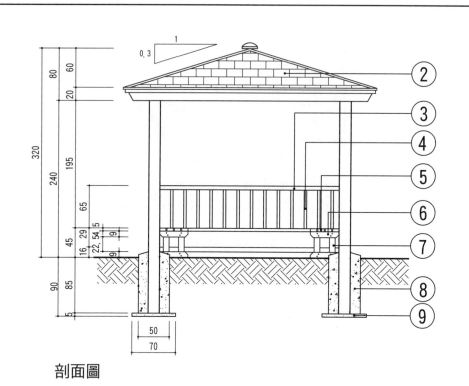

剖面圖

1. 24×24×6cm實木椎頂，經防腐處理，面刷護木油。（註）
2. 覆貼瓦片。
3. 6×12×282cm實木欄杆扶手，經防腐處理，面刷護木油。
4. 9×4×59cm實木欄杆立柱，經防腐處理，面刷護木油。
5. 10×4.5×282cm實木座椅板，經防腐處理，面刷護木油。
6. 4×9×45cm實木橫撐板(4.5cm兩端倒角)，經防腐處理，面刷護木油。
7. 9×9×40.5cm實木座椅腳，經防腐處理，面刷護木油。
8. #4@20cm鋼筋雙層雙向，210kgf/cm²(3000psi)混凝土。
9. 5cm厚，140kgf/cm²(2000psi)混凝土。底土夯實度85%以上。
10. 3×18×386cm實木簷板，經防腐處理，面刷護木油。
11. 7.5×15×295cm實木脊板，經防腐處理，面刷護木油。
12. 18×18×345cm實木立柱，經防腐處理，面刷護木油。
13. 1.5×12cm實木企口板，經防腐處理，面刷護木油。
14. 14×9×356cm實木框梁，經防腐處理，面刷護木油。
15. 6×12cm實木支梁，經防腐處理，面刷護木油。

註：亦可採用玻璃纖維仿木。

涼亭	木製涼亭(一)	單位：cm	圖號：2-8-1(2)
		本圖僅供參考	

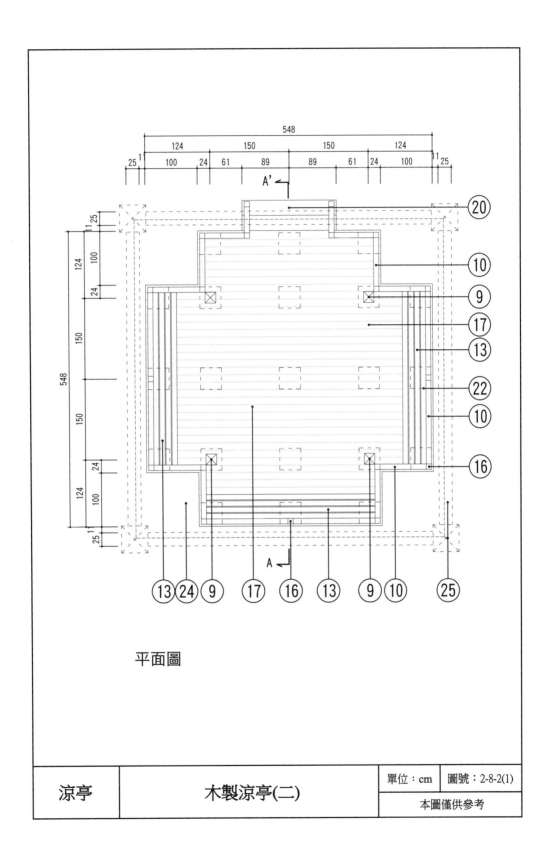

平面圖

涼亭	木製涼亭(二)	單位：cm	圖號：2-8-2(1)
		本圖僅供參考	

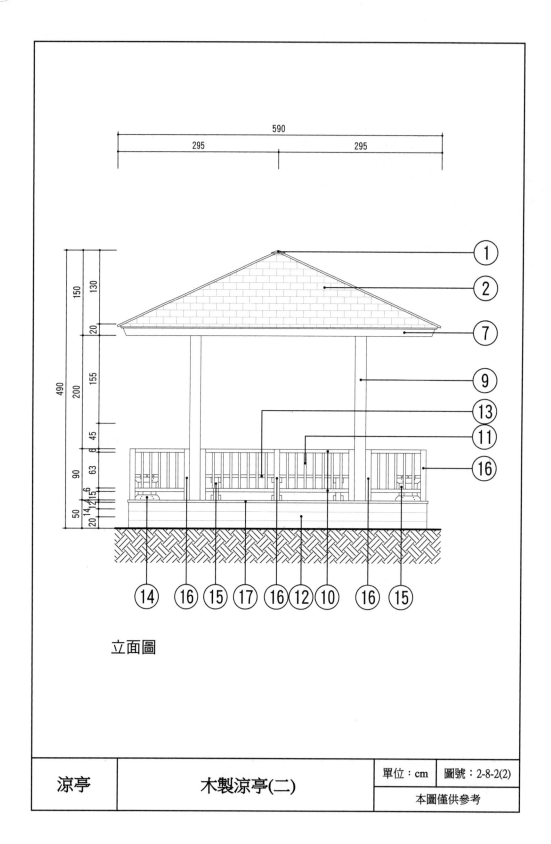

立面圖

涼亭	木製涼亭(二)	單位：cm	圖號：2-8-2(2)
		本圖僅供參考	

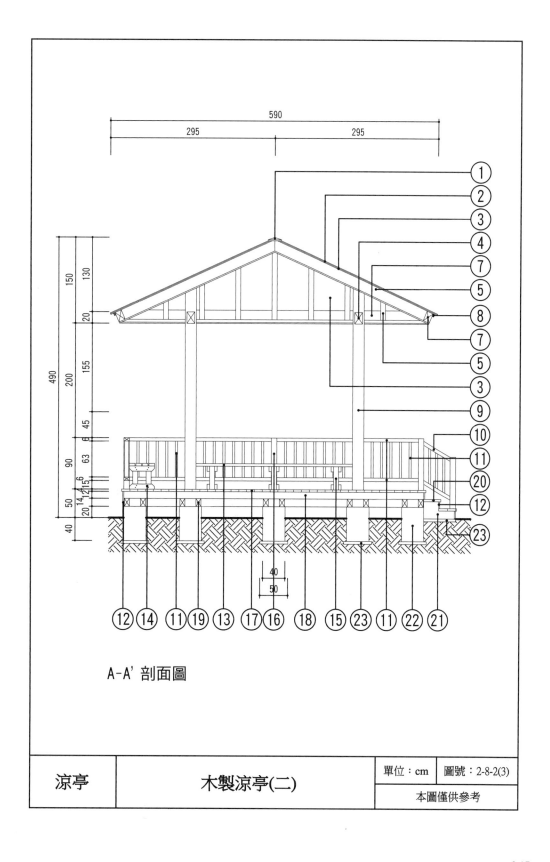

A-A' 剖面圖

涼亭	木製涼亭(二)	單位：cm	圖號：2-8-2(3)
		本圖僅供參考	

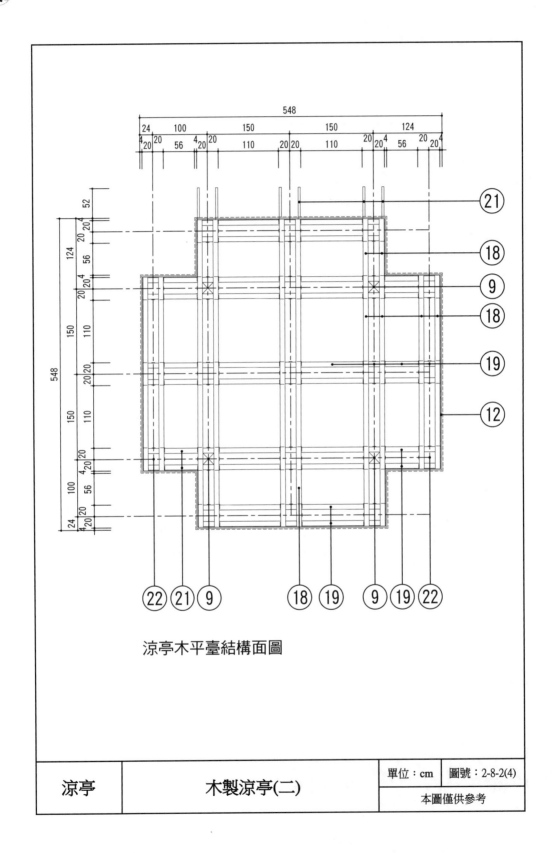

涼亭木平臺結構面圖

涼亭	木製涼亭(二)	單位：cm	圖號：2-8-2(4)
			本圖僅供參考

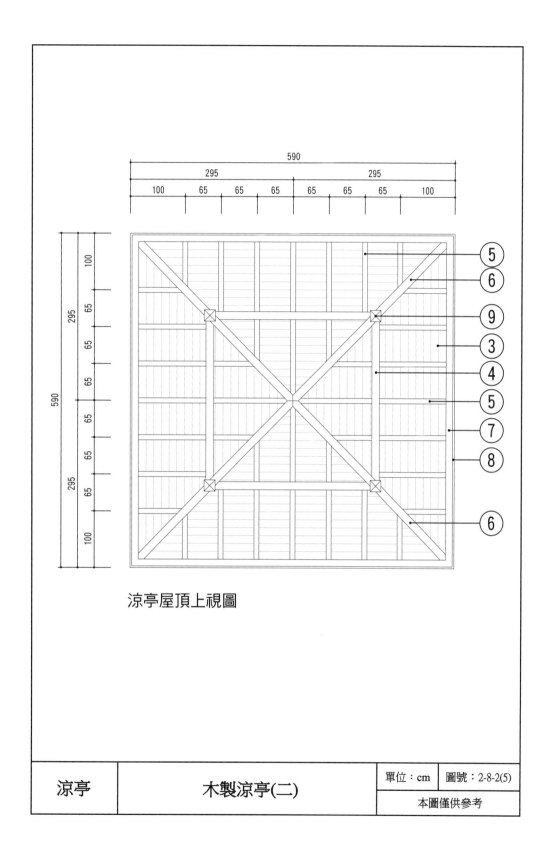

涼亭屋頂上視圖

涼亭	木製涼亭(二)	單位：cm	圖號：2-8-2(5)
		本圖僅供參考	

1. 24×24×6cm實木木椎頂，經防腐處理，面刷護木油。(註)

2. 覆貼瓦片。

3. 1.5×12cm實木企口板，經防腐處理，面刷護木油，以熱浸鍍鋅固定於桁條上。

4. 14×20×300cm實木橫梁，經防腐處理，面刷護木油，以榫接及不鏽鋼加強鐵件與立柱相接合。

5. 9×18cm實木桁條，經防腐處理，面刷護木油，以榫接及不鏽鋼加強鐵件與人字梁相接合。

6. 14×20×425cm實木人字梁，經防腐處理，面刷護木油，以榫接及不鏽鋼加強鐵件與立柱相接合。

7. 12×18×584cm實木緣梁，經防腐處理，面刷護木油，以榫接及不鏽鋼加強鐵件與桁條相接合。

8. 3×4.5×584cm實木收邊角料，經防腐處理，面刷護木油，以木牙螺栓固定於緣梁上。

9. 20×20×404cm實木立柱，經防腐處理，以四支φ16cm不鏽鋼螺栓與木平臺上、下橫木接合，並以四支φ19cm預埋不鏽鋼螺栓固定於混凝土基座。

10. 10×6cm實木欄杆扶手，經防腐處理，面刷護木油。

11. 4×9×63cm實木欄杆立柱，經防腐處理，面刷護木油。

12. 2cm厚，實木封邊板，經防腐處理，面刷護木油，以木牙螺栓固定。

13. 10×4.5×320cm實木座椅板，經防腐處理，面刷護木油。

14. 4×9×45cm實木座椅撐板，4.5cm兩端倒角，經防腐處理，面刷護木油。

15. 9×9×40.5cm實木座椅腳，經防腐處理，面刷護木油，以不鏽鋼螺栓固定於木平臺上。

16. 10×10×90cm實木欄杆立柱，經防腐處理，面刷護木油，以榫接及不鏽鋼加強鐵件與木平臺接合。

17. 40×14cm實木平臺踏板，經防腐處理，面刷護木油，以3/8"木牙螺栓固定。

18. 9×12cm實木平臺上橫木，經防腐處理，面刷護木油。

19. 9×14cm實木平臺下橫木，經防腐處理，面刷護木油，以不鏽鋼加強鐵片固定於基座預埋螺栓上。

20. 4×16×178cm實木踏板二片，經防腐處理，面刷護木油。

21. 6cm厚，實木撐板，經防腐處理，面刷護木油。

22. 60cm厚，210kgf/cm² (3000psi)混凝土基座，預埋四支φ1.9cm不鏽鋼螺栓，基礎#4@20cm鋼筋雙層雙向。

23. 5cm厚，140kgf/cm² (2000psi)混凝土。底土夯實度85%以上。

24. 10cm厚，碎石鋪面。

25. 排水明溝。

註：亦可採用玻璃纖維仿木。

涼亭	木製涼亭(二)	單位：cm	圖號：2-8-2(6)
		本圖僅供參考	

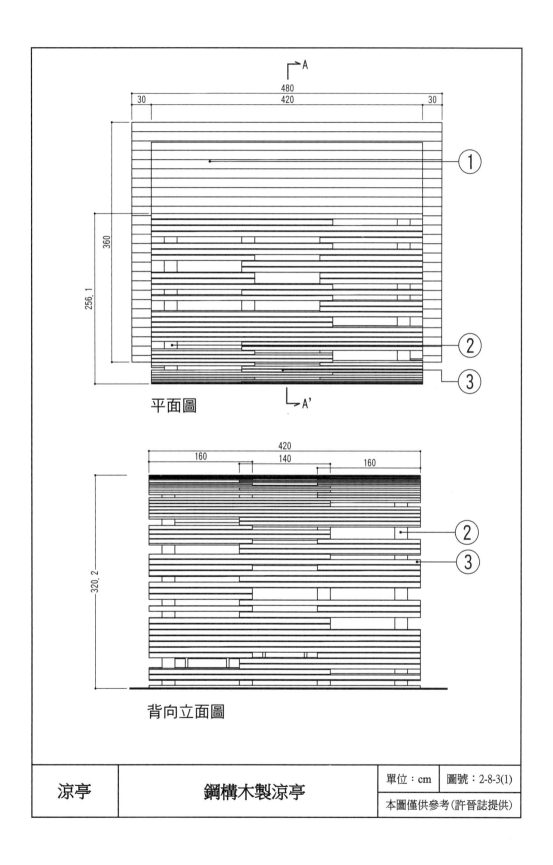

平面圖

背向立面圖

| 涼亭 | 鋼構木製涼亭 | 單位：cm | 圖號：2-8-3(1) |
| | | 本圖僅供參考(許晉誌提供) | |

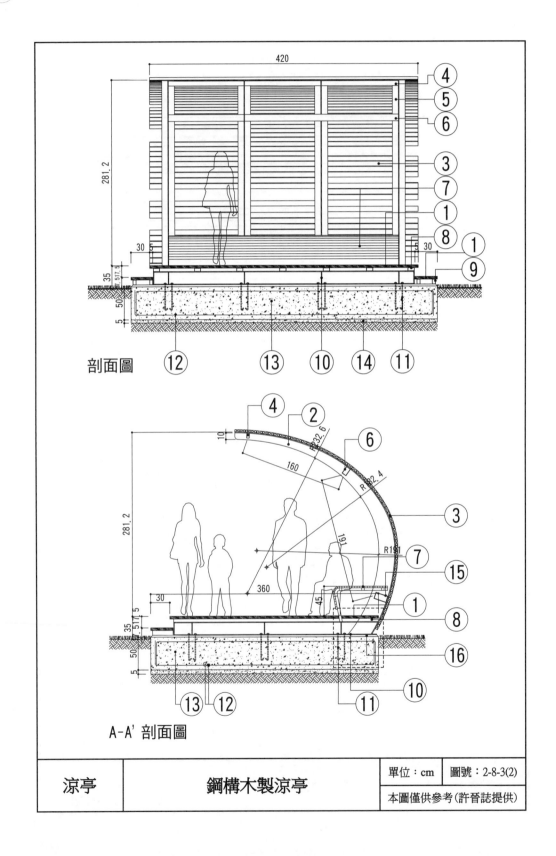

剖面圖

A-A' 剖面圖

| 涼亭 | 鋼構木製涼亭 | 單位：cm | 圖號：2-8-3(2) |
| | | 本圖僅供參考(許晉誌提供) | |

1. 面板4×14cm原木。

2. 鋼板，t=1cm，氟碳烤漆，咖啡色系。

3. 4×8cm原木。

4. 7.5×4.5cm方管，t=0.23cm，氟碳烤漆，咖啡色系。

5. 鋼板，t=1cm。

6. 12.5×7.5cm方管，t=0.4cm，氟碳烤漆，咖啡色系。

7. 涼亭座椅。

8. 10×5cm方管，t=0.23cm。

9. 7.5×4.5cm方管，t=0.23cm。

10. 20×20×1.2×1.2cm，H型鋼。

11. φ18cm錨錠螺栓，最少埋入40cm，間距60cm一支。

12. #5@15cm鋼筋雙層雙向。

13. 210kgf/cm²混凝土。

14. 5cm厚，140kgf/cm²(2000psi)混凝土打底。夯實度85%以上。

15. 20×10cm方管，t=0.45cm，氟碳烤漆，咖啡色系。

16. 3cm厚，不收縮水泥砂漿。

涼亭	鋼構木製涼亭	單位：cm	圖號：2-8-3(3)
		本圖僅供參考(許晉誌提供)	

表 2-8　涼亭單價分析表

項次	項目及說明	單位	工料數量	單價	複價	備註
2-8-1	木製涼亭 (一)					
	地坪整理夯實	m^2				
	放樣	m^2				
	挖土	m^3				
	回填土及殘土處理	m^3				
	140kgf/cm^2 混凝土	m^3				
	210kgf/cm^2 混凝土	m^3				
	#4@20cm 鋼筋雙層雙向	kg				
	實木木榫頂	個				
	實木欄杆扶手	支				
	實木欄杆立柱	支				
	實木座椅板	支				
	實木橫撐板	支				
	實木座椅腳	支				
	實木簷板	支				
	實木脊板	支				
	實木立柱	支				
	實木企口板	m^2				
	實木框梁	支				
	實木支梁	m				
	防腐處理、護木油	式				
	可力瓦	m^2				
	零料五金	式				
	夯實	m^2				
	大工	工				
	小工	工				
	工具損耗及零星工料	式				
	小　計	座				
2-8-2	木製涼亭 (二)					
	地坪整理夯實	m^2				
	放樣	m^2				
	挖土	m^3				
	回填土及殘土處理	m^3				
	140kgf/cm^2 混凝土	m^3				
	210kgf/cm^2 混凝土	m^3				
	實木木榫頂	個				
	實木企口板	m^2				
	實木橫梁	支				

項次	項目及說明	單位	工料數量	單價	複價	備註
	實木桁條	m				
	實木人字梁	支				
	實木緣梁	支				
	實木收邊角料	支				
	實木立柱	支				
	實木欄杆扶手	m				
	實木欄杆立柱	支				
	實木封邊板	m				
	實木座椅板	支				
	實木座椅撐板	支				
	實木座椅腳	支				
	實木欄杆立柱	支				
	實木平臺踏板	m²				
	實木平臺上橫木	m				
	實木平臺下橫木	m				
	實木踏板	支				
	實木撐板	支				
	防腐處理、護木油	式				
	可力瓦	m²				
	Ø 1.9cm 不鏽鋼螺栓	支				
	碎石舖面	式				
	排水明溝（含陰井）	式				
	零料五金	式				
	夯實	m²				
	技術工	工				
	大工	工				
	小工	工				
	工具損耗及零星工料	式				
	小　計	座				
2-8-3	鋼構木製涼亭					
	普通模板，一般工程用	m²				
	210kgf/cm² 預拌混凝土	m³				
	140kgf/cm² 預拌混凝土	m³				
	鋼筋，SD280，連工帶料	kg				
	不收縮水泥砂漿	m³				
	原木（金檀木）	才				
	木料加工	工				
	ACQ 防腐處理＆護木油塗佈（二次）	才				

項次	項目及說明	單位	工料數量	單價	複價	備註
	去霉防蟲劑	才				
	五金另料及組裝	式				
	運費	式				
	產品，鋼料	kg				
	鋼料，熱浸鍍鋅，加工及製造	kg				
	鋼料，異形加工	kg				
	氟碳烤漆，厚度 50μ 以上	kg				
	Ø 18 錨錠螺栓	支				
	夯實	m²				
	技術工	工				
	大工	工				
	小工	工				
	工具損耗及零星工料	式				
	小　計	座				

09 花架（Pergolas）

花架又稱棚架，作為植栽遮蔭及攀附之支架，提供觀賞休憩使用。其造型簡單，材料多樣。除了種植攀爬開花植物，也種植蔬果，有時也在花架下設置座椅供民眾休息聊天，是景區常用的多功能設施之一。

（一）花架配置原則

1. 花架的位置並無一定限制，舉凡草地、步道旁、軸線端點、平臺上、水邊或建築物周邊均可設置。
2. 花架之設置，一般均有步道引導，可與步道成正交，亦可與之平行。
3. 步道經其下通過者，可與原步道相同，或以不同的舖面材質作變化，增加其豐富性。

（二）花架設計原則

1. 花架位置須與景區動線串連。
2. 若配置在入口，則須具有引導作用。
3. 花架須與休息及服務設施作整體設計。
4. 花架下可視需要設置座椅，供休憩之用。
5. 花架上方可覆蓋遮雨設施。
6. 花架上種植植物，應考慮易於維護。
7. 構造宜簡單，避免過於花俏。
8. 必須易於維修及保養。

（三）花架設計準則

1. 外觀應與整體環境配合。
2. 不同材料的使用必須注意其搭配效果。
3. 造型及工法須兼顧美感與創新。
4. 花架上方若覆蓋塑膠帆布，應注意表面的平整及排水。
5. 材料接頭部分需妥善處理，避免傷及遊客。
6. 混凝土底座澆置時應同時埋設立柱。
7. 若為木製花架，應定期作防腐及上漆處理，以維持其美觀及延長其使用年限。

8. 種植攀爬植物，應維持適當的種植間距，以利植物生長及修剪維護。

9. 攀藤植物勿選擇花、葉、果實、種子有毒、枝幹有利或具浮根之有害樹種。（植物種類可參考「景觀設計與施工總論 09 各類有害植物種類」）

10. 若有蟲蟻於花架頂上築巢應及時清除，以維護美觀及使用者安全。

11. 應定期檢查花架支柱是否有彎曲、傾斜、變形或腐朽；若有上述情形應以新材料更換，對不穩固的支撐物應加以補強固定。

（四）花架的種類

1. 依材料分：
   ⑴人工材料：金屬、水泥、塑膠、磚等。
   ⑵自然材料：木、竹、石、樹廊等。

2. 依型式分：
   ⑴平頂。
   ⑵拱形。
   ⑶創意造型。

（五）花架的構造

1. 桁（Linter）：或稱梁，由二根柱子所支撐的橫梁。

2. 椽（Rofter）：架在桁上的木條。

3. 構（Bar）：條架於椽上，為構成格子之細條，其距離依蔓藤植物之性質而異。

4. 高與寬之比例一般約為 5：4。

5. 花架四側設有柱子，柱子間距約 2.5 ～ 3.5m。

（六）花架材料選擇原則

1. 耐久性及適用性強度。

2. 可回收及再利用。

3. 安全性及易維護。

4. 以當地生產的材料較佳。

5. 除了必要的防腐、防蛀處理，應儘量不施以過度的人工處理。

6. 材料種類及特性可參考「景觀設計與施工各論 01 舖面」。

（七）花架植栽

1. 以觀賞為目的者：具觀花、觀果或葉形及藤蔓具觀賞價值者，如牽牛花、蔦蘿、旭藤、珍珠寶蓮、軟枝黃蟬、蔓薔薇、紫藤、雲南黃馨、大鄧伯花。

2. 以遮蔭為目的者：其枝葉濃密，兼可有花欣賞者，如金銀花、紫薇、大鄧伯花、凌宵花、常春藤、野牽牛、月夜花、雲南黃馨。

3. 以實用為目的者：其果實可供吾人食用者，如南瓜、絲瓜、苦瓜、扁蒲、刀豆、豌豆、蘿蔔。

（八）花架相關法規及標準

1. 行政院農業委員會，2022，休閒農業輔導管理辦法（111 年修正版）。

（九）以下施工圖樣僅供參考，實際應用仍須因地制宜作適度調整。

參考文獻

1. 王小璘、何友鋒，1993，觀光農園設施物圖樣參考圖集，臺灣省政府農林廳，p.228。

2. 王小璘、何友鋒，1999，公園綠地規劃設計準則研究，內政部營建署，p.186。

3. 王小璘、何友鋒，1999，景觀設施專業施工、監造制度研究，內政部營建署，p.380。

4. 王小璘、何友鋒，2001，觀光農園公共設施物圖集，行政院農業委員會，p.402。

5. 王小璘、何友鋒，2002，農業環境景觀生態規劃設計規範，行政院農委會，p.182。

6. 王小璘、何友鋒，2002，石崗鄉保健植物教育農園規劃設計及景觀改善，行政院農委會，p.105。

7. 王小璘、何友鋒，1999，城鄉風貌改造——台中市東光、興大園道改善工程計畫研究，臺中市政府，p.81。

8. 行政院農業委員會，2022，休閒農業輔導管理辦法（111 年修正版）。

9. DESIGNWANT 設計王
https://www.designwant.com。

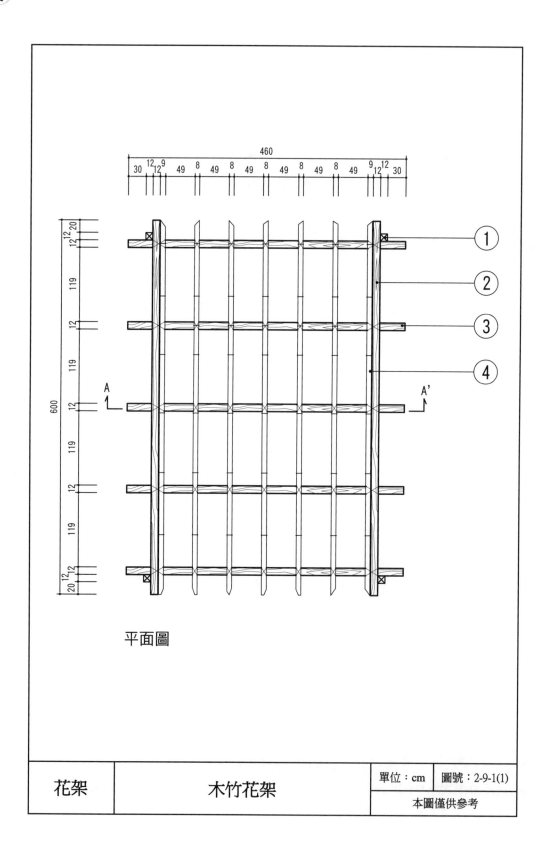

平面圖

花架	木竹花架	單位：cm	圖號：2-9-1(1)
		本圖僅供參考	

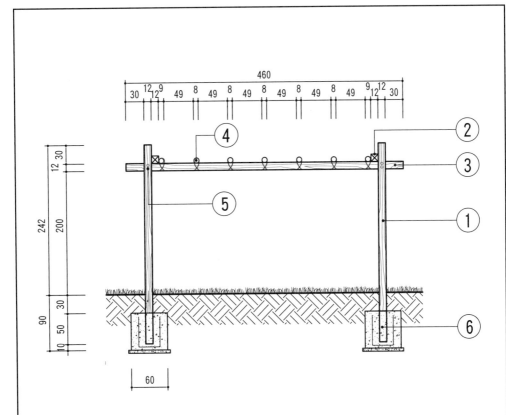

A-A' 剖面圖

1. 12×12×322cm實木支柱，經防腐處理，面刷護木油。

2. 12×12×600cm實木橫梁，經防腐處理，面刷護木油。

3. 12×12×460cm實木橫梁，經防腐處理，面刷護木油。

4. φ8×600cm竹子七支，經防腐處理，以麻繩或鐵絲固定於實木上(註)。

5. φ1.2cm熱浸鍍鋅螺栓。

6. 60cm厚，#4@20cm鋼筋雙層雙向，210kgf/cm²(3000psi)混凝土基腳。

7. 5cm厚，140kgf/cm²(2000psi)混凝土。底土夯實度85%以上。

註：亦可採用玻璃纖維仿木。

花架	木竹花架	單位：cm	圖號：2-9-1(2)
		本圖僅供參考	

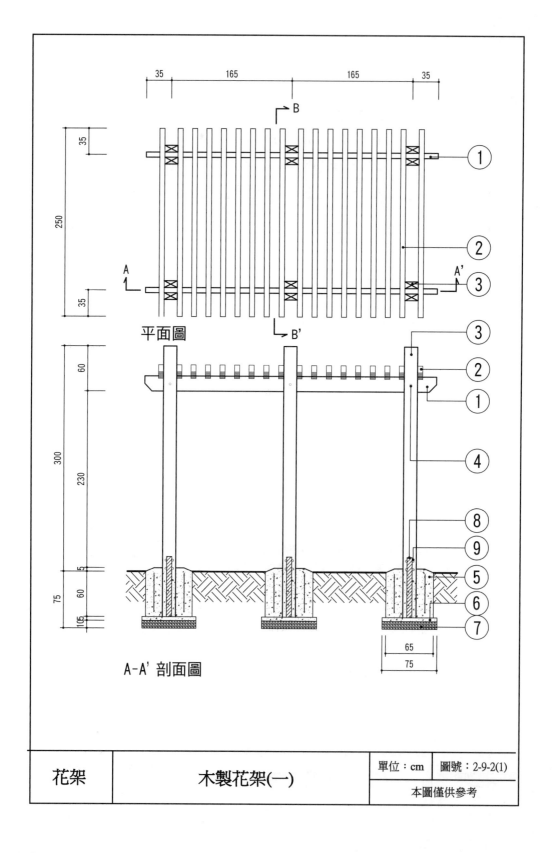

平面圖

A-A' 剖面圖

花架	木製花架(一)	單位：cm	圖號：2-9-2(1)
		本圖僅供參考	

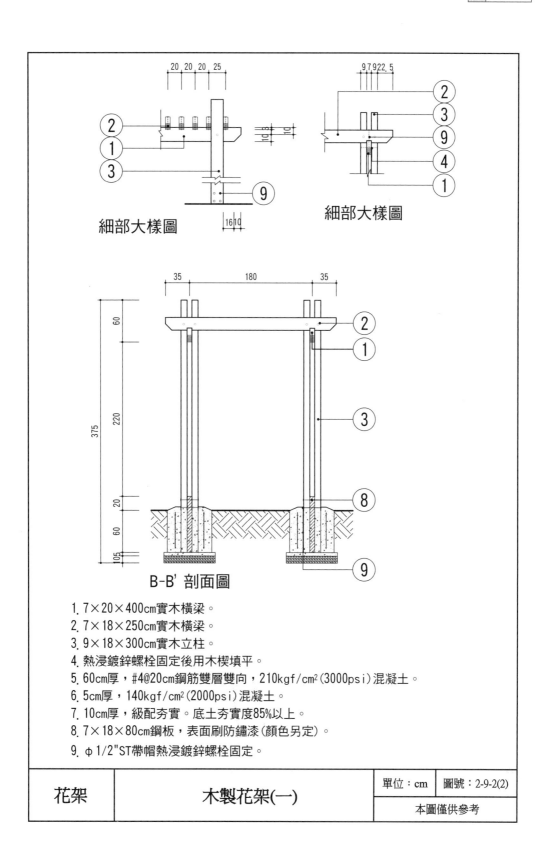

細部大樣圖

細部大樣圖

B-B' 剖面圖

1. 7×20×400cm實木橫梁。
2. 7×18×250cm實木橫梁。
3. 9×18×300cm實木立柱。
4. 熱浸鍍鋅螺栓固定後用木楔填平。
5. 60cm厚，#4@20cm鋼筋雙層雙向，210kgf/cm²(3000psi)混凝土。
6. 5cm厚，140kgf/cm²(2000psi)混凝土。
7. 10cm厚，級配夯實。底土夯實度85%以上。
8. 7×18×80cm鋼板，表面刷防鏽漆(顏色另定)。
9. φ1/2"ST帶帽熱浸鍍鋅螺栓固定。

花架	木製花架(一)	單位：cm	圖號：2-9-2(2)
		本圖僅供參考	

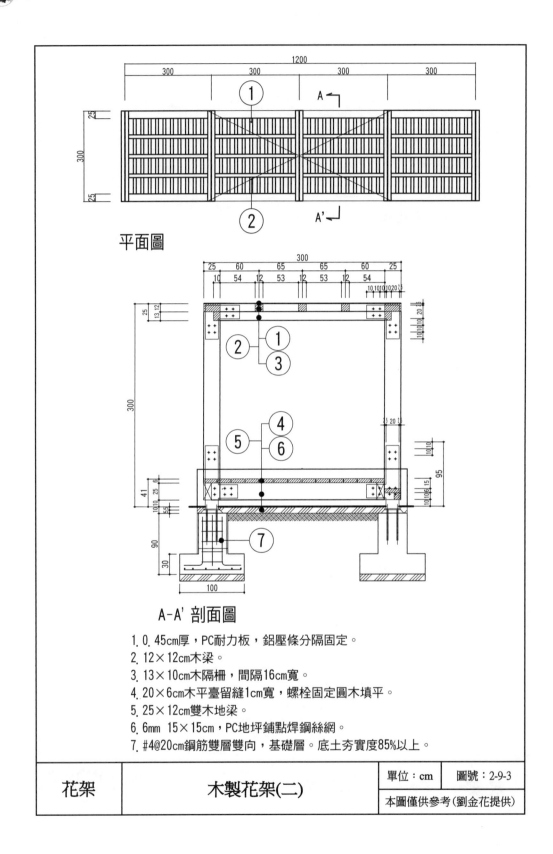

平面圖

A-A' 剖面圖

1. 0.45cm厚，PC耐力板，鋁壓條分隔固定。
2. 12×12cm木梁。
3. 13×10cm木隔柵，間隔16cm寬。
4. 20×6cm木平臺留縫1cm寬，螺栓固定圓木填平。
5. 25×12cm雙木地梁。
6. 6mm 15×15cm，PC地坪鋪點焊鋼絲網。
7. #4@20cm鋼筋雙層雙向，基礎層。底土夯實度85%以上。

花架	木製花架(二)	單位：cm	圖號：2-9-3
		本圖僅供參考(劉金花提供)	

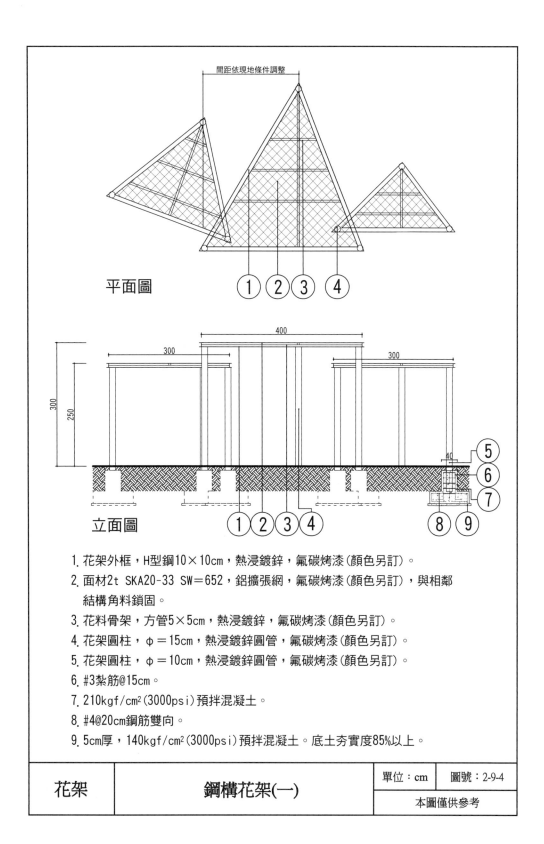

平面圖

間距依現地條件調整

① ② ③ ④

立面圖

① ② ③ ④

⑤ ⑥ ⑦

⑧ ⑨

1. 花架外框，H型鋼10×10cm，熱浸鍍鋅，氟碳烤漆(顏色另訂)。

2. 面材2t SKA20-33 SW=652，鋁擴張網，氟碳烤漆(顏色另訂)，與相鄰結構角料鎖固。

3. 花料骨架，方管5×5cm，熱浸鍍鋅，氟碳烤漆(顏色另訂)。

4. 花架圓柱，φ=15cm，熱浸鍍鋅圓管，氟碳烤漆(顏色另訂)。

5. 花架圓柱，φ=10cm，熱浸鍍鋅圓管，氟碳烤漆(顏色另訂)。

6. #3紮筋@15cm。

7. 210kgf/cm²(3000psi)預拌混凝土。

8. #4@20cm鋼筋雙向。

9. 5cm厚，140kgf/cm²(3000psi)預拌混凝土。底土夯實度85%以上。

花架	鋼構花架(一)	單位：cm	圖號：2-9-4
		本圖僅供參考	

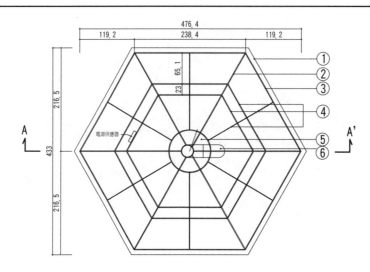

平面圖

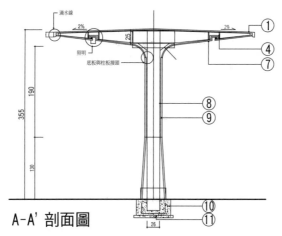

A-A' 剖面圖

1. 2cm厚，玻璃纖維強化水頂板。
2. 1.5cm厚，主撐鋼板。
3. 1.5cm厚，鋼板。
4. 1cm厚，鋼板。
5. φ89×1cm厚，封口鋼板。
6. φ26.74×0.93cm厚，無縫鋼管。
7. 2cm厚，玻璃纖維強化水泥底板。
8. φ26.74cm，0.93cm厚鋼管。
9. 3cm厚，玻璃纖維強化水泥柱板。
10. #5@15cm鋼筋雙層雙向，210kgf/cm² (3000psi)混凝土。
11. 5cm厚，140kgf/cm² (2000psi)混凝土打底。底土夯實度85%以上。

花架	鋼構花架(二)	單位：cm	圖號：2-9-5
		本圖僅供參考(許晉誌提供)	

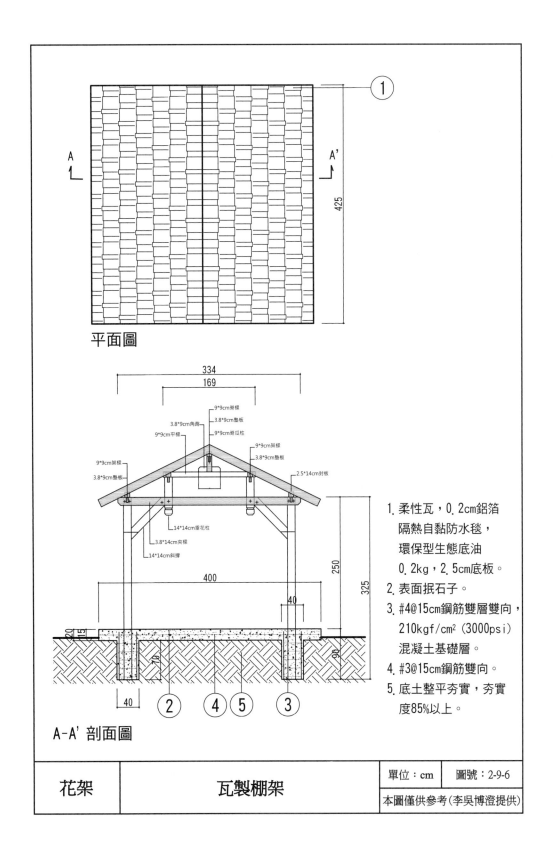

平面圖

334
169

9*9cm脊檁
3.8*9cm角尉
3.8*9cm墊板
9*9cm平檁
9*9cm脊瓜柱
9*9cm架檁
3.8*9cm墊板
9*9cm架檁
3.8*9cm墊板
2.5*14cm封板

14*14cm垂花柱
3.8*14cm夾檁
14*14cm斜撐

400
250
325
40
40
70
90

A-A' 剖面圖

1. 柔性瓦，0.2cm鋁箔
   隔熱自黏防水毯，
   環保型生態底油
   0.2kg，2.5cm底板。
2. 表面抿石子。
3. #4@15cm鋼筋雙層雙向，
   210kgf/cm² (3000psi)
   混凝土基礎層。
4. #3@15cm鋼筋雙向。
5. 底土整平夯實，夯實
   度85%以上。

花架	瓦製棚架	單位：cm	圖號：2-9-6
		本圖僅供參考(李吳博澄提供)	

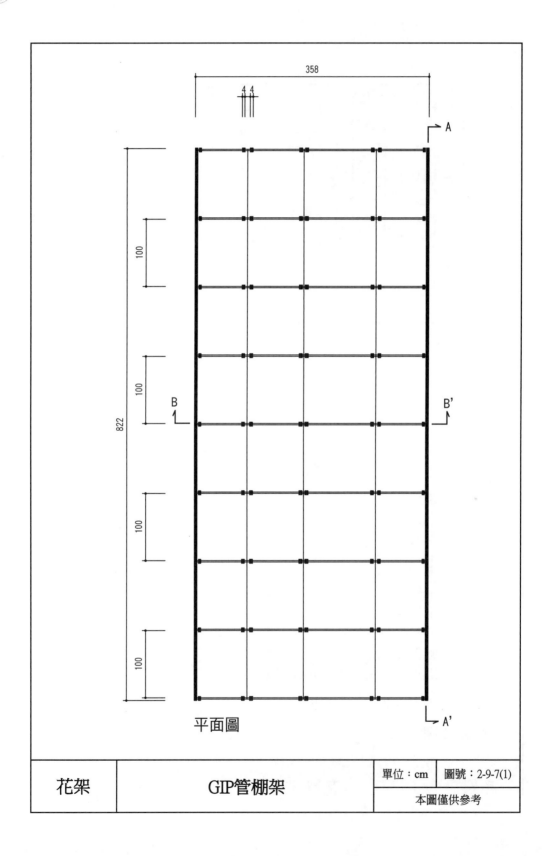

平面圖

| 花架 | GIP管棚架 | 單位：cm | 圖號：2-9-7(1) |
| | | 本圖僅供參考 | |

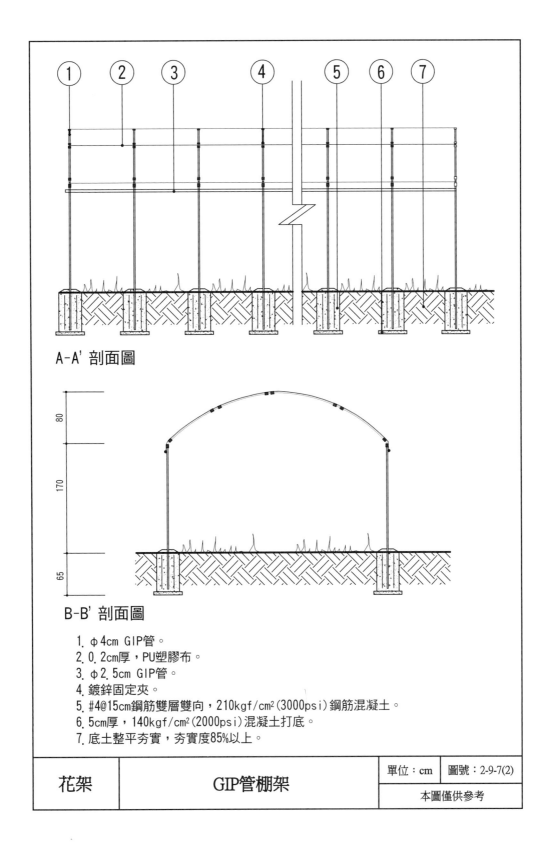

A-A' 剖面圖

B-B' 剖面圖

1. φ4cm GIP管。
2. 0.2cm厚，PU塑膠布。
3. φ2.5cm GIP管。
4. 鍍鋅固定夾。
5. #4@15cm鋼筋雙層雙向，210kgf/cm²(3000psi)鋼筋混凝土。
6. 5cm厚，140kgf/cm²(2000psi)混凝土打底。
7. 底土整平夯實，夯實度85%以上。

花架	GIP管棚架	單位：cm	圖號：2-9-7(2)
		本圖僅供參考	

表 2-9　花架單價分析表

項次	項目及說明	單位	工料數量	單價	複價	備註
2-9-1	木竹花架					
	挖土	m³				
	回填土及殘土處理	m³				
	210kgf/cm² 混凝土	m³				
	140kgf/cm² 混凝土	m³				
	#4@20cm 鋼筋雙層雙向	kg				
	實木支柱	支				
	實木橫梁 12×12×600cm	支				
	實木橫梁 12×12×460cm	支				
	Ø 1.2cm 熱浸鍍鋅螺栓	支				
	防腐處理、護木油	式				
	竹子（含防腐）	支				
	零料五金	式				
	夯實	m²				
	大工	工				
	小工	工				
	工具損耗及零星工料	式				
	小　計	座				
2-9-2	木製花架 (一)					
	挖土	m³				
	回填土及殘土處理	m³				
	實木立柱	支				
	實木橫梁 7×20×400cm	支				
	實木橫梁 7×18×250cm	支				
	防腐處理、護木油	式				
	鋼柱（含防鏽處理）	支				
	210kgf/cm² 混凝土	m³				
	140kgf/cm² 混凝土	m³				
	#4@20cm 鋼筋雙層雙向	kg				
	碎石級配	m³				
	零料五金	式				
	夯實	m²				
	大工	工				
	小工	工				
	工具損耗及零星工料	式				
	小　計	座				
2-9-3	木製花架 (二)					
	土方工作，開挖	m³				

項次	項目及說明	單位	工料數量	單價	複價	備註
	土方近運利用（含推平，運距 2km）	m³				
	210kgf/cm² 預拌混凝土	m³				
	140kgf/cm² 預拌混凝土	m³				
	#4@20cm 鋼筋雙層雙向，SD280，連工帶料	kg				
	點焊鋼絲網，D = 6mm，15×15cm	m²				
	普通模板，一般工程用	m²				
	硬木	才				
	木作備料加工	式				
	金屬接合，不鏽鋼螺栓	式				
	戶外木料刷專用塗料，二道	才				
	金屬材料，不鏽鋼鐵件，五金零件	式				
	金屬材料，鋁壓條分割及固定五金零件	式				
	無收縮水泥砂漿	m³				
	耐力板採光罩	m²				
	不鏽鋼板	kg				
	夯實	m²				
	大工（含木料刨光、鑽孔與倒圓角處理、現場木作組立安裝）	工				
	工具損耗及零星工料	式				
	小　計	座				
2-9-4	鋼構花架（一）					
	水泥混凝土構造物，RC 基礎，鋼構花架	組				
	金屬材料，鋼料，方管，5×5cm，T = 0.2cm	kg				
	結構鋼，H 型鋼（H10 cm × B10cm，t1 = 0.6cm，t2 = 0.8cm）	kg				
	金屬材料，圓管，0.4cm 厚	kg				
	金屬製品，氟碳烤漆	kg				
	熱浸鍍鋅處理	kg				
	金屬材料，鋁擴張網	m²				
	金屬材料，鋁料粉體烤漆	m²				
	吊裝費	式				
	夯實	m²				

項次	項目及說明	單位	工料數量	單價	複價	備註
	技術工（金屬材料，鋼料，加工，裁切及滿焊處理）	工				
	大工	工				
	小工	工				
	工具損耗及零星工料	式				
	小　計	座				
2-9-5	鋼構花架（二）					
	路基整理	m^2				
	普通模板，丙種	m^2				
	210kgf/cm^2 預拌混凝土	m^3				
	140kgf/cm^2 預拌混凝土	m^3				
	#5@15cm 鋼筋雙層雙向	kg				
	雕塑原型粗模模具	式				
	雕塑原型細模處理	式				
	GRC 生產模具	組				
	底層噴鑄	組				
	面層鑄造及修飾	組				
	耐鹼性玻璃纖維	式				
	預埋五金零件	式				
	面飾外觀處理	式				
	呈色穩定劑	式				
	接縫處理	式				
	金屬材料，鋼料	kg				
	金屬材料，鋼料，熱浸鍍鋅，加工及製造	kg				
	雷射切割	式				
	工廠加工	式				
	不鏽鋼五金另料及損耗	式				
	材料運費及小搬運	式				
	現場安裝（含施工架）	式				
	工地組裝	式				
	大工	工				
	小工	工				
	工具損耗及零星工料	式				
	小　計	座				
2-9-6	瓦製棚架					
	挖方（包括裝車）	m^3				
	210kgf/cm^2 預拌混凝土	m^3				
	基礎模板製作及裝拆	m^2				

項次	項目及說明	單位	工料數量	單價	複價	備註
	鋼筋加工及組立	T				
	鐵木	才				
	加工（製材、刨光、倒圓角處理）	才				
	防腐（ACQ）	才				
	護木油	才				
	抿 1.2 分宜蘭石，本色水泥	m²				
	五金零件	式				
	防水柔性瓦	式				
	夯實	m²				
	大工（含組裝、塗裝）	工				
	工具損耗及零星工料	式				
	小　計	座				
2-9-7	GIP 管棚架					
	Ø 4cm GIP 管	支				
	PU 塑膠布	m²				
	Ø 2.5cm GIP 管	支				
	熱浸鍍鋅固定夾	只				
	210kgf/cm² 混凝土	m³				
	140kgf/cm² 混凝土	m³				
	#4@15cm 鋼筋雙層雙向	kg				
	夯實	m²				
	大工	工				
	小工	工				
	工具損耗及零星工料	式				
	小　計	座				

10 座椅（Seats）

座椅係指提供使用者安全休憩之設施物；其不僅可以提供使用者休息，且造型變化多樣、可利用不同材料製成不同型式及風格，增加景區的趣味性。而創意的設計可以美化環境，為環境景觀品質加分，是戶外休憩場所不可或缺的街道傢俱之一。

(一) 座椅配置原則

1. 其設置位置應不影響且不突出行進動線。
2. 配合步行距離或遊憩活動在每一小時的步行時間或範圍內設置。
3. 應遠離交通要道。
4. 應配置於通風、具遮蔭處。
5. 避免設置於陽光直射之處。
6. 須能觀看景緻或附近的活動。
7. 有便於使用者彼此交談的配置。
8. 避免使用者成為他人注目的焦點。
9. 避免設置於強風吹襲之處。
10. 避免配置於視線死角處。
11. 應預留輪椅、嬰兒車、滑步車等停留空間。一般不小於 90×90cm。
12. 可與花壇或植栽槽一體設計。

(二) 座椅設計原則

1. 規格大小及造型需符合人體工學，並以合於人體的坐姿為原則，避免產生不舒服的角度或支撐物。
2. 造型、色彩與質感須能反應在地文化、生態及產業。
3. 避免可能導致不當使用之尺度，如躺、臥。
4. 在廣場、綠地可將座椅當作雕塑處理。
5. 無靠背座椅僅供短時間休息之用。
6. 須為無法長時間躺臥的設計。
7. 考慮材料的導熱性質，以達到舒適之目的。
8. 具創意性的造型設計。
9. 基礎不外露於舖面或草地。

10. 必須易於維護及保養。

(三) 座椅設計準則

1. 必須兼顧安全、舒適、美觀、好維護。

2. 椅面離地高度，一般使用 40 ～ 45cm，有無扶手皆可；年長者使用 50 ～ 55cm，需有扶手；兒童遊戲場 35 ～ 40cm，有無扶手皆可，皆呈 10° 角上仰。

3. 椅面寬度約為 45 ～ 60cm。

4. 椅面長度，單人座椅 50 ～ 60cm，有無扶手皆可。雙人座椅 90 ～ 100cm，有無扶手皆可。

5. 座椅扶手高度應為 20 ～ 30cm。

6. 有椅背的座椅其椅背高度在 40cm 以下，呈 8° 角向後傾，俾使用者背部能得到適當的倚靠。

7. 椅面離地面 15cm 處退縮 15cm，以利置放腳跟。

8. 任何接角須以導圓角處理，避免割傷使用者。

9. 座椅表面必須打磨光滑，避免粗糙。

10. 所有的接頭必須加以處理，以免對使用者造成不適感或有安全疑慮。

11. 若為活動式座椅，應將二者連接堅固，以避免遭到破壞。

12. 所有構造必須易於維修。

(四) 座椅的種類

1. 以造型來分：
   (1)連續性：有長方形、曲線形等。
   (2)獨立性：有方形、圓形、橢圓形等。
   (3)圍構型：有長方形、方形、曲線形等。
   (4)綜合型：結合連續型及圍構型。

2. 以構造來分：
   (1)有靠背型：供長時間休息，具觀賞方向限制。
   (2)無靠背型：供短時間休息，不具觀賞方向限制。

3. 以機能來分：
   (1)供長時間休息，如有靠背型。
   (2)供短時間休息，如無靠背型、椅面有扶手區隔或以曲度處理。

4. 以材料來分：有木材、竹材、石材、金屬、紅磚、玻璃纖維仿木、FRP 強化纖維、水泥等。

(五) 座椅材料選擇原則

1. 以在地材料為優先選擇。

2. 與在地歷史、人文、生態與產業有關者。

3. 材料必須易於維護及保養。

4. 考量熱帶及亞熱帶氣候條件，儘可能避免使用石材和金屬作為椅面材料。

5. 須能反應在地風格，並與環境相協調。

6. 材料種類及特性可參考「景觀設計與施工各論 01 舖面」。

7. 周邊避免種植有害樹種。（植物種類可參考「景觀設計與施工總論 09 各類有害植物種類」）

(六) 座椅相關法規及標準

1. 交通部，2020，公路景觀設計規範，第六章公路景觀設施之 6.5 街道傢俱。

2. 內政部營建署，2003，市區道路人行道設計手冊，第四章規劃設計準則之 4.8 街道傢俱之 (五) 座椅。

3. 經濟部標準檢驗局，2018，戶外家具──露營、家用及公共場所用桌椅──第 1 部：一般安全要求，CNS 16031-1。

(七) 以下施工圖樣僅供參考，實際應用仍須因地制宜作適度調整。

參考文獻

1. 王小璘、何友鋒，1999，公園綠地規劃設計準則研究，內政部營建署，p.186。

2. 王小璘、何友鋒，1999，景觀設施專業施工、監造制度研究，內政部營建署，p.380。

3. 王小璘、何友鋒，1999，城鄉風貌改造──台中市東光、興大園道改善工程計畫研究，臺中市政府，p.81。

4. 王小璘、何友鋒，2001，觀光農園公共設施物圖集，行政院農業委員會，p.402。

5. 內政部營建署，2003，市區道路人行道設計手冊。

6. 交通部，2020，公路景觀設計規範，交通技術標準規範公路類公路工程部。

7. 經濟部標準檢驗局，2018，戶外家具——露營、家用及公共場所用桌椅。

8. 臺中市政府建設局，2021，臺中美樂地指引手冊。

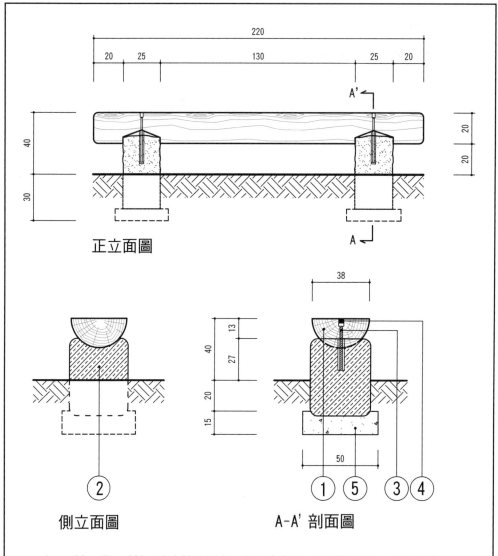

正立面圖

側立面圖

A-A' 剖面圖

1. φ(30～40)×220cm實木椅面衍木，經防腐處理，面刷護木油，嵌入天然
石塊基座中深度5cm。（註）

2. 50×40×20cm天然石塊基座。

3. φ1.6×3cm不鏽鋼膨脹螺栓二支，栓入椅面衍木與基座接合固定。

4. φ1.6cm不鏽鋼膨脹螺栓預留缺口，以木塞填平。

5. 15cm厚，140kgf/cm²(2000psi)混凝土層。

註：亦可採用玻璃纖維仿木。

座椅	天然石塊基腳式木製座椅	單位：cm	圖號：2-10-1
		本圖僅供參考	

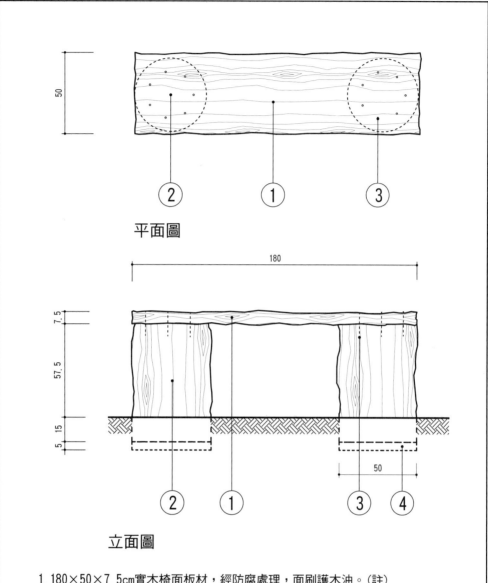

平面圖

立面圖

1. 180×50×7.5cm實木椅面板材，經防腐處理，面刷護木油。（註）

2. φ(40～50)×72.5cm實木基腳撐材，經防腐處理，面刷護木油，埋入夯實的
土中15cm深。

3. 2號無頭釘，@15cm貫穿椅面板材與基腳接合。

4. 5cm厚，140kgf/cm²(2000psi)混凝土打底。

註：亦可採用玻璃纖維仿木。

座椅	木製座椅(一)	單位：cm	圖號：2-10-2
		本圖僅供參考	

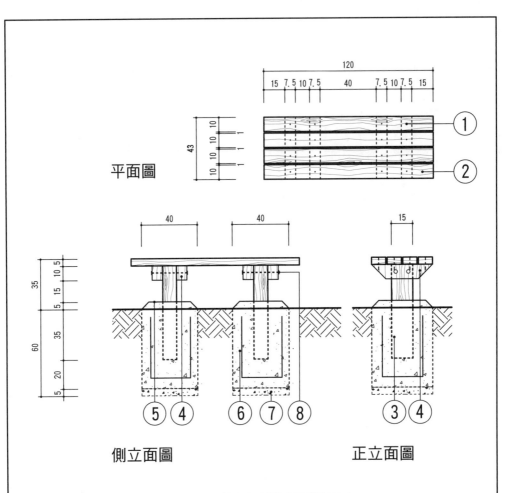

平面圖

側立面圖　　　正立面圖

1. 2號套頭不鏽鋼釘十六支，釘入椅面板材與座椅撐材接合。

2. 120×10×5cm實木椅面板材四支，表面刨光，經防腐處理，面刷護木油。（註）

3. 10×15×65cm實木座椅支撐基樁二支，表面刨光，經防腐處理，面刷護木油。

4. 7.5×10×43cm實木梯形撐材二支，表面刨光，經防腐處理，面刷護木油，
   邊緣以45度收邊。

5. 1.5cm厚，1:3水泥砂漿粉刷。

6. 60cm厚，#3@20cm鋼筋雙層雙向，210kgf/cm² (3000psi) 混凝土基礎。

7. 5cm厚，140kgf/cm² (2000psi) 混凝土打底。

8. φ2.5×25cm不鏽鋼雙頭螺栓，兩端栓入座椅撐材與座椅基樁接合。

註：亦可採用玻璃纖維仿木。

座椅	木製座椅(二)	單位：cm	圖號：2-10-3
		本圖僅供參考	

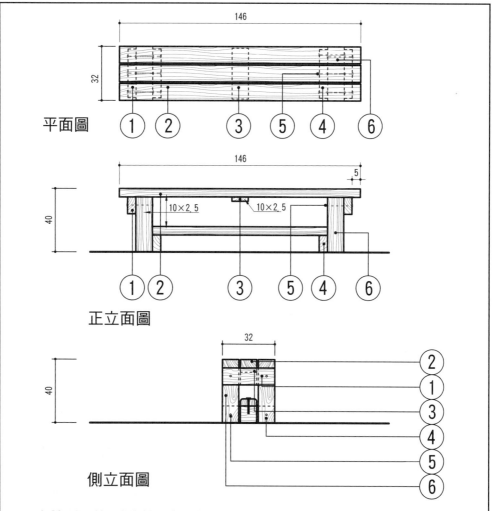

平面圖

正立面圖

側立面圖

1. 30×5×10cm實木椅面撐材二支，經防腐處理，面刷護木油，以不鏽鋼釘椅面撐材接合。（註）
2. 146×10×5cm實木椅面板材三支@1cm平排，經防腐處理，面刷護木油，以不鏽鋼釘與椅面撐材接合。
3. 30×10×5cm實木椅面補強材一支，經防腐處理，面刷護木油，以不鏽鋼釘與椅面板材接合。
4. 30×5×10cm實木椅面撐材二支，經防腐處理，面刷護木油，以不鏽鋼釘與椅面撐材接合。
5. φ1.6cm不鏽鋼螺栓貫穿撐材與板材接合。
6. 10×10×35cm實木基腳撐材四支，經防腐處理，面刷護木油，以不鏽鋼釘與椅面板材接合。

註：亦可採用玻璃纖維仿木。

座椅	木製座椅(三)	單位：cm	圖號：2-10-4
		本圖僅供參考	

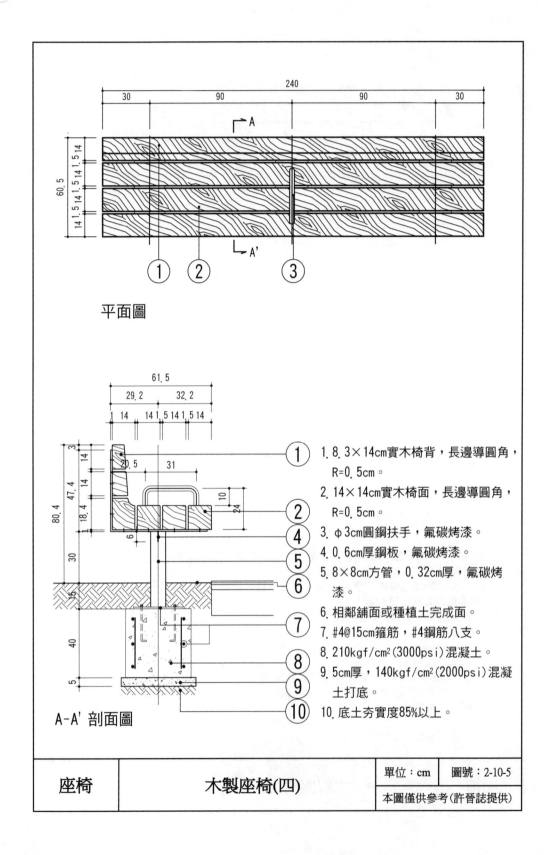

平面圖

A-A' 剖面圖

1. 8.3×14cm實木椅背，長邊導圓角，R=0.5cm。

2. 14×14cm實木椅面，長邊導圓角，R=0.5cm。

3. φ3cm圓鋼扶手，氟碳烤漆。

4. 0.6cm厚鋼板，氟碳烤漆。

5. 8×8cm方管，0.32cm厚，氟碳烤漆。

6. 相鄰舖面或種植土完成面。

7. #4@15cm箍筋，#4鋼筋八支。

8. 210kgf/cm²(3000psi)混凝土。

9. 5cm厚，140kgf/cm²(2000psi)混凝土打底。

10. 底土夯實度85%以上。

座椅	木製座椅(四)	單位：cm	圖號：2-10-5
		本圖僅供參考(許晉誌提供)	

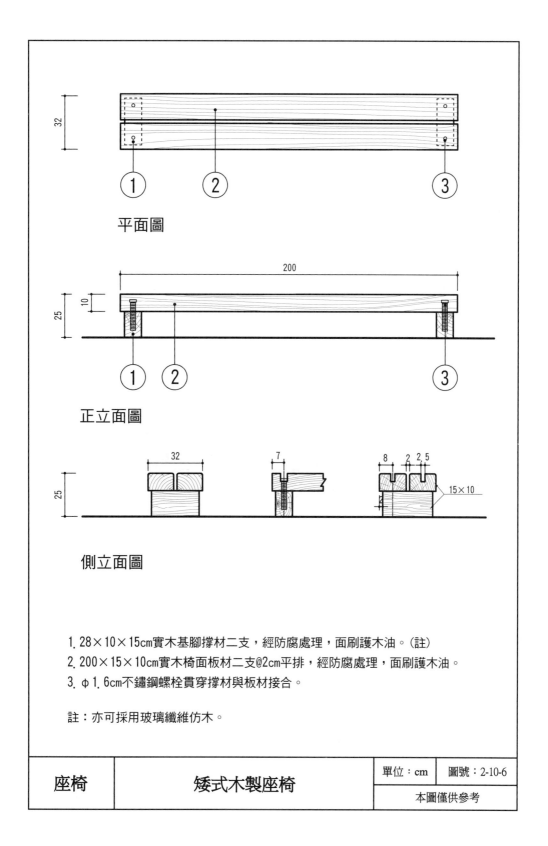

平面圖

正立面圖

側立面圖

1. 28×10×15cm實木基腳撐材二支，經防腐處理，面刷護木油。（註）
2. 200×15×10cm實木椅面板材二支@2cm平排，經防腐處理，面刷護木油。
3. φ1.6cm不鏽鋼螺栓貫穿撐材與板材接合。

註：亦可採用玻璃纖維仿木。

座椅	矮式木製座椅	單位：cm	圖號：2-10-6
		本圖僅供參考	

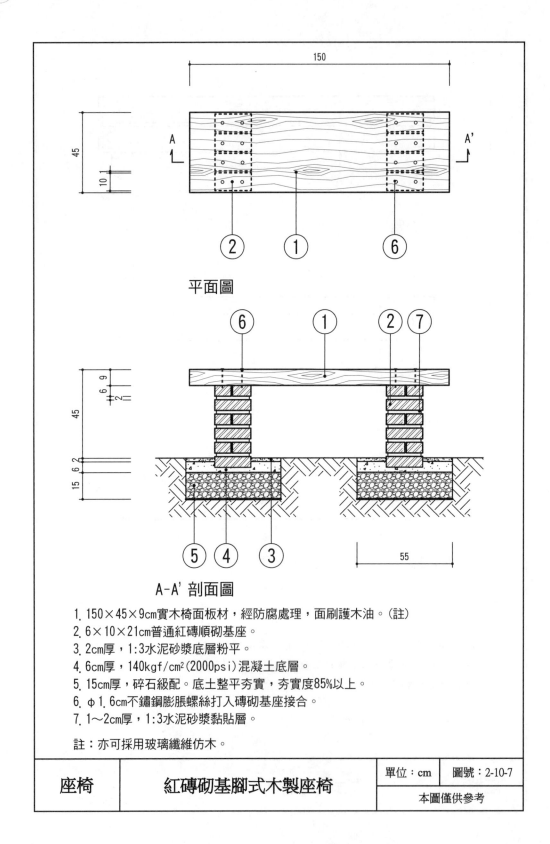

平面圖

A-A' 剖面圖

1. 150×45×9cm實木椅面板材，經防腐處理，面刷護木油。（註）
2. 6×10×21cm普通紅磚順砌基座。
3. 2cm厚，1:3水泥砂漿底層粉平。
4. 6cm厚，140kgf/cm²(2000psi)混凝土底層。
5. 15cm厚，碎石級配。底土整平夯實，夯實度85%以上。
6. φ1.6cm不鏽鋼膨脹螺絲打入磚砌基座接合。
7. 1～2cm厚，1:3水泥砂漿黏貼層。

註：亦可採用玻璃纖維仿木。

座椅	紅磚砌基腳式木製座椅	單位：cm	圖號：2-10-7
			本圖僅供參考

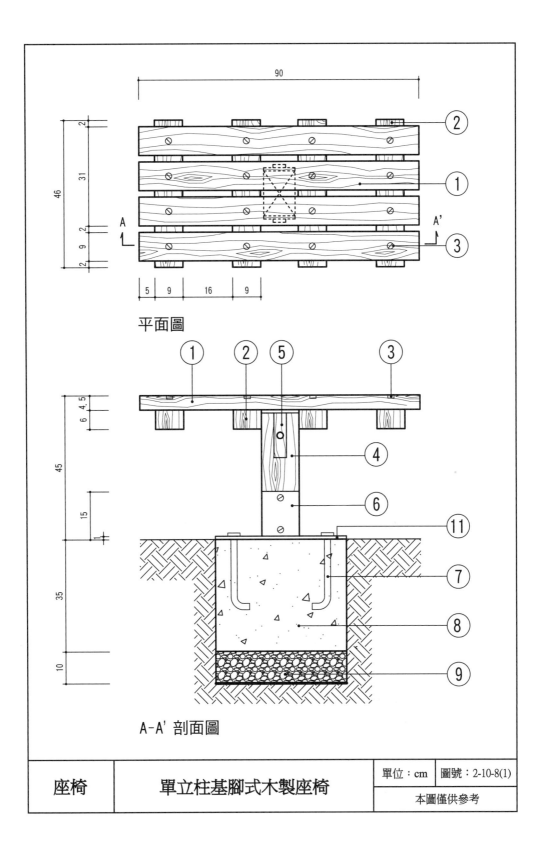

平面圖

A-A' 剖面圖

| 座椅 | 單立柱基腳式木製座椅 | 單位：cm | 圖號：2-10-8(1) |
| | | 本圖僅供參考 | |

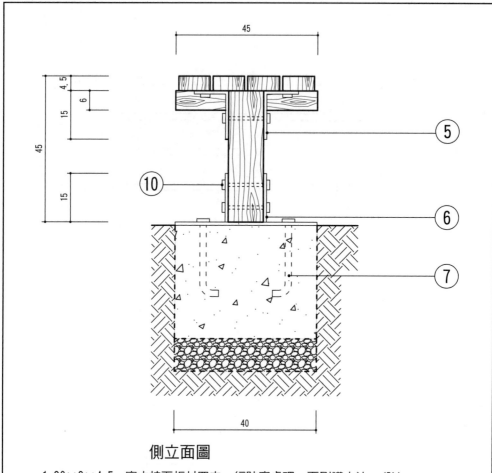

側立面圖

1. 90×9×4.5cm實木椅面板材四支，經防腐處理，面刷護木油。（註）

2. 46×9×6cm實木椅面底板撐材四支，經防腐處理，面刷護木油。

3. 3/8"木牙螺栓固定。

4. 12×12×40cm實木座椅基樁一支，經防腐處理，面刷護木油。

5. 0.6cm厚，L型不鏽鋼配件，滿焊處理。

6. 0.6cm厚，U型不鏽鋼配件，滿焊處理。

7. φ2cm不鏽鋼螺栓四支，欲埋入混凝土中深度25cm。

8. 35cm厚，210kgf/cm²(3000psi)混凝土基座底層。

9. 10cm厚，碎石級配層。底土夯實度85%以上。

10. φ1.6cm不鏽鋼螺栓。

11. 1cm厚，不鏽鋼板。

註：亦可採用玻璃纖維仿木。

座椅	單立柱基腳式木製座椅	單位：cm	圖號：2-10-8(2)
		本圖僅供參考	

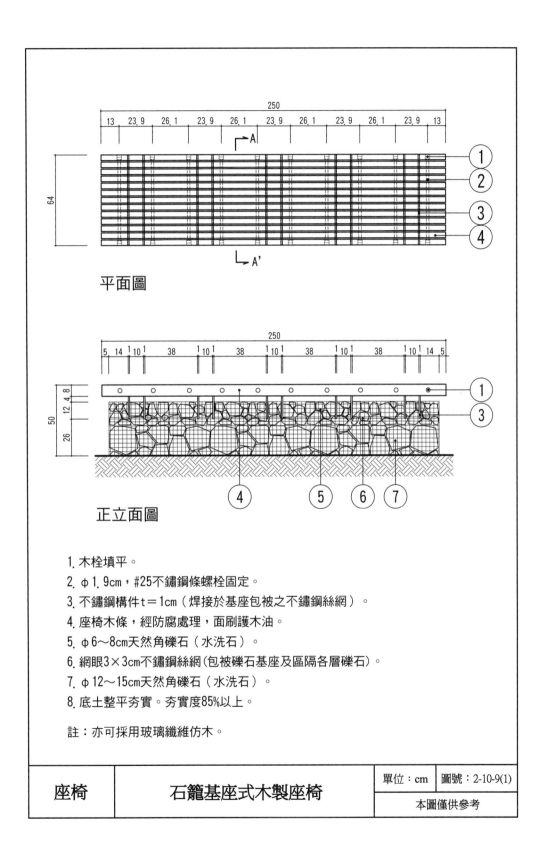

平面圖

正立面圖

1. 木栓填平。

2. φ1.9cm，#25不鏽鋼條螺栓固定。

3. 不鏽鋼構件t＝1cm（焊接於基座包被之不鏽鋼絲網）。

4. 座椅木條，經防腐處理，面刷護木油。

5. φ6～8cm天然角礫石（水洗石）。

6. 網眼3×3cm不鏽鋼絲網(包被礫石基座及區隔各層礫石)。

7. φ12～15cm天然角礫石（水洗石）。

8. 底土整平夯實。夯實度85%以上。

註：亦可採用玻璃纖維仿木。

座椅	石籠基座式木製座椅	單位：cm	圖號：2-10-9(1)
		本圖僅供參考	

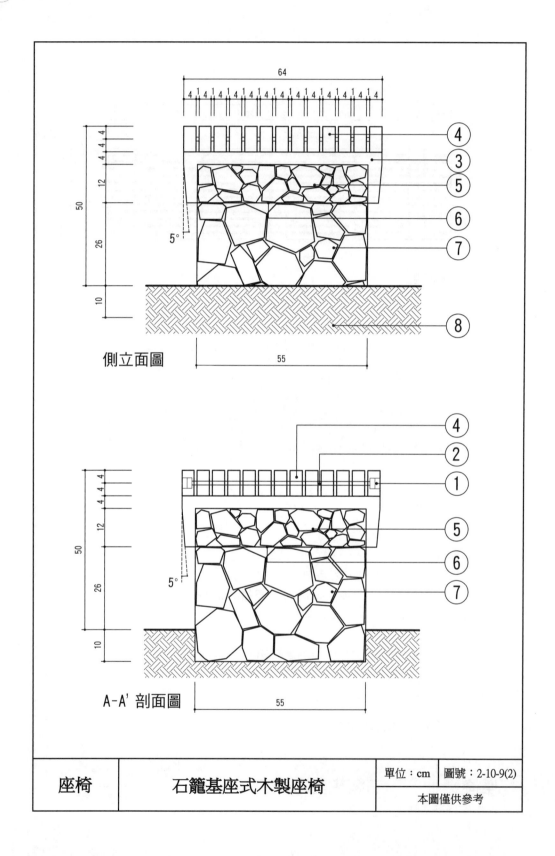

側立面圖

A-A' 剖面圖

座椅	石籠基座式木製座椅	單位：cm	圖號：2-10-9(2)
			本圖僅供參考

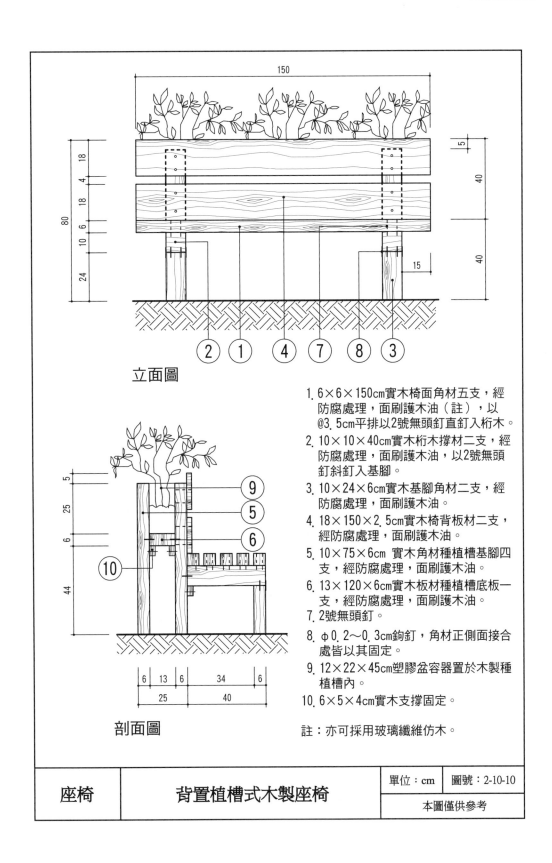

立面圖

剖面圖

1. 6×6×150cm實木椅面角材五支，經防腐處理，面刷護木油（註），以@3.5cm平排以2號無頭釘直釘入桁木。
2. 10×10×40cm實木桁木撐材二支，經防腐處理，面刷護木油，以2號無頭釘斜釘入基腳。
3. 10×24×6cm實木基腳角材二支，經防腐處理，面刷護木油。
4. 18×150×2.5cm實木椅背板材二支，經防腐處理，面刷護木油。
5. 10×75×6cm 實木角材種植槽基腳四支，經防腐處理，面刷護木油。
6. 13×120×6cm實木板材種植槽底板一支，經防腐處理，面刷護木油。
7. 2號無頭釘。
8. φ0.2～0.3cm鉤釘，角材正側面接合處皆以其固定。
9. 12×22×45cm塑膠盆容器置於木製種植槽內。
10. 6×5×4cm實木支撐固定。

註：亦可採用玻璃纖維仿木。

座椅	背置植槽式木製座椅	單位：cm	圖號：2-10-10
		本圖僅供參考	

187

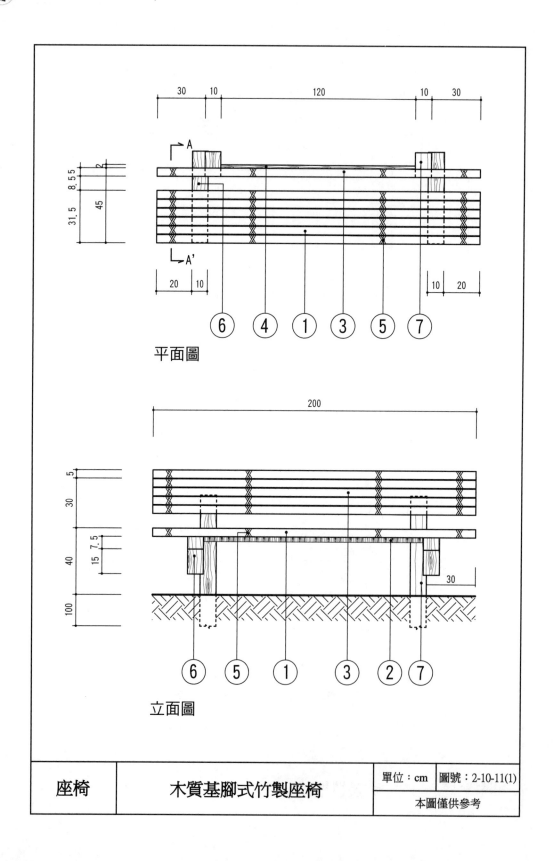

平面圖

立面圖

座椅	木質基腳式竹製座椅	單位：cm	圖號：2-10-11(1)
		本圖僅供參考	

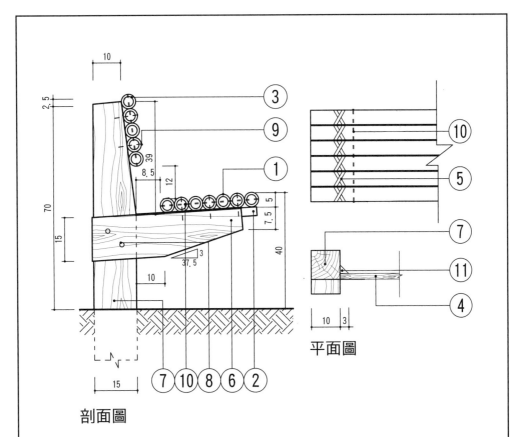

平面圖

剖面圖

1. φ5×200cm實木，以鐵絲麻繩編結固定成椅面材，經防腐處理。（註）
2. 135×25×3cm實木椅面底板撐材，經防腐處理，面刷護木油。
3. φ5×200cm實木，以鐵絲麻繩編結固定成椅面材，經防腐處理。
4. 120×15×2cm實木椅背底板撐材，經防腐處理，面刷護木油。
5. φ1cm麻繩，經防腐處理。
6. 10×15×55cm實木梯形撐材，斜率1：12.5桁木二支，經防腐處理，面刷護木油，嵌入基樁深2cm。
7. 10×15×170cm實木梯型基腳樁二支，經防腐處理，面刷護木油，端部削尖經焦油防腐處理埋入土壤深度100cm。
8. φ1.6cm熱浸鍍鋅螺栓，貫穿撐材桁木與基樁接合。
9. 4號無頭鐵釘穿孔釘入。
10. φ0.3cm鐵絲固定繫緊。
11. 3×3×5cm支撐角材，經防腐處理，面刷護木油，以8號鐵釘穿孔釘入。

註：亦可採用玻璃纖維仿木。

座椅	木質基腳式竹製座椅	單位：cm	圖號：2-10-11(2)
		本圖僅供參考	

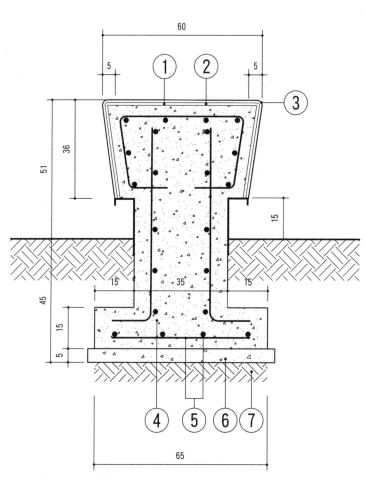

剖面圖

1. 表面抿石子處理，φ1分黑色石子＋1:2本色水泥。導圓角，R=2cm。

2. 粉刷底層，1：3水泥砂漿粉平。

3. 導圓角，R=2cm。

4. 210kgf/cm²(3000psi)混凝土。

5. #4@15cm鋼筋單層雙向。

6. 5cm厚，140kgf/cm²(2000psi)混凝土打底。

7. 底土夯實度85%以上。

座椅	抿石子鋼筋無靠背座椅	單位：cm	圖號：2-10-12
		本圖僅供參考(許晉誌提供)	

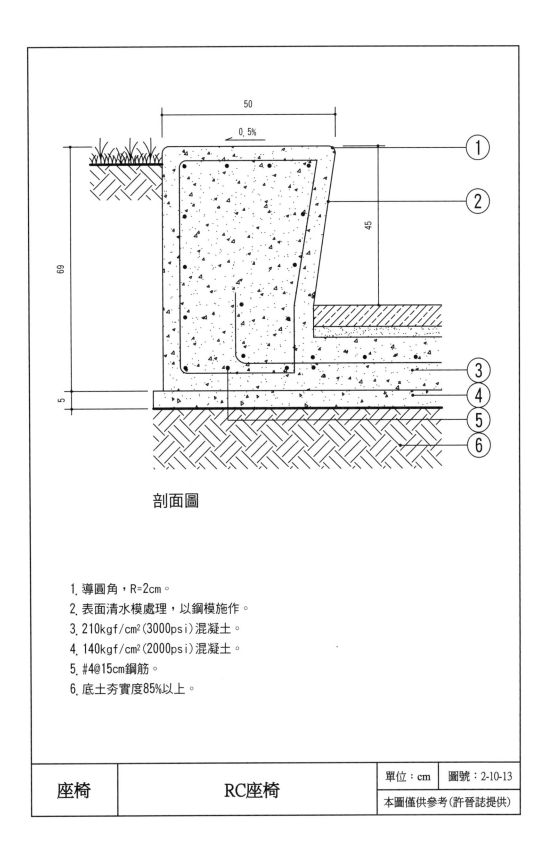

剖面圖

1. 導圓角，R=2cm。
2. 表面清水模處理，以鋼模施作。
3. 210kgf/cm²(3000psi)混凝土。
4. 140kgf/cm²(2000psi)混凝土。
5. #4@15cm鋼筋。
6. 底土夯實度85%以上。

座椅	RC座椅	單位：cm	圖號：2-10-13
		本圖僅供參考(許晉誌提供)	

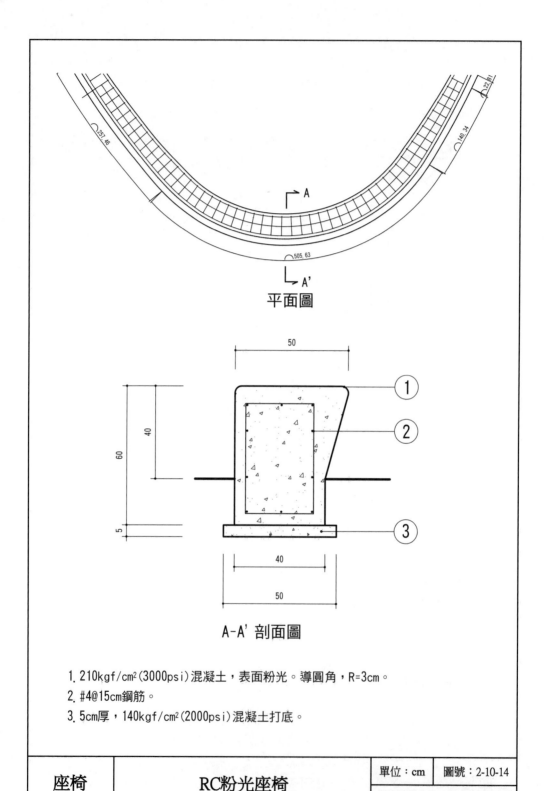

平面圖

A-A' 剖面圖

1. 210kgf/cm²(3000psi)混凝土，表面粉光。導圓角，R=3cm。
2. #4@15cm鋼筋。
3. 5cm厚，140kgf/cm²(2000psi)混凝土打底。

座椅	RC粉光座椅	單位：cm	圖號：2-10-14
		本圖僅供參考(李吳博澄提供)	

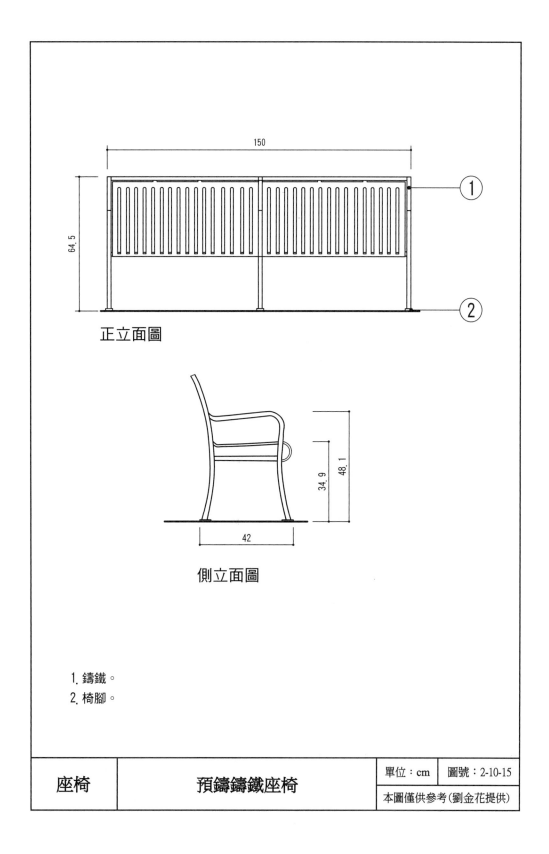

正立面圖

側立面圖

1. 鑄鐵。
2. 椅腳。

座椅	預鑄鑄鐵座椅	單位：cm	圖號：2-10-15
		本圖僅供參考(劉金花提供)	

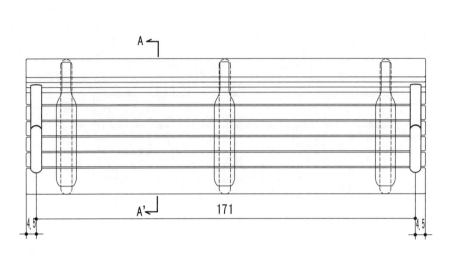

平面圖

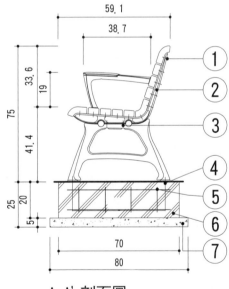

A-A' 剖面圖

1. φ6cm不鏽鋼木工螺絲。
2. 座椅框架。
3. M8不鏽鋼六角孔螺栓。
4. M8基礎螺栓。
5. #3@15cm鋼筋。
6. 210kgf/cm²(3000psi)鋼筋混凝土。
7. 140kgf/cm²(2000psi)PC混凝土。

座椅	預鑄塑木座椅	單位：cm	圖號：2-10-16
		本圖僅供參考(劉金花提供)	

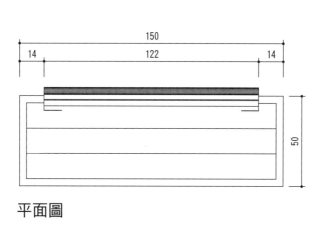

平面圖

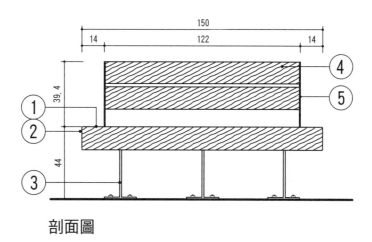

剖面圖

1. 14×4cm厚硬木面板。

2. 14×4cm厚硬木面板，含角鋼5×5×0.5cm及五金固定件。

3. 40×20×0.8×1.3cm H型鋼鍍鋅及固定螺栓。

4. 14×4cm厚，硬木面板椅背。

5. 0.5cm厚鍍鋅鋼板，烤漆與椅腳焊接固定。

座椅	不鏽鋼管基座硬木靠背座椅	單位：cm	圖號：2-10-17
		本圖僅供參考(劉金花提供)	

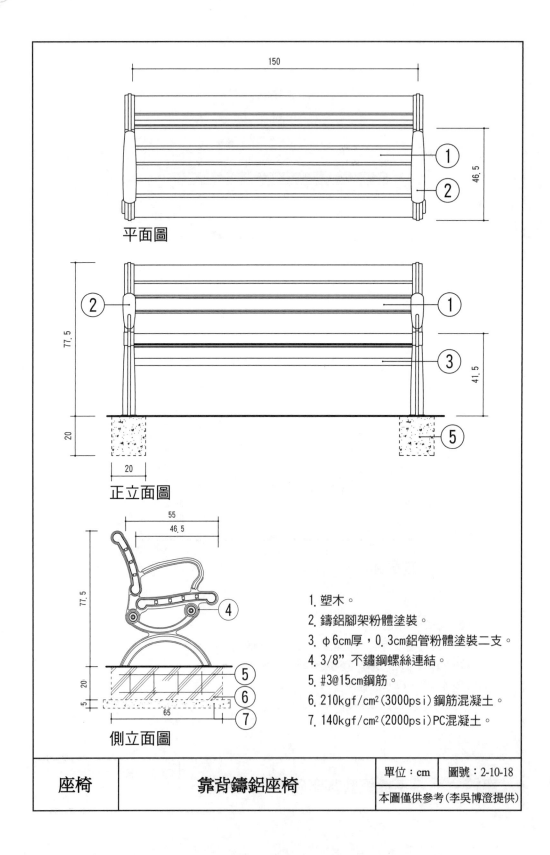

平面圖

正立面圖

側立面圖

1. 塑木。

2. 鑄鋁腳架粉體塗裝。

3. φ6cm厚，0.3cm鋁管粉體塗裝二支。

4. 3/8" 不鏽鋼螺絲連結。

5. #3@15cm鋼筋。

6. 210kgf/cm² (3000psi) 鋼筋混凝土。

7. 140kgf/cm² (2000psi) PC混凝土。

座椅	靠背鑄鋁座椅	單位：cm	圖號：2-10-18
		本圖僅供參考(李吳博澄提供)	

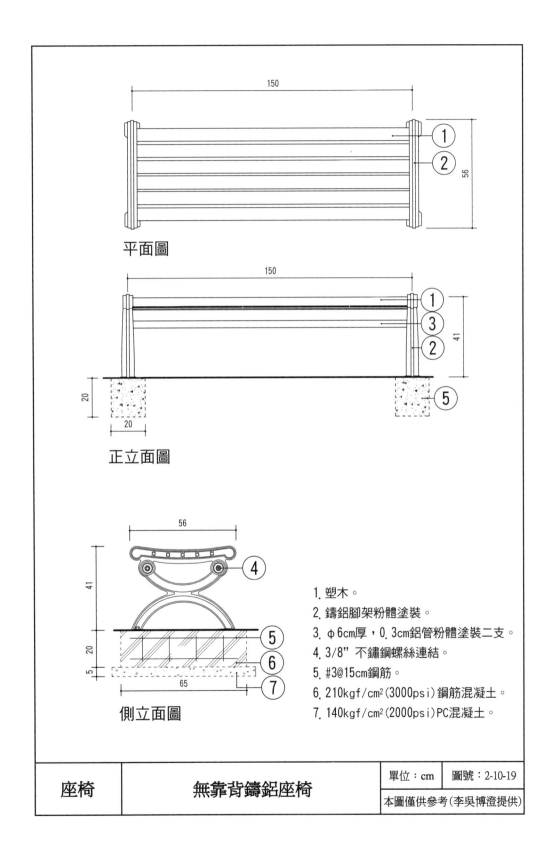

平面圖

正立面圖

側立面圖

1. 塑木。
2. 鑄鋁腳架粉體塗裝。
3. φ6cm厚，0.3cm鋁管粉體塗裝二支。
4. 3/8" 不鏽鋼螺絲連結。
5. #3@15cm鋼筋。
6. 210kgf/cm²(3000psi)鋼筋混凝土。
7. 140kgf/cm²(2000psi)PC混凝土。

座椅	無靠背鑄鋁座椅	單位：cm	圖號：2-10-19
		本圖僅供參考(李吳博澄提供)	

表 2-10 座椅單價分析表

項次	項目及說明	單位	工料數量	單價	複價	備註
2-10-1	天然石塊基腳式木製座椅					
	挖土	m³				
	回填土及殘土處理	m³				
	實木椅面衍木	支				
	防腐處理、護木油	式				
	天然石塊	m³				
	140kgf/cm² 混凝土	m³				
	Ø 1.6cm 不鏽鋼膨脹螺栓	支				
	夯實	m²				
	大工	工				
	小工	工				
	工具損耗及零星工料	式				
	小　計	座				
2-10-2	木製座椅 (一)					
	挖土	m³				
	回填土及殘土處理	m³				
	實木椅面板材	支				
	實木基腳撐材	支				
	防腐處理、護木油	式				
	2 號無頭釘	支				
	140kgf/cm² 混凝土	m³				
	夯實	m²				
	大工	工				
	小工	工				
	工具損耗及零星工料	式				
	小　計	座				
2-10-3	木製座椅 (二)					
	挖土	m³				
	回填土及殘土處理	m³				
	實木椅面板材	支				
	實木支撐基樁	支				
	實木梯形撐材	支				
	防腐處理、護木油	式				
	2 號套頭不鏽鋼釘	支				
	不鏽鋼雙頭螺栓	支				
	1 : 3 水泥砂漿	m²				
	210kgf/cm² 混凝土	m³				
	140kgf/cm² 混凝土	m³				

項次	項目及說明	單位	工料數量	單價	複價	備註
	#3@20cm 鋼筋雙層雙向	kg				
	夯實	m²				
	大工	工				
	小工	工				
	工具損耗及零星工料	式				
	小 計	座				
2-10-4	木製座椅 (三)					
	實木椅面撐材	支				
	實木椅面板材	支				
	實木椅面補強材	支				
	實木基腳撐材	支				
	防腐處理、護木油	式				
	Ø 1.6cm 不鏽鋼螺栓	支				
	不鏽鋼釘	支				
	夯實	m²				
	大工	工				
	小工	工				
	工具損耗及零星工料	式				
	小 計	座				
2-10-5	木製座椅 (四)					
	挖方及回填夯實	m³				
	場鑄結構混凝土用模板	m²				
	210kgf/cm² 預拌混凝土	m³				
	#4 鋼筋，SD420	kg				
	金屬材料，鋼料	kg				
	工廠內鋼料加工、焊接、切割、成形（直線段）	kg				
	鋼料，熱浸鍍鋅，加工及製造	kg				
	實木	才				
	ACQ 防腐處理＆護木油塗佈（二次）	才				
	五金另料、組裝及小搬運	式				
	夯實	m²				
	技術工	工				
	大工（含木料加工、木作塗裝）	工				
	小工	工				
	工具損耗及零星工料	式				
	小 計	座				
2-10-6	矮式木製座椅					

項次	項目及說明	單位	工料數量	單價	複價	備註
	實木椅面板材	支				
	實木基腳撐材	支				
	防腐處理、護木油	式				
	Ø 1.6cm 不鏽鋼螺栓	支				
	大工	工				
	小工	工				
	工具損耗及零星工料	式				
	小　計	座				
2-10-7	紅磚砌基腳式木製座椅					
	挖土	m³				
	回填土及殘土處理	m³				
	實木椅面板材	支				
	防腐處理、護木油	式				
	紅磚	塊				
	1：3 水泥砂漿	m³				
	140kgf/cm² 混凝土	m³				
	碎石級配	m³				
	Ø 1.6cm 不鏽鋼膨脹螺栓	支				
	夯實	m²				
	大工	工				
	小工	工				
	工具損耗及零星工料	式				
	小　計	座				
2-10-8	單立柱基腳式木製座椅					
	挖土	m³				
	回填土及殘土處理	m³				
	實木椅面板材	支				
	實木椅面底板撐材	支				
	實木椅座基樁	支				
	防腐處理、護木油	式				
	L 型不鏽鋼配件	支				
	U 型不鏽鋼配件	支				
	3/8" 木牙螺栓	支				
	Ø 2cm 不鏽鋼螺栓	支				
	Ø 1.6cm 不鏽鋼螺栓	支				
	不鏽鋼板	塊				
	210kgf/cm² 混凝土	m³				
	碎石級配	m³				
	夯實	m²				

項次	項目及說明	單位	工料數量	單價	複價	備註
	大工	工				
	小工	工				
	工具損耗及零星工料	式				
	小　計	座				
2-10-9	石籠基座式木製座椅					
	挖土	m³				
	回填土及殘土處理	m³				
	木條	支				
	防腐處理、護木油	式				
	Ø 1.9cm，#25cm 不鏽鋼螺栓	支				
	網眼 3×3cm 不鏽鋼絲網	m²				
	Ø 6～8cm 天然角礫石（水洗石）	式				
	Ø 12～15cm 天然角礫石（水洗石）	式				
	1cm 厚不鏽鋼板	m²				
	木栓	個				
	夯實	m²				
	大工	工				
	小工	工				
	工具損耗及零星工料	式				
	小　計	座				
2-10-10	背置植槽式木製座椅					
	實木椅面角材	支				
	實木桁木撐材	支				
	實木基腳角材	支				
	實木椅背板材	支				
	實木角材種植槽基腳	支				
	實木板材種植槽底板	支				
	防腐處理、護木油	式				
	2 號無頭釘	式				
	Ø 0.2～0.3cm 鉤釘	支				
	紅棕色塑料盆容器	只				
	實木支撐固定	才				
	大工	工				
	小工	工				
	工具損耗及零星工料	式				
	小　計	座				
2-10-11	木質基腳式竹製座椅					

項次	項目及說明	單位	工料數量	單價	複價	備註
	挖土	m³				
	回填土及殘土處理	m³				
	實木椅面底板撐材	支				
	實木椅背底板撐材	支				
	實木梯形撐材	支				
	實木梯形基腳樁	支				
	防腐處理、護木油	式				
	實木	支				
	麻繩	m				
	Ø 1.6cm 熱浸鍍鋅螺栓	支				
	4 號無頭鐵釘	支				
	Ø 0.3cm 鐵絲	m				
	實木支撐角材及 8 號鐵釘	式				
	技術工	工				
	實木、麻繩防腐處理	式				
	夯實	m²				
	大工	工				
	小工	工				
	工具損耗及零星工料	式				
	小　計	座				
2-10-12	抿石子鋼筋無靠背座椅					
	路基整理	m²				
	普通模板，丙種	m²				
	210kgf/cm² 預拌混凝土	m³				
	140kgf/cm² 預拌混凝土	m³				
	#4@15cm 鋼筋單層雙向，SD420	T				
	1：3 水泥砂漿粉平	m³				
	表面抿石子處理，Ø 1 分黑色石子＋1：2 本色水泥	m²				
	金屬材料，鋼料	kg				
	金屬材料，鋼料，熱浸鍍鋅，加工及製造	kg				
	金屬製品，氟碳烤漆	kg				
	夯實	m²				
	大工	工				
	小工	工				
	工具損耗及零星工料	式				
	小　計	m				
2-10-13	RC 座椅					

項次	項目及說明	單位	工料數量	單價	複價	備註
	路基整理	m²				
	清水模板，鋼模	m²				
	210kgf/cm² 預拌混凝土	m³				
	140kgf/cm² 預拌混凝土	m³				
	#4@15cm 鋼筋	kg				
	夯實	m²				
	小工	工				
	工具損耗及零星工料	式				
	小　計	m				
2-10-14	RC 粉光座椅					
	開挖（機械）	m³				
	210kgf/cm² 預拌混凝土	m³				
	140kgf/cm² 預拌混凝土	m³				
	鋼筋加工及組立	T				
	基礎模板製作及裝拆	m²				
	1：3 水泥砂漿粉光	m²				
	模板拆除後面層打磨	m²				
	大工	工				
	小工	工				
	工具損耗及零星工料	式				
	小　計	m²				
2-10-15	預鑄鑄鐵座椅					
	座椅本體	座				
	210kgf/cm² 預拌混凝土	m³				
	普通模板，一般工程用	m²				
	固定五金及配件	式				
	夯實	m²				
	技術工（安裝）	工				
	工具損耗及零星工料	式				
	小　計	座				
2-10-16	預鑄塑木座椅					
	土方工作，開挖	m³				
	土方近運利用（含推平，運距 2km）	m³				
	210kgf/cm² 預拌混凝土	m³				
	140kgf/cm² 預拌混凝土	m³				
	#3@15cm 鋼筋，連工帶料	kg				
	普通模板，一般工程用	m²				
	細木作，椅，製成品（含椅背）	組				

項次	項目及說明	單位	工料數量	單價	複價	備註
	技術工（安裝）	工				
	工具損耗及零星工料	式				
	小　計	座				
2-10-17	不鏽鋼管基座硬木靠背座椅					
	結構用鋼材，熱軋型鋼，H型鋼（H40×B20cm，t1 = 0.8cm，t2 = 1.3cm）	kg				
	結構用鋼材，熱軋型鋼，等邊角鋼，5×5cm，t = 0.5cm	kg				
	鋼板及其他鋼料	kg				
	熱浸鍍鋅處理	kg				
	金屬材料，鋼料，加工費（含製造）	kg				
	鋼板及其他鋼料，安裝	kg				
	硬木	才				
	木料，加工及刨光	才				
	木料，表面塗料塗佈，戶外專用塗料（一底二度）	才				
	金屬接合，螺栓及螺帽	式				
	運雜費	式				
	鋼材專業塗裝，油漆，室外熱浸鍍鋅鋼料，一底二度	m²				
	大工	工				
	小工	工				
	工具損耗及零星工料	式				
	小　計	座				
2-10-18	靠背鑄鋁座椅					
	塑木	才				
	鑄鋁腳架	組				
	210kgf/cm² 預拌混凝土	m³				
	140kgf/cm² 預拌混凝土	m³				
	#3@15cm 鋼筋，連工帶料	kg				
	不鏽鋼五金零件	式				
	運費	式				
	大工	工				
	工具損耗及零星工料	式				
	小　計	座				
2-10-19	無靠背鑄鋁座椅					
	塑木	才				
	鑄鋁腳架	組				

項次	項目及說明	單位	工料數量	單價	複價	備註
	210kgf/cm^2 預拌混凝土	m^3				
	140kgf/cm^2 預拌混凝土	m^3				
	#3@15cm 鋼筋，連工帶料	kg				
	不鏽鋼五金零件	式				
	運費	式				
	大工	工				
	工具損耗及零星工料	式				
	小　計	座				

11 野餐桌椅（Picnic Tables）

野餐桌椅是戶外遊憩場所不可或缺的休憩設施之一，多半設於風景優美的區域。依材料不同有木製、不鏽鋼製及鋁合金製等。依其構造型式可以分為固定式、折疊式和捲收式，或野炊專用的料理桌等。良好的野餐桌椅不僅可以為活動氣氛加分，更是吸引遊客駐足的主要因素之一。

(一) 野餐桌椅配置原則

1. 應與停車場保持適當的距離。
2. 以坡度 2% ～ 15% 且排水良好的地區為佳，最大坡度限制為 20%。
3. 利用地形變化作為分隔空間及美化視覺景觀。
4. 可設置於有遮蔭樹群的半開放型草坪或空地上。
5. 選擇視野良好的區域，如在水邊或具有親水性、容易眺望到的水體，或使用頻率高且方便參與其他活動的地方。
6. 如場地有「有害樹種」（植物種類可參考「景觀設計與施工總論 09 各類有害植物種類」），應先進行清理，或另擇適當地點。

(二) 野餐桌椅設計原則

1. 必須兼顧安全與美觀。
2. 造型、色彩與風格，宜活潑具創意性。
3. 材質、構造須易於使用及保養。
4. 比例及大小需符合人體工學，將使用者身體的重量平均分散到支撐座椅的地面上。
5. 確保桌椅之穩固性、安全性及耐重性。
6. 與衛生設施設備作整體規劃。

(三) 野餐桌椅設計準則

1. 配合使用人數選擇適合的桌面大小。
2. 單人用餐桌，桌寬約 20 ～ 30cm；多人使用約 1 ～ 1.2m。
3. 桌面離地面高度約 70 ～ 85cm。
4. 椅子的總寬度約 60cm，長度則視使用人數而定。
5. 有椅背座椅之椅背高度在 40cm 以下，呈 8° 角向後傾，使背部能得到適當

的倚靠。

6. 可安全調整桌椅高度及桌面的展開和收納。

7. 任何接角都為弧形，避免有尖角突出。

8. 木材與金屬相接處，其連接螺栓必須加強處理，以免發生危險。

9. 椅面必須光滑平順，避免粗糙。

10. 所有構造必須易於維修。

（四）野餐桌椅材料選擇原則

1. 材料必須易於維護及保養。

2. 質感應力求自然細膩。

3. 材料種類及特性可參考「景觀設計與施工各論 01 舖面」。

（五）野餐桌椅相關法規及標準

1. 經濟部標準檢驗局，2018，戶外家具──露營、家用及公共場所用桌椅──第 1 部：一般安全要求，CNS 16031-1。

（六）以下施工圖樣僅供參考，實際應用仍須因地制宜作適度調整。

參考文獻

1. 王小璘、何友鋒，1990，苗栗縣大湖鄉石門休閒農業區規劃研究，行政院農委會，p.255。

2. 王小璘、何友鋒，1993，觀光農園設施物圖樣參考圖集，臺灣省政府農林廳，p.228。

3. 王小璘、何友鋒，1994，休閒農業區設施物參考圖集，台灣省農會，p.512。

4. 王小璘、何友鋒，2001，觀光農園公共設施物圖集，行政院農業委員會，p.402。

5. 王小璘、何友鋒，2002，農業環境景觀生態規劃設計規範，行政院農委會，p.182。

6. 臺中市政府建設局，2021，臺中美樂地指引手冊。

7. 經濟部標準檢驗局，2018，戶外家具──露營、家用及公共場所用桌椅。

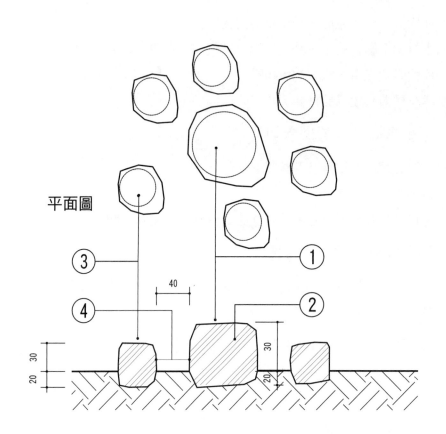

平面圖

剖面圖

1. 桌面面積＞φ80cm。
2. 50cm高，塊石或河川卵石。
3. 椅子面積＞φ40cm。
4. 桌椅間距40cm。

野餐桌椅	岩石野餐桌椅	單位：cm	圖號：2-11-1
		本圖僅供參考(李吳博澄提供)	

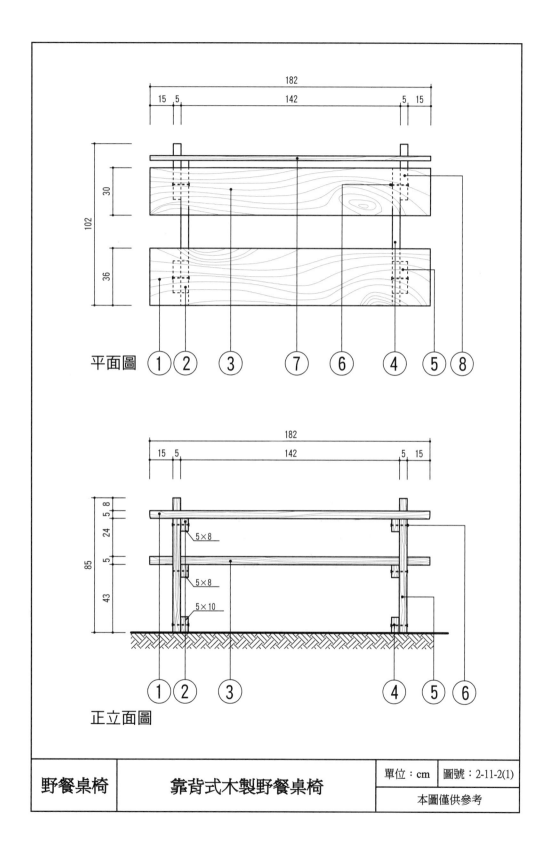

平面圖 ①②③⑦⑥④⑤⑧

正立面圖 ①②③④⑤⑥

5×8
5×8
5×10

野餐桌椅	靠背式木製野餐桌椅	單位：cm	圖號：2-11-2(1)
		本圖僅供參考	

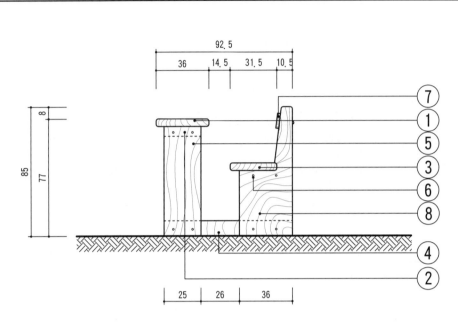

側立面圖

1. 5×36×182cm實木桌面板材一支，經防腐處理，面刷護木油，鐵釘釘入與桌面撐材接合。(註)

2. 5×8×25cm實木桌面支撐材二支，經防腐處理，面刷護木油，以鐵釘與桌栓與基腳樁接合。

3. 5×30×182cm實木椅面板材，經防腐處理，面刷護木油，以鐵釘與椅面撐材接合。

4. 5×10×87.5cm 實木補強板材二支，經防腐處理，面刷護木油，以熱浸鍍鋅螺栓與基腳樁接合。

5. 5×25×72cm 實木桌面基腳材，經防腐處理，面刷護木油，與桌面和支撐材接合。

6. φ1.6cm熱浸鍍鋅螺栓貫穿撐材與板材接合。

7. 5×10×182cm實木椅背板材，經防腐處理，面刷護木油，以鐵釘與椅背支撐材接合。

8. 5×36×85cm 實木椅面支撐材二支，經防腐處理，面刷護木油，以鐵釘與椅面椅背板材接合，以熱浸鍍鋅螺拴與基腳樁接合。

註：亦可採用玻璃纖維仿木。

野餐桌椅	靠背式木製野餐桌椅	單位：cm	圖號：2-11-2(2)
			本圖僅供參考

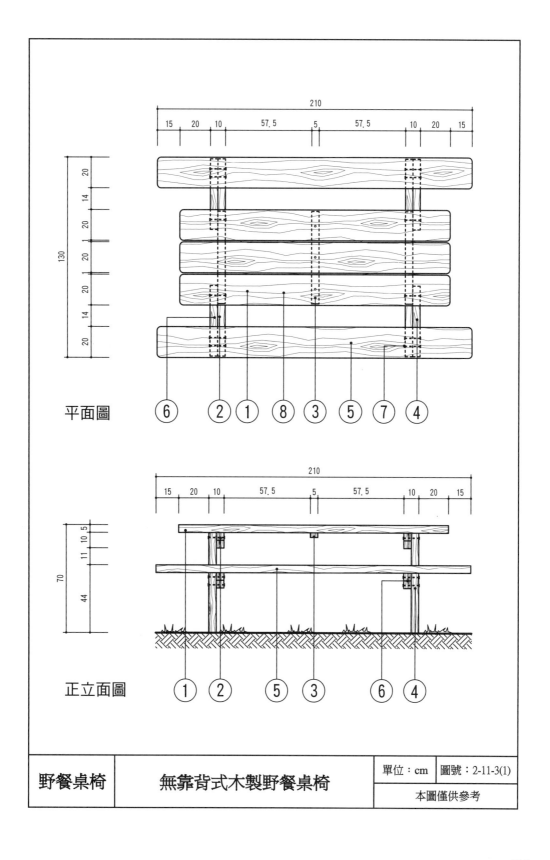

平面圖

正立面圖

野餐桌椅	無靠背式木製野餐桌椅	單位：cm	圖號：2-11-3(1)
		本圖僅供參考	

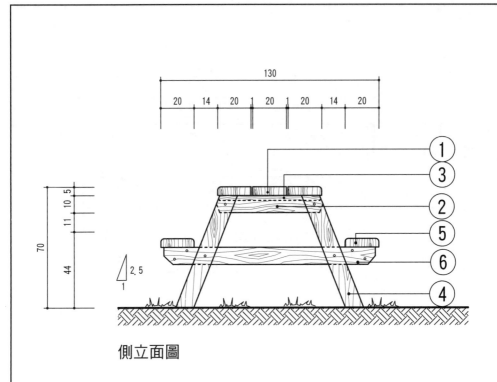

側立面圖

1. 5×20×180cm實木桌面板材三支，經防腐處理，面刷護木油，@1cm平排，以鐵釘釘入與桌面撐材接合。（註）

2. 5×10×60cm實木桌面支撐材二支，經防腐處理，面刷護木油，以鐵釘與桌面板材及基腳樁接合。

3. 5×3×60cm 實木桌面補強板材一支，經防腐處理，面刷護木油，以鐵釘與桌面板材接合。

4. 5×10×70cm實木基腳支撐材四支，經防腐處理，面刷護木油，以1：2.5之斜率與桌面、椅面板材接合。

5. 5×20×210cm實木椅面板材二支，經防腐處理，面刷護木材接合。

6. 5×10×130cm 實木椅面支撐材二支，經防腐處理，面刷護木油，以鐵釘與基腳樁、椅面板材接合。

7. φ1.6cm螺栓貫穿撐材與板材接合。

8. 4號鐵釘垂直釘入貫穿板材使之接合。

註：亦可採用玻璃纖維仿木。

野餐桌椅	無靠背式木製野餐桌椅	單位：cm	圖號：2-11-3(2)
		本圖僅供參考	

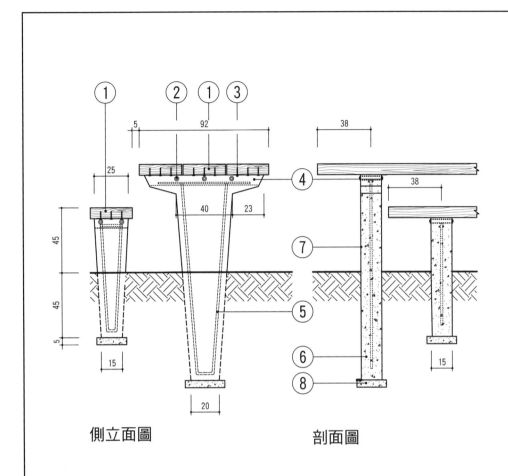

側立面圖　　　　　　剖面圖

1. 7.5×30cm實木板，經防腐處理，面刷護木油。

2. φ1.3cm熱浸鍍鋅套管，焊接在鋼筋上。

3. 木牙螺栓固定。

4. 50×50×0.6cm角鐵，表面刷防鏽漆（顏色另定）。

5. φ13@15cm鋼筋。

6. 210kgf/cm²（3000psi）混凝土。

7. 表面清水模板。

8. 5cm厚，140kgf/cm²混凝土。底土夯實，夯實度85%以上。

野餐桌椅	混凝土製野餐桌椅（一）	單位：cm	圖號：2-11-4
		本圖僅供參考	

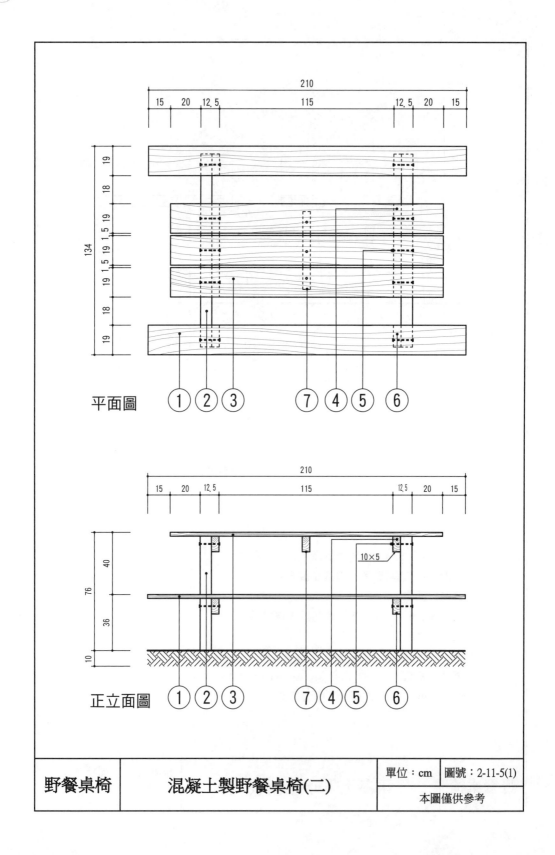

平面圖

正立面圖

野餐桌椅	混凝土製野餐桌椅(二)	單位：cm	圖號：2-11-5(1)
		本圖僅供參考	

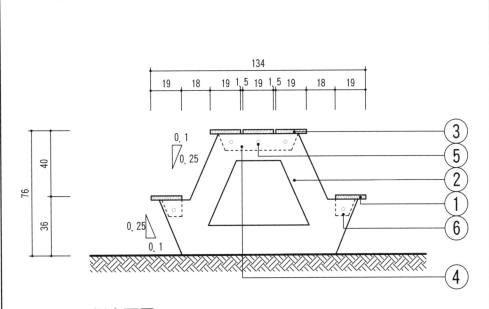

側立面圖

1. 5×19×210cm 實木椅面板材二支，經防腐處理，面刷護木油，以鐵釘與椅面
撐材接合。（註）

2. 混凝土造基腳撐材二支，以1:2.5之斜率與桌面椅面板接合。

3. 5×19×180cm 實木桌面板材二支，經防腐處理，面刷護木油，以鐵釘與桌面
撐材接合。

4. 5×10×59cm實木桌面板撐材二支，經防腐處理，面刷護木油，以鐵釘與桌面
板材接合。

5. φ1.6cm熱浸鍍鋅螺栓貫穿撐材與板材接合。

6. 5×10×12cm實木椅面板撐材二支，經防腐處理，面刷護木油，以鐵釘與椅面
板材接合。

7. 5×10×50cm實木桌面補強板材，經防腐處理，面刷護木油，以鐵釘與桌面板
材接合。

註：亦可採用玻璃纖維仿木。

野餐桌椅	混凝土製野餐桌椅(二)	單位：cm	圖號：2-11-5(2)
		本圖僅供參考	

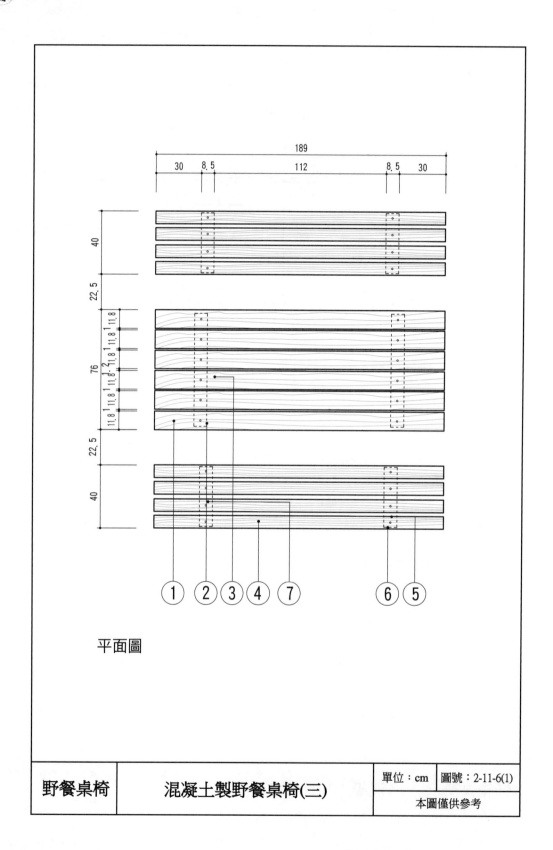

平面圖

野餐桌椅	混凝土製野餐桌椅(三)	單位：cm	圖號：2-11-6(1)
			本圖僅供參考

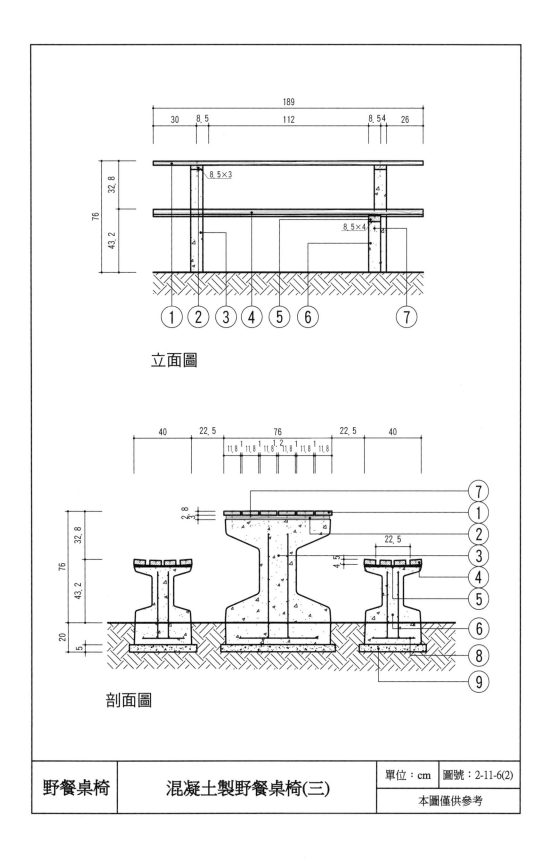

立面圖

剖面圖

野餐桌椅	混凝土製野餐桌椅(三)	單位：cm	圖號：2-11-6(2)
		本圖僅供參考	

1. 2.8×11.8×189cm實木桌面板材六支,經防腐處理,面刷護木油,以螺栓與椅面撐材接合。

2. 3×8.5×74cm實木桌面支撐材二支,經防腐處理,面刷護木油,以熱浸鍍鋅螺拴與基腳材和桌面板材接合。

3. 混凝土造型基腳材二支,以熱浸鍍鋅螺栓與桌面板材接合。

4. 4.5×8×189cm 實木椅面板材八支,經防腐處理,面刷護木油,以熱浸鍍鋅螺栓與椅面撐材接合。

5. 4×8.5×39.5cm實木椅面支撐材四支,經防腐處理,面刷護木油,以熱浸鍍鋅螺栓與基腳材接合。

6. 混凝土造型基腳材四支,以熱浸鍍鋅螺栓與椅面板材和支撐材接合。

7. φ1.6cm熱浸鍍鋅螺栓貫穿撐材與板材接合。

8. 基礎埋入土中20cm深。#3@15cm鋼筋雙層雙向,210kgf/cm² (3000psi)混凝土。

9. 5cm厚,140kgf/cm² (2000psi)混凝土。底土夯實,夯實度85%以上。

野餐桌椅	混凝土製野餐桌椅(三)	單位:cm	圖號:2-11-6(3)
			本圖僅供參考

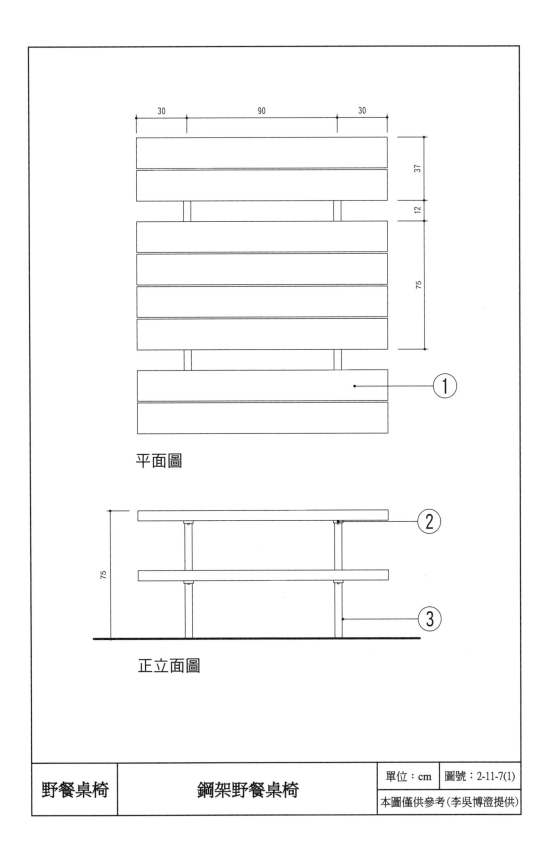

平面圖

正立面圖

野餐桌椅	鋼架野餐桌椅	單位：cm	圖號：2-11-7(1)
		本圖僅供參考(李吳博澄提供)	

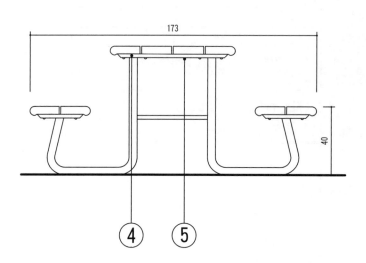

側立面圖

1. 6×18×150cm實木。

2. 15×1cm鍍鋅鋼板。

3. φ=7.6×0.3cm鍍鋅鋼管。

4. 鋼板須內縮於木板座面中，尖角磨平。

5. φ=0.9cm，5cm長，不鏽鋼螺絲釘。

野餐桌椅	鋼架野餐桌椅	單位：cm	圖號：2-11-7(2)
		本圖僅供參考(李吳博澄提供)	

表 2-11 野餐桌椅單價分析表

項次	項目及說明	單位	工料數量	單價	複價	備註
2-11-1	岩石野餐桌椅					
	石桌及搬運費	個				
	座椅及搬運費	個				
	機具吊裝	式				
	小　計	座				
2-11-2	靠背式木製野餐座椅					
	實木桌面板材	支				
	實木桌面支撐材	支				
	實木椅面板材	支				
	實木補強材	支				
	實木桌面基腳材	支				
	實木椅背板材	支				
	實木椅面支撐材	支				
	防腐處理、護木油	式				
	Ø 1.6cm 熱浸鍍鋅螺栓	支				
	鐵釘	式				
	大工	工				
	小工	工				
	工具損耗及零星工料	式				
	小　計	座				
2-11-3	無靠背式木製野餐桌椅					
	實木桌面板材	支				
	實木桌面支撐材	支				
	實木桌面補強材	支				
	實木基腳支撐材	支				
	實木椅面板材	支				
	實木椅面支撐材	支				
	防腐處理、護木油	式				
	Ø 1.6cm 螺栓	支				
	4 號鐵釘	式				
	大工	工				
	小工	工				
	工具損耗及零星工料	式				
	小　計	座				
2-11-4	混凝土製野餐桌椅 (一)					
	挖土	m³				
	回填土及殘土處理	m³				
	實木板	支				

項次	項目及說明	單位	工料數量	單價	複價	備註
	防腐處理、護木油	式				
	210kgf/cm^2 混凝土	m^3				
	140kgf/cm^2 混凝土	m^3				
	透水模板	m^2				
	L 角鐵及螺栓、鋼釘	式				
	夯實	m^2				
	大工	工				
	小工	工				
	工具損耗及零星工料	式				
	小　計	座				
2-11-5	混凝土製野餐桌椅 (二)					
	挖土	m^3				
	回填土及殘土處理	m^3				
	實木椅面板材	支				
	實木桌面板材	支				
	實木桌面板撐材	支				
	實木椅面板撐材	支				
	實木桌面補強板材	支				
	防腐處理、護木油	式				
	造型混凝土製基腳撐材	m^3				
	Ø 1.6cm 熱浸鍍鋅螺栓	支				
	鐵釘	式				
	夯實	m^2				
	大工	工				
	小工	工				
	工具損耗及零星工料	式				
	小　計	座				
2-11-6	混凝土製野餐桌椅 (三)					
	挖土	m^3				
	回填土及殘土處理	m^3				
	實木桌面板材	支				
	實木桌面支撐材	支				
	混凝土造型基腳材	m^3				
	實木椅面板材	支				
	實木椅面支撐材	支				
	混凝土造型基腳材	m^3				
	防腐處理、護木油	式				
	140kgf/cm^2 混凝土	m^3				
	Ø 1.6cm 熱浸鍍鋅螺栓	支				

項次	項目及說明	單位	工料數量	單價	複價	備註
	夯實	m²				
	大工	工				
	小工	工				
	工具損耗及零星工料	式				
	小　計	座				
2-11-7	鋼架野餐桌椅					
	實木	才				
	不鏽鋼架及支柱	式				
	氟碳烤漆	式				
	不鏽鋼五金零件	式				
	大工	工				
	小工	工				
	工具損耗及零星工料	式				
	小　計	座				

12 露營烤肉（Camping Sites and Barbecue Facilities）

近年露營風氣興盛，尤其在 COVID-19 疫情解封之影響下，促使民眾朝向戶外休閒活動，也使得諸多風景優美的風景區、國家公園、森林遊樂區等之露營區成為重要的野外露宿休憩場所，露營區之規劃與設計因而備受關注。而露營設施設計的良窳與否，直接影響使用者之滿意度。

(一) 露營區設置原則

1. 地形平坦的地區。
2. 排水良好的地區。
3. 距離水源較近的地區。
4. 風景優美的地區。
5. 具有遮蔭樹群及半開放式草坪或空地。
6. 不得有任何危害使用安全的潛在危險。
7. 如場地有「有害樹種」（植物種類可參考「景觀設計與施工總論 09 各類有害植物種類」），應先進行清理，或另擇適當地點。
8. 進出道路及出入口須足以讓車輛安全行駛。

(二) 營位帳台

1. 營位帳台設計原則：
   (1) 提供露營者安全舒適的遊憩場所。
   (2) 以維護既有場地及周邊環境自然景觀為原則。
   (3) 地面平坦、覆蓋草皮、排水良好。
   (4) 應有足夠的遮蔭喬木。
   (5) 應有完善的夜間照明。
   (6) 帳台之間應有一定的距離，避免過度密集造成活動之擁擠和不適感。
   (7) 應有適當的停車空間和衛生設備。
   (8) 建物及設施應兼具實用及美觀。
2. 營位帳台設計準則：
   (1) 營區四周應設置安全圍籬。
   (2) 區內道路之路面須平整、路基須堅實。
   (3) 不得影響周邊環境優良的自然景觀。

⑷露營區內約每 20 ～ 40m² 之間設置一個營位，營位間以植栽區隔。

⑸避免選用有害樹種。（植物種類可參考「景觀設計與施工總論 09 各類有害植物種類」）

⑹每一營位面積至少 150m²。

⑺營位帳台離地高度約 20 ～ 35cm。

⑻帳台任何接角皆為弧形，避免直角及銳角造成意外傷害。

⑼帳台分為活動式及固定式。固定式基腳樁須埋入土中約 75 ～ 100cm 深。

⑽帳台須構造簡單，顏色與環境協調，質感力求自然。

⑾夜間照明須能使露營者找到營區入口及營位。

3. 露營帳台材料選擇原則：

⑴材料必須易於維護及保養。

⑵材料以易於取得，可回收再利用為佳。

⑶材料種類及特性可參考「景觀設計與施工各論 01 舖面」。

（三）烤肉設施

烤肉設施適合於各年齡層使用，也是進行大型活動最受人喜愛的設施。主要提供遊客野炊之用，並使遊客得到不同的遊憩體驗。

1. 烤肉設施配置原則：

⑴烤肉區與停車場間應有適當的距離。

⑵選擇距離水源較近的區域。

⑶排水良好的地區為佳。

⑷與人工排水系統作整體配置。

⑸選擇視野開闊的區域。

⑹在半開放型草坪或空地上設置較佳。

⑺利用地形變化作為分隔空間及美化視覺景觀。

⑻活動設置應考量微氣候條件，避免風向使煙霧造成使用者不適。

2. 烤肉設施設計準則：

⑴應注意通風情形，避免濃煙聚而不散。

⑵爐台的設置應考慮微氣候及通風條件。

⑶可利用植栽及人為引導風向。

⑷考量輔具使用及身障者使用。

⑸防止孩童及小動物接觸而燙傷。

⑹構造必須易於維修及保養。

⑺金屬材料與木作相接處，以螺栓及鐵杆處理。

3. 烤肉設施材料選擇原則：

⑴材料必須考慮其導熱性質。

⑵易於維護及保養。

⑶烤肉爐台以金屬製器具等耐火材料製作為佳。

(四) 露營區設置相關法規及標準

1. 內政部 2022.07.20 公告「非都市土地使用管制規則」。

2. 交通部 2022.07.22 訂定生效「露營場管理要點」。

3. 行政院農業委員會，2022，休閒農業輔導管理辦法（111 年修正版）。

4. 經濟部標準檢驗局，2018，戶外家具——露營、家用及公共場所用桌椅——第 1 部：一般安全要求，CNS 16031-1。

(五) 以下施工圖樣僅供參考，實際應用仍須因地制宜作適度調整。

參考文獻

1. 王小璘、何友鋒，1990，苗栗縣大湖鄉石門休閒農業區規劃研究，行政院農委會，p.255。

2. 王小璘、何友鋒，1993，觀光農園設施物圖樣參考圖集，臺灣省政府農林廳，p.228。

3. 王小璘、何友鋒，1994，休閒農業區設施物參考圖集，台灣省農會，p.512。

4. 王小璘、何友鋒，2001，觀光農園公共設施物圖集，行政院農業委員會，p.402。

5. 王小璘、何友鋒，2002，農業環境景觀生態規劃設計規範，行政院農委會，p.182。

6. 內政部，2022，非都市土地使用管制規則。

7. 交通部，2022，露營場管理要點。

8. 行政院農業委員會，2022，休閒農業輔導管理辦法（111 年修正版）。

9. 經濟部標準檢驗局，2018，戶外家具——露營、家用及公共場所用桌椅。

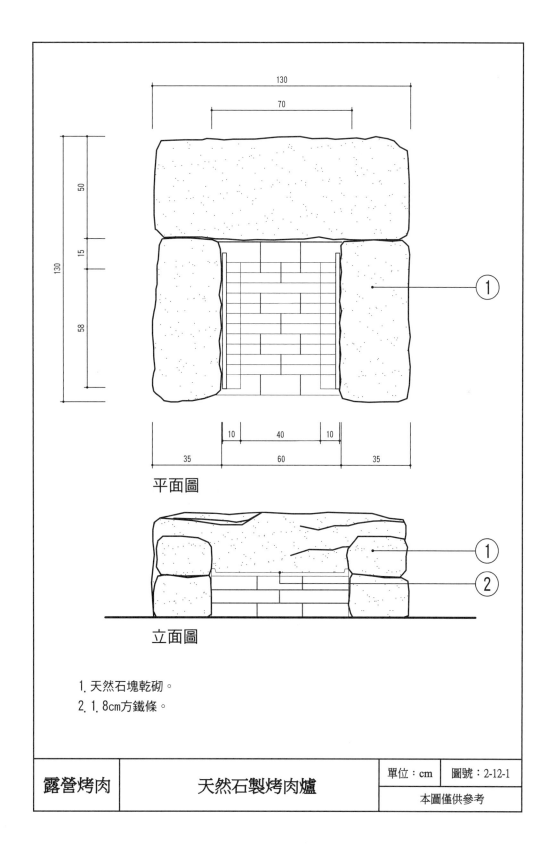

平面圖

立面圖

1. 天然石塊乾砌。
2. 1.8cm方鐵條。

露營烤肉	天然石製烤肉爐	單位：cm	圖號：2-12-1
		本圖僅供參考	

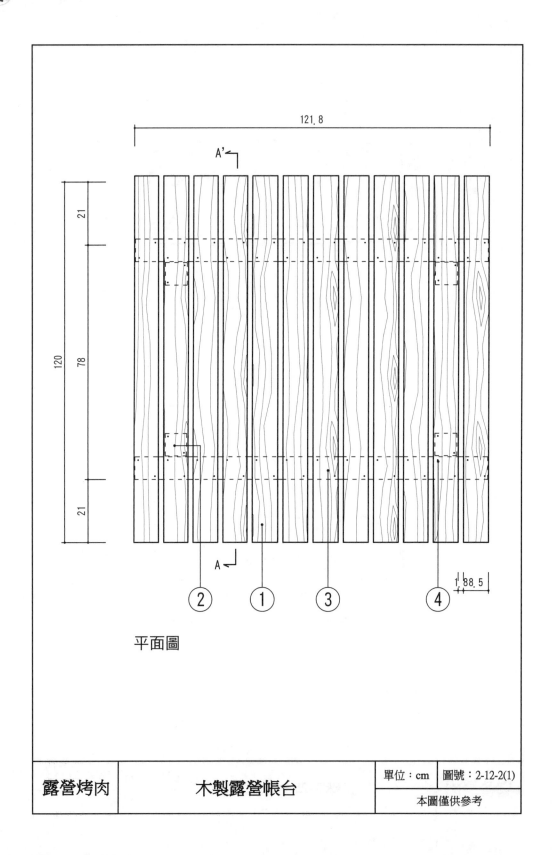

平面圖

露營烤肉	木製露營帳台	單位：cm	圖號：2-12-2(1)
		本圖僅供參考	

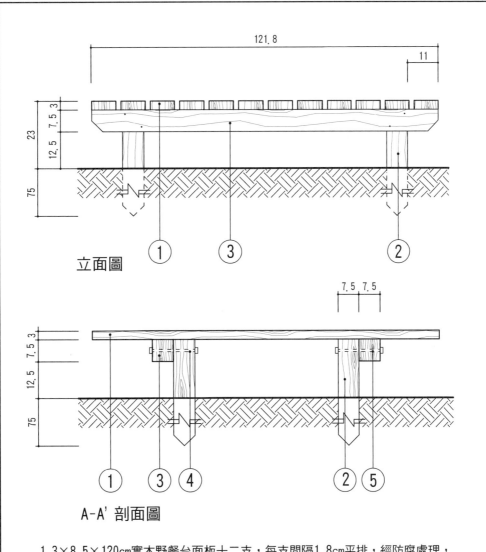

立面圖

A-A' 剖面圖

1. 3×8.5×120cm實木野餐台面板十二支，每支間隔1.8cm平排，經防腐處理，面刷護木油，以鐵釘垂直釘入基腳撐材。

2. 7.5×7.5×95cm 實木野餐台基腳四支，經防腐處理，面刷護木油，以鐵釘垂直釘入面板材，端部削尖埋入土壤中75cm深。

3. 7.5×7.5×120cm實木野餐台基腳撐材二支，經防腐處理，面刷護木油，以鐵釘與基腳接合。

4. 4號無頭鐵釘以間距2.5cm垂直釘入板材接合。

5. φ1.6cm熱浸鍍鋅螺栓四支。

露營烤肉	木製露營帳台	單位：cm	圖號：2-12-2(2)
		本圖僅供參考	

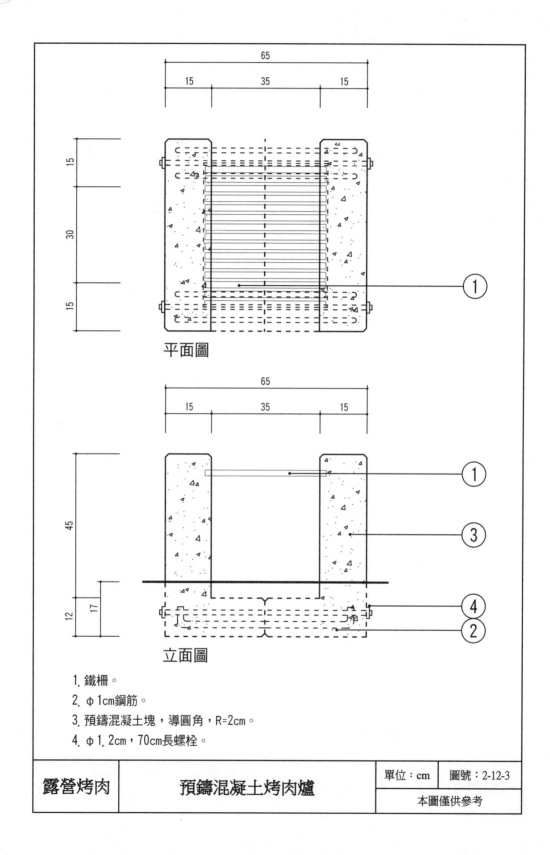

平面圖

立面圖

1. 鐵柵。
2. φ1cm鋼筋。
3. 預鑄混凝土塊，導圓角，R=2cm。
4. φ1.2cm，70cm長螺栓。

露營烤肉	預鑄混凝土烤肉爐	單位：cm	圖號：2-12-3
		本圖僅供參考	

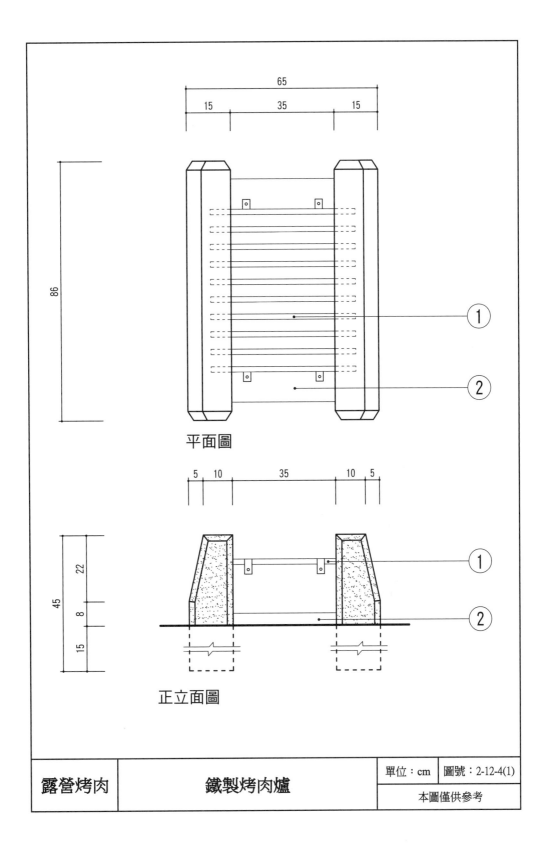

平面圖

正立面圖

露營烤肉	鐵製烤肉爐	單位：cm	圖號：2-12-4(1)
		本圖僅供參考	

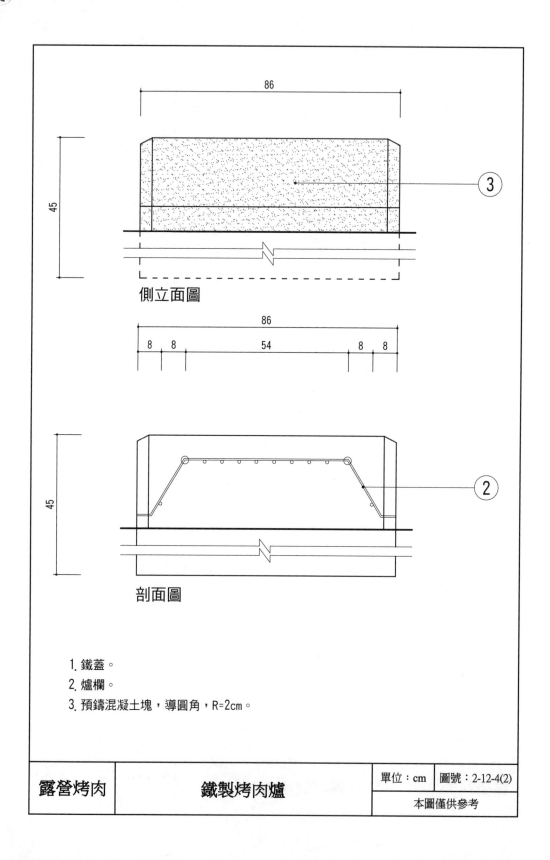

側立面圖

剖面圖

1. 鐵蓋。
2. 爐欄。
3. 預鑄混凝土塊，導圓角，R=2cm。

露營烤肉	鐵製烤肉爐	單位：cm	圖號：2-12-4(2)
		本圖僅供參考	

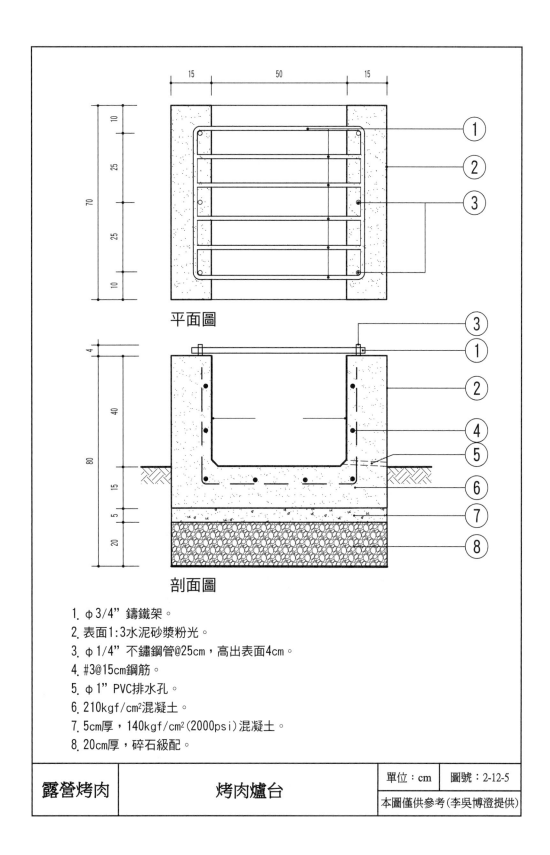

平面圖

剖面圖

1. φ3/4" 鑄鐵架。
2. 表面1:3水泥砂漿粉光。
3. φ1/4" 不鏽鋼管@25cm，高出表面4cm。
4. #3@15cm鋼筋。
5. φ1" PVC排水孔。
6. 210kgf/cm²混凝土。
7. 5cm厚，140kgf/cm²(2000psi)混凝土。
8. 20cm厚，碎石級配。

露營烤肉	烤肉爐台	單位：cm	圖號：2-12-5
		本圖僅供參考(李吳博澄提供)	

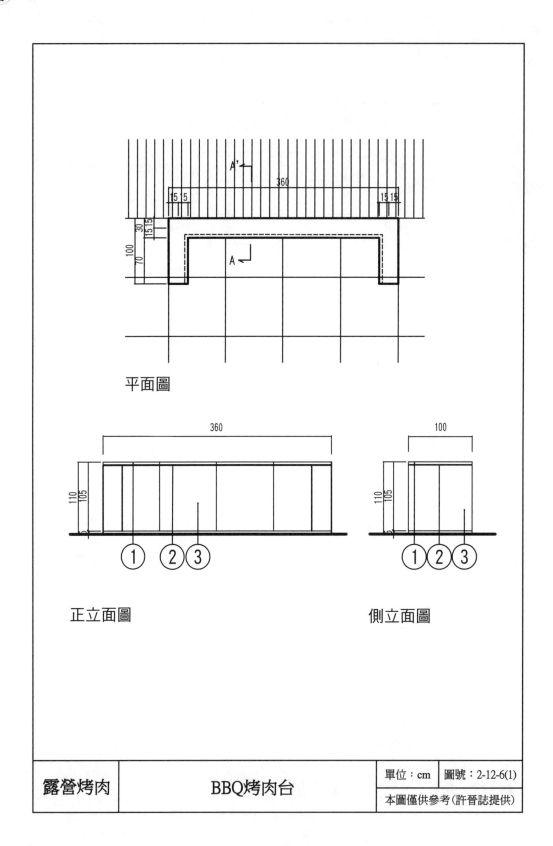

平面圖

正立面圖

側立面圖

露營烤肉	BBQ烤肉台	單位：cm	圖號：2-12-6(1)
		本圖僅供參考(許晉誌提供)	

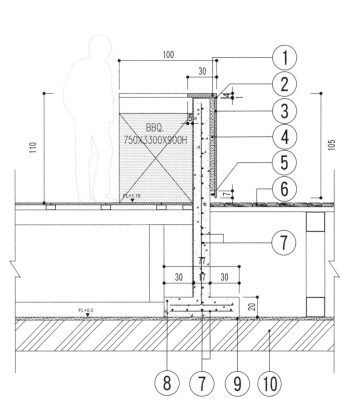

A-A' 剖面圖

1. 90×30×4cm花崗石亮面，南非黑。

2. 1×1cm留縫。

3. 100×90×2cm花崗石亮面，南非黑。

4. 1:3水泥砂漿。

5. LED線燈。

6. 14×4cm原木。

7. #3@15cm鋼筋單層雙向。

8. 210kgf/cm² 混凝土。

9. 防水層+保護層。

10. 建築樓板。

露營烤肉	BBQ烤肉台	單位：cm	圖號：2-12-6(2)
		本圖僅供參考(許晉誌提供)	

表 2-12　露營烤肉單價分析表

項次	項目及說明	單位	工料數量	單價	複價	備註
2-12-1	天然石製烤肉爐					
	天然石（125×50×25cm）	塊				
	天然石（80×35×20cm）	塊				
	天然石小塊（30×11×6.5cm）	塊				
	天然石小塊（20×11×6.5cm）	塊				
	1.8cm 方鐵條	支				
	L3.5×3.5×0.3cm 角鋼	支				
	大工	工				
	小工	工				
	工具損耗	式				
	小　計	座				
2-12-2	木製露營帳台					
	實木面板	支				
	實木支柱	支				
	實木橫梁	支				
	防腐處理、護木油	式				
	Ø 1.6cm 熱浸鍍鋅螺栓	支				
	4 號無頭釘及鐵件	支				
	大工	工				
	小工	工				
	工具損耗及零星工料	式				
	小　計	座				
2-12-3	預鑄混凝土烤肉爐					
	挖土	m³				
	回填土及殘土處理	m³				
	210kgf/cm² 混凝土	m³				
	模板	m²				
	Ø 1cm 鋼筋	kg				
	Ø 1.2cm 螺栓	支				
	鐵柵	式				
	大工	工				
	小工	工				
	工具損耗及零星工料	式				
	小　計	座				
2-12-4	鐵製烤肉爐					
	挖土	m³				
	回填土及殘土處理	m³				
	210kgf/cm² 混凝土	m³				

項次	項目及說明	單位	工料數量	單價	複價	備註
	模板	m²				
	鐵蓋	塊				
	Ø 1.9cm 爐欄	支				
	大工	工				
	小工	工				
	工具損耗及零星工料	式				
	小　計	座				
2-12-5	烤肉爐台					
	鑄鐵架	組				
	210kgf/cm² 混凝土	m³				
	140kgf/cm² 混凝土	m³				
	1：3 水泥砂漿粉光	m²				
	鋼筋組立	kg				
	模板	m²				
	碎石級配	m³				
	大工	工				
	小工	工				
	工具損耗及零星工料	式				
	小　計	座				
2-12-6	BBQ 烤肉台					
	原木	支				
	花崗石，亮面，4cm 厚，南非黑	m²				
	花崗石，亮面，2cm 厚，南非黑	m²				
	210kgf/cm² 預拌混凝土及澆置	m³				
	模板加工及組立	m²				
	1：3 水泥砂漿	m²				
	鋼筋組立及加工	kg				
	大工	工				
	工具損耗及零星工料	式				
	小　計	座				

筆記欄

Ⅳ

解說設施
（Signage Facilities）

13　標示牌（Sign Boards）

標示牌係指藉由文字或圖片供使用者瞭解區內有關交通、服務設施位置之構造物。標示系統是生活環境中諸多資訊提供的載體之一，亦是重要的戶外景觀設施。

（一）標示牌的種類與功能

標示依機能和傳達訊息的內容可分為六種：

1. 識別性（Identificational）標示：用以提供使用者對特定目標的辨識及認知；通常以「點」的方式分布。
2. 引導性（Directional）標示：能將使用者引導至特定目標或方向；通常以線條、線標、箭頭指標等方式呈現。
3. 方位性（Orientational）標示：將環境或建築物中相對關係、整體狀況及相關設施，以平面圖或地圖的方式呈現。多位於空間入口處、交通要衝等地點。
4. 說明性（Informational）標示：說明事務的主體內容和操作方法、相關規範、活動內容和預告等。
5. 管制性（Regulatory）標示：用以提醒、禁止或管理使用行為的規範和準則，具有維繫安全及秩序的機能。

（二）標示牌配置及設計原則

1. 依指示牌的功能，選擇適當位置。
2. 不宜距離樹叢太近，以免與背景重疊。
3. 圖片須具備統一性、連續性、單純性、可視性、可閱讀性及和諧性。
4. 字體須考量字型、大小及編排。

5. 須考慮視障者及輔具使用者之需求。

6. 公共標示牌色彩及構造，需符合 CNS10207 法規之規定。

（三）標示牌設計準則

1. 內容須包含必要的指引訊息，如方向、距離、目的及旅遊路線等。

2. 字體大小及顏色須簡明易讀。

3. 材料、色彩及字形上需具相同點，以保持整體感。

4. 附圖需簡單達意而不失地方特色。

5. 圖案及色彩須能表現地區的環境意象。

6. 具有創意性的設計。

7. 高度以下緣到路肩或地面的水準線至少 1.8m 為宜，寬度以 60～80cm 為佳。

8. 視障及身障者另訂之。

（四）標示牌材料選擇原則

1. 儘量選取當地生產的材料。

2. 可回收再利用為佳。

3. 配合當地特色或環境的材料。

4. 材料易於取得。

5. 易於維修及保養。

6. 外觀與質感。

7. 構造簡單。

8. 材料種類及特性可參考「景觀設計與施工各論 01 舖面」。

（五）標示牌相關法規及標準

1. 內政部，2007，出口標示燈及避難方向指示燈，中華民國國家標準 CNS10207 規定。

2. 內政部營建署，2003，市區道路人行道設計手冊，第四章規劃設計準則之 4.8 街道傢俱之（七）標示系統。

3. 交通部，2007，道路交通標誌標線號誌設置規則。

4. 交通部，2015，交通工程規範，第三章標誌。

5. 交通部運輸研究所，2017，自行車道系統規劃設計參考手冊（2017 年修訂版），第五章車道舖面暨附屬設施設計之第六章自行車道標誌標線號誌設計。

6. 交通部，2020，公路景觀設計規範，第五章公路附屬設施之景觀之 5.2 標誌及號誌。

7. 行政院農業委員會，2022，休閒農業輔導管理辦法（111 年修正版）。

(六) 以下施工圖樣僅供參考，實際應用仍須因地制宜作適度調整。

參考文獻

1. 王小璘，1981，南投縣鳳凰谷鳥園規劃設計，南投縣政府。

2. 王小璘、何友鋒，1999，公園綠地規劃設計準則研究，內政部營建署，p.186。

3. 王小璘、何友鋒，1999，景觀設施專業施工、監造制度研究，內政部營建署，p.380。

4. 王小璘、何友鋒，1999，城鄉風貌改造 —— 台中市東光、興大園道改善工程計畫研究，臺中市政府，p.81。

5. 王小璘、何友鋒，2000，原住民文化園區景觀規劃設計整建計畫，行政院原住民委員會文化園區管理局，p.362。

6. 王小璘、何友鋒，2001，觀光農園公共設施物圖集，行政院農業委員會，p.402。

7. 王小璘、何友鋒，2002，台中市自行車專用道系統之研究計畫，臺中市政府，p.515。

8. 內政部，2007，出口標示燈及避難方向指示燈，中華民國國家標準 CNS10207。

9. 內政部，2012，建築物無障礙設施設計規範。

10. 內政部營建署，2003，市區道路人行道設計手冊。

11. 交通部，2007，道路交通標誌標線號誌設置規則。

12. 交通部，2015，交通工程規範，交通技術標準規範公路類公路工程部。

13. 交通部，2020，公路景觀設計規範，交通技術標準規範公路類公路工程部。

14. 交通部運輸研究所，2017，自行車道系統規劃設計參考手冊（2017 年修訂版）。

15. 行政院農業委員會，2022，休閒農業輔導管理辦法（111 年修正版）。

16. 國發會，2004，公共標示常用符碼設計參考指引。

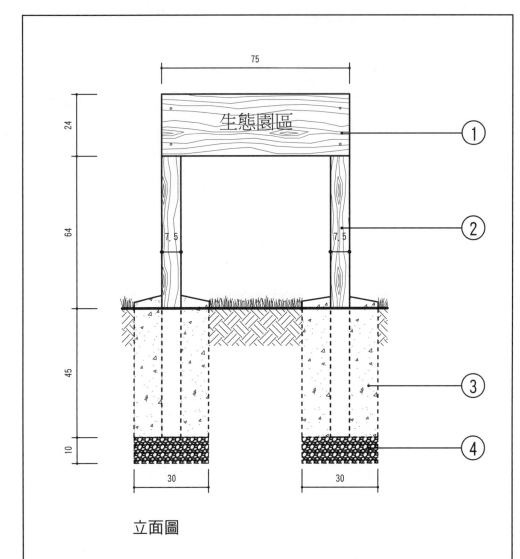

75

24

64

7.5　　　7.5

45

10

30　　　30

生態園區

① ② ③ ④

立面圖

1. 75×24×2.5cm實木標示牌，表面刨光並加防水防腐處理上漆白字（顏色另訂），
   與支撐立柱間以2號套頭鐵釘接合。（註）
2. 133×7.5×4.5cm實木支撐立柱二支，表面防水防腐處理，以4號套頭鐵釘與標
   示牌相結合，埋入土中45cm深。
3. 30×30×30cm，140kgf/cm² (2000psi)混凝土底座。
4. 10cm厚，碎石級配層夯實。底土整平夯實，夯實度85%以上。

註：亦可採用玻璃纖維仿木。

標示牌	單向木製標示牌	單位：cm	圖號：2-13-1
			本圖僅供參考

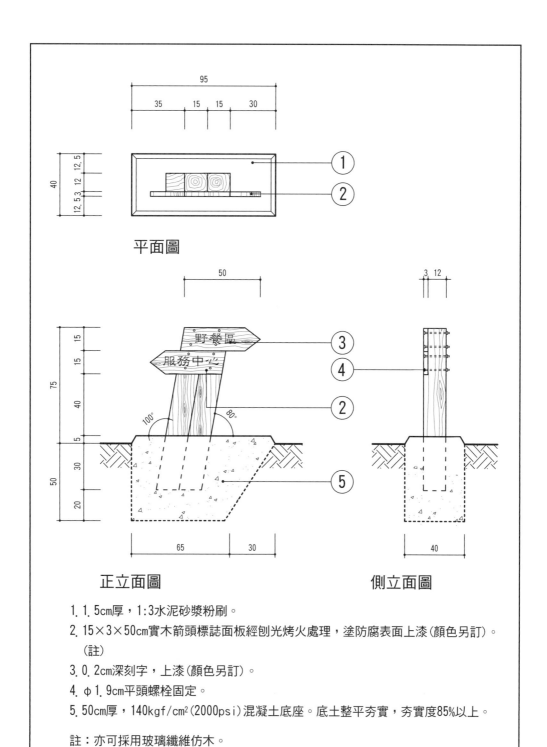

平面圖

正立面圖　　　　　　　側立面圖

1. 1.5cm厚，1:3水泥砂漿粉刷。

2. 15×3×50cm實木箭頭標誌面板經刨光烤火處理，塗防腐表面上漆(顏色另訂)。

（註）

3. 0.2cm深刻字，上漆(顏色另訂)。

4. φ1.9cm平頭螺栓固定。

5. 50cm厚，140kgf/cm² (2000psi)混凝土底座。底土整平夯實，夯實度85%以上。

註：亦可採用玻璃纖維仿木。

標示牌	雙向木製標示牌	單位：cm	圖號：2-13-2
		本圖僅供參考	

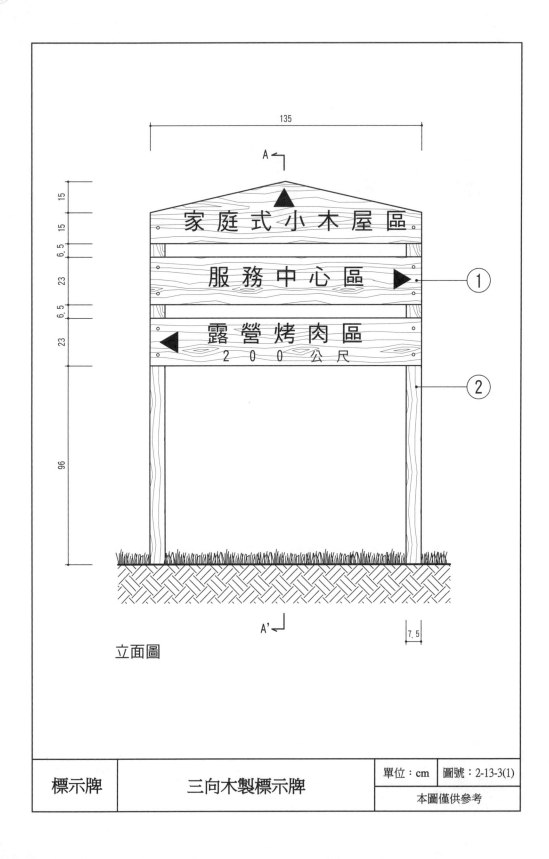

立面圖

標示牌	三向木製標示牌	單位：cm	圖號：2-13-3(1)
		本圖僅供參考	

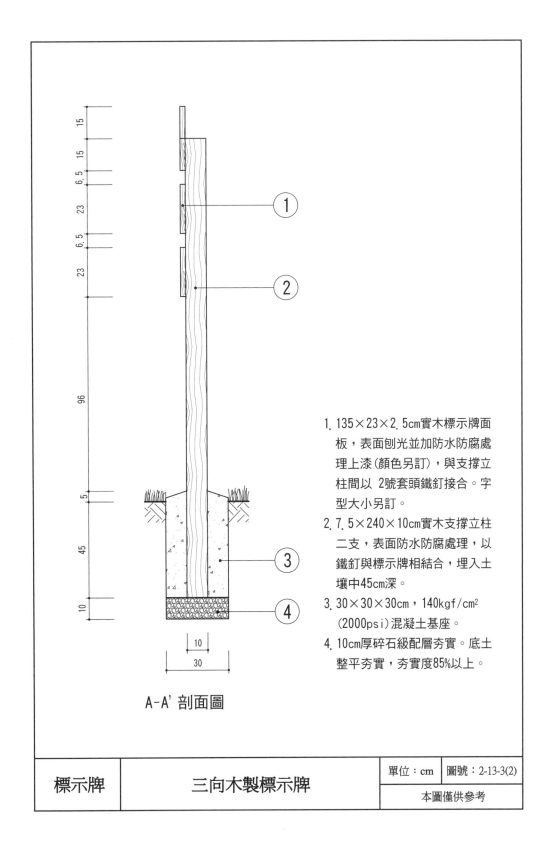

1. 135×23×2.5cm實木標示牌面板，表面刨光並加防水防腐處理上漆（顏色另訂），與支撐立柱間以 2號套頭鐵釘接合。字型大小另訂。

2. 7.5×240×10cm實木支撐立柱二支，表面防水防腐處理，以鐵釘與標示牌相結合，埋入土壤中45cm深。

3. 30×30×30cm，140kgf/cm² (2000psi)混凝土基座。

4. 10cm厚碎石級配層夯實。底土整平夯實，夯實度85%以上。

A-A' 剖面圖

標示牌	三向木製標示牌	單位：cm	圖號：2-13-3(2)
			本圖僅供參考

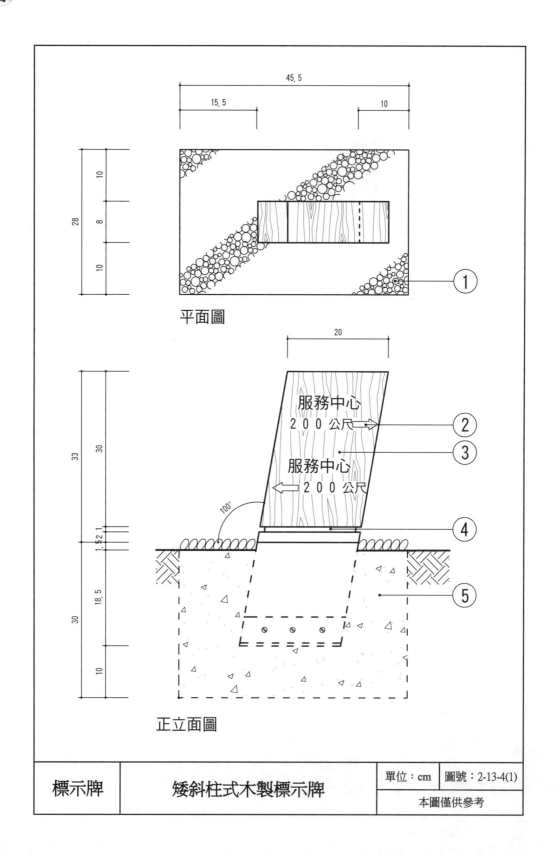

平面圖

正立面圖

標示牌	矮斜柱式木製標示牌	單位：cm	圖號：2-13-4(1)
		本圖僅供參考	

服務中心
２００公尺

服務中心
２００公尺

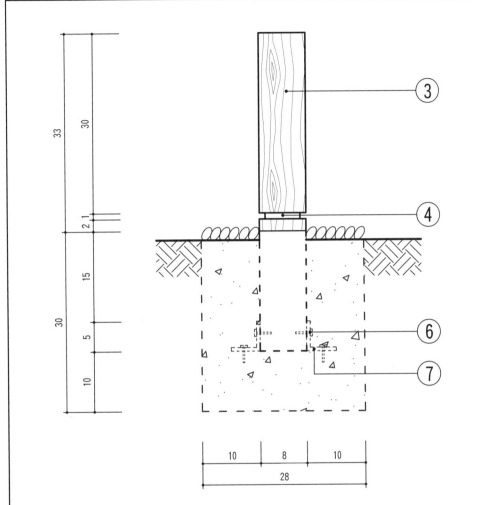

側立面圖

1. φ2～3cm抵淨粗圓石嵌於混凝土中，表面露出1/3，間距0.5～1cm。導圓角，R=1.5cm。

2. 0.2cm深刻字，上漆(顏色另訂)。

3. 53×20×8cm平行四方形實木標示牌，表面刨光處理後塗刷防腐劑。(註)

4. 1cm寬，1cm深，勾縫。

5. 30cm厚，140kgf/cm²(2000psi)基礎混凝土。底土整平夯實，夯實度85%以上。

6. 2.4cm長不鏽鋼釘固定。

7. 5×5×0.6cm L型角鋼二支。

註：亦可採用玻璃纖維仿木。

標示牌	矮斜柱式木製標示牌	單位：cm	圖號：2-13-4(2)
			本圖僅供參考

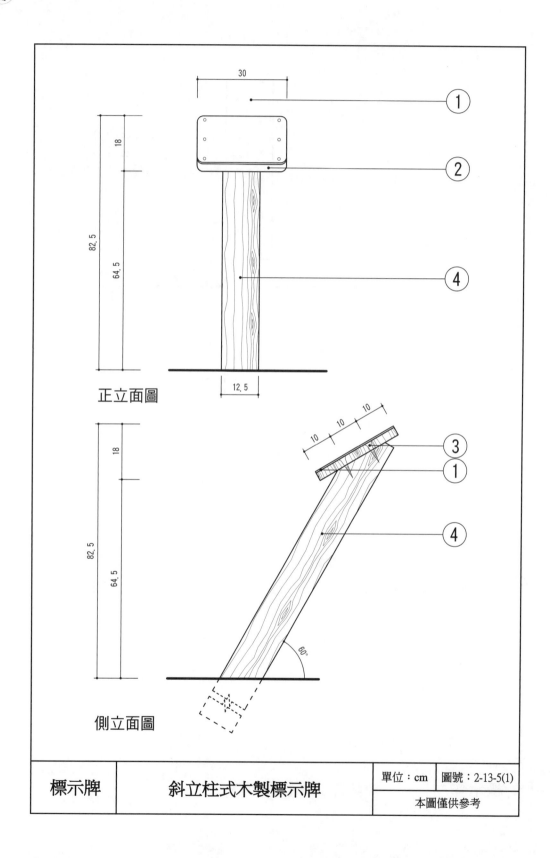

正立面圖

側立面圖

標示牌	斜立柱式木製標示牌	單位：cm	圖號：2-13-5(1)
		本圖僅供參考	

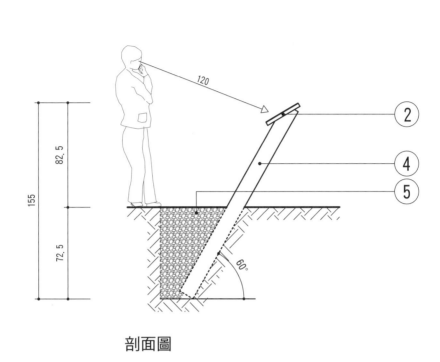

剖面圖

1. 30×30×0.3cm壓克力面板，距壓克力面板邊緣2.5cm處穿孔栓入螺絲共六處已接合實木製嵌板。

2. 30×30×3cm實木嵌板，表面刨光後經防腐處理。（註）

3. φ0.5×10cm熱浸鍍鋅螺栓垂直釘入原木製嵌板與枕木基座接合。

4. φ12.5×190cm枕木支撐基座，經焦油防腐處理，頂部成 30度斜角切平，以平放原木製嵌板，端部成60度斜角埋入土中72.5cm深，突出路面高度82.5cm。

5. 72.5cm厚，碎石級配層，滾壓夯實。底土整平夯實85%以上。

註：亦可採用玻璃纖維仿木。

標示牌	斜立柱式木製標示牌	單位：cm	圖號：2-13-5(2)
		本圖僅供參考	

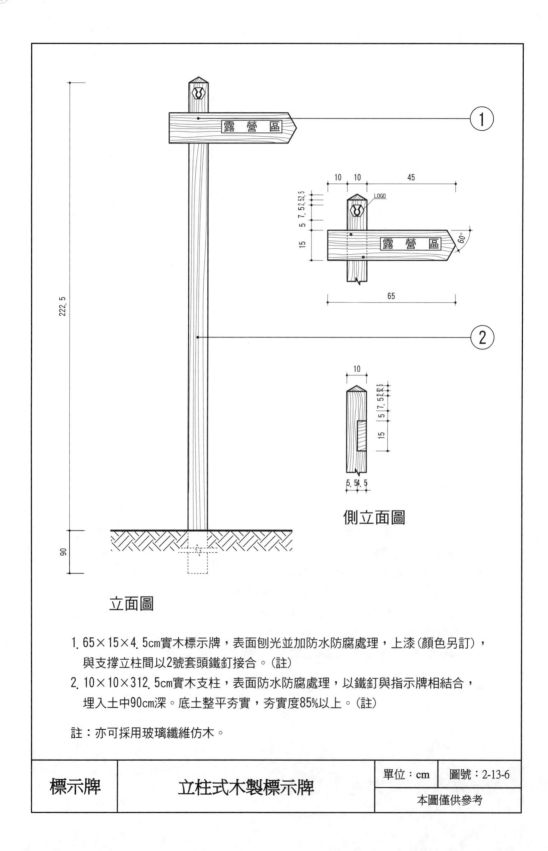

露營區

① ②

LOGO

露營區

60°

側立面圖

立面圖

1. 65×15×4.5cm實木標示牌，表面刨光並加防水防腐處理，上漆(顏色另訂)，
   與支撐立柱間以2號套頭鐵釘接合。(註)
2. 10×10×312.5cm實木支柱，表面防水防腐處理，以鐵釘與指示牌相結合，
   埋入土中90cm深。底土整平夯實，夯實度85%以上。(註)

註：亦可採用玻璃纖維仿木。

標示牌	立柱式木製標示牌	單位：cm	圖號：2-13-6
		本圖僅供參考	

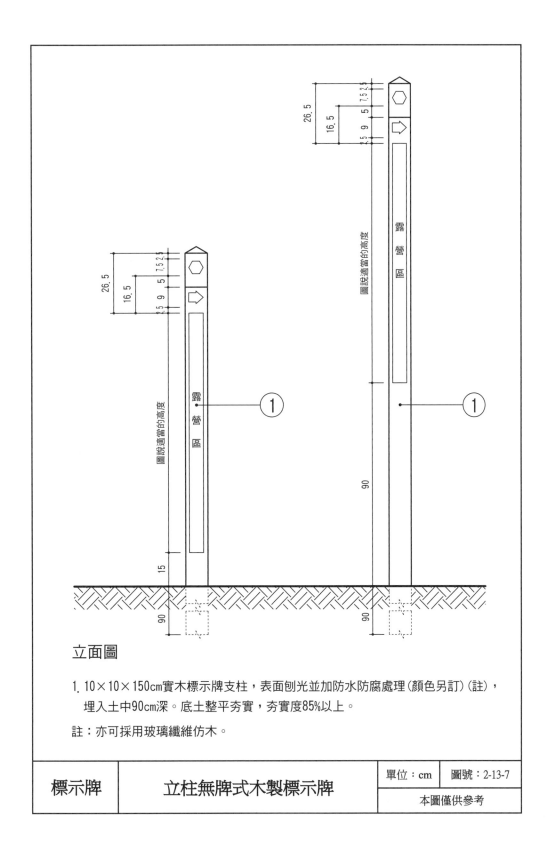

立面圖

1. 10×10×150cm實木標示牌支柱，表面刨光並加防水防腐處理（顏色另訂）（註），
   埋入土中90cm深。底土整平夯實，夯實度85%以上。

註：亦可採用玻璃纖維仿木。

標示牌	立柱無牌式木製標示牌	單位：cm	圖號：2-13-7
		本圖僅供參考	

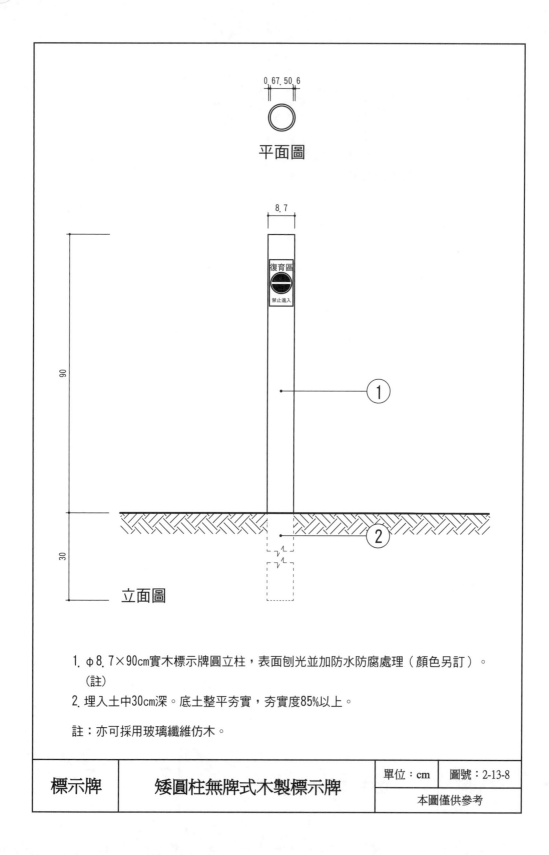

平面圖

立面圖

1. φ8.7×90cm實木標示牌圓立柱，表面刨光並加防水防腐處理（顏色另訂）。
（註）

2. 埋入土中30cm深。底土整平夯實，夯實度85%以上。

註：亦可採用玻璃纖維仿木。

標示牌	矮圓柱無牌式木製標示牌	單位：cm	圖號：2-13-8
		本圖僅供參考	

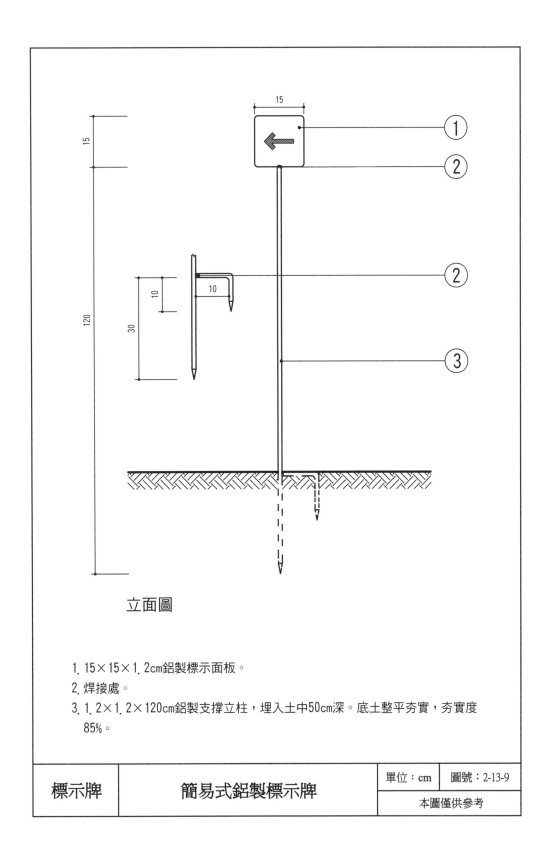

立面圖

1. 15×15×1.2cm鋁製標示面板。

2. 焊接處。

3. 1.2×1.2×120cm鋁製支撐立柱，埋入土中50cm深。底土整平夯實，夯實度 85%。

標示牌	簡易式鋁製標示牌	單位：cm	圖號：2-13-9
		本圖僅供參考	

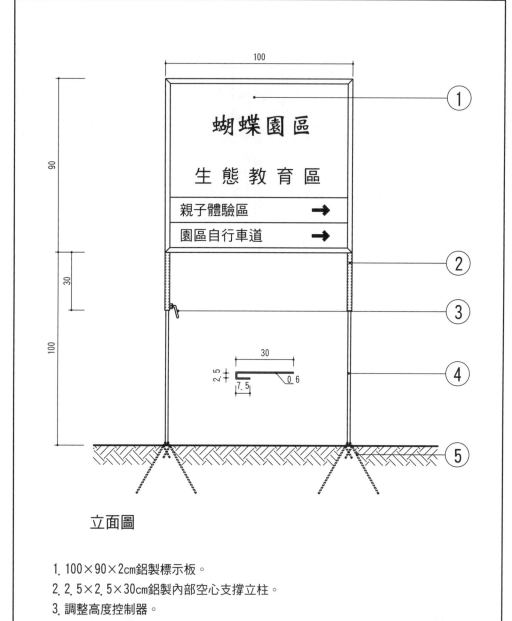

立面圖

1. 100×90×2cm鋁製標示板。
2. 2.5×2.5×30cm鋁製內部空心支撐立柱。
3. 調整高度控制器。
4. 2×2×100cm鋁製內部空心支撐立柱，埋入土中。底土整平夯實，夯實度85%
   以上。
5. φ0.6cm金屬製弓字形錨定。

標示牌	高低可調式鋁製標示牌	單位：cm	圖號：2-13-10
		本圖僅供參考	

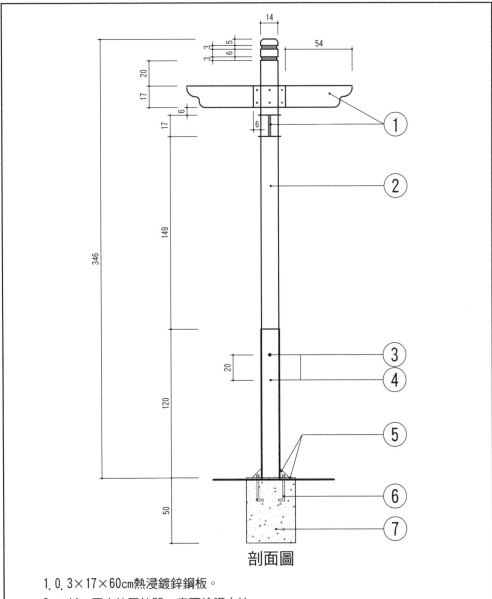

剖面圖

1. 0.3×17×60cm熱浸鍍鋅鋼板。

2. φ14cm原木柱圓柱體，表面塗護木油。

3. φ1cm不鏽鋼半球形圓頭螺帽。

4. 內徑φ14cm不鏽鋼圓管，0.5cm厚表面氟碳烤漆。

5. 30×30×1cm不鏽鋼板基座及加勁板。

6. φ1.5×25cm不鏽鋼螺栓四支，雙螺帽點焊固定。

7. 40×40×50cm，140kgf/cm²(2000psi)混凝土。底土整平夯實，夯實度90%。

標示牌	方向指示牌	單位：cm	圖號：2-13-11
		本圖僅供參考(李吳博澄提供)	

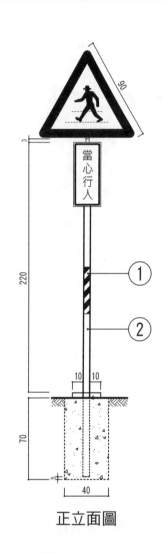

正立面圖

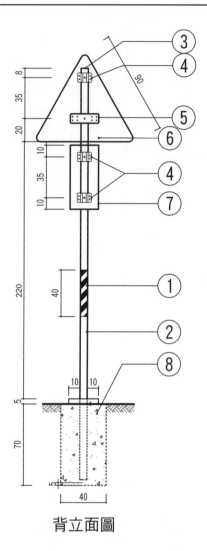

背立面圖

1. 黃黑斜紋反光貼紙。
2. 2 1/2" φ0.28cm厚熱浸鍍鋅鐵管。
3. PVC帽蓋。
4. 鋁鑄承座(12.5cm型)。
5. 鋁鑄承座(25cm型)。
6. 標誌牌。
7. 附牌。
8. 140kgf/cm²(2000psi)混凝土。底土整平夯實，夯實度90%。

標示牌	交通標誌牌	單位：cm	圖號：2-13-12
		本圖僅供參考(李吳博澄提供)	

表 2-13 標示牌單價分析表

項次	項目及說明	單位	工料數量	單價	複價	備註
2-13-1	單向木製標示牌					
	挖土	m^3				
	回填土及殘土處理	m^3				
	實木標示牌面板（含防腐處理）	支				
	實木支撐立柱（含防腐處理）	支				
	140kgf/cm^2 混凝土	m^3				
	碎石級配	m^3				
	鐵釘	支				
	油漆、白字	式				
	夯實	m^2				
	大工	工				
	小工	工				
	工具損耗及零星工料	式				
	小　計	座				
2-13-2	雙向木製標示牌					
	挖土	m^3				
	回填土及殘土處理	m^3				
	實木箭頭式面板（含防腐處理）	支				
	實木標誌牌立柱（含防腐處理）	支				
	刻字、白字	式				
	油漆	式				
	1：3 水泥砂漿	m^3				
	140kgf/cm^2 混凝土	m^3				
	Ø 1.9cm 平頭螺栓	支				
	夯實	m^2				
	大工	工				
	小工	工				
	工具損耗及零星工料	式				
	小　計	座				
2-13-3	三向木製標示牌					
	挖土	m^3				
	回填土及殘土處理	m^3				
	實木面板材 135×30×2.5cm（含防腐處理）	支				
	實木面板材 135×23×2.5cm（含防腐處理）	支				
	實木支撐立柱（含防腐處理）	支				
	洋釘及鐵件	式				

項次	項目及說明	單位	工料數量	單價	複價	備註
	油漆、白字	式				
	140kgf/cm^2 混凝土	m^3				
	碎石級配	m^3				
	夯實	m^2				
	大工	工				
	小工	工				
	工具損耗及零星工料	式				
	小　計	座				
2-13-4	矮斜柱式木製標示牌					
	挖土	m^3				
	回填土及殘土處理	m^3				
	140kgf/cm^2 混凝土	m^3				
	粗圓石	m^3				
	L 型角鋼	支				
	不鏽鋼釘	支				
	實木（含防腐處理）	支				
	油漆	式				
	刻字、白字	式				
	夯實	m^2				
	大工	工				
	小工	工				
	工具損耗及零星工料	式				
	小　計	座				
2-13-5	斜立柱式木製標示牌					
	挖土	m^3				
	壓克力面板（含螺絲）	片				
	嵌板釘	支				
	實木嵌板（含防腐處理）	支				
	枕木支撐材（含防腐處理）	支				
	熱浸鍍鋅螺栓	支				
	碎石級配	m^3				
	夯實	m^2				
	大工	工				
	小工	工				
	工具損耗及零星工料	式				
	小　計	座				
2-13-6	立柱式木製標示牌					
	挖土	m^3				
	回填土及殘土處理	m^3				

項次	項目及說明	單位	工料數量	單價	複價	備註
	實木製標示牌（含防腐處理）	片				
	實木支柱（含防腐處理）	支				
	2 號套頭鐵釘	支				
	夯實	m²				
	大工	工				
	小工	工				
	工具損耗及零星工料	式				
	小　計	座				
2-13-7	立柱無牌式木製標示牌					
	挖土	m³				
	回填土及殘土處理	m³				
	實木支柱（含防腐處理）	支				
	夯實	m²				
	大工	工				
	小工	工				
	工具損耗及零星工料	式				
	小　計	座				
2-13-8	矮圓柱無牌式木製標示牌					
	挖土	m³				
	回填土及殘土處理	m³				
	實木圓立柱（含防腐處理）	支				
	夯實	m²				
	大工	工				
	小工	工				
	工具損耗及零星工料	式				
	小　計	座				
2-13-9	簡易式鋁製標示牌					
	挖土	m³				
	回填土及殘土處理	m³				
	鋁板	m²				
	鋁製支撐立柱	支				
	夯實	m²				
	大工	工				
	小工	工				
	工具損耗及零星工料	式				
	小　計	座				
2-13-10	高低可調式鋁製標示牌					
	鋁板	m²				
	鋁製內部空心支撐立柱 2.5×2.5×30cm	根				

項次	項目及說明	單位	工料數量	單價	複價	備註
	鋁製內部空心支撐立柱 2×2×100cm	根				
	調整高度控制器	台				
	金屬製弓字形錨定	根				
	夯實	m²				
	大工	工				
	小工	工				
	工具損耗及零星工料	式				
	小　計	座				
2-13-11	方向指示牌					
	鐵木柱料（含防腐）	才				
	加工（刨光、倒圓角處理）	才				
	護木油	才				
	不鏽鋼管 D = 6"×T = 0.5cm	m				
	基座（含開挖）	式				
	指標牌（含雙面烤漆刻字）	組				
	不鏽鋼五金固定零件	式				
	夯實	m²				
	大工	工				
	工具損耗及零星工料	式				
	小　計	座				
2-13-12	交通標誌牌					
	2 1/2" Ø 0.28cm 厚鍍鋅鐵管（含黃黑斜紋反光貼紙）	支				
	12.5cm 鋁鑄承座	式				
	25cm 鋁鑄承座	式				
	140kgf/cm² 預拌混凝土	m³				
	基座（含開挖）	式				
	標誌牌（含烤漆刻字）	組				
	不鏽鋼五金固定零件	式				
	夯實	m²				
	大工	工				
	小工	工				
	工具損耗及零星工料	式				
	小　計	座				

14 解說牌（Information Sign Boards）

解說牌係指提供文字或圖片供使用者瞭解場域內有關整體配置、分區、交通、服務設施位置或其他解說服務之構造物。一套完整的解說系統不僅能幫助民眾很快瞭解活動內容，並能提供許多相關資訊及注意事項，且可使民眾在輕鬆的活動中獲得相關知識和常識，達到寓教於樂之目的，並提高管理維護的方便性。

（一）解說牌配置原則

1. 應配置於入口、主要通道兩端重要據點等地區。
2. 應配置於重要景點或具有特殊意義的地點。
3. 對民眾較有吸引力的地點，但不宜過於醒目突兀。
4. 配置位置必須明顯，並考慮交通安全性。
5. 停車場設置大型區域環境地圖，提供遊客該地區的相關資訊。
6. 地質必須穩固，以防地滑及沖刷等現象發生，造成危險。

（二）解說牌設計原則

1. 以矩形框架爲主，若有特殊的說明或展示，則可視材料本身而作適度的變化。
2. 考慮周遭環境色彩，避免與背景重疊。
3. 比例要適當，避免有頭重腳輕之感。
4. 大小需統一，可視需求調整適當比例。
5. 全區應採統一式樣，以呈現整體性。
6. 型式及材料勿過於突兀，並力求簡單、自然。
7. 字色與底色相互配合，讓人可清楚明視。
8. 儘可能採用柔和色彩。
9. 應配合視障者及輔具使用者之需求。
10. 具創意性的設計。

（三）解說牌設計準則

1. 高度爲下緣到路肩或地面的水平線 1.8m，特殊效果的標誌其高度視整體設計而定。
2. 造型一般以寬 1.2～1.5m，高 60～90cm 之矩形爲佳。視障者及輔具使用

者另訂之。

3. 解說牌之內容宜簡單易讀，且易於辨識。

4. 避免花俏的文字，字體採用黑體字，英文較中文字體小。

5. 數字以阿拉伯字為主，以便中外人士均看得懂。

6. 構造簡單。

7. 字色與底色之配合，應考慮明亮及對比，避免超過三種色彩混用。

8. 可採用調和二種原色所得之中間色或相同色相而同明度、彩度之系列色彩，以營造整體感。

(四) 解說牌材料選擇原則

1. 儘量選取當地生產的材料。

2. 可回收再利用為佳。

3. 符合當地特色或環境之材料。

4. 適合環境氣候之材料。

5. 外觀及質感。

6. 維護的難易度。

7. 材料易於取得。

8. 避免影響周遭環境。

9. 材料種類及特性可參考「景觀設計與施工各論 01 舖面」。

(五) 解說牌相關法規及標準

1. 內政部營建署，2003，市區道路人行道設計手冊，第四章規劃設計準則之 4.8 街道傢俱之 (七) 標示系統。

2. 交通部運輸研究所，2017，自行車道系統規劃設計參考手冊（2017 年修訂版），第五章車道舖面暨附屬設施設計之 5.7 導覽牌。

3. 交通部，2020，公路景觀設計規範，第六章公路景觀設施之 6.5 街道傢俱。

4. 行政院農業委員會，2022，休閒農業輔導管理辦法（111 年修正版）。

(六) 以下施工圖樣僅供參考，實際應用仍須因地制宜作適度調整。

參考文獻

1. 王小璘，1981，南投縣鳳凰谷鳥園規劃設計，南投縣政府。

2. 王小璘、何友鋒，1999，公園綠地規劃設計準則研究，內政部營建署，p.186。

3. 王小璘、何友鋒，1999，景觀設施專業施工、監造制度研究，內政部營建署，p.380。

4. 王小璘、何友鋒，2000，彰化縣二林鎮觀光酒廠規劃報告，彰化縣政府，p.220。

5. 王小璘、何友鋒，2001，觀光農園公共設施物圖集，行政院農業委員會，p.402。

6. 王小璘、何友鋒，2001，台中縣太平市頭汴坑自然保育教育中心規劃設計，臺中縣太平市農會，p.130。

7. 王小璘、何友鋒，2002，農業環境景觀生態規劃設計規範，行政院農委會，p.182。

8. 內政部營建署，2003，市區道路人行道設計手冊。

9. 交通部運輸研究所，2017，自行車道系統規劃設計參考手冊（2017 年修訂版）。

10. 交通部，2020，公路景觀設計規範，交通技術標準規範公路類公路工程部。

11. 行政院農業委員會，2022，休閒農業輔導管理辦法（111 年修正版）。

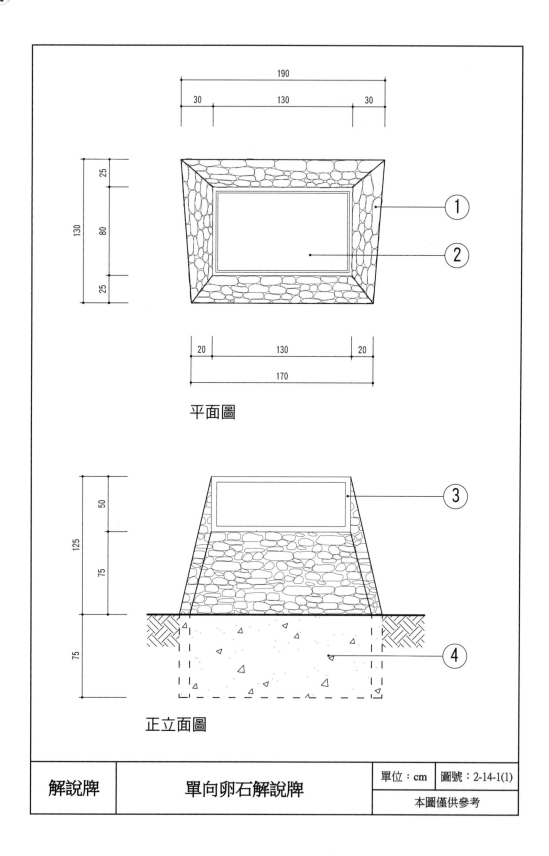

平面圖

正立面圖

解說牌	單向卵石解說牌	單位：cm	圖號：2-14-1(1)
		本圖僅供參考	

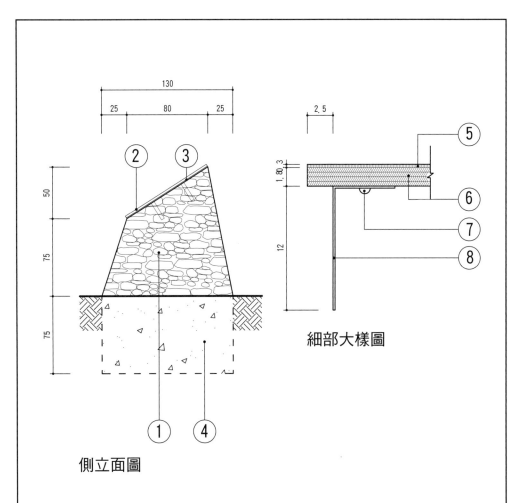

細部大樣圖

側立面圖

1. φ6～12cm粗卵石嵌於混凝土，表面露出1/3，間距1～2cm。導圓角，R=2cm。

2. 94.5×130×0.3cm，鋁板陽極發色處理。

3. 1.5cm厚，5cm寬1:3水泥砂漿粉刷。

4. 75cm厚，140kgf/cm² (2000psi)混凝土基礎底座。底土整平夯實，夯實度85%。

5. 0.1cm厚，黏著劑均勻塗佈。

6. 1.8cm厚，橡膠墊。

7. 1.5cm長，不鏽鋼螺絲釘。

8. 6×12×0.2×10cm L型不鏽鋼鐵件，四邊錨定。

解說牌	單向卵石解說牌	單位：cm	圖號：2-14-1(2)
		本圖僅供參考	

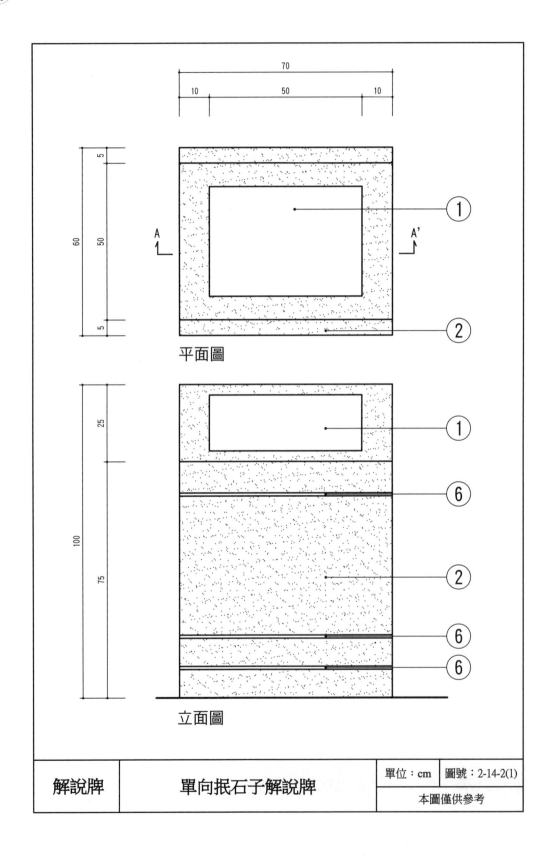

平面圖

立面圖

解說牌	單向抿石子解說牌	單位：cm	圖號：2-14-2(1)
		本圖僅供參考	

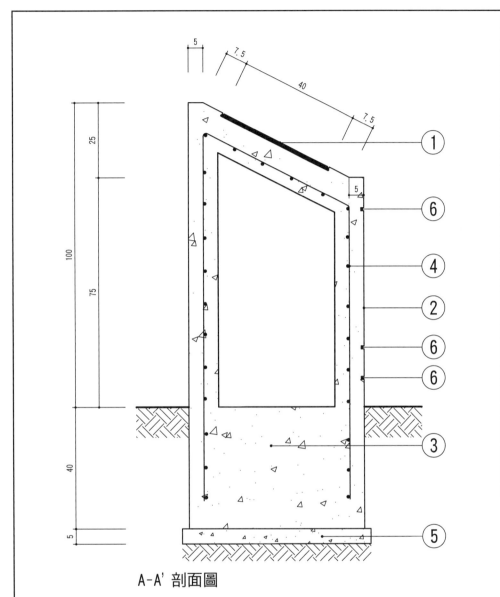

A-A' 剖面圖

1. 0.5cm厚，不鏽鋼解說面板，以四支不鏽鋼圓帽螺栓固定。

2. φ0.3cm抿石子。導圓角，R=2cm。

3. 210kgf/cm²(3000psi)混凝土。底土整平夯實，夯實度85%以上。

4. #3@20cm鋼筋雙向。

5. 5cm厚，140kgf/cm²(2000psi)混凝土打底。

6. 1cm寬，水泥勾縫。

解說牌	單向抿石子解說牌	單位：cm	圖號：2-14-2(2)
		本圖僅供參考	

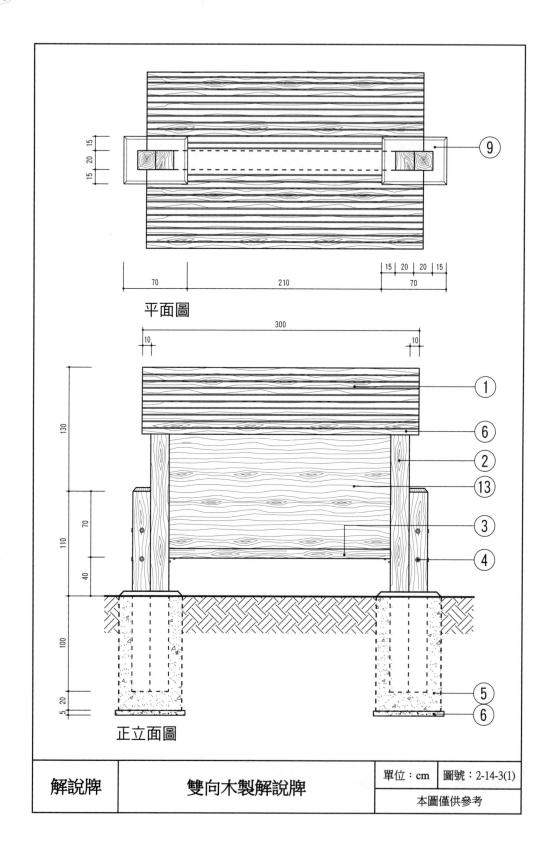

平面圖

正立面圖

解說牌	雙向木製解說牌	單位：cm	圖號：2-14-3(1)
			本圖僅供參考

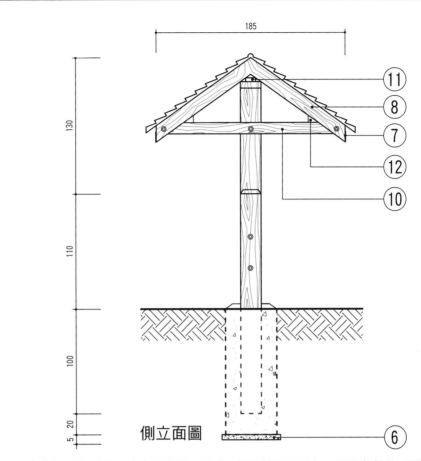

側立面圖

1. 1.2×12×300cm實木雨淋板，以 2cm長不鏽鋼釘固定，經防腐處理，面刷護木油。（註）
2. φ20cm實木支柱，經防腐處理，面刷護木油，埋入混凝土基座100cm深。
3. φ10×240cm實木上、下橫木，經防腐處理，面刷護木油。
4. φ2.5cm不鏽鋼螺栓固定。
5. 50×70×120cm，210kgf/cm²(3000psi)混凝土基座。底土整平夯實，夯實度85%以上。
6. #3@30cm鋼筋雙向，底層5cm厚，140kgf/cm²(2000psi)混凝土。
7. 2×10×300cm實木封簷板，經防腐處理，面刷護木油。
8. 2×10×122cm實木撐板@30cm設置，經防腐處理，面刷護木油。
9. 1.5cm厚，1:3水泥砂漿粉刷。
10. 6×10×162.5cm實木橫木，經防腐處理，面刷護木油。
11. 8×20cm實木三角材，經防腐處理，面刷護木油。
12. 8×10cm實木三角材，經防腐處理，面刷護木油。
13. 1.2×120×240cm實木木板，經防腐處理，面刷護木油。

註：亦可採用玻璃纖維仿木。

解說牌	雙向木製解說牌	單位：cm	圖號：2-14-3(2)
		本圖僅供參考	

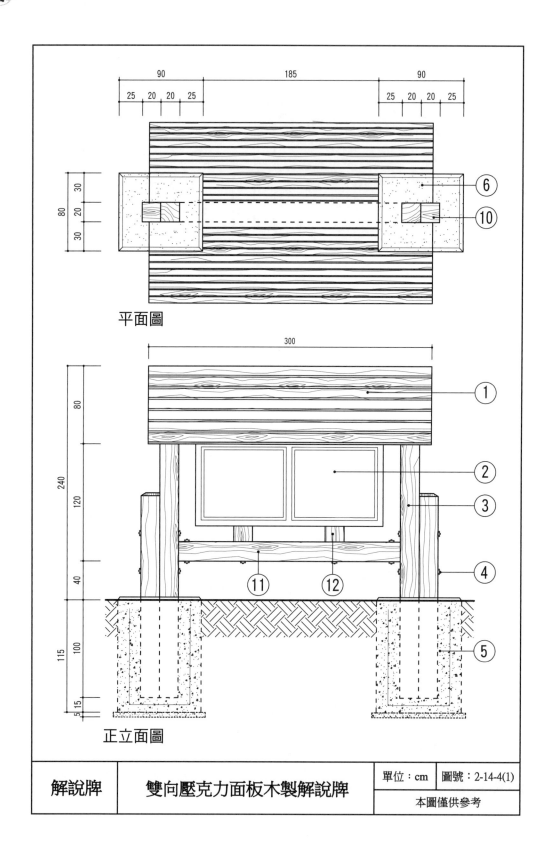

平面圖

正立面圖

解說牌	雙向壓克力面板木製解說牌	單位：cm	圖號：2-14-4(1)
		本圖僅供參考	

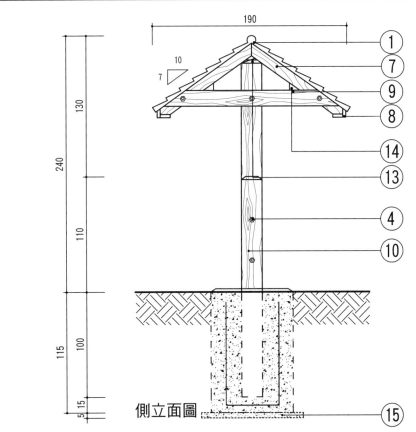

側立面圖

1. 1. 2×12×300cm實木雨淋板,以 2cm長不鏽鋼釘固定,經防腐處理,面刷護
   木油。(註)
2. 2×126. 5×198cm實木木板,面覆75×90×0. 3cm解說牌壓克力面板。
3. 20×20×317cm實木支柱二支,表面刨光後,經防腐處理,面刷護木油,埋
   入混凝土100cm深。
4. φ2. 5cm不鏽鋼螺栓固定。
5. 115cm厚,#3@30cm鋼筋雙向,210kgf/cm²(3000psi)混凝土基礎座。
6. 1. 5cm厚,1:3水泥砂漿粉刷。
7. 2×10×122cm實木撐材,@30cm設置一支,經防腐處理,面刷護木油。
8. (8. 5×3+10×3)×300cm實木封簷板,經防腐處理,面刷護木油。
9. 6×10×171. 5cm實木橫木,經防腐處理,面刷護木油。
10. 20×20×210cm實木基腳樁二支,表面刨光,經防腐處理,面刷護木油,埋
    入混凝土100cm深。底土整平夯實,夯實度90%。
11. 20×20×235cm實木上、下橫木,經防腐處理,面刷護木油。
12. 20×20×18cm實木支撐材二支,經防腐處理,面刷護木油。
13. 8×20cm實木三角材,經防腐處理,面刷護木油。
14. 8×10cm實木三角材,經防腐處理,面刷護木油。
15. 140kgf/cm²(2000psi)混凝土打底。

註:亦可採用玻璃纖維仿木。

解說牌	雙向壓克力面板木製解說牌	單位:cm	圖號:2-14-4(2)
		本圖僅供參考	

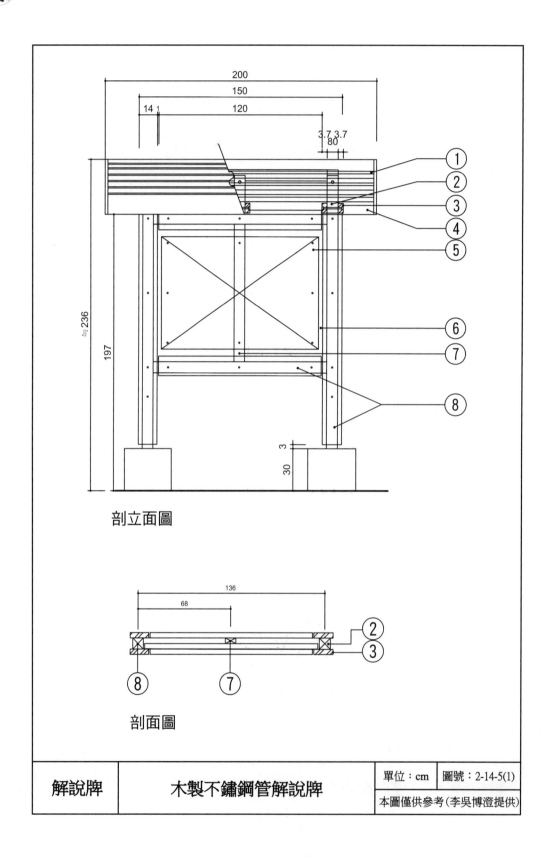

剖立面圖

剖面圖

解說牌	木製不鏽鋼管解說牌	單位：cm	圖號：2-14-5(1)
		本圖僅供參考(李吳博澄提供)	

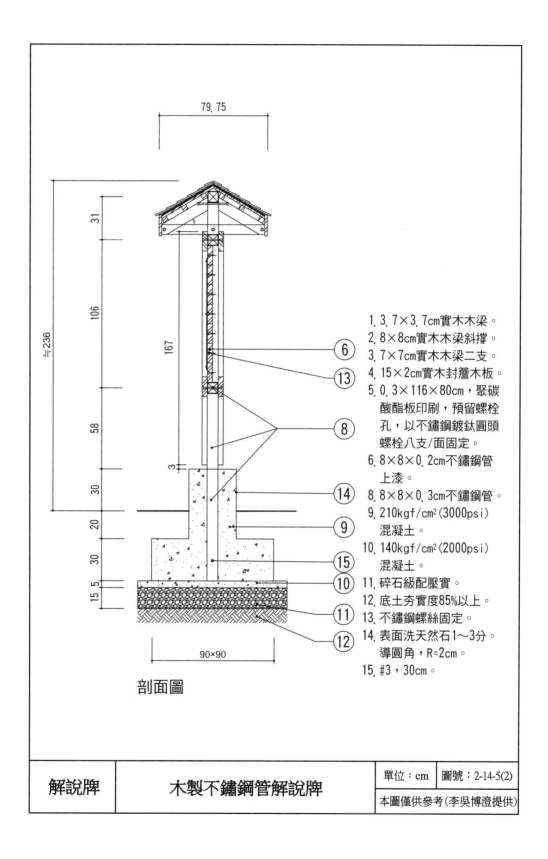

剖面圖

1. 3.7×3.7cm實木木梁。
2. 8×8cm實木木梁斜撐。
3. 7×7cm實木木梁二支。
4. 15×2cm實木封簷木板。
5. 0.3×116×80cm，聚碳酸酯板印刷，預留螺栓孔，以不鏽鋼鍍鈦圓頭螺栓八支/面固定。
6. 8×8×0.2cm不鏽鋼管上漆。
8. 8×8×0.3cm不鏽鋼管。
9. 210kgf/cm² (3000psi) 混凝土。
10. 140kgf/cm² (2000psi) 混凝土。
11. 碎石級配壓實。
12. 底土夯實度85%以上。
13. 不鏽鋼螺絲固定。
14. 表面洗天然石1～3分。導圓角，R=2cm。
15. #3，30cm。

解說牌	木製不鏽鋼管解說牌	單位：cm	圖號：2-14-5(2)
		本圖僅供參考(李吳博澄提供)	

表 2-14　解說牌單價分析表

項次	項目及說明	單位	工料數量	單價	複價	備註
2-14-1	單向卵石解說牌					
	挖土	m^3				
	回填土及殘土處理	m^3				
	粗卵石	m^3				
	鋁板	面				
	1：3 水泥砂漿	m^3				
	140kgf/cm² 混凝土	m^3				
	橡膠墊及黏著劑	式				
	不鏽鋼螺釘	式				
	L 型不鏽鋼鐵件	支				
	夯實	m^2				
	大工	工				
	小工	工				
	工具損耗及零星工料	式				
	小　計	座				
2-14-2	單向抿石子解說牌					
	挖土	m^3				
	回填土及殘土處理	m^3				
	不鏽鋼解說面板	面				
	Ø 0.3cm 抿石子	m^2				
	抿石子壓條	m				
	210kgf/cm² 混凝土	m^3				
	140kgf/cm² 混凝土	m^3				
	模板（含內模）	m^2				
	不鏽鋼圓帽螺栓	支				
	#3@20cm 鋼筋雙向	kg				
	夯實	m^2				
	大工	工				
	小工	工				
	工具損耗及零星工料	式				
	小　計	座				
2-14-3	雙向木製解說牌					
	挖土	m^3				
	回填土及殘土處理	m^3				
	實木雨淋板	支				
	實木支柱	支				
	實木上、下橫木	支				
	實木封簷板	支				

項次	項目及說明	單位	工料數量	單價	複價	備註
	實木撐板	支				
	實木橫木	支				
	實木三角材 8×20cm	支				
	實木三角材 8×10cm	支				
	實木木板（組合）	支				
	防腐處理、刷護木油（一底二度護木油）	式				
	Ø 2.5cm 不鏽鋼螺栓	支				
	#3@30cm 鋼筋雙向	kg				
	鋼釘	支				
	210kgf/cm^2 混凝土	m^3				
	140kgf/cm^2 混凝土	m^3				
	1：3 水泥砂漿	m^3				
	夯實	m^2				
	大工	工				
	小工	工				
	工具損耗及零星工料	式				
	小　計	座				
2-14-4	雙向壓克力面板木製解說牌					
	挖土	m^3				
	回填土及殘土處理	m^3				
	實木雨淋板	支				
	實木支柱	支				
	實木基腳椿	支				
	實木上、下橫木	支				
	實木封簷板	支				
	實木撐板	支				
	實木橫木	支				
	實木三角材 8×20cm	支				
	實木三角材 8×10cm	支				
	實木支撐材	支				
	實木木板（組合）	支				
	防腐處理、刷護木油（一底二度護木油）	式				
	#3@30cm 鋼筋雙向	kg				
	Ø 2.5cm 不鏽鋼螺栓	支				
	鋼釘	支				
	解說牌壓克力面板（含五金）	面				
	210kgf/cm^2 混凝土	m^3				

項次	項目及說明	單位	工料數量	單價	複價	備註
	1：3 水泥砂漿	m³				
	夯實	m²				
	大工	工				
	小工	工				
	工具損耗及零星工料	式				
	小　計	座				
2-14-5	木製不鏽鋼管解說牌					
2-14-5.1	全區地圖標示牌結構體					
	底土	m²				
	挖基及處理	m³				
	級配粒料底層，碎石級配（含運費）	m³				
	140kgf/cm² 預拌混凝土	m³				
	基礎模板製作及裝拆	m²				
	210kgf/cm² 預拌混凝土	m³				
	1：3 水泥砂漿	m³				
	不鏽鋼管	m				
	不鏽鋼管上漆	m				
	實木面板	才				
	實木木梁 7×7cm	才				
	實木木梁 3.7×3.7cm	才				
	實木斜撐	才				
	實木封簷板	才				
	紅膠防水夾板	m²				
	自黏式油毛氈	m²				
	劈材式木瓦	m²				
	五金零件	式				
	夯實	m²				
	大工	工				
	小工	工				
	工具損耗及零星工料	式				
	小　計	座				
2-14-5.2	全區地圖牌版面					
	耐紫外線高度 PC 碳纖板	才				
	圖文美編排版打樣	式				
	粉體印刷	才				
	大工	工				
	小工	工				
	工具損耗及零星工料	式				
	小　計	面				

Ⅴ

安全防護設施
（Safety Facilities）

15　圍牆（Walls）

　　圍牆係指基於戶外空間或機能隔離考量所設置具有一定高度之連續性帶狀構造物。圍牆用以圍合分隔或保護某一區域，不僅可以界定空間範圍，且經由妥善設計後可以增加親切感，減少封閉感並構成景區的一部分。圍牆除了具有保護、防護的功能外，更能因不同的材質而增加空間的多樣性。圍牆之設置與造型同時也是空間構圖的主要手段。

（一）圍牆配置原則

1. 界定景區範圍。
2. 導引景區動線。
3. 區隔不同的機能空間。
4. 遮擋不良的視覺景觀。
5. 成為端景或焦點（照壁）。

（二）圍牆設計原則

1. 應能界定不同功能的空間。
2. 應兼具安全與美觀。
3. 應掌握材質特性。
4. 應能實質隔離空間但視覺可以穿透。
5. 造型應力求穩重，避免過於花俏。

（三）常用圍牆材料的種類與特性

1. 石材：種類千變萬化，表情豐富；如天然的肌理透亮狂野的氣息；平滑的

石面展現嚴謹的氣質；粗糙的疊石散發原始之美。

2. 木材：質感溫和細膩，造型變化多端。

3. 竹材：既有特殊的高雅體態，又有天然的野趣和情調。

4. 石籠：兼具現代和鄉土感，產生時空的交錯和對比。

5. 磚：以不同的色彩、質感和造型，展現不同的風采。

6. RC：散發粗曠傲世的樣態。

7. 金屬：堅固耐用，可塑性高。

8. 玻璃：透過人、光、樹、景的出現，產生不同的畫面和有趣的互動。

9. 鋼板：鏤空的紋理，形成光與影的對話。

10. 綠牆：多樣的生態之美，展現無與倫比的生命力，為生活日常帶來歡樂與希望。

(四) 圍牆設計準則

1. 首要考量結構型式與安全。

2. 應考慮風壓，每隔一段距離以磚柱或 RC 柱加以補強。

3. 為避免土壤中含有硫酸鹽成分侵蝕，在地表以上及以下各 15cm 之範圍內以 1：3 水泥砂漿砌之。

4. 依功能不同營造空間虛實變化。

5. 依材料、型式、顏色營造不同的視覺效果。

6. 高度以不超過 2m 為宜。

7. 以不同材料作創意設計。

8. 根據日照、風向等環境條件，選擇耐旱、耐風、耐鹽、耐汙染或誘蝶誘鳥植物的蔓藤植物綠化牆面；並避免有害樹種。（植物種類可參考「景觀設計與施工總論 08 各類環境景觀植物種類及 09 各類有害植物種類」）

(五) 圍牆材料選擇原則

1. 易於保養。

2. 必須堅固耐用。

3. 能適合環境特性。

(六) 以下施工圖樣僅供參考，實際應用仍須因地制宜作適度調整。

參考文獻

1. 王小璘、何友鋒，1994，休閒農業區設施物參考圖集，台灣省農會，p.512。

2. 王小璘、何友鋒，1999，公園綠地規劃設計準則研究，內政部營建署，p.186。

3. 王小璘、何友鋒，1999，景觀設施專業施工、監造制度研究，內政部營建署，p.380。

4. 王小璘、何友鋒，2001，觀光農園公共設施物圖集，行政院農業委員會，p.402。

5. 每日頭條網

   https://kknews.cc。

6. Homify 網

   https://www.homify.tw。

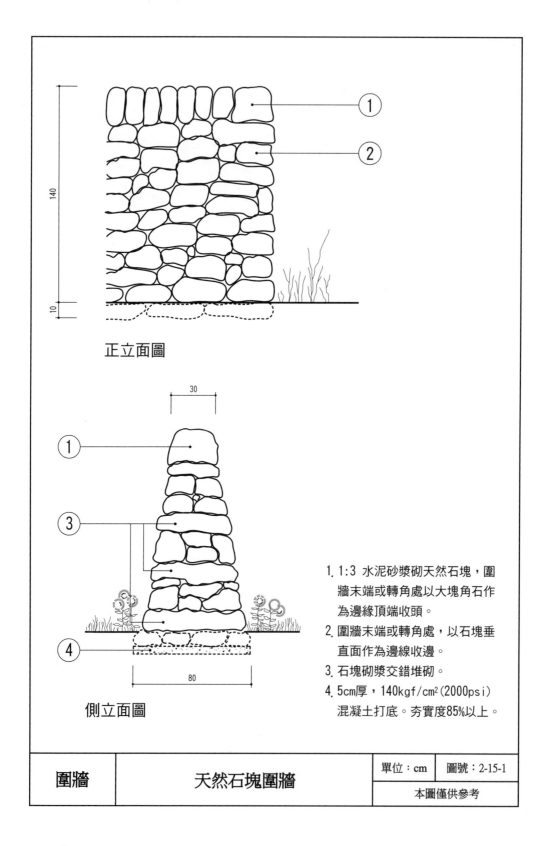

正立面圖

側立面圖

1. 1:3 水泥砂漿砌天然石塊，圍牆末端或轉角處以大塊角石作為邊緣頂端收頭。

2. 圍牆末端或轉角處，以石塊垂直面作為邊線收邊。

3. 石塊砌漿交錯堆砌。

4. 5cm厚，140kgf/cm²(2000psi)混凝土打底。夯實度85%以上。

圍牆	天然石塊圍牆	單位：cm	圖號：2-15-1
		本圖僅供參考	

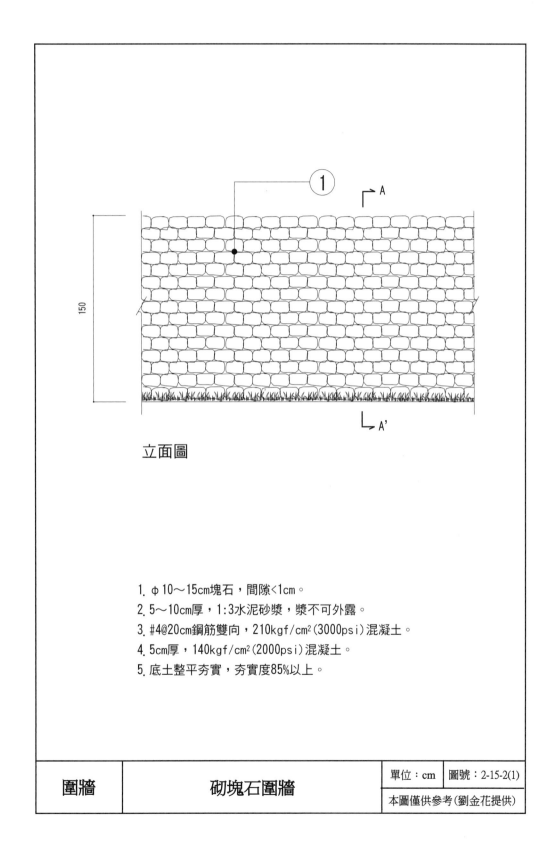

立面圖

1. φ10～15cm塊石，間隙<1cm。
2. 5～10cm厚，1:3水泥砂漿，漿不可外露。
3. #4@20cm鋼筋雙向，210kgf/cm²(3000psi)混凝土。
4. 5cm厚，140kgf/cm²(2000psi)混凝土。
5. 底土整平夯實，夯實度85%以上。

圍牆	砌塊石圍牆	單位：cm	圖號：2-15-2(1)
		本圖僅供參考(劉金花提供)	

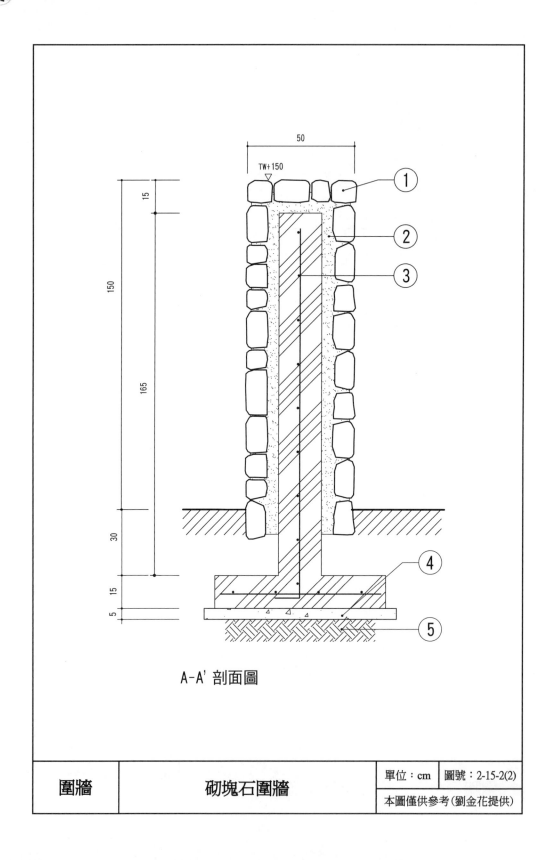

A-A' 剖面圖

| 圍牆 | 砌塊石圍牆 | 單位：cm | 圖號：2-15-2(2) |
| | | 本圖僅供參考(劉金花提供) | |

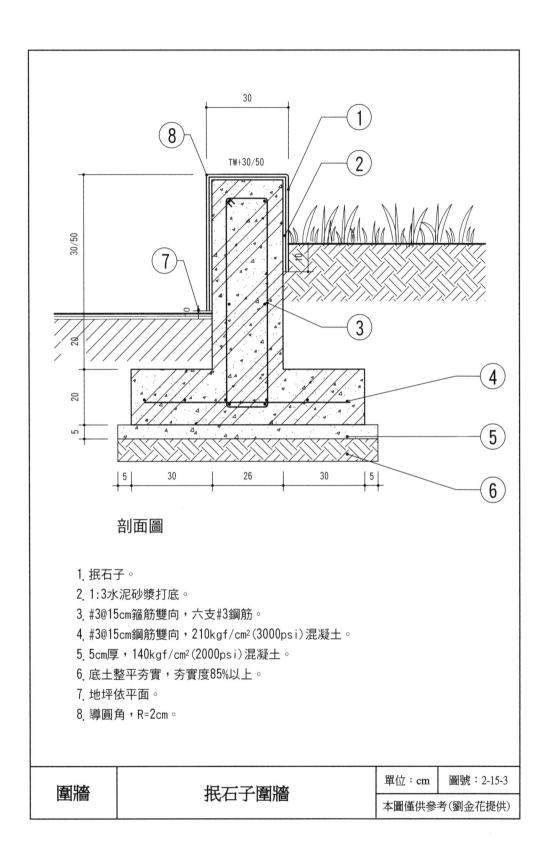

剖面圖

1. 抿石子。
2. 1:3水泥砂漿打底。
3. #3@15cm箍筋雙向，六支#3鋼筋。
4. #3@15cm鋼筋雙向，210kgf/cm² (3000psi) 混凝土。
5. 5cm厚，140kgf/cm² (2000psi) 混凝土。
6. 底土整平夯實，夯實度85%以上。
7. 地坪依平面。
8. 導圓角，R=2cm。

圍牆	抿石子圍牆	單位：cm	圖號：2-15-3
		本圖僅供參考(劉金花提供)	

283

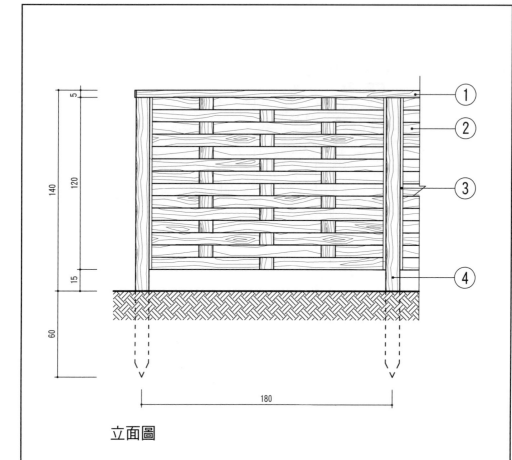

立面圖

1. 5×10×180cm實木角材收邊，經防腐處理，面刷護木油。

2. 10×0.7×180cm實木木片，經防腐處理，面刷護木油，十字交織編組。

3. 3×2×120cm實木收邊壓條，經防腐處理，面刷護木油。

4. 10×10×200cm實木支柱，經防腐處理，面刷護木油，末端削尖埋入夯實土中60cm深固定之。

圍牆	木製圍牆	單位：cm	圖號：2-15-4
		本圖僅供參考	

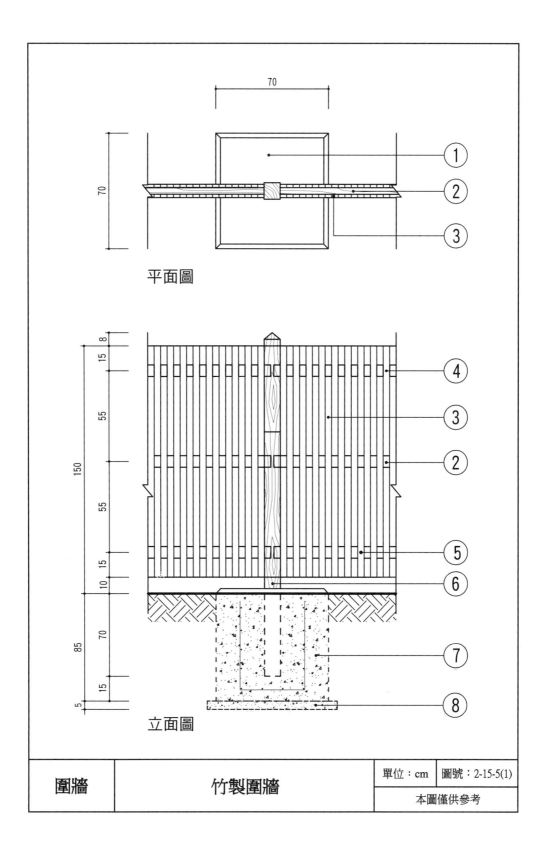

平面圖

立面圖

圍牆	竹製圍牆	單位：cm	圖號：2-15-5(1)
		本圖僅供參考	

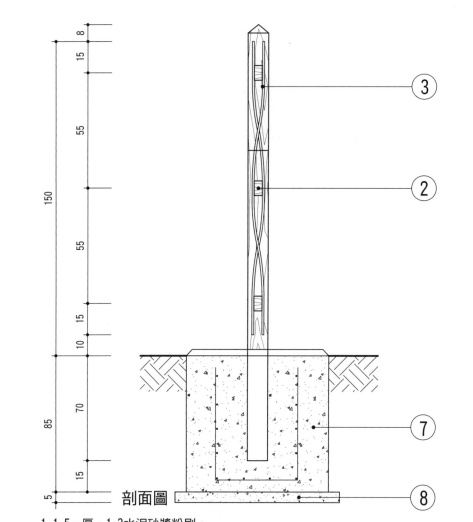

剖面圖

1. 1.5cm厚，1:3水泥砂漿粉刷。
2. 4×7×180cm實木橫材，經防腐處理，面刷護木油。（註）
3. φ3～5×140cm桂竹編製圍牆，交錯編織。
4. φ0.3～0.5cm削尖竹釘，經烤火處理。
5. 2號套頭不鏽鋼釘。
6. 10×10×228cm實木立柱，表面刨光經防腐處理，立柱最大間隔不得超過180cm。
7. 85cm厚，#3@30cm鋼筋雙向，210kgf/cm²(3000psi)混凝土基礎樁。底土整平夯實，夯實度85%以上。
8. 5cm厚，140kgf/cm²(2000psi)混凝土。

註：亦可採用玻璃纖維仿木。

圍牆	竹製圍牆	單位：cm	圖號：2-15-5(2)
		本圖僅供參考	

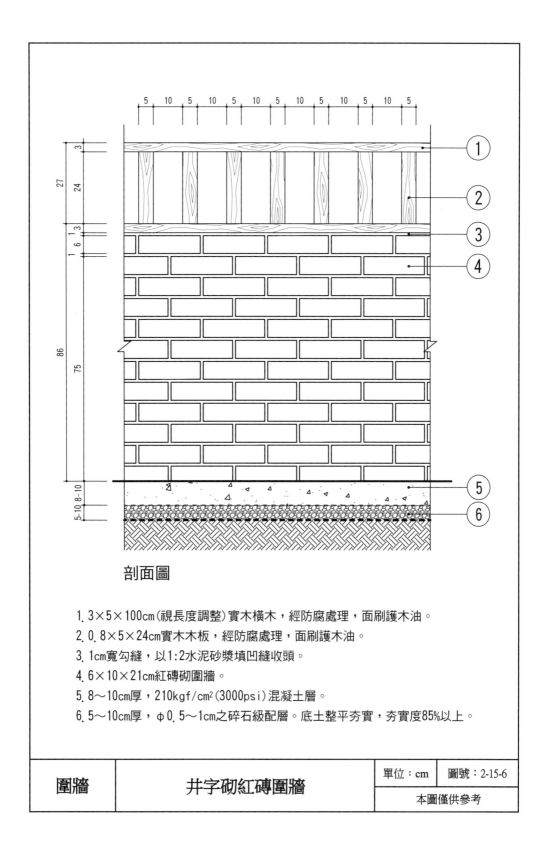

剖面圖

1. 3×5×100cm(視長度調整)實木橫木,經防腐處理,面刷護木油。

2. 0.8×5×24cm實木木板,經防腐處理,面刷護木油。

3. 1cm寬勾縫,以1:2水泥砂漿填凹縫收頭。

4. 6×10×21cm紅磚砌圍牆。

5. 8～10cm厚,210kgf/cm²(3000psi)混凝土層。

6. 5～10cm厚,φ0.5～1cm之碎石級配層。底土整平夯實,夯實度85%以上。

圍牆	井字砌紅磚圍牆	單位:cm	圖號:2-15-6
		本圖僅供參考	

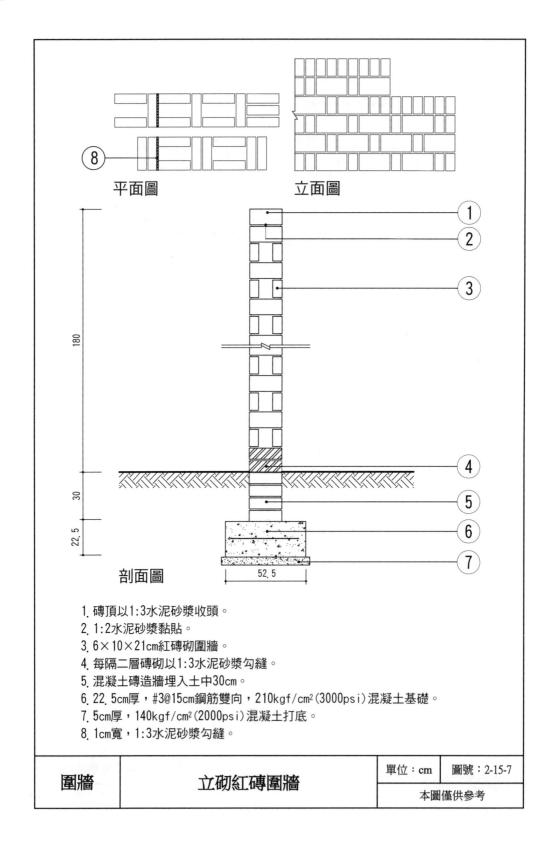

平面圖　　　　　立面圖

⑧

剖面圖

① ② ③ ④ ⑤ ⑥ ⑦

180

30

22.5

52.5

1. 磚頂以1:3水泥砂漿收頭。
2. 1:2水泥砂漿黏貼。
3. 6×10×21cm紅磚砌圍牆。
4. 每隔二層磚砌以1:3水泥砂漿勾縫。
5. 混凝土磚造牆埋入土中30cm。
6. 22.5cm厚，#3@15cm鋼筋雙向，210kgf/cm²(3000psi)混凝土基礎。
7. 5cm厚，140kgf/cm²(2000psi)混凝土打底。
8. 1cm寬，1:3水泥砂漿勾縫。

圍牆	立砌紅磚圍牆	單位：cm	圖號：2-15-7
		本圖僅供參考	

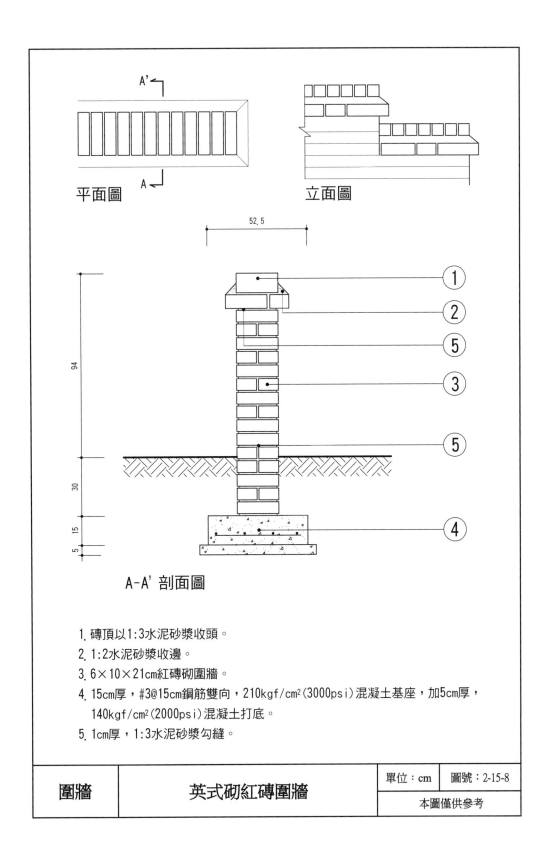

平面圖

立面圖

52.5

94

30

15

5

① ② ⑤ ③ ⑤ ④

A-A' 剖面圖

1. 磚頂以1:3水泥砂漿收頭。

2. 1:2水泥砂漿收邊。

3. 6×10×21cm紅磚砌圍牆。

4. 15cm厚，#3@15cm鋼筋雙向，210kgf/cm²(3000psi)混凝土基座，加5cm厚，
   140kgf/cm²(2000psi)混凝土打底。

5. 1cm厚，1:3水泥砂漿勾縫。

圍牆	英式砌紅磚圍牆	單位：cm	圖號：2-15-8
		本圖僅供參考	

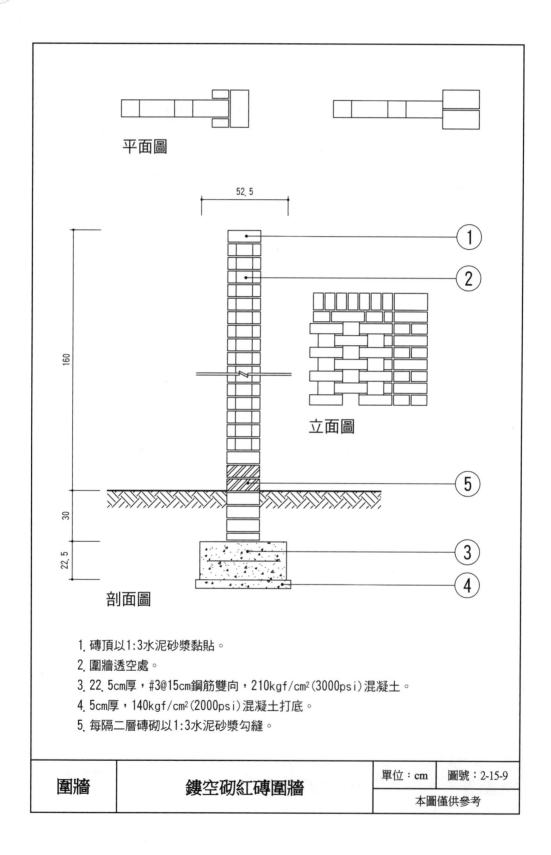

平面圖

立面圖

剖面圖

1. 磚頂以1:3水泥砂漿黏貼。

2. 圍牆透空處。

3. 22.5cm厚，#3@15cm鋼筋雙向，210kgf/cm²(3000psi)混凝土。

4. 5cm厚，140kgf/cm²(2000psi)混凝土打底。

5. 每隔二層磚砌以1:3水泥砂漿勾縫。

圍牆	鏤空砌紅磚圍牆	單位：cm	圖號：2-15-9
		本圖僅供參考	

表 2-15　圍牆單價分析表

項次	項目及說明	單位	工料數量	單價	複價	備註
2-15-1	天然石塊圍牆					
	1：3 水泥砂漿	m^3				
	石塊頂材	塊				
	石塊箍帶材	塊				
	圍牆石塊材	塊				
	140kgf/cm^2 混凝土	m^3				
	夯實	m^2				
	大工	工				
	小工	工				
	工具損耗及零星工料	式				
	小　計	m				
2-15-2	砌塊石圍牆					
	土方工作，開挖	m^3				
	土方近運利用（含推平，運距 2km）	m^3				
	石塊	m^3				
	210kgf/cm^2 預拌混凝土	m^3				
	140kgf/cm^2 預拌混凝土	m^3				
	#4@20cm 鋼筋雙向，連工帶料	kg				
	普通模板，一般工程用	m^2				
	夯實	m^2				
	大工	工				
	小工	工				
	工具損耗及零星工料	式				
	小　計	m				
2-15-3	抿石子圍牆					
	土方工作，開挖	m^3				
	土方近運利用（含推平，運距 2km）	m^3				
	抿石子，1～2分石	m^2				
	210kgf/cm^2 預拌混凝土	m^3				
	140kgf/cm^2 預拌混凝土	m^3				
	#3@15cm 箍筋鋼筋雙向，連工帶料	kg				
	普通模板，一般工程用	m^2				
	夯實	m^2				
	大工	工				
	小工	工				
	工具損耗及零星工料	式				

項次	項目及說明	單位	工料數量	單價	複價	備註
	小　計	m				
2-15-4	木製圍牆					
	實木角材	支				
	實木木片	支				
	實木收邊壓條	支				
	實木支柱	支				
	防腐處理、護木油	式				
	夯實	m^2				
	大工	工				
	小工	工				
	工具損耗及零星工料	式				
	小　計	m				
2-15-5	竹製圍牆					
	挖土	m^3				
	回填土及殘土處理	m^3				
	實木橫材	支				
	防腐處理、護木油	式				
	桂竹	m^2				
	竹釘及防腐處理	式				
	1：3 水泥砂漿	m^2				
	2 號套頭不鏽鋼釘	支				
	實木立柱	支				
	210kgf/cm^2 混凝土	m^3				
	140kgf/cm^2 混凝土	m^3				
	#3@30cm 鋼筋雙向	kg				
	夯實	m^2				
	大工	工				
	小工	工				
	工具損耗及零星工料	式				
	小　計	座				
2-15-6	井字砌紅磚圍牆					
	實木橫木	支				
	實木木版	支				
	紅磚	塊				
	1：2 水泥砂漿勾縫	m^2				
	210kgf/cm^2 混凝土	m^3				
	碎石級配	m^3				
	木材防腐處理	式				
	夯實	m^2				

項次	項目及說明	單位	工料數量	單價	複價	備註
	大工	工				
	小工	工				
	工具損耗及零星工料	式				
	小　計	m				
2-15-7	立砌紅磚圍牆					
	挖土	m³				
	回填土及殘土處理	m³				
	紅磚	塊				
	1：2 水泥砂漿黏貼	m²				
	1：3 水泥砂漿勾縫	m²				
	210kgf/cm² 混凝土	m³				
	140kgf/cm² 混凝土	m³				
	#3@15cm 鋼筋雙向	kg				
	夯實	m²				
	大工	工				
	小工	工				
	工具損耗及零星工料	式				
	小　計	m				
2-15-8	英式砌紅磚圍牆					
	挖土	m³				
	回填土及殘土處理	m³				
	紅磚	塊				
	1：2 水泥砂漿收邊	m²				
	1：3 水泥砂漿勾縫	m²				
	210kgf/cm² 混凝土	m³				
	140kgf/cm² 混凝土	m³				
	#3@15cm 鋼筋雙向	kg				
	夯實	m²				
	大工	工				
	小工	工				
	工具損耗及零星工料	式				
	小　計	m				
2-15-9	鏤空砌紅磚圍牆					
	挖土	m³				
	回填土及殘土處理	m³				
	紅磚	塊				
	1：3 水泥砂漿勾縫	m²				
	210kgf/cm² 混凝土	m³				
	140kgf/cm² 混凝土	m³				

項次	項目及說明	單位	工料數量	單價	複價	備註
	#3@15cm 鋼筋雙向	kg				
	夯實	m^2				
	大工	工				
	小工	工				
	工具損耗及零星工料	式				
	小　計	m				

16 圍籬（Fences）

　　圍籬與圍牆功能相同，係指基於戶外空間或機能隔離考量所設置，具有一定高度之連續性帶狀物；惟在型式與材料運用上不同。圍籬作為戶外空間隔離的設施，因不同的型式與材質營造不同的功能與風格，並常隨著陽光照射角度不同而產生各種光影效果，增添戶外視覺景觀之美感及動態性與趣味性，是景觀常用的環境設施之一。

（一）常用的圍籬型式與材料

1. 依型式而分：有全阻隔型、半阻隔型、波浪型、可折疊型、彩繪型、格柵型、工地用各式圍籬等。
2. 依材料而分：有木、竹、環保木料、仿木、仿竹、仿石、塑木、FRP、鐵絲網、菱形網、塑膠鐵網、金屬板、鋁合金及綠化圍籬等。

（二）圍籬設計原則

1. 依不同的功能需求分隔空間。
2. 以不同的型式與材質營造不同的風格。
3. 實質隔離但可以視線穿透。
4. 遮擋不良的視覺景觀。
5. 設置位置應考量人行動線的順暢。

（三）圍籬設計準則

1. 依功能的不同做虛實的變化。
2. 造型力求精簡，避免過於花俏。
3. 路口截角處應保持視覺通透。
4. 沿走道兩側之安全圍籬高度不小於 3m；並以立面綠化處理。
5. 無論何種型式與材料，均以安全穩固為前提。

（四）圍籬材料選擇原則

1. 依不同的功能需求，選擇適當的材料。
2. 材料之質感、型式及色彩須與周邊環境相協調。
3. 以耐候性強，可塑性高及容易維護較佳。

4. 攀藤植物特性包括觀花、觀葉、觀果及耐旱、耐風、耐鹽、耐汙染或誘蝶誘鳥。（植物種類可參考「景觀設計與施工總論 08 各類環境景觀植物種類」）

5. 利用不同特性之攀藤植物綠化圍籬，並避免選用有害樹種。（植物種類可參考「景觀設計與施工總論 09 各類有害植物種類」）

6. 植物種類及特性可參考「景觀設計與施工總論 08 各類環境景觀植物種類」。

（五）圍籬相關法規及標準

1. 交通部，2020，公路景觀設計規範，第六章公路景觀設施之 6.5 街道傢俱。

（六）以下施工圖樣僅供參考，實際應用仍須因地制宜作適度調整。

參考文獻

1. 王小璘、何友鋒，1981，南投縣鳳凰谷鳥園規劃設計，南投縣政府。

2. 王小璘、何友鋒，1999，公園綠地規劃設計準則研究，內政部營建署，p.186。

3. 王小璘、何友鋒，1999，景觀設施專業施工、監造制度研究，內政部營建署，p.380。

4. 王小璘、何友鋒，2000，原住民文化園區景觀規劃設計整建計畫，行政院原住民委員會文化園區管理局，p.362。

5. 王小璘、何友鋒，2001，觀光農園公共設施物圖集，行政院農業委員會，p.402。

6. 王小璘、何友鋒，2001，台中縣太平市頭汴坑自然保育教育中心規劃設計，臺中縣太平市農會，p.130。

7. 交通部，2020，公路景觀設計規範，交通技術標準規範公路類公路工程部。

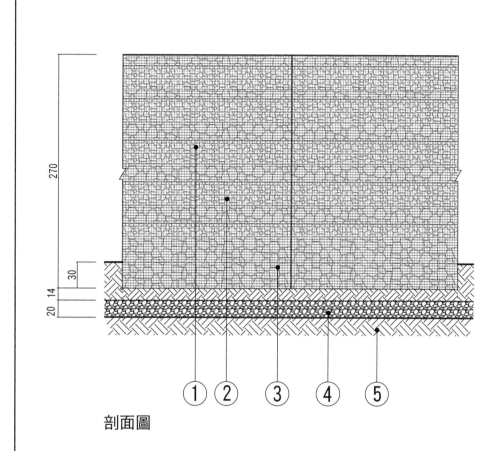

剖面圖

1. 網眼3×3cm不鏽鋼絲網（包被礫石基座及區隔各層礫石）。
2. φ6～8cm天然角礫石。
3. φ12～15cm天然角礫石。
4. 20cm厚，碎石級配層夯實。夯實度85%以上。
5. 原有底土整平夯實，夯實度85%以上。

圍籬	石籠圍籬	單位：cm	圖號：2-16-1
		本圖僅供參考	

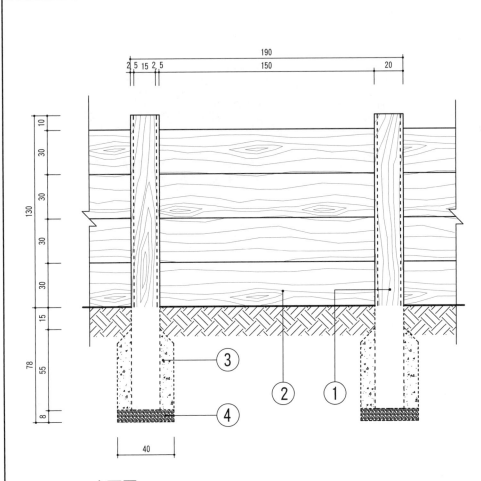

立面圖

1. 20×20×200cm實木立柱，經防腐處理，面刷護木油，埋入土中70cm深（註）。
   兩側刨溝2.5×2.5×130cm。

2. 2×30×155cm實木木板，經防腐處理，面刷護木油，末端嵌入實木立柱預留
   之凹槽中。

3. 55cm厚，140kgf/cm² (2000psi)混凝土。

4. 8cm厚，φ0.5～1cm碎石級配夯實。底土整平夯實，夯實度85%以上。

註：亦可採用玻璃纖維仿木。

圍籬	木製圍籬	單位：cm	圖號：2-16-2
		本圖僅供參考	

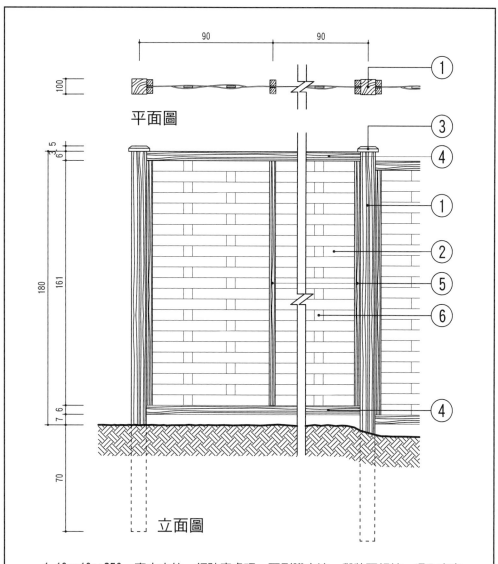

平面圖

立面圖

1. 10×10×250cm實木支柱，經防腐處理，面刷護木油，與牆面相接，埋入夯實土中70cm深。底土整平夯實，夯實度85%以上。(註)
2. 161×90×0.7cm實木編製圍牆，經防腐處理，面刷護木油。
3. 14×14×3.5cm實木支柱壓頂，經防腐處理，面刷護木油。
4. 9×6×180cm實木橫木，經防腐處理，面刷護木油。
5. 4×4×161cm實木壓邊，經防腐處理，面刷護木油。
6. 2×6×161cm實木隔板，經防腐處理，面刷護木油。

註：亦可採用玻璃纖維仿木。

圍籬	圍牆式木製圍籬	單位：cm	圖號：2-16-3
		本圖僅供參考	

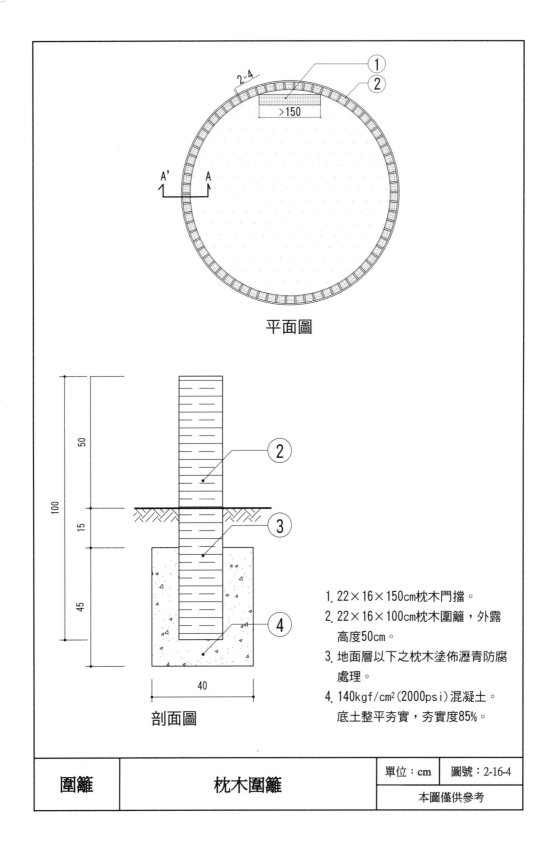

平面圖

剖面圖

1. 22×16×150cm枕木門擋。

2. 22×16×100cm枕木圍籬，外露
   高度50cm。

3. 地面層以下之枕木塗佈瀝青防腐
   處理。

4. 140kgf/cm²(2000psi)混凝土。
   底土整平夯實，夯實度85%。

圍籬	枕木圍籬	單位：cm	圖號：2-16-4
		本圖僅供參考	

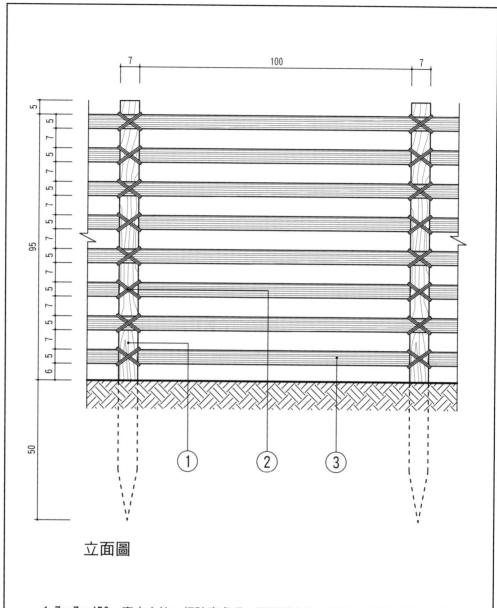

立面圖

1. 7×7×150cm實木立柱，經防腐處理，面刷護木油，埋入土中50cm深。底土夯實，夯實度85%。

2. φ0.3cm鍍鋅鐵絲，用以綑綁固定。

3. 0.5×5×114cm竹片，經防腐處理，面刷護木油，與實木立柱相接處以鐵絲補強固定。

圍籬	竹製圍籬	單位：cm	圖號：2-16-5
		本圖僅供參考	

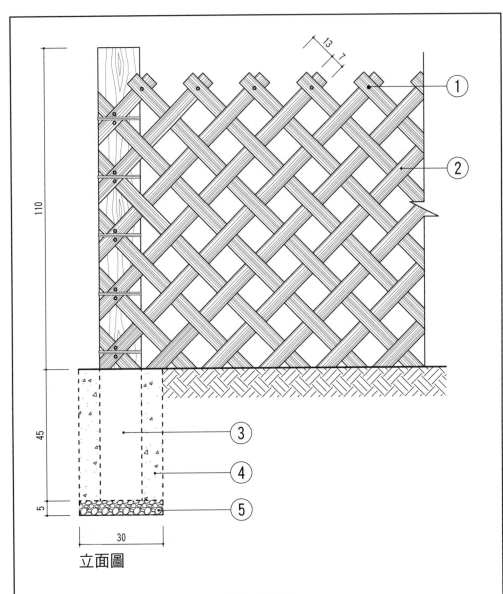

立面圖

1. φ0.5cm熱浸鍍鋅螺絲釘,用以固定竹片末端。

2. 0.5×5×150cm竹片,經防腐處理,末端以熱浸鍍鋅螺絲固定,與實木立柱相接處以繩索補強固定。

3. 15×15×155cm實木立柱,經防腐處理,面刷護木油,埋入土中深度為45cm。

4. 45cm厚,140kgf/cm²(2000psi)混凝土基礎。

5. 5cm厚,φ0.5～1cm基礎碎石級配層夯實。底土整平夯實,夯實度85%以上。

圍籬	X編鏤空竹製圍籬	單位:cm	圖號:2-16-6
		本圖僅供參考	

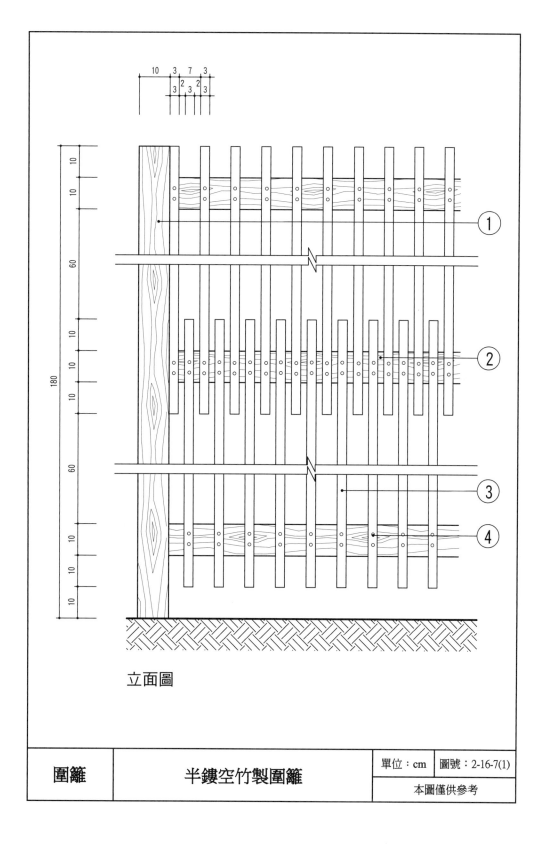

立面圖

圍籬	半鏤空竹製圍籬	單位：cm	圖號：2-16-7(1)
		本圖僅供參考	

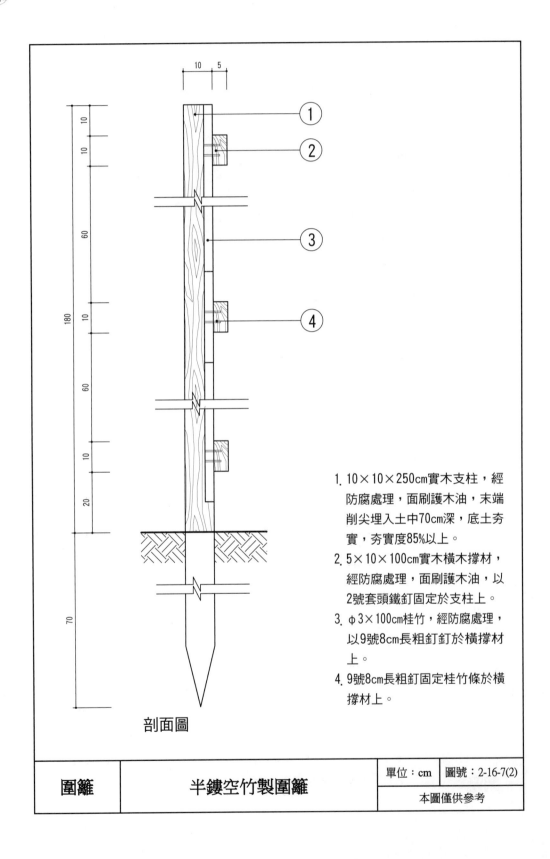

1. 10×10×250cm實木支柱，經防腐處理，面刷護木油，末端削尖埋入土中70cm深，底土夯實，夯實度85%以上。
2. 5×10×100cm實木橫木撐材，經防腐處理，面刷護木油，以2號套頭鐵釘固定於支柱上。
3. φ3×100cm桂竹，經防腐處理，以9號8cm長粗釘釘於橫撐材上。
4. 9號8cm長粗釘固定桂竹條於橫撐材上。

剖面圖

圍籬	半鏤空竹製圍籬	單位：cm	圖號：2-16-7(2)
		本圖僅供參考	

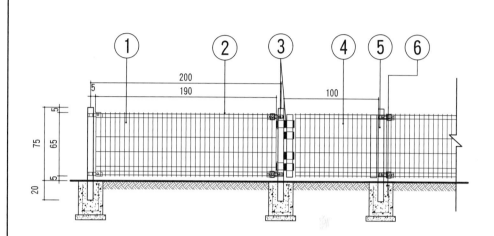

剖面圖

1. 0.5×5×15cm熱浸鍍鋅點焊鋼絲網。

2. 圓型彎網。

3. 鎖固配件。

4. 小門。

5. φ6×0.2cm鍍鋅鋼管。

6. #3@15cm鋼筋雙向，210kgf/cm²(3000psi)預拌混凝土。下層5cm厚，140kgf/cm²
   混凝土。底土整平夯實，夯實度90%。

圍籬	鍍鋅鋼板圍籬	單位：cm	圖號：2-16-8
		本圖僅供參考	

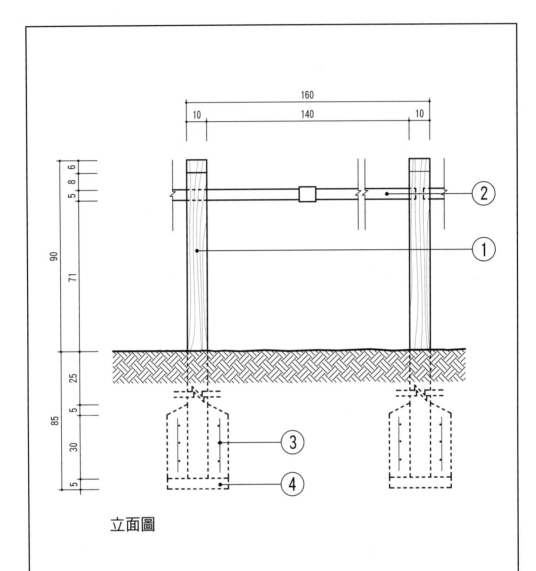

立面圖

1. 10×10×170cm實木支柱，經防腐處理，面刷護木油，埋入土中80cm深。
   底土夯實，夯實度85%以上。（註）
2. φ5cm鋼質套管與實木支柱固定。
3. 35cm厚，#3@15cm鋼筋雙向，210kgf/cm²（3000psi）混凝土基座。
4. 5cm厚，140kgf/cm²（2000psi）混凝土。

註：亦可採用玻璃纖維仿木。

圍籬	鋼管製圍籬	單位：cm	圖號：2-16-9
		本圖僅供參考	

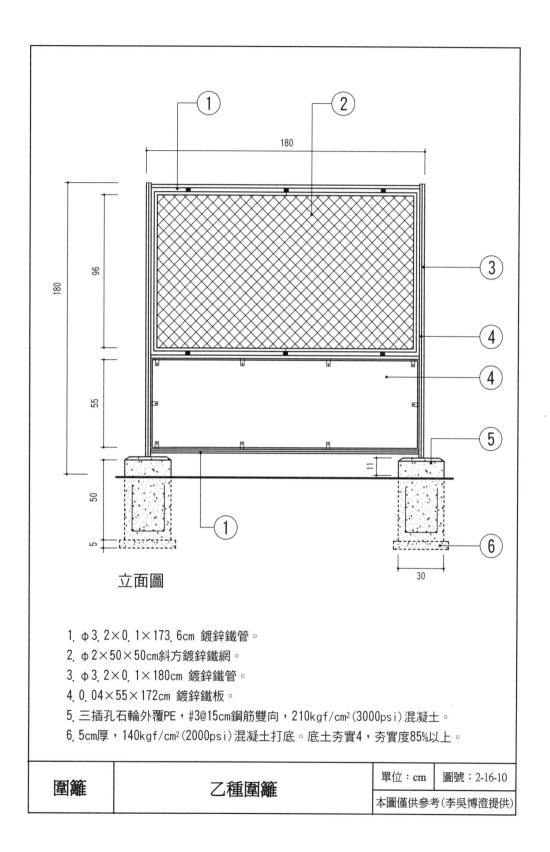

立面圖

1. φ3.2×0.1×173.6cm 鍍鋅鐵管。

2. φ2×50×50cm斜方鍍鋅鐵網。

3. φ3.2×0.1×180cm 鍍鋅鐵管。

4. 0.04×55×172cm 鍍鋅鐵板。

5. 三插孔石輪外覆PE，#3@15cm鋼筋雙向，210kgf/cm²(3000psi)混凝土。

6. 5cm厚，140kgf/cm²(2000psi)混凝土打底。底土夯實4，夯實度85%以上。

圍籬	乙種圍籬	單位：cm	圖號：2-16-10
		本圖僅供參考(李吳博澄提供)	

表 2-16　圍籬單價分析表

項次	項目及說明	單位	工料數量	單價	複價	備註
2-16-1	石籠圍籬					
	3×3cm 不鏽鋼絲網	m²				
	天然角礫石 Ø 6～8cm	m³				
	天然角礫石 Ø 12～15cm	m³				
	夯實	m²				
	大工	工				
	小工	工				
	工具損耗及零星工料	式				
	小　計	m				
2-16-2	木製圍籬					
	挖土	m³				
	回填土及殘土處理	m³				
	實木立柱	支				
	實木木板	支				
	防腐處理、護木油	式				
	140kgf/cm² 混凝土	m³				
	碎石級配	m³				
	夯實	m²				
	大工	工				
	小工	工				
	工具損耗及零星工料	式				
	小　計	座				
2-16-3	圍牆式木製圍籬					
	實木支柱	支				
	實木編製圍牆	面				
	實木支柱壓頂	支				
	實木橫木	支				
	實木壓邊	支				
	實木隔板	片				
	防腐處理、護木油	式				
	零料五金	式				
	夯實	m²				
	大工	工				
	小工	工				
	工具損耗及零星工料	式				
	小　計	座				
2-16-4	枕木圍籬					
	土方工作，含挖方、回填、餘方處理、壓實	式				

項次	項目及說明	單位	工料數量	單價	複價	備註
	140kgf/cm² 預鑄混凝土	m³				
	普通模板，丙種	m²				
	枕木	m				
	塗液類防潮，瀝青塗液，防潮層	m²				
	鐵釘，枕木釘（螞蝗釘）	式				
	搬運費	式				
	夯實	m²				
	大工	工				
	小工	工				
	工具損耗及零星工料	式				
	小　計	m				
2-16-5	竹製圍籬					
	實木圍籬立柱	支				
	桂竹片	m				
	防腐處理、護木油	式				
	Ø 0.3cm 鍍鋅鐵絲	式				
	夯實	m²				
	大工	工				
	小工	工				
	工具損耗及零星工料	式				
	小　計	組				
2-16-6	X 編鏤空竹製圍籬					
	挖土	m³				
	回填土及殘土處理	m³				
	實木立柱	支				
	桂竹片	m				
	防腐處理、護木油	式				
	Ø 0.5cm 熱浸鍍鋅螺栓	支				
	140kgf/cm² 混凝土	m³				
	碎石級配	m³				
	夯實	m²				
	大工	工				
	小工	工				
	工具損耗及零星工料	式				
	小　計	組				
2-16-7	半鏤空竹製圍籬					
	實木支柱	支				
	實木橫木撐材	支				

項次	項目及說明	單位	工料數量	單價	複價	備註
	桂竹	m				
	2 號套頭鐵釘	式				
	9 號 8cm 長粗釘	支				
	防腐處理、護木油	式				
	夯實	m²				
	大工	工				
	小工	工				
	工具損耗及零星工料	式				
	小 計	組				
2-16-8	鍍鋅鋼板圍籬					
	土方工作，含挖方、回填、餘方處理、壓實	式				
	普通模板，丙種	m²				
	210kgf/cm² 預拌混凝土	m³				
	140kgf/cm² 預拌混凝土	m³				
	熱浸鍍鋅點焊鋼絲網，含外層靜電粉體烤漆	m²				
	鍍鋅鋼管，含外層靜電粉體烤漆	m				
	不鏽鋼固定五金及五金零件	式				
	搬運費	式				
	夯實	m²				
	大工	工				
	小工	工				
	工具損耗及零星工料	式				
	小 計	m				
2-16-9	鋼管製圍籬					
	回填土及殘土處理	m³				
	實木支柱	支				
	Ø 5cm 鋼質套管	m				
	210kgf/cm² 預拌混凝土	m³				
	140kgf/cm² 混凝土	m³				
	#3@15cm 鋼筋雙向	kg				
	防腐處理	式				
	夯實	m²				
	大工	工				
	小工	工				
	工具損耗及零星工料	式				
	小 計	組				
2-16-10	乙種圍籬					

項次	項目及說明	單位	工料數量	單價	複價	備註
	鋼板	kg				
	角鐵（含加工及油漆）	kg				
	鍍鋅鐵絲網	m²				
	油漆，一底二度	m²				
	Ø 1.9cm 錨筋	支				
	210kgf/cm² 預拌混凝土	m³				
	140kgf/cm² 混凝土	m³				
	#3@15cm 鋼筋雙向	kg				
	大工	工				
	小工	工				
	工具損耗及零星工料	式				
	小 計	m				

17　園門（Garden Gates）

　　園門可將兩個相鄰的空間分隔後又加以聯繫，形成空間的滲透與流動，達到景外有景，變化多端的意境。同時，園門不僅提供保護和防護的功能，也可以形成框景的效果。

（一）園門配置原則

1. 實質的空間分隔。
2. 動線的流通串聯。
3. 避免開門見山的配置，否則顯得突兀且簡陋之感。
4. 設置於視線明顯之處。
5. 園門位置需避開中軸線，以便於塑造空間變化。

（二）園門設計準則

1. 使用材料多爲木材或竹材等自然材質，或與石材、磚材搭配穩固結構。
2. 外觀須與整體環境融合。
3. 需配合特殊景觀框景和取景。
4. 利用迂迴的通道，降低一目瞭然的單調感。
5. 配合入口作景觀意象設計。

（三）園門材料的選擇原則

1. 以當地生產的材料爲優先考量。
2. 可回收再利用性。
3. 耐用性及穩固性。
4. 外觀與維護的難易度。
5. 色彩必須與整體環境配合。
6. 材料種類及特性可參考「景觀設計與施工各論 01 舖面」。

（四）園門構造原則

1. 安裝門柱必須注意保持垂直與水平。
2. 門柱的固定，基腳深度必須大於 30cm。
3. 門扇安裝必須平整。

4. 木及竹製園門表面需刨光，邊側須爲導圓角，並作整體防腐處理。

（五）園門維護管理原則

1. 定期檢查園門結構是否穩固，若發現其結構有不穩或鬆動現象，應立即加以修補或拆除重建，以免造成危險。

2. 若爲磚造園門，應注意其壁面是否破損或脫落，如有損壞應儘速維修或更換。

3. 若爲木造園門，應定期上護木漆，以延長其使用期限，並檢查其基座是否腐朽而致影響結構的安全，若有損壞應立即修補。

4. 園門上若有金屬轉軸或門鎖，應定期上油並檢查其是否鏽蝕，以免影響其使用性。

（六）以下施工圖樣僅供參考，實際應用仍須因地制宜作適度調整。

參考文獻

1. 王小璘、何友鋒，1993，觀光農園設施物圖樣參考圖集，臺灣省政府農林廳，p.228。

2. 王小璘、何友鋒，2001，觀光農園公共設施物圖集，行政院農業委員會，p.402。

3. 王小璘、何友鋒，2002，農業環境景觀生態規劃設計規範，行政院農委會，p.182。

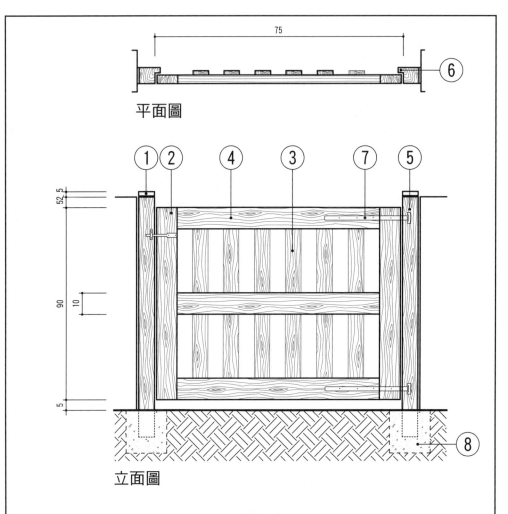

平面圖

立面圖

1. 7.5×7.5×2.5cm實木門柱收頭，表面刨光處理，經防腐處理，面刷護木油。
2. 4×10×90cm實木門框立板，以4號套頭鐵釘固定於門柵之上，經防腐處理，面刷護木油。
3. 2×7.5×90cm實木門柵，經防腐處理，面刷護木油，以4號套頭鐵釘固定於橫木之上。
4. 4×10×97.5cm 實木門框橫板，表面刨光處理，經防腐處理，面刷護木油。以4號套頭鐵釘固定於橫柱上。
5. 7.5×7.5×100cm實木門柱，以4號套頭鐵釘固定於門框之上，經防腐處理，面刷護木油，埋入土中80cm深。
6. 2.5×2.5×100cm實木門止固定於門柱邊，經防腐處理，面刷護木油。
7. 馬口鐵鉸鏈上下各一副，以1"木牙螺絲螺釘固定於門柱及門框上。
8. 140kgf/cm²(2000psi)混凝土基礎樁。底土整平夯實，夯實度85%以上。

園門	單扇木製園門	單位：cm	圖號：2-17-1
		本圖僅供參考	

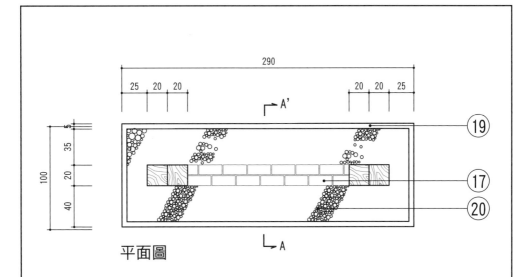

平面圖

1. 1.2×12×240cm實木木板，經防腐處理，面刷護木油，搭接長度2cm銅釘固定。
2. 20×20×378.5cm實木支柱，經防腐處理，面刷護木油，嵌入混凝土基礎樁120cm深。底土整平夯實，夯實度85%以上。
3. 20×20×273cm實木副柱，經防腐處理，面刷護木油，嵌入混凝土基礎樁120cm，柱頂倒角3cm。
4. 5×7×130cm實木門橫板，經防腐處理，面刷護木油。
5. 5×7×105cm實木門立板，經防腐處理，面刷護木油。
6. 5×7×161cm實木木條門柵撐材，經防腐處理，面刷護木油。
7. 2×10×112cm實木撐板@30cm設置，經防腐處理，面刷護木油。
8. (3×10+3×8.5)×240cm實木封簷板，經防腐處理，面刷護木油。
9. 6×12×172cm實木邊材，經防腐處理，面刷護木油。
10. 18×8×200cm中脊三角形實木一支，經防腐處理，面刷護木油。
11. 9×8×200cm下部三角形實木支撐材二支，經防腐處理，面刷護木油。
12. φ2.5cm螺栓固定。
13. 90×90×140cm，140kgf/cm²(2000psi)混凝土基礎樁。底土夯實，夯實度85%以上。
14. 不鏽鋼合頁鉸鏈，長度10.2cm。
15. φ(3～4)×100cm桂竹門柵，表面洗淨。
16. φ0.3～0.5cm削尖竹釘，須經烤火處理後固定門柵。
17. 23×11×6cm清水磚門檻，以1:3水泥砂漿立砌雙排，磚縫0.8cm。
18. 2號套頭不鏽鋼釘二支。
19. 1.5cm厚，1:3水泥砂漿粉刷。
20. φ2～3cm抿淨粗圓石嵌於混凝土中，表面露出1/3，間距0.5～1cm。

園門	竹製園門	單位：cm	圖號：2-17-2(1)
		本圖僅供參考	

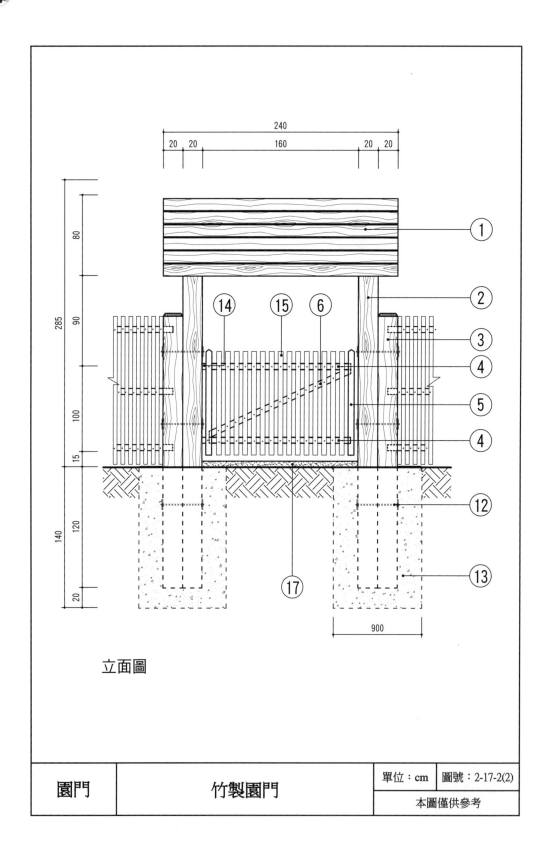

立面圖

園門	竹製園門	單位：cm	圖號：2-17-2(2)
		本圖僅供參考	

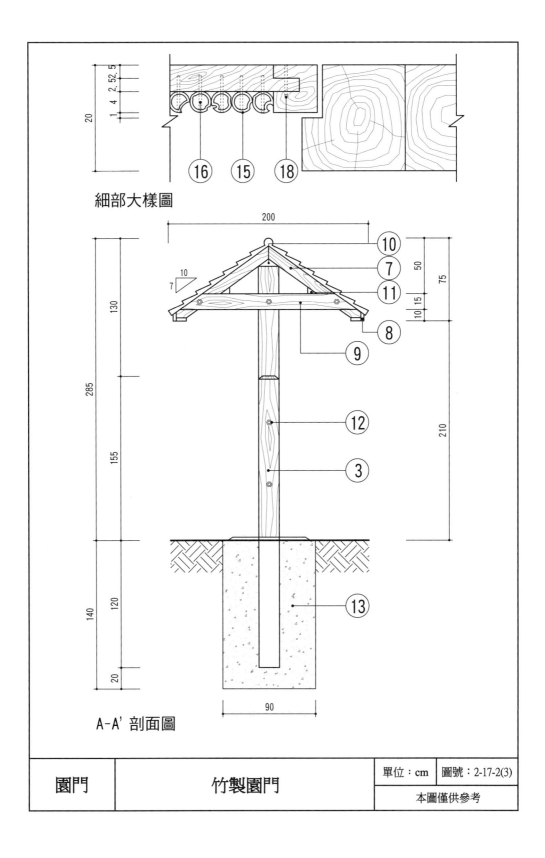

細部大樣圖

A-A' 剖面圖

園門	竹製園門	單位：cm	圖號：2-17-2(3)
		本圖僅供參考	

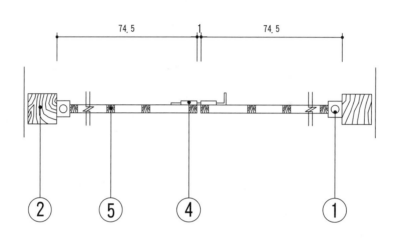

平面圖

1. 馬口鐵製螺栓鐵件上下左右各一。
2. 7.5×7.5×140cm實木門柱，以4號套頭鐵釘固定於門框之上，表面防水防腐處理，埋入土中50cm深。
3. 馬口鐵製三角支撐鐵件上下左右各一。
4. 馬口鐵製抽拉式門栓，以φ0.5cm螺釘固定於門上。
5. 2×2×90cm生鐵製門柵，頂部彎曲成半圓形。
6. 40×25×25cm，#3@15cm鋼筋雙向，210kgf/cm² (3000psi) 混凝土基礎樁。
7. 5cm厚，140kgf/cm²混凝土，壓平夯實。底土整平夯實，夯實度85%以上。

園門	鐵製園門	單位：cm	圖號：2-17-3(1)
		本圖僅供參考	

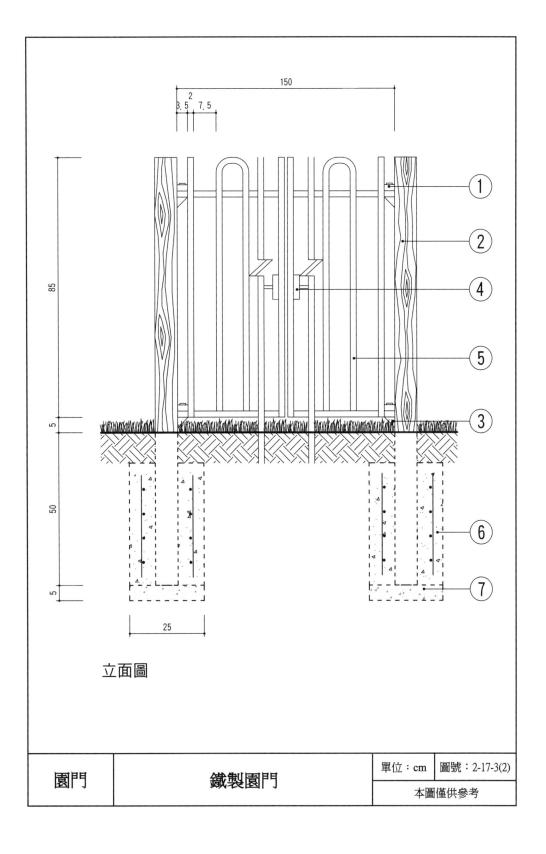

立面圖

園門	鐵製園門	單位：cm	圖號：2-17-3(2)
		本圖僅供參考	

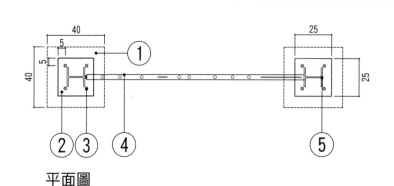

平面圖

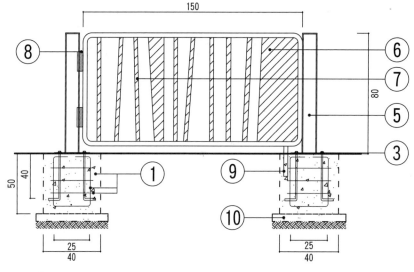

正立面圖

1. 210kgf/cm²混凝土，#4@15cm箍筋，#4@15cm鋼筋，表面1:3水泥砂漿磨平處理。
2. 0.5cm厚，25×25cm鋼板，固定底板。
3. 基礎螺栓×四支(鋼M12圓蓋螺帽×4)螺栓鎖固，至少埋入40cm。
4. 0.23cm厚，φ3.4cm鋼管。
5. 12.5×12.5×80cm H型鋼與基礎鋼板滿焊。
6. 0.5cm厚鋼板。
7. 0.2cm厚，φ=2.17cm鋼管。
8. 單開大門，鋼構固定件鎖固，需鍍鋅烤漆處理。
9. 設置地串。
10. 5cm厚，140kgf/cm²混凝土。底土整平夯實，夯實度85%以上。

園門	鋼製園門	單位：cm	圖號：2-17-4
		本圖僅供參考(許晉誌提供)	

表 2-17　園門單價分析表

項次	項目及說明	單位	工料數量	單價	複價	備註
2-17-1	單扇木製園門					
	實木門柱	支				
	實木門框立板	支				
	實木門柱收頭	支				
	實木門柵	支				
	實木門框橫板	支				
	實木門止	支				
	140kgf/cm^2 混凝土	m^3				
	防腐處理、護木油	式				
	馬口鐵製鉸鏈	副				
	門栓	副				
	零料五金	式				
	夯實	m^2				
	大工	工				
	小工	工				
	工具損耗及零星工料	式				
	小　計	座				
2-17-2	竹製園門					
	挖土	m^3				
	回填土及殘土處理	m^3				
	屋面實木木板	支				
	實木支柱	支				
	實木副柱	支				
	實木門橫板	支				
	實木門立板	支				
	實木門柵斜撐	支				
	實木撐板	支				
	實木封簷板	支				
	實木邊材	支				
	中脊三角形實木	支				
	下部三角形實木	支				
	木料防腐處理、護木油	式				
	桂竹門柵（含防腐）	支				
	Ø 2.5cm 螺栓	支				
	140kgf/cm^2 混凝土	m^3				
	不鏽鋼合頁鉸鏈	副				
	清水磚門檻	塊				
	1：3 水泥砂漿	m^3				

項次	項目及說明	單位	工料數量	單價	複價	備註
	2 號套頭不鏽鋼釘	支				
	粗圓石	m^2				
	零料五金	式				
	夯實	m^2				
	大工	工				
	小工	工				
	工具損耗及零星工料	式				
	小　計	座				
2-17-3	鐵製園門					
	挖土	m^3				
	回填土及殘土處理	m^3				
	實木門柱（包含防腐處理）	才				
	生鐵製門柵	扇				
	馬口鐵製螺栓鐵件	付				
	馬口鐵製三角支撐鐵件	付				
	馬口鐵製門栓	付				
	洋釘及鐵件及焊接	式				
	210kgf/cm^2 預拌混凝土	m^3				
	140kgf/cm^2 預拌混凝土	m^3				
	#3@15cm 鋼筋雙向	kg				
	碎石級配	m^3				
	夯實	m^2				
	大工	工				
	小工	工				
	工具損耗及零星工料	式				
	小　計	座				
2-17-4	鋼製園門					
	基地及路幅開挖，未含運費	m^3				
	土方工作，填方（既有土方回填）	m^3				
	基地及路堤填築，回填夯實	m^2				
	普通模板，丙種	m^2				
	210kgf/cm^2 預拌混凝土	m^3				
	140kgf/cm^2 預拌混凝土	m^3				
	鋼筋，SD280	kg				
	無收縮水泥砂漿	m^3				
	產品，金屬材料，鋼料	kg				
	熱浸鍍鋅處理	kg				
	金屬製品，氟碳烤漆	kg				

項次	項目及說明	單位	工料數量	單價	複價	備註
	金屬材料，鐵件，五金零件	式				
	夯實	m²				
	大工	工				
	小工	工				
	運雜費，含保護措施	式				
	工具損耗及零星工料	式				
	小　計	座				

18 欄杆（Railings）

　　欄杆又稱護欄，係指基於防止或人車越過既定範圍所製作之構造物。欄杆是景觀中的一種安全防護設施；可提供劃分不同機能的區域和導向的作用，不僅使民眾處在安全的空間內，同時也保全了活動區內的環境；其韻律、虛實和動靜之感也形成邊界特殊的視覺景觀。

（一）欄杆的種類

1. 依材料而分有：木製、竹製、石製、不鏽鋼、鋅鋼、鐵合金、鑄鐵、水泥製、鋼索、鋼網、磚、瓦、塑木、有機玻璃及組合式等。
2. 依型式而分有：
   (1)節間式：由立柱、扶手及橫擋組成，扶手支撐於立柱上。
   (2)連續式：由木立柱連續的扶手及底座組成。
3. 依立面型式而分有：
   (1)鏤空式：由立柱及扶手組成；有時也加設花飾。
   (2)實體式：由欄板及扶手組成；有時也有局部鏤空。

（二）欄杆設置原則

1. 位置：臨水岸、階梯、登山步道旁、橋旁、不同區域間的介面處、景區邊界、平臺、兒童遊戲場，或有安全疑慮之處。
2. 共融環境：無障礙坡道。

（三）欄杆設計原則

1. 依欄杆設置區位、機能需求、周遭環境條件，選擇不同的材質與工法。
2. 考量安全、適用、美觀、節省空間及施工方便等。
3. 欄杆立柱以垂直設置為宜。
4. 需注意尺度和比例的控制。
5. 需注意韻律和顏色的搭配。

（四）欄杆設計準則

1. 欄杆扶手高度於水岸、階梯、平臺、遊戲場，不小於 1.1m。
2. 坡道旁如一側有縱深 60cm 以上，且高度 45cm 以上灌木帶，則不受 1.1m

高度限制。

3. 階梯、坡道除成人扶手外，應於一側設幼兒扶手，其高度約 52 ～ 68cm，扶手直徑約 3 ～ 4cm 範圍內。

4. 一般護欄之欄杆不得設有大於 10cm 物體穿越之鏤空或可供攀爬之水平橫條。

5. 兒童遊戲場之欄杆柱之間距不大於 10cm，且不得設置橫條；如為裝飾圖案者，其圖案開孔直徑不得大於 10cm。

6. 立柱埋入深度應大於 30cm。

7. 方向改變時，立柱間距應減小。

8. 木製欄杆的接合處應錯開，以免容易破壞，且接合螺栓間距應在 2.5cm 以上。

9. 欄杆表面及接合處必須保持平滑，以免造成傷害。

10. 須能反應在地環境生態與人文特質。

11. 色彩以材質本色為原則，如需塗裝則採與環境融合之低彩度低亮度為宜。

（五）欄杆材料選擇原則

1. 安全性：耐候性佳、耐用性高，堅固能承受必要的承重力。

2. 美觀性：造型、顏色、質感、紋理、韻律、風格。

3. 文化性：地域、宗教、信仰、習俗。

4. 可持續性、就地取材、可回收性、可再利用性。

5. 配合當地環境。

6. 易於管理維護。

7. 材料種類及特性可參考「景觀設計與施工各論 01 舖面」。

（六）欄杆相關法規及標準

1. 交通部，2015，交通工程規範，第八章交通安全防護設施。

2. 交通部，2015，公路橋梁設計規範。

3. 交通部運輸研究所，2017，自行車道系統規劃設計參考手冊（2017 年修訂版），第五章車道舖面暨附屬設施設計之 5.3 欄杆。

4. 交通部，2020，公路景觀設計規範，第五章公路附屬設施之景觀之 5.4 交通安全防護設施。

（七）以下施工圖樣僅供參考，實際應用仍須因地制宜作適度調整。

參考文獻

1. 王小璘，1981，南投縣鳳凰谷鳥園規劃設計，南投縣政府。

2. 王小璘、何友鋒，1991，台中發電廠廠區植栽選種與試種研究，台灣電力公司，p.261。

3. 王小璘、何友鋒，1999，公園綠地規劃設計準則研究，內政部營建署，p.186。

4. 王小璘、何友鋒，1999，景觀設施專業施工、監造制度研究，內政部營建署，p.380。

5. 王小璘、何友鋒，2001，觀光農園公共設施物圖集，行政院農業委員會，p.402。

6. 王小璘，2001，王功漁港港區照明、親水及安全設施工程規劃設計，彰化縣政府。

7. 王小璘、何友鋒，2002，農業環境景觀生態規劃設計規範，行政院農委會，p.182。

8. 王小璘、何友鋒，2002，石崗鄉保健植物教育農園規劃設計及景觀改善，行政院農委會，p.105。

9. 內政部，2012，建築物無障礙設施設計規範。

10. 交通部，2015，交通工程規範，交通技術標準規範公路類公路工程部。

11. 交通部，2015，公路橋梁設計規範。

12. 交通部運輸研究所，2017，自行車道系統規劃設計參考手冊（2017年修訂版）。

13. 交通部，2020，公路景觀設計規範，交通技術標準規範公路類公路工程部。

14. 何友鋒、王小璘，2011，台中生活圈高鐵沿線及筏子溪自行車道建置工程委託設計監造案，臺中市政府。

15. 臺中市政府建設局，2021，臺中美樂地指引手冊。

16. 交通部高速公路局網
    https://www.freeway.gov.tw。

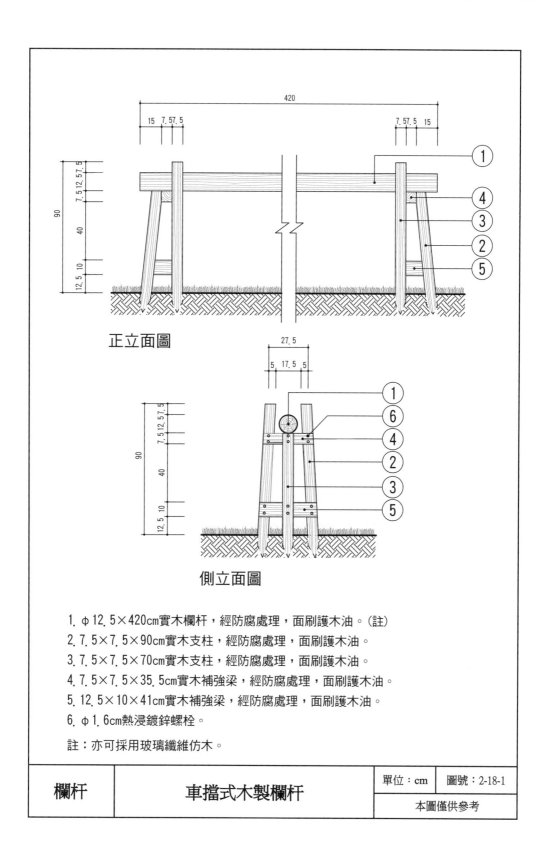

正立面圖

側立面圖

1. φ12.5×420cm實木欄杆，經防腐處理，面刷護木油。（註）
2. 7.5×7.5×90cm實木支柱，經防腐處理，面刷護木油。
3. 7.5×7.5×70cm實木支柱，經防腐處理，面刷護木油。
4. 7.5×7.5×35.5cm實木補強梁，經防腐處理，面刷護木油。
5. 12.5×10×41cm實木補強梁，經防腐處理，面刷護木油。
6. φ1.6cm熱浸鍍鋅螺栓。

註：亦可採用玻璃纖維仿木。

欄杆	車擋式木製欄杆	單位：cm	圖號：2-18-1
		本圖僅供參考	

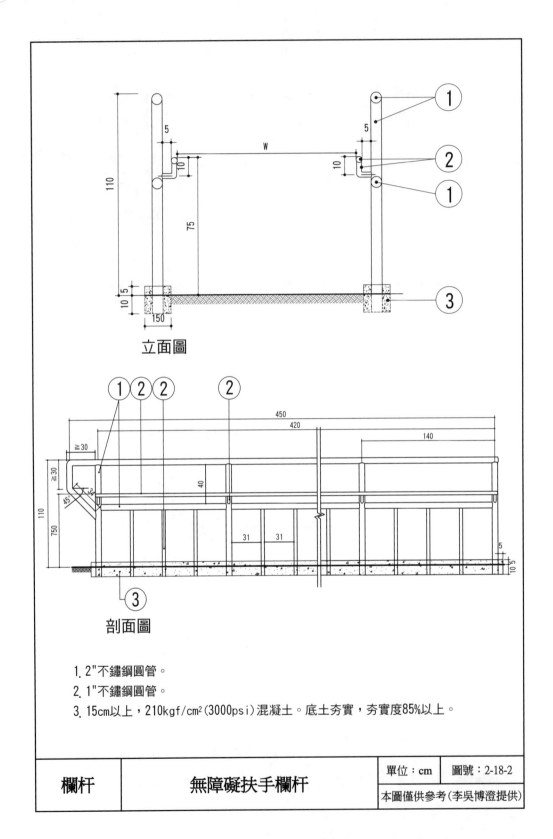

立面圖

剖面圖

1. 2"不鏽鋼圓管。

2. 1"不鏽鋼圓管。

3. 15cm以上，210kgf/cm²(3000psi)混凝土。底土夯實，夯實度85%以上。

欄杆	無障礙扶手欄杆	單位：cm	圖號：2-18-2
		本圖僅供參考(李吳博澄提供)	

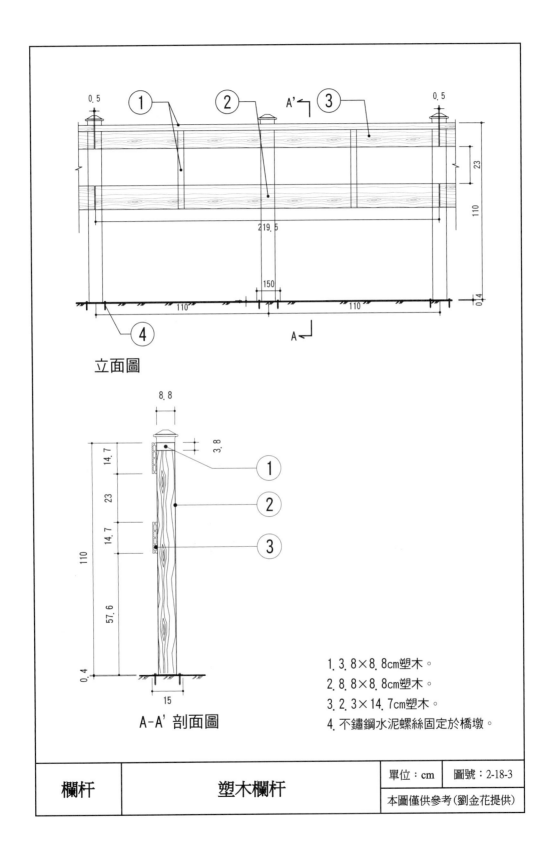

立面圖

A-A' 剖面圖

1. 3.8×8.8cm塑木。
2. 8.8×8.8cm塑木。
3. 2.3×14.7cm塑木。
4. 不鏽鋼水泥螺絲固定於橋墩。

欄杆	塑木欄杆	單位：cm	圖號：2-18-3
		本圖僅供參考(劉金花提供)	

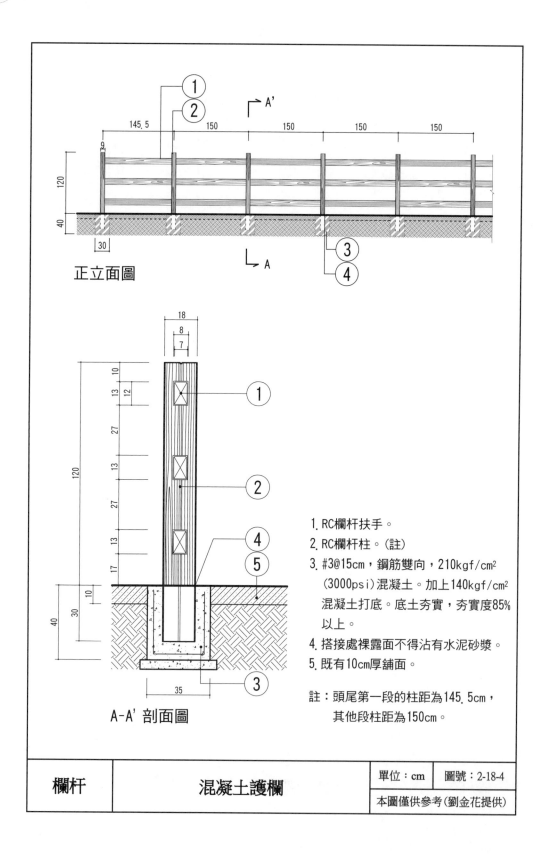

正立面圖

A-A' 剖面圖

1. RC欄杆扶手。
2. RC欄杆柱。（註）
3. #3@15cm，鋼筋雙向，210kgf/cm² (3000psi)混凝土。加上140kgf/cm² 混凝土打底。底土夯實，夯實度85% 以上。
4. 搭接處裸露面不得沾有水泥砂漿。
5. 既有10cm厚舖面。

註：頭尾第一段的柱距為145.5cm，
其他段柱距為150cm。

欄杆	混凝土護欄	單位：cm	圖號：2-18-4
		本圖僅供參考(劉金花提供)	

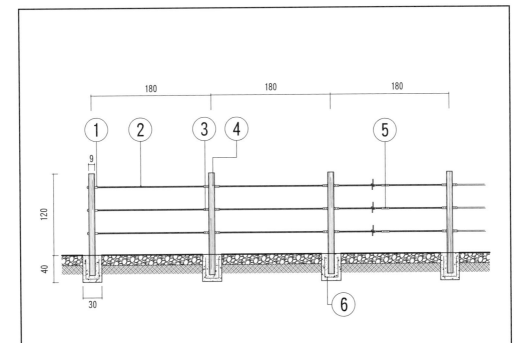

剖面圖

1. 2.8cm電鍍鋼管結合器配合M12星形附柱螺絲，末端半圓戴帽結尾。

2. 繩索組。

3. 套筒和墊片，二支螺絲鎖緊。

4. RC仿木欄杆柱。

5. 繩子連結套筒。

6. 20×35×40cm，#3@15cm鋼筋雙向，210kgf/cm²(3000psi)混凝土基礎。底土
　　夯實，夯實度85%以上。

欄杆	混凝土仿木欄杆	單位：cm	圖號：2-18-5
		本圖僅供參考(劉金花提供)	

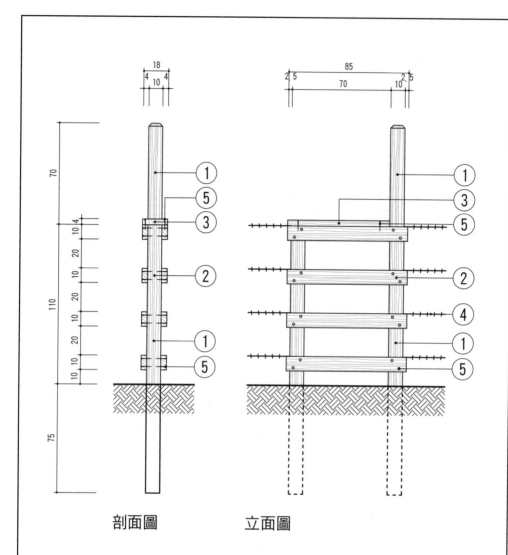

剖面圖　　　　立面圖

1. 10×10×255cm實木立柱，經防腐處理，面刷護木油，柱頂導圓角，R=2cm，
　埋入土中75cm深。底土整平夯實，夯實度85%以上。（註）

2. 4×10×85cm實木欄杆，經防腐處理，面刷護木油。

3. 4×18×72.5cm實木蓋板，經防腐處理，面刷護木油。

4. φ0.3cm熱浸鍍鋅刺鐵絲。

5. 3/8"木牙螺栓。

註：亦可採用玻璃纖維仿木。

欄杆	含梯式刺鐵絲欄杆	單位：cm	圖號：2-18-6
		本圖僅供參考	

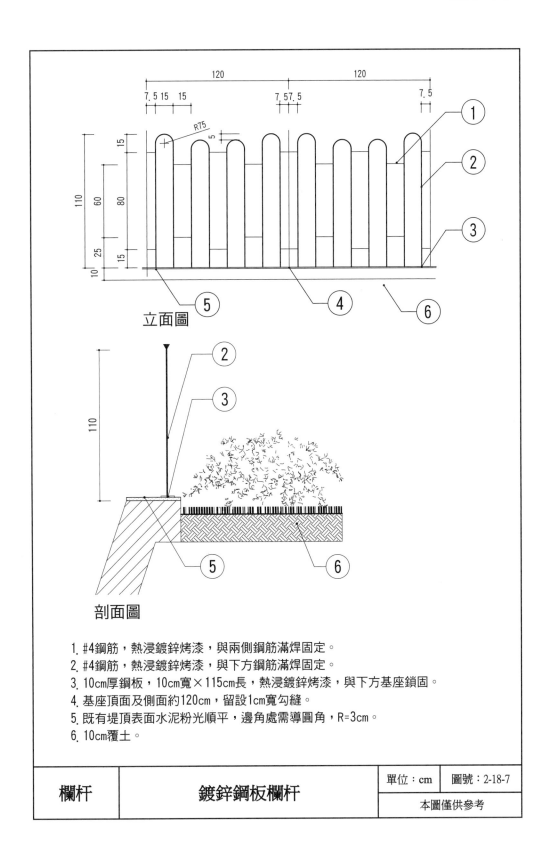

立面圖

剖面圖

1. #4鋼筋，熱浸鍍鋅烤漆，與兩側鋼筋滿焊固定。
2. #4鋼筋，熱浸鍍鋅烤漆，與下方鋼筋滿焊固定。
3. 10cm厚鋼板，10cm寬×115cm長，熱浸鍍鋅烤漆，與下方基座鎖固。
4. 基座頂面及側面約120cm，留設1cm寬勾縫。
5. 既有堤頂表面水泥粉光順平，邊角處需導圓角，R=3cm。
6. 10cm覆土。

欄杆	鍍鋅鋼板欄杆	單位：cm	圖號：2-18-7
		本圖僅供參考	

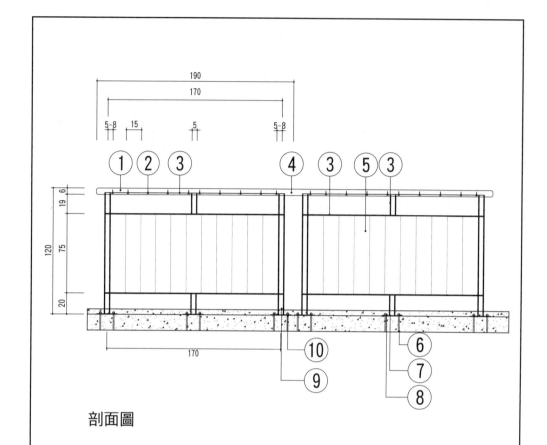

剖面圖

1. 6×13.5cm實木。

2. φ1cm不鏽鋼螺絲釘二支。

3. 8×1cm不鏽鋼板。

4. 兩組扶手木板跨接相連。

5. 4×0.8cm不鏽鋼板。

6. φ1.27cm不鏽鋼錨栓，植入深度20cm。

7. 20×20×0.5cm不鏽鋼板。

8. 基礎鎖固後點焊。

9. 兩側需同寬。

10. 地面鎖固。底土夯實，夯實度85%以上。

欄杆	不鏽鋼扶手欄杆	單位：cm	圖號：2-18-8
		本圖僅供參考(劉金花提供)	

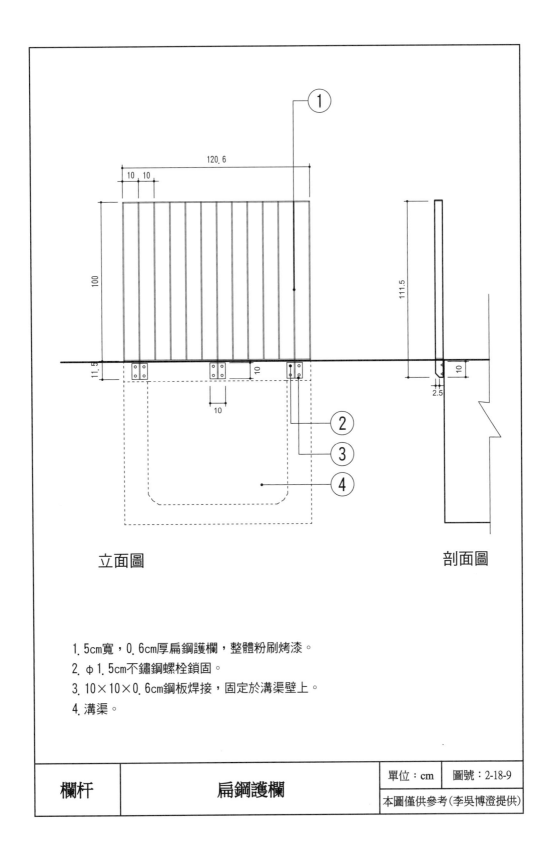

立面圖

剖面圖

1. 5cm寬，0.6cm厚扁鋼護欄，整體粉刷烤漆。
2. φ1.5cm不鏽鋼螺栓鎖固。
3. 10×10×0.6cm鋼板焊接，固定於溝渠壁上。
4. 溝渠。

欄杆	扁鋼護欄	單位：cm	圖號：2-18-9
		本圖僅供參考(李吳博澄提供)	

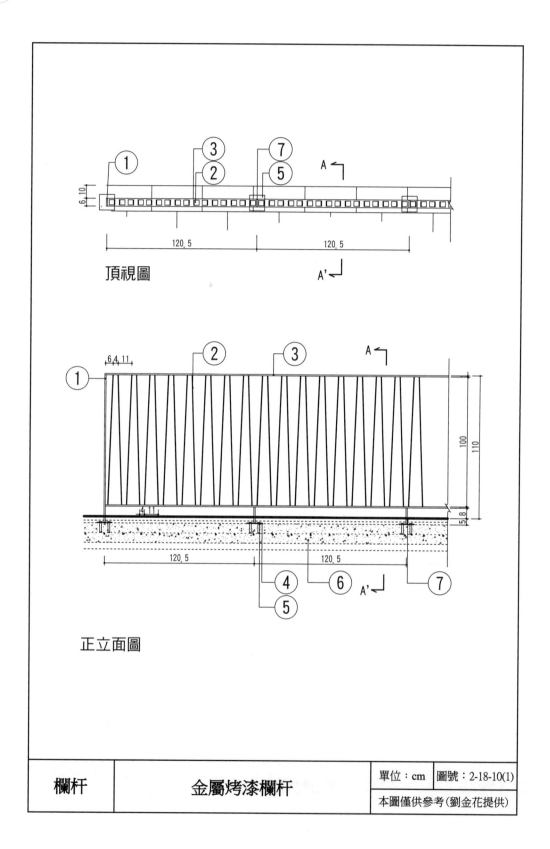

頂視圖

正立面圖

欄杆	金屬烤漆欄杆	單位：cm	圖號：2-18-10(1)
		本圖僅供參考(劉金花提供)	

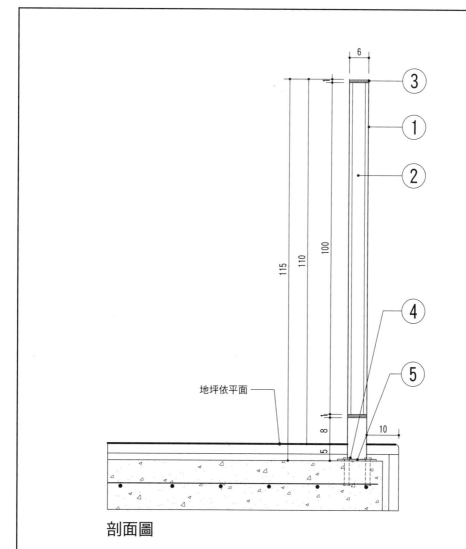

剖面圖

1. 側邊封板6×1cm厚烤漆鋼板。

2. 4×0.5cm厚烤漆鋼板。

3. 6×1cm厚烤漆鋼板。

4. 以化學錨栓劑固定於結構上。

5. 12×12×0.5cm厚不鏽鋼板。

6. #3@15cm鋼筋雙向，210kgf/cm²(3000psi)混凝土。底土夯實，夯實度85%以上。

7. 立柱:6×1cm厚烤漆鋼板。

欄杆	金屬烤漆欄杆	單位：cm	圖號：2-18-10(2)
		本圖僅供參考(劉金花提供)	

┃ 表 2-18 欄杆單價分析表

項次	項目及說明	單位	工料數量	單價	複價	備註
2-18-1	車擋式木製欄杆					
	實木欄杆	支				
	實木支柱 7.5×7.5×90cm	支				
	實木支柱 7.5×7.5×70cm	支				
	實木補強梁 7.5×7.5×35.5cm	支				
	實木補強梁 12.5×10×41cm	支				
	防腐處理、護木油	式				
	Ø 1.6cm 熱浸鍍鋅螺栓	支				
	大工	工				
	小工	工				
	工具損耗及零星工料	式				
	小 計	組				
2-18-2	無障礙扶手欄杆					
	2" 不鏽鋼圓管	m				
	1" 不鏽鋼圓管	m				
	210kgf/cm^2 預拌混凝土	m^3				
	造型加工及焊接	m				
	夯實	m^2				
	大工	工				
	運費	式				
	工具損耗及零星工料	式				
	小 計	m				
2-18-3	塑木欄杆					
	木紋塑木柱	m				
	塑木板橫板	m				
	塑木板扶手及支撐	m				
	錐形帽蓋	組				
	鐵件，固定鐵件	式				
	210kgf/cm^2 預拌混凝土	m^3				
	鋼筋，SD280，連工帶料	kg				
	普通模板，一般工程用	m^2				
	大工	工				
	小工	工				
	工具損耗及零星工料	式				
	小 計	m				
2-18-4	混凝土護欄					
	RC 欄杆柱 - 三孔（綠建材認可產品）	支				

項次	項目及說明	單位	工料數量	單價	複價	備註
	RC 欄杆扶手（綠建材認可產品）	支				
	210kgf/cm² 預拌混凝土	m³				
	#3@15cm 鋼筋雙向	kg				
	140kgf/cm² 預拌混凝土	m³				
	固定及組模材料	式				
	夯實	m²				
	大工	工				
	小工	工				
	工具損耗及零星工料	式				
	小　計	m				
2-18-5	混凝土仿木欄杆					
	RC 欄杆柱 - 三圓孔	支				
	PP 纖維 1.6cm 六股鋼索（上中下各拉一條）	m				
	2.8cm 電鍍鋼管結合器	組				
	二孔套筒、墊片（含螺絲）	組				
	四孔繩子連結套筒（含螺絲）	組				
	210kgf/cm² 預拌混凝土	m³				
	#3@15cm 鋼筋雙向	kg				
	夯實	m²				
	大工	工				
	小工	工				
	工具損耗及零星工料	式				
	小　計	m				
2-18-6	含梯式刺鐵絲欄杆					
	實木立柱 10×10×255cm	支				
	實木立柱 10×10×185cm	支				
	實木欄杆	支				
	實木蓋板	支				
	防腐處理、護木油	式				
	Ø 0.3cm 熱浸鍍鋅刺鐵絲	m				
	3/8" 木牙螺栓	支				
	零料五金	式				
	夯實	m²				
	大工	工				
	小工	工				
	工具損耗及零星工料	式				
	小　計	組				

項次	項目及說明	單位	工料數量	單價	複價	備註
2-18-7	鍍鋅鋼板欄杆					
	鋼筋，SD280，鋼筋彎紮及組立	kg				
	金屬材料，鋼料，加工費，裁切及滿焊處理	式				
	金屬材料，熱浸鍍鋅鋼板，基礎底板，T = 1cm	kg				
	金屬製品，氟碳烤漆	kg				
	不鏽鋼固定五金及五金零件	式				
	大工	工				
	小工	工				
	工具損耗及零星工料	式				
	小　計	m				
2-18-8	不鏽鋼扶手欄杆					
	鋼筋，D32mm，鑽孔（含空氣槍清孔）及化學藥劑	孔				
	不鏽鋼板，304 類，厚度 1cm，毛絲面	kg				
	不鏽鋼板，304 類，厚度 0.6cm，毛絲面	kg				
	不鏽鋼板，304 類，厚度 0.5cm，毛絲面	kg				
	實木，含護木漆	才				
	金屬接合，螺絲（含螺帽），螺栓、螺帽	式				
	烤漆及塗裝，一底三度	式				
	運輸工資	式				
	夯實	m²				
	大工	工				
	小工	工				
	工具損耗及零星工料	式				
	小　計	m				
2-18-9	扁鋼護欄					
	扁鋼	kg				
	鋼材場內加工費用	kg				
	粉體烤漆加工處理	kg				
	大工	工				
	小工	工				
	吊運費及小搬運	式				
	工具損耗及零星工料	式				

項次	項目及說明	單位	工料數量	單價	複價	備註
	小　計	座				
2-18-10	金屬烤漆欄杆					
	不鏽鋼板	kg				
	烤漆處理（一底二度）	kg				
	210kgf/cm^2 混凝土	m^3				
	鐵件，固定鐵件	式				
	金屬材料，裁切及加工	式				
	夯實	m^2				
	大工	工				
	小工	工				
	工具損耗及零星工料	式				
	小　計	m				

19 擋土牆（Retaining Walls）

擋土牆係指支撐路基填土或山坡土體、防止填土或土體變形失穩的構造物；用以加固土坡或石坡，防止山崩土塊和石塊落下，以保護行人和附近建築物的安全及水土侵蝕。在景觀工程中具有調整地坪高程、水土保持及綠化等功能。一個設計良好的擋土牆，不僅具有安全防護的作用，經選用適當的材料與綠化，也可成為環境和景觀中的亮點。

在擋土牆橫斷面中，與被支撐土體直接接觸的部位稱為牆背；與牆背相對的、臨空的部位稱為牆面；與地基直接接觸的部位稱為基底；與基底相對的，牆的頂面稱為牆頂；基底的前端稱為牆趾；基底的後端稱為牆踵。

（一）擋土牆的作用

1. 路肩擋土牆或路堤擋土牆可以防止路基邊坡或基地滑動，確保路基穩定、縮短填土坡腳、減少填土數量、拆遷和占地面積，並可保護鄰近道路的既有建築物。
2. 路塹擋土牆主要用於開挖後不能自行穩定的山坡，並可減少挖方數量，降低挖方邊坡的高度。
3. 濱河及水庫路堤，在傍水一側設置擋土牆，可防止水流對路基的沖刷和侵蝕，有效減少壓縮河床。
4. 設置在橋梁兩端的擋土牆，作為翼牆或橋台，具有護台及連接路堤的功能。
5. 抗滑擋土牆可用於防止滑坡。
6. 山坡擋土牆用於支撐山坡上可能塌滑的覆蓋層、破碎岩層或山體滑坡。

（二）擋土牆的種類

1. 擋土牆依結構型式可分為：
   ⑴重力式擋土牆：靠自身重力平衡土堤。一般型式簡單、施工方便、圬工量大，對基礎要求也較高。
   ⑵錨杆式擋土牆：由預鑄的鋼筋混凝土立柱、擋土板牆面，與水平或傾斜的鋼錨杆組合而成。
   ⑶定板式擋土牆：由鋼筋混凝土牆面、鋼拉杆、錨走板及其間的填土組合而成。
   ⑷懸臂式擋土牆：由立板（牆面板）和底板（牆趾板和牆踵板）組成。有

三個懸臂，即立臂、趾板和踵板。

　⑸三明治式擋土牆：分三層，包括牆面砌石塊，中間澆置混凝土，牆背回填透水材料或乾砌石塊。

2. 擋土牆依位置可分為：

　⑴路塹擋土牆：設置在路塹邊坡底部。

　⑵路肩擋土牆：設置在路肩部位，牆頂是路肩的組成部分。

　⑶路堤擋土牆：設置在高填土路堤或陡坡路堤的下方。

　⑷山坡擋土牆：設置在路塹或路堤上方。

　⑸浸水擋土牆：設置在沿河路堤或在臨水的一側。

3. 擋土牆依牆體材料可分為：

　⑴石砌擋土牆。

　⑵磚砌擋土牆。

　⑶混凝土擋土牆。

　⑷鋼筋混凝土擋土牆。

（三）擋土牆設計原則

1. 設置於超過土壤安息角或有高差的邊坡。

2. 順應地勢或設施（如道路、溝渠等）配置。

3. 依擋土高度及地質選用適當的設施種類。

4. 擋土牆構造的安全性，應基於地質及載重條件設計之。

5. 盡量以生態工法設置擋土設施。

6. 可順應地形搭配多種擋土方式，創造功能與美感兼顧的景觀。

7. 任何施工接頭部分，應避免日後漏水。

8. 應與四周環境景觀與地貌取得協調。

9. 為確保擋土設施的安全，應有周詳的安全檢查管理機制。

（四）擋土牆設計準則

1. 一般性準則：

　⑴擋土牆排水孔及伸縮縫、擋土工程：

　　A.擋土牆除透水性較佳之疊式擋土牆外，均應設直徑 5 ～ 7.5cm 之排水孔，每 2m² 至少一處。

　　B.擋土牆在滲透水量多或地下水位高之地區，應增加排水孔及在牆後設

置特別排水設施。

C. 擋土牆伸縮縫之位置、寬度，應依設計圖說或監造單位指示辦理。

D. 伸縮縫以保力龍柱或其他材料填塞，填縫料應填滿整個縫隙。

E. 擋土牆除透水性較佳之疊式擋土牆外，均應設置洩水孔（至少直徑 5cm），其數量不得少於每 $2m^2$ 一孔，並須有防止阻塞之設施。

F. 牆背需填有良好透水性材料，擋土牆高度不得高於邊坡之高度。

G. 牆背透水性材料之填築應分層實施，每層厚度不得超過 30cm，夯實度依基質地質處理。

H. 牆後邊坡必要時應加以整修，並加強植生綠化。

I. 模版拆除後，應對缺陷部分進行表面修飾。如突出、蜂窩、破角、破稜角線、模版緊桿孔等，均應徹底清潔與整修。

2. 各類擋土牆設計準則：

⑴ 三明治式擋土牆：如設於開挖坡面，其高度在 6m 以下。

如設於填方坡面，其高度在 4m 以下爲原則。

A. 牆面混凝土砌塊石或卵石所用之混凝土爲 $175kgf/cm^2$。

B. 除另有規定外，石塊寬度與厚度不得小於 20cm，長度不得小於 30cm，且大小不得相差過大。

C. 石塊於疊砌前，必須先洗去表面泥土及不潔雜物，並用水浸濕。

D. 混凝土砌卵石塊面層應選用表面潔淨、無風化及裂紋之卵石。

E. 疊砌時先在下層之石塊上敷混凝土一層後於其上安置石塊，並各方轉向以求得一適宜位置疊緊之，務必與鄰近之石塊緊固扣合。

F. 內部不平穩及空隙較大之處須用混凝土及小石子嵌塞之。

G. 表面一層石塊之較長向應與牆面垂直，且應砌疊平整。

H. 石縫間應灌滿混凝土，並在混凝土凝結前疊砌之。

I. 砌石完成後，表面石塊應予修飾，接縫處多餘之混凝土及黏著於石塊表面之混凝土均應清除，並以水濕潤表面後，再以 1：3 水泥砂漿抹平或勾縫。

J. 砌石完成後，牆頂加抹一層厚 3cm 以上之水泥砂漿封頂。並依指示於適當位置加築流水槽。

K. 封頂完成後須用濕麻袋或稻草等覆蓋，至少三天經常灑水，以保持濕潤。

L.水泥砂漿凝固後應將牆面清洗，使其整潔美觀。

(2) 重力式擋土牆：屬鋼筋混凝土擋土牆之一種。施工簡便、強度高，但較不美觀，可種植蔓藤植物攀附牆面，以達綠美化之效果。適用於挖塡坡面，其高度在 6m 以下為原則。

(3) 半重力式擋土牆：屬鋼筋混凝土擋土牆之一種。施工簡便、強度高，但較不美觀，可種植蔓藤植物攀附牆面，以達綠美化之效果。適用於挖塡坡面，其高度在 3 ～ 8m 為原則。

(4) 懸臂式擋土牆：屬鋼筋混凝土擋土牆之一種。施工簡便、強度高，但較不美觀，可種植蔓藤植物攀附牆面，以達綠美化之效果。適用於塡方坡面，其高度在 5 ～ 8m 為原則。

(5) 扶壁式擋土牆：屬鋼筋混凝土擋土牆之一種。施工簡便、強度高，但較不美觀，可種植蔓藤植物攀附牆面，以達綠美化之效果。適用於挖塡坡面，其高度在 5 ～ 10m 為原則。

(6) 疊式擋土牆：

A.蛇籠擋土牆：適用於多滲透水坡面或基礎軟弱較不穩定地區，其高度在 4m 以下為原則。

B.格籠擋土牆：適用於多滲水坡面，其每層高度 3m 以下，總高度不得超過 6m。

C.加勁土壤構造物：適用於挖塡坡面，其高度在 5 ～ 10m 為原則。

(7) 板樁式擋土牆：

A.扶臂板樁擋土牆：適用於 5m 以下之挖土坡面施工護牆。

B.錨繫板樁擋土牆：適用於 5 ～ 10m 深之挖土施工護牆。

(8) 錨定擋土牆：適用於岩層破碎帶、節理發達或崩塌、地滑地區。

(9) 石砌擋土牆：係以天然方形石塊砌築而成。（參美國農業部森林署）

A.除有特殊規定外，所有石材應為立方體形狀，完成的牆體中至少須 50% 石塊不得小於 $0.027m^3$。

B.石材砌築時任意兩層砌石間應以破縫處理，破縫錯間距離應不小於 10cm。

C.在牆體前面表層或背面表層之石塊，至少有 1/4 應是整齊分布的基石，其長度至少為寬度的 2.5 倍。所有的基石除轉角之外，應以最大的尺寸面與道路中心線呈直角伸入壁內。轉角處的基石最大尺寸面應以平

行或垂直道路中心線交互放置。

　　D. 每一石塊的露出面應與牆體面平行。

　　E. 每一石塊應穩固的堆放在支撐其下層的石塊上。

　　F. 較大的石塊應置於底層，其間空隙應以小石塊、石碎片或細級配料填充。

⑽ 磚砌擋土牆：

　　A. 砌築用紅磚以採用 CNS 382-R2 規定之一級磚為宜。

　　B. 砌築 1B 厚度英式砌法至高出地表 0.65m。

　　C. 紅磚以立砌構築，填縫應為 1：3 水泥砂漿；牆背防水粉刷應用 1：2 水泥砂漿。

　　D. 牆背之透水濾料應為潔淨、堅硬耐磨之砂石級配。

(五) 擋土牆材料選擇原則

1. 配合當地的地質條件。

2. 應有良好的結構安全。

3. 具有良好的防水性。

4. 配合整體環境。

5. 可搭配適合的垂直綠化植物。

6. 栽植在擋土牆上的植物，應選用易維護、易存活、深根性的種類。

7. 植物種類及特性可參考「景觀設計與施工總論 08 各類環境景觀植物種類」。

(六) 擋土牆相關法規及標準

1. 勞動部，2021，營造安全設施標準。（2021 年修正版）

2. 內政部營建署，2020，建築技術規則（CBC）（2020 年修正版）。

3. 內政部，2022，建築物基礎構造設計規範，第七章擋土牆。

4. 中華民國國家標準（CNS）：

　⑴CNS 560 A2006 鋼筋混凝土用鋼筋。

　⑵CNS 1240 A2029 混凝土粒料。

　⑶CNS 3090 A2042 預拌混凝土。

5. 交通部，2020，公路景觀設計規範，第四章公路構造物之景觀考量之 4.4 公路邊坡及擋土設施。

6. 行政院農業委員會，2000，水土保持技術規範，第 22 章擋土牆。

(七) 以下施工圖樣僅供參考，實際應用仍須因地制宜作適度調整。

參考文獻

1. 王小璘、何友鋒，1999，公園綠地規劃設計準則研究，內政部營建署，p.186。
2. 王小璘、何友鋒，1999，景觀設施專業施工、監造制度研究，內政部營建署，p.380。
3. 中華民國大地工程技師公會，2014，擋土牆鑑定手冊。
4. 內政部營建署，2020，建築技術規則（2020 年修正版）。
5. 內政部，2022，建築物基礎構造設計規範。
6. 交通部，2020，公路景觀設計規範，交通技術標準規範公路類公路工程部。
7. 行政院農業委員會，2000，水土保持技術規範。
8. 桃園市政府工務局，2017，施工規範第 02830 章擋土牆──通則。
9. 勞動部，2021，營造安全設施標準（2021 年修正版）。
10. 護土牆──維基百科
https://zh.wikipedia.org/wiki/ 護土牆。
11. 美國農業部森林署，1992，
https://www.nrcs.usda.gov/。

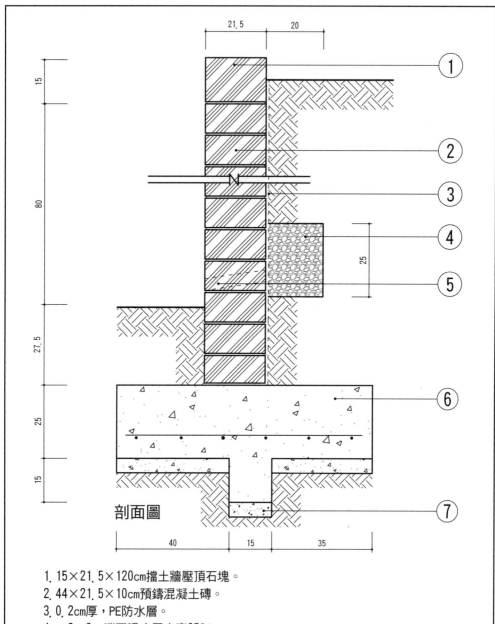

剖面圖

1. 15×21.5×120cm擋土牆壓頂石塊。
2. 44×21.5×10cm預鑄混凝土磚。
3. 0.2cm厚，PE防水層。
4. φ2～3cm礫石透水層夯實65%。
5. φ4cm PVC排水管每隔200cm埋設一支。
6. 25cm厚，#4@15cm鋼筋雙向，210kgf/cm²(3000psi)混凝土基礎。底土整平夯實，
   夯實度85%以上。
7. 5cm厚，140kgf/cm²(2000psi)混凝土打底。

擋土牆	預鑄混凝土磚擋土牆	單位：cm	圖號：2-19-1
		本圖僅供參考	

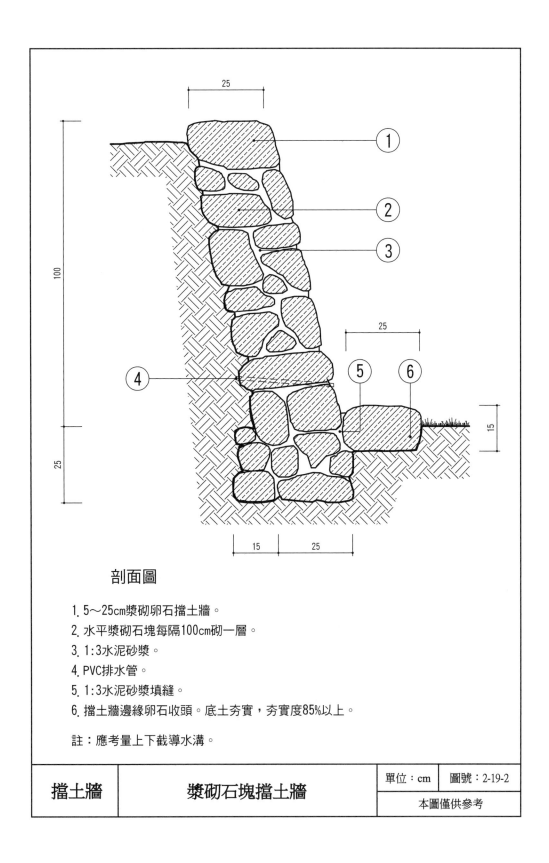

剖面圖

1. 5～25cm漿砌卵石擋土牆。

2. 水平漿砌石塊每隔100cm砌一層。

3. 1:3水泥砂漿。

4. PVC排水管。

5. 1:3水泥砂漿填縫。

6. 擋土牆邊緣卵石收頭。底土夯實，夯實度85%以上。

註：應考量上下截導水溝。

擋土牆	漿砌石塊擋土牆	單位：cm	圖號：2-19-2
		本圖僅供參考	

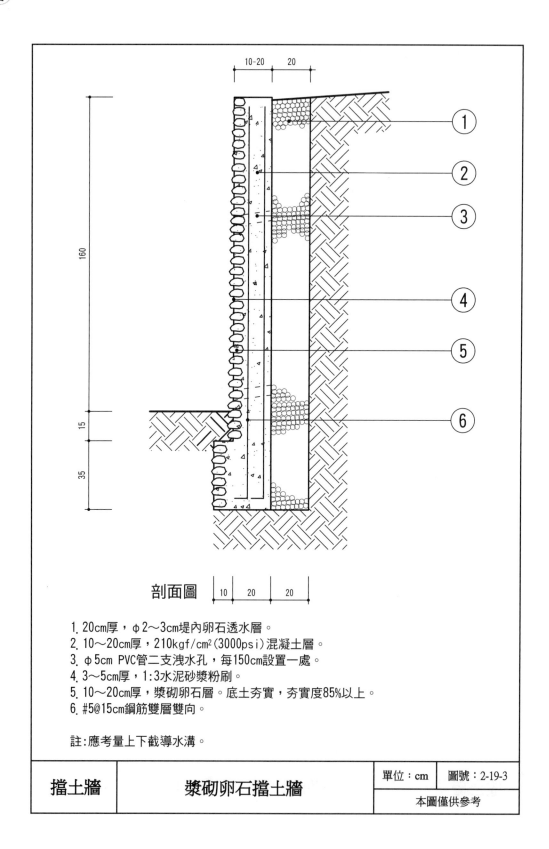

剖面圖

1. 20cm厚，φ2～3cm堤內卵石透水層。
2. 10～20cm厚，210kgf/cm² (3000psi) 混凝土層。
3. φ5cm PVC管二支洩水孔，每150cm設置一處。
4. 3～5cm厚，1:3水泥砂漿粉刷。
5. 10～20cm厚，漿砌卵石層。底土夯實，夯實度85%以上。
6. #5@15cm鋼筋雙層雙向。

註:應考量上下截導水溝。

擋土牆	漿砌卵石擋土牆	單位：cm	圖號：2-19-3
		本圖僅供參考	

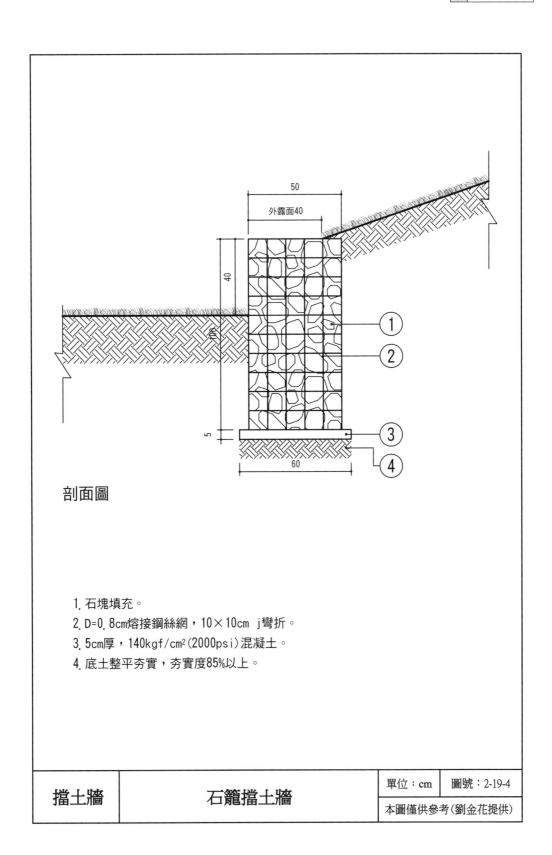

剖面圖

1. 石塊填充。
2. D=0.8cm熔接鋼絲網，10×10cm j彎折。
3. 5cm厚，140kgf/cm²(2000psi)混凝土。
4. 底土整平夯實，夯實度85%以上。

擋土牆	石籠擋土牆	單位：cm	圖號：2-19-4
		本圖僅供參考(劉金花提供)	

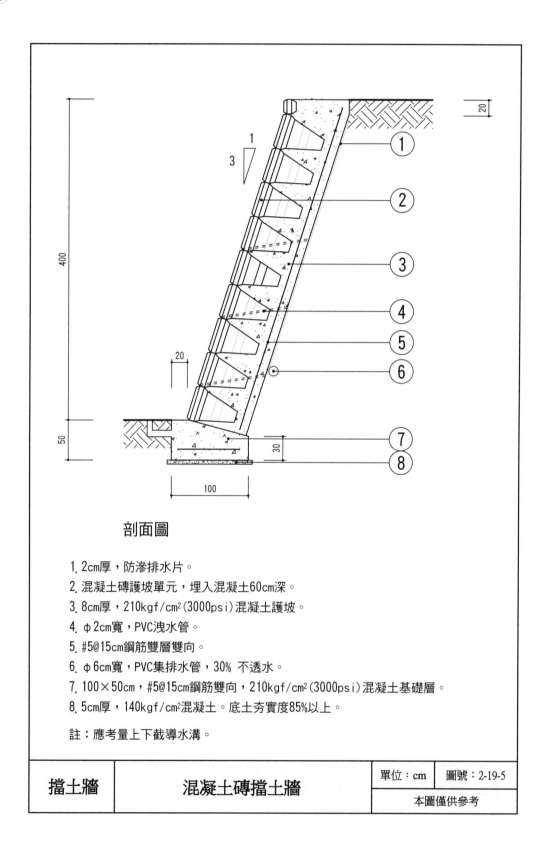

剖面圖

1. 2cm厚，防滲排水片。
2. 混凝土磚護坡單元，埋入混凝土60cm深。
3. 8cm厚，210kgf/cm²(3000psi)混凝土護坡。
4. φ2cm寬，PVC洩水管。
5. #5@15cm鋼筋雙層雙向。
6. φ6cm寬，PVC集排水管，30% 不透水。
7. 100×50cm，#5@15cm鋼筋雙向，210kgf/cm²(3000psi)混凝土基礎層。
8. 5cm厚，140kgf/cm²混凝土。底土夯實度85%以上。

註：應考量上下截導水溝。

擋土牆	混凝土磚擋土牆	單位：cm	圖號：2-19-5
		本圖僅供參考	

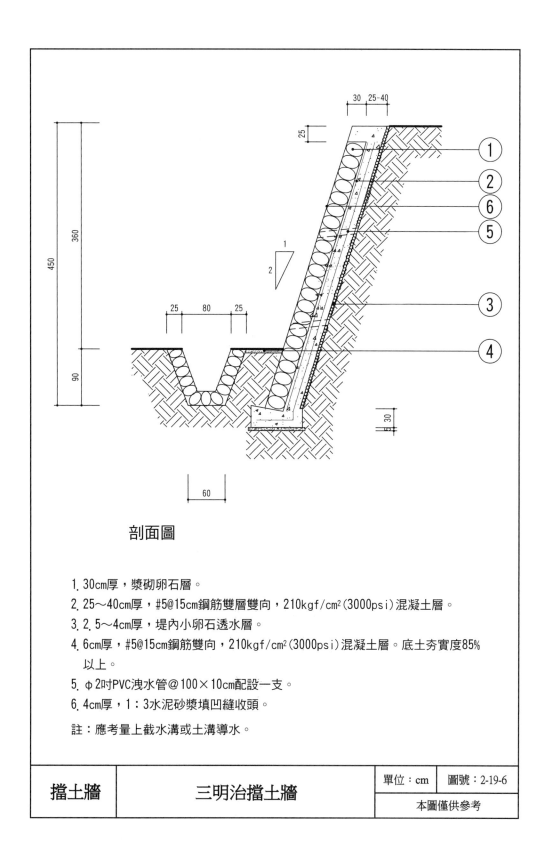

剖面圖

1. 30cm厚，漿砌卵石層。

2. 25～40cm厚，#5@15cm鋼筋雙層雙向，210kgf/cm²(3000psi)混凝土層。

3. 2.5～4cm厚，堤內小卵石透水層。

4. 6cm厚，#5@15cm鋼筋雙向，210kgf/cm²(3000psi)混凝土層。底土夯實度85%
   以上。

5. φ2吋PVC洩水管@100×10cm配設一支。

6. 4cm厚，1：3水泥砂漿填凹縫收頭。

註：應考量上截水溝或土溝導水。

擋土牆	三明治擋土牆	單位：cm	圖號：2-19-6
		本圖僅供參考	

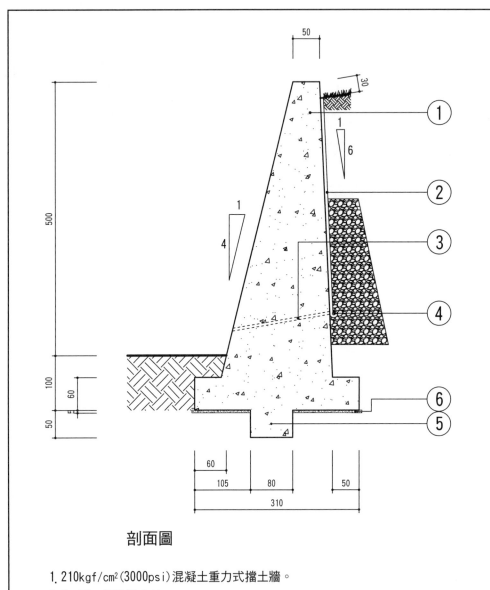

剖面圖

1. 210kgf/cm²(3000psi)混凝土重力式擋土牆。

2. 2cm厚,防滲排水片。

3. φ3cm寬,PVC洩水管,上部350cm範圍內每4m²一道,下部150cm範圍內每2m²一道。

4. φ6cm寬,PVC集排水管。

5. 210kgf/cm²(3000psi)混凝土止滑筍。底土夯實度90%。

6. 5cm厚,140kgf/cm²(2000psi)混凝土打底。

擋土牆	重力式擋土牆	單位:cm	圖號:2-19-7
		本圖僅供參考	

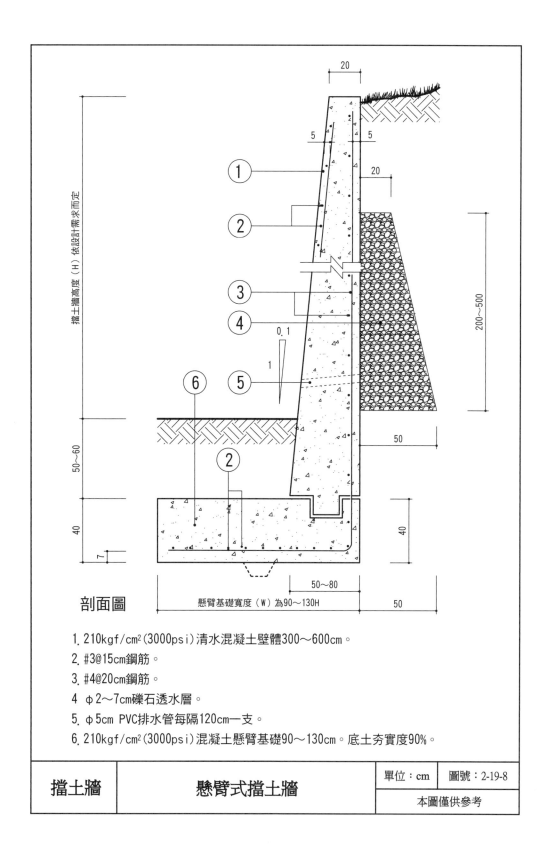

剖面圖

1. 210kgf/cm²(3000psi)清水混凝土壁體300～600cm。

2. #3@15cm鋼筋。

3. #4@20cm鋼筋。

4. φ2～7cm礫石透水層。

5. φ5cm PVC排水管每隔120cm一支。

6. 210kgf/cm²(3000psi)混凝土懸臂基礎90～130cm。底土夯實度90%。

擋土牆	懸臂式擋土牆	單位：cm	圖號：2-19-8
		本圖僅供參考	

表 2-19　擋土牆單價分析表

項次	項目及說明	單位	工料數量	單價	複價	備註
2-19-1	預鑄混凝土磚擋土牆					
	挖土	m³				
	回填土及殘土處理	m³				
	石塊	m³				
	預鑄混凝土磚	塊				
	PE 防水層	m²				
	礫石透水層	m³				
	Ø 4cm PVC 排水管	支				
	210kgf/cm² 混凝土	m³				
	140kgf/cm² 混凝土	m³				
	#4@15cm 鋼筋雙向	kg				
	夯實	m²				
	大工	工				
	小工	工				
	工具損耗及零星工料	式				
	小　計	m				
2-19-2	漿砌石塊擋土牆					
	挖土	m³				
	回填土及殘土處理	m³				
	1：3 水泥砂漿及填縫	m³				
	漿砌卵石	m³				
	牆邊緣卵石收邊	m³				
	夯實	m²				
	大工	工				
	小工	工				
	工具損耗及零星工料	式				
	小　計	m				
2-19-3	漿砌卵石擋土牆					
	挖土	m³				
	回填土及殘土處理	m³				
	Ø 2～3cm 卵石透水層	m³				
	210kgf/cm² 混凝土	m³				
	Ø 5cm PVC 洩水孔	支				
	1：3 水泥砂漿粉刷	m³				
	卵石層	m³				
	#5@15cm 鋼筋雙層雙向	kg				
	夯實	m²				
	大工	工				

項次	項目及說明	單位	工料數量	單價	複價	備註
	小工	工				
	工具損耗及零星工料	式				
	小　計	m				
2-19-4	石籠擋土牆					
	土方工作，開挖	m³				
	土方近運利用（含推平，運距2km）	m³				
	點焊鋼絲網鋪設，D = 0.8cm，10×10cm	m²				
	140kgf/cm² 預拌混凝土	m³				
	砌排石工，塊石	m³				
	金屬製品，烤漆	式				
	夯實	m²				
	大工	工				
	小工	工				
	工具損耗及零星工料	式				
	小　計	m				
2-19-5	混凝土磚擋土牆					
	放樣	m				
	挖土	m³				
	回填土及殘土處理	m³				
	210kgf/cm² 混凝土（護坡及基礎合計）	m³				
	140kgf/cm² 混凝土	m³				
	混凝土磚	塊				
	防滲排水片	m²				
	Ø 6cm PVC 排水管	支				
	Ø 2cm PVC 洩水管	支				
	夯實	m²				
	大工	工				
	小工	工				
	工具損耗及零星工料	式				
	小　計	m				
2-19-6	三明治擋土牆					
	挖土	m³				
	回填土及殘土處理	m³				
	卵石層	m³				
	1 : 3 水泥砂漿	m³				
	210kgf/cm² 混凝土（25 ～ 40cm）	m³				

項次	項目及說明	單位	工料數量	單價	複價	備註
	天然小卵石透水層	m³				
	210kgf/cm² 混凝土（6cm）	m³	•			
	Ø 2 吋 PVC 洩水管	支				
	夯實	m²				
	大工	工				
	小工	工				
	工具損耗及零星工料	式				
	小　計	m				
2-19-7	重力式擋土牆					
	挖土	m³				
	回填土及殘土處理	m³				
	210kgf/cm² 預拌混凝土	m³				
	140kgf/cm² 混凝土	m³				
	Ø 3cm PVC 洩水管	式				
	Ø 6cm PVC 集排水管	式				
	模板	m²				
	夯實	m²				
	大工	工				
	小工	工				
	工具損耗及零星工料	式				
	小　計	座				
2-19-8	懸臂式擋土牆					
	放樣（竹杆、木板）	m				
	挖土	m³				
	回填土及殘土處理	m³				
	210kgf/cm² 混凝土（壁體及基腳合計）	m³				
	模板	m²				
	#3@15cm 鋼筋	kg				
	#4@20cm 鋼筋	kg				
	礫石	m³				
	Ø 50cm PVC 排水管	支				
	夯實	m²				
	技術工	工				
	小工	工				
	工具損耗及零星工料	式				
	小　計	座				

20 護岸 (Bank Protection)

護岸 (bank Protection 或 embankment) 係指保護天然灘岸安全為目的之構造物。通常平直的平行於水岸兩邊,以不同型式、材料、水岸階梯等親水設施,利用其平面、坡度、材質及兩岸高低變化,創造河岸的景觀。護岸之構造,依其位置可分為護坡、基礎及護腳三部分。護岸工程是指為防止水流側向侵蝕及河道局部因河流沖刷而造成坍岸等災害,使主流線偏離被沖刷地段的保護工程,及為防止開挖整地引發渡水或土沙災害,對計畫地區之地表、地下排水系統、開挖整地、防沙沉沙、滯洪、邊坡穩定及植生綠化等水土保持與維護,以及臨時防災措施妥善處理之保護措施。護坡 (slope protection) 則是指為防止護坡受沖刷,在坡面上所做的鋪砌和栽植之統稱。

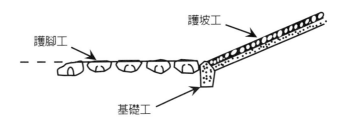

▌圖 1-20-1　護岸各部分說明圖

(一) 護岸功能

　　1. 保護坡趾。

　　2. 排水及維持表土活性。

　　3. 構造物能融入周遭環境。

　　4. 砌石間的縫隙能提供動植物棲息空間。

　　5. 營造出工程與生態共存的雙贏效果。

(二) 護岸種類

　　1. 依材料分:

　　　(1)乾砌石護岸。

　　　(2)拋石護岸。

⑶漿砌塊石護岸。

⑷抗沖蝕網護岸。

⑸混凝土或鋼筋混凝土護岸。

⑹萌芽椿植生護岸。

⑺鐵絲蛇籠護岸。

⑻植岩互層護岸。

⑼自然植栽護岸。

2. 依斷面型態分：

⑴階梯式護岸。

⑵斜坡式護岸。

3. 依利用目的分：

⑴親水利用護岸。

A. 階梯式護岸。

B. 緩坡形護岸。

⑵生態保育護岸。

⑶景觀保全護岸。

A. 綠化護岸。

B. 修景護岸（以造景爲目的）。

⑷既有護岸的垂直綠化。

（三）護岸設計原則

1. 以融爲整體設計之一部分爲考量。

2. 應以水岸路線規劃，結構設計及植栽設計爲手段。

3. 應順應自然地形，因地制宜，避免大挖大塡。

4. 構造物的安全性應基於地質調查資料的載重條件。

5. 利用自然的水防線作爲阻隔之用。

6. 水面和水岸的落差儘量縮小。

7. 減輕視覺影響，並加強視覺綠美化。

8. 維護流水的自然型式。

9. 將護岸成爲全盤地形重整及地景處理之一部分。

10. 需設置排水設施以確保護岸的安全性。

11. 避免干擾動物棲地，並維持其多樣性。

12. 留設多孔隙空間種植多樣化植栽，以營造生物棲地，美化及穩固護岸，提高經濟效益。

(四) 護岸設計準則

1. 一般性設計準則：

⑴盡可能保全水域既有生態、景觀及生態結構和功能。

⑵確認區域的整體環境條件及材料運用之妥適性。

⑶以自然原生及在地材料，營造生態環境。並增加水資源之入滲、淨化與儲存功能。

⑷堤岸坡度應整成小於土堤安息角之坡度再作護坡，使其無須承受土壤側壓力。

⑸若以視覺品質而言，坡度可為 1/4 ～ 1/6。

⑹若供遊憩使用，坡度約為 1/8 ～ 1/12。

⑺陡峭的護岸可以階段化或緩坡化，以防止土石沖刷。

⑻為保護洪水不漫溢堤外，護岸高度應為計畫洪水位加出水高度或流速，或依照計畫堤線高度施作。

⑼應考慮水流、飄木、滾石等種種外力，並參酌現場情形，決定護坡厚度。

⑽排水不良將造成沖蝕及崩塌，應設法由地表或地下截流引導排除過量的水。

⑾堤身若為沙土所構成，應於護坡後加鋪不織布濾層，以防止水流掏空沙土使護坡塌陷。

⑿若護岸材質不透水，應在護岸壁面上設置排水孔洞以利排水。

⒀不穩定的護岸，可在坡腳以擋土基礎加以強化，並利用生態工法，在坡面廣植樹木及草皮，以加強水土保持。

2. 各類護岸設計準則：

⑴乾砌石護坡：

A. 說明：

⒜乾砌塊石護坡係以卵石為材料，不加水泥砂漿砌築之護坡。

⒝具相當強度及耐久性，石料可就地取材，工資相對較低，但不耐木石撞擊，適用於水流較緩地區。

　　　　　(C)塊石間可供小生物生存，回填黏質壤土後可植草，以達水岸生態復
　　　　　　育及綠美化之功效。

　　　B. 材料：

　　　　　(A)卵石：所有卵石須質地堅硬，未經風化，表面潔淨，其配比直徑
　　　　　　Ø 30 ～ 35cm，約占 70%，直徑 Ø 27 ～ 30cm，約占 30%。

　　　　　(B)填隙石子：填隙石子係用直徑 Ø 0.5 ～ 3cm 碎石填塞並壓緊塊石間
　　　　　　縫隙。

　　　　　(C)墊石子：墊石子用於乾砌塊石護坡背面，以防止背面沙土被洪水挾
　　　　　　出，掏空護岸。墊石子之配比石料直徑 Ø 5 ～ 15cm 者約 70%，0.5 ～
　　　　　　5cm 者約 30%。

　　　　　(D)不織布：不織布應為透水性之合成纖維，材質經由針軋處理，並符
　　　　　　合 CNS 11228 規定。

　　　C. 施工方法：

　　　　　(A)坡度：應按設計圖說規定辦理，一般不得陡於 2/3。如須考量視覺
　　　　　　及遊憩需求，則坡度應趨平緩。

　　　　　(B)背面墊石層：除設計圖說另有規定之外，背面墊石層應介於 15 ～
　　　　　　30cm。

　　　　　(C)表面不織布：鋪設背面墊石層後，表面鋪一層不織布。

　　　　　(D)乾砌卵石：砌石應使卵石與卵石之間緊密相靠，並以填隙石子壓緊
　　　　　　填縫，使其不易抽出，以免坍陷下沉。

　　(2) 拋石護岸：

　　　A. 說明：

　　　　　(A)拋石護岸係直接將塊石拋置於水岸，形成護腳。拋石護岸之護坡面
　　　　　　除採用拋石之外，亦可採用乾砌或漿砌卵石護坡。

　　　　　(B)拋石護岸多用於護腳。因其施工簡單，並可於水下施工，故為一簡
　　　　　　便經濟之作法；但此作法不耐洪水沖蝕，故較適用於河川中下游，
　　　　　　水流和緩之砂礫河床。

　　　　　(C)石塊為自然材料產生之間隙，位於水面下有助於魚類產卵著床，水
　　　　　　面上可養育小生物，亦可覆土植草以達生態復育及綠美化之效果，
　　　　　　是較佳之景觀護岸作法。

　　　B. 材料：

⒜塊石：護腳拋石應依設計圖說規定辦理。護坡砌石可依設計圖說或比照乾砌或漿砌護坡辦理。

⒝墊石子：拋石護岸之護坡若採用乾砌或漿砌護坡時，其背面採用墊石子同乾砌或漿砌護坡辦理。

C. 施工方法：

⒜護腳拋石：

a. 護腳拋石應伸入河床，其坡度約在 1/2 至 2/3，厚度至少 1m。

b. 拋石時先拋小石，再拋大石掩護其上。

c. 低水位以上表層須鋪砌以免流失。

⒝護坡面拋石或砌石：護坡面可續用拋石作法。

⑶漿砌塊石護岸：

A. 說明：

⒜漿砌塊石護岸係以塊石為材料，並以灰漿或混凝土填實空隙之護坡。

⒝漿砌塊石護岸可防止堤身土沙流失，故適用於水流沟湧之堤岸，如急流或重要河川。石後應加襯混凝土，必要時其後面再鋪砌石。坡後若有滲透水，應併設過濾層及排水孔。

B. 材料：

⒜卵石：所有卵石須質地堅硬，未經風化，表面潔淨，其配比如下：

▌ 表 1-20-1　漿砌塊石護岸塊石配比

卵石直徑（cm）	配比百分率
27～29	不超過30%
31～33	不超過30%
33～35	不超過20%

⒝水泥砂漿：水泥砂漿應為 1：3 比例。

⒞墊石子：同乾砌塊石。

⒟不織布：不織布應為透水性之合成纖維，材質經由針軋處理，並符合 CNS 11228 規範。

⒠PVC 管：應符合 CNS 1298 A 級管之規定。

C. 施工方法：

(A)坡度：應依照設計圖說規定辦理，一般不得陡於 2/3。如須考量視
覺及遊憩需求，則坡度應更平緩。

(B)墊石層：除設計圖說另有規定之外，背面墊石層應介於 15 ～ 30cm
之間，墊石鋪設應平整。

(C)埋設 PVC 洩水管：洩水管埋設於護坡內，上端突出牆背以收集滲
入堤內之水，其位置、間距應依設計圖說所示，或監造單位視基地
附近地層滲水情形調整之。安裝斜度約為 10°。

(D)表面鋪不織布：鋪設背面墊石層後，表面鋪設一層不織布。

(E)加墊混凝土：漿砌卵石前，先加墊一層混凝土，但須留出洩水孔徑
部分，其厚度應依設計圖說所示。

(F)漿砌塊石：砌石應使卵石與卵石間緊密相靠，再以水泥砂漿填縫，
填縫須緊密。

(4)抗沖蝕網護岸：

A.說明：

(A)抗沖蝕網係以自然或合成纖維織成之不織布，以保護河岸土壤避免
被沖蝕，並使包覆在土壤內的植物種子能接觸土壤與水而持續生長。
此抗沖蝕網重重疊置形成護岸，以抵抗水流沖蝕河岸。

(B)抗沖蝕網可抵抗水流沖擊，網格間有空隙，可供水生植物植生及小
動物棲息，是優良的景觀生態護岸作法。

B.材料：

(A)抗沖蝕網：抗沖蝕網應依設計圖說規定採用高密度聚乙烯、聚丙烯
或聚酯等高分子材料製成之地工網格或地工織物，或符合設計圖說
規定之自然纖維材料。

(B)土壤或石塊：抗沖蝕網所包覆之土壤或石塊，應為取自附近河岸，
富含有機質及種子之黏質壤土，並加入適當配比之礫石。

(C)墊石子：抗沖蝕網護岸基層鋪設之墊石子，其規格同乾砌塊石護坡
之規定。

C.施工方法：

(A)墊石子：護岸坡面先鋪一層約 15 ～ 30cm 厚墊石子層。

(B)岩石護腳：以大型塊狀岩石作為抗沖蝕網之護腳，岩石規格應依水
域所在位置及設計圖說規定採用。

　　　(C)抗沖蝕網護岸：抗沖蝕網包覆土壤及石塊、層層疊置形成護岸，再
　　　　以植生柵將抗沖蝕網固定於護坡底層。

(5) 混凝土或鋼筋混凝土護岸：

　A. 說明：

　　(A)本工程係採用混凝土或鋼筋混凝作為護坡面材料。又稱混凝土或鋼
　　　筋混凝土格框護岸。

　　(B)混凝土強度大、壽命久、維護費低，但景觀不佳。適用於水勢強烈
　　　之處。

　　(C)該護岸可分為薄板混凝土及厚板混凝土。

　　(D)該護岸在生態及景觀上均不佳，但可作為景觀式護岸底層，再於護
　　　坡表面回填黏質壤土或其他生態工法，進行生態復育及植生工作。

　B. 材料：

　　(A)混凝土：除設計圖說另有規範之外，護岸用現場澆置之混凝土，應
　　　採用強度 210kgf/cm^2 混凝土。

　　(B)鋼筋：鋼筋應依照設計圖說規格，並符合 CNS 650 之規範。

　C. 施工方法：

　　(A)薄板混凝土：

　　　a. 以石料直徑 Ø 5 ～ 15cm 者 70%、Ø 0.5 ～ 5cm 者 30% 配比之礫
　　　　石平鋪於坡面，並加鋪不織布襯墊，作為混凝土護坡基層。

　　　b. 以框模分塊方式，在預定施作之斜坡面澆注混凝土。若設計圖說
　　　　規定須使用鋼筋者，依設計圖說規定施作。每分塊橫寬約 2 ～
　　　　3m，斜長約 1.5 ～ 2m。各塊交錯澆置，接觸處交疊銜接，以防止
　　　　背面土壤外流。

　　　c. 薄板混凝土厚度應符合設計圖說之規定，一般約 12 ～ 15cm。

　　(B)厚板混凝土：

　　　a. 以石料直徑 Ø 5 ～ 15cm 者 70%、Ø 0.5 ～ 5cm 者 30% 配比之礫
　　　　石平鋪於坡面，厚度約 10 ～ 15cm，並加鋪不織布襯墊，作為混
　　　　凝土護坡基層。

　　　b. 其上乾砌塊石厚度約 20 ～ 25cm，作為厚板混凝土底層。

　　　c. 以框模分塊方式，在預定施作之斜坡面澆注混凝土。若設計圖說
　　　　規定須使用鋼筋者，依設計圖規定施作。每分塊橫寬約 3 ～ 5m，

斜長約 4 ～ 8m。各塊交錯澆置，接縫處須交疊銜接，以防止背面
土壤外流。

d. 厚板混凝土厚度應符合設計圖說之規定，一般爲 20 ～ 25cm。

(6) 萌芽樁植生護岸：

A. 說明：

(A)萌芽樁護岸係以萌芽力強之植物樁（如九芎、水柳）釘入河岸，樁
間編以柵欄，以減少土壤流失，有助護岸植生。

(B)萌芽樁護岸可作成階梯狀，提供休憩活動使用。

(C)萌芽樁未來可發芽形成植物，對水域景觀生態及綠化均有極佳效
果。較適用於水流緩，須考量景觀之地區。

B. 材料：

(A)萌芽樁應採用適用於水岸、萌芽力強之樹種。

(B)所用萌芽樁規格應符合設計圖說規定。木樁之末徑 3 ～ 10cm，長 1 ～
1.2cm 之新鮮材料。

(C)萌芽樁間可以竹片、塑膠網等材料編柵，用以防止土壤沖蝕。

C. 施工方法：

(A)護坡面整理：施工前應先整平坡面、消除蝕溝、清除危石及有礙水
岸穩定或植物生長之植物殘株。

(B)打樁：

a. 打樁時宜自岸邊開始，向上方推進。樁行距依設計圖說之規定，
一般行距以 1 ～ 3m，樁距 30 ～ 50cm 爲原則。

b. 萌芽樁應打入土中 2/3 以上，露出土面 15 ～ 30cm，打樁時應保
護樁頭不使打裂，裂開部分須鋸掉。

(C)編柵：

a. 樁間應以竹片、塑膠網或其他材料編柵。如以塑膠網或鐵絲網爲
編柵材料時，中間應夾不織布，並以 10 號 ㄇ 型鐵釘固定於木樁
上，最上方應以鐵絲扭緊以防脫落。

b. 打樁編柵後需削土及回填，使每段邊坡略呈平臺狀；或在平臺上
施黏質壤土，其平均厚度約 10cm，每 m² 均勻施用 1kg 之堆肥，
堆肥須與表土充分混合。

(D)植生：打樁編柵後之護岸面應灑布草籽及草莖植生，並種植耐濕性

之植物。

(7)蛇籠護岸：

A. 說明：

(A)蛇籠護岸又稱鐵絲蛇籠護岸，係以鐵絲編織成蛇籠，其內填充塊石所製成之護岸構造物。

(B)蛇籠護岸較拋石護岸作法更能抵禦洪流衝擊，適用於急流之卵石砂礫提岸，塊石隨處可取，故較為經濟。惟其使用壽命較短，一般約十年，故維護費較高。

(C)蛇籠之型式、大小及長度、裝填石料之大小尺寸，以及安放位置，均應依照圖說規定辦理。

(D)鐵絲蛇籠護岸之石塊間有縫隙，亦具有生態復育效果；惟較人工化，作為景觀護岸效果一般。可再予以覆土植生，增加綠美化效果。

B. 材料：

(A)鐵絲：蛇籠應用 8 號鍍鋅鐵絲，其品質應符合 CNS 1468 之規定。鐵絲之鍍鋅應為熱浸鍍鋅，鍍鋅量不得少於 $245g/m^2$。

(B)卵石：所有卵石須質地堅硬、未經風化、表面潔淨。其級配應符合下列規定：

表 1-20-2　鐵絲蛇籠卵石配比表

卵石直徑（cm）	百分比
22 ～ 35	80%
15 ～ 22	15%
10 ～ 15	5%

C. 施工方法：

(A)鐵絲蛇籠須以規定之鐵絲縱向排列，編結成六角形孔，孔長 20cm，寬 15cm。每兩根鄰近鐵絲之捲接處，至少繞結三圈以上，圍成橢圓之桶形，其斷面尺寸，可分為兩種：

a. 甲種以縱鐵絲三十六根編成，其斷面短徑 60cm，長徑 100cm。

b. 乙種以縱鐵絲二十四根編成，其斷面短徑 40cm，長徑 67cm。

(B)鐵絲蛇籠每長 150cm 處，須以鐵絲網間隔之。間隔網亦須結成六角

形，孔寬 15cm，長 17.4cm。

(C)蛇籠裝石，除另有規定外，應以直徑 Ø 22 ～ 35cm 為原則，但為塡實及塡平，應依監造單位指示，於其空隙內，斟酌塡以 22cm 以下，10cm 以上卵石。

(D)蛇籠安放之方向，除設計圖說另有規定外，用於護坡之蛇籠，應垂直水流方向順坡安放之。

(E)鐵絲蛇籠安裝前，地面須先整平，安裝後弧形相接處之空隙應以塊石塡實。平鋪部分除設計圖另有規定外，應儘可能鋪於原地面上，但相鄰兩蛇籠頂面高度相差以 10cm 為限。

(F)每條蛇籠之實際長度，將俟邊坡整修完竣後，由監造單位決定之。

(8) 岩層互植層護岸：

　A. 說明：

(A)岩層互植護岸係運用植物活株，以間層方式插入岩石層以固著石層，並減少水流直接沖蝕河岸的施工方法。

(B)該護岸可保護生態環境及維持自然景觀，是良好的景觀護坡作法；惟防洪功能較差。若有防洪需要，可以混凝土護岸為底層，再於其上採用此一工法。

　B. 材料：

(A)塊石：所用塊石應依設計圖說規定選用，但形體應較大，以抵抗水流衝擊。

(B)土壤：所用土壤應為黏質壤土，可以減低沖蝕。

(C)水生植物：採用之水生植物應具有優良水土保持功能（如水柳、九芎等），並能涵養生物者為佳。

　C. 施工方法：

(A)石塊擺置：護腳部分先予清理，再擺置塊石。底層塊石宜較大，使底部穩固。

(B)鋪設黏質壤土：底層塊石擺置後，於其上鋪設黏質壤土及萌芽樹枝，再於其上繼續擺置塊石至預定施工高度。塊石及土壤均須夯實，使其穩固。

(C)水生植物栽植：植栽方式詳見「景觀設計與施工各論 30 植物種植法」。

⑼自然植栽護岸：

　A. 說明：

　　㈠在天然土堤堤面上，直接植以具水土保持及耐濕性之植物，藉由植物之水土保持能力，防止河岸沖蝕。

　　㈡適用於水流平緩，沖蝕力較小之河川中下游。

　　㈢水流沖蝕力較強地區，為求環境美化，可以混凝土護坡為底層，表層再覆土作為植生護岸。

　B. 材料：

　　㈠土壤：應為黏土或黏質壤土，並混以適當之基肥。

　　㈡植物：應為具水土保持功效之水生植物，如水柳。

　C. 施工方法：

　　㈠覆土：應依照設計圖說規定之位置及厚度，分層回填或覆蓋黏質壤土。

　　㈡水生植物栽植：植栽方式詳見「景觀設計與施工各論 30 植物種植法」。

（五）乾砌石護岸施作原則

1. 乾砌石護坡施工步驟：觀察地形、確定施作區域、坡面整理及石塊分類、石塊堆砌、維護管理。

2. 砌石護岸應先慎選石材，依其形狀、大小預作分類，以方便疊砌。

3. 石塊疊砌須由坡址開始，以大塊石作為基礎，砌於最下方，卵石及塊石作為坡面砌石，由下而上沿等高線堆砌。

4. 疊砌前應於水平方向拉一棉線，作為水平參考基準，以方便調整堆砌塊石之排列。

5. 圍砌數量選擇：視石塊材料大小，以 5、6、7 圍砌，或以一心 4 石，或一心 5 石，緊密疊合。

6. 護坡基礎面須微向內傾斜，坡背內傾角度視護坡高度而定，以承擔部分石塊重量。

7. 護坡面應力求整齊，不宜出現凸起或凹陷，否則極易於該處毀損。

8. 石塊若出現鬆動或脫落現象，應儘早處理，例如增加縫隙的填補，以加強鬆動石塊與相鄰石塊間的穩固。

（六）護岸植栽設計原則

1. 須具有水土保持功能。
2. 須能發揮攔阻及過濾地面逕流。
3. 可美化環境和景觀。
4. 能提供保護野生動物之棲息地。
5. 可形成視覺焦點。
6. 能塑造多樣的景觀及空間意象。

（七）護岸植栽設計準則

1. 水岸旁應設緩衝綠帶，種植複層植物。
2. 岸邊高處可密植喬木，以塑造空間感和視覺焦點。
3. 保護現有原生植物。
4. 任何沿河岸之地標樹木（直徑達 60cm）及重要樹木（直徑達 30cm 以上），均須加以保護。
5. 確定保留的樹木，其樹冠以內不允許整地，由樹幹至樹冠距離 1.5 倍直徑內應避免營建干擾，包括機械的使用、車輛行駛等。

（八）護岸植栽選種要點

1. 穩定坡岸的效果。
2. 提供野生動物棲息的功能。
3. 符合河岸環境之水生、水濱植物種類。
4. 以原生植物或已馴化之外來種為主。
5. 將速生和持久性樹種以交錯混植方式種植。
6. 喬木應選擇支根多而密，能固定岸邊土壤以防止水流沖刷之樹種。
7. 能適應水位之升降變化。
8. 少病蟲害，適性廣，樹型潔淨。

（九）護岸相關法規及標準

1. 國家標準 CNS 650、1468、11228、1298 A 之規範。
2. 經濟部水利署，2013，水利工程技術規範——河川治理篇（下冊）。
3. 經濟部水利署，2017，河川區域種植規定。
4. 經濟部，2021，水利法，第 78 條河川區域種植規定。

5. 經濟部，2022，河川管理辦法。

(十) 以下施工圖樣僅供參考，實際應用仍須因地制宜作適度調整。

參考文獻

1. 王小璘、何友鋒，1999，公園綠地規劃設計準則研究，內政部營建署，p.186。
2. 王小璘、何友鋒，1999，景觀設施專業施工、監造制度研究，內政部營建署，p.380。
3. 王小璘、何友鋒，2002，農業環境景觀生態規劃設計規範，行政院農委會，p.182。
4. 行政院，2000，水土保持技術規範。
5. 王小璘、何友鋒，2002，石崗鄉保健植物教育農園規劃設計及景觀改善，行政院農委會，p.105。
6. 行政院農業委員會水土保持局，2011，推動農村再生手冊。
7. 經濟部水利署，2013，水利工程技術規範——河川治理篇（下冊）。
8. 經濟部水利署，2017，河川區域種植規定。
9. 經濟部，2022，河川管理辦法。
10. 行政院農業委員會水土保持局全球資訊網

    https://www.swcb.gov.tw>material。
11. 水土保持技術教育中心，農地永續發展之水土保持工法，第九單元水保的工藝美學乾砌石護坡

    http://sowactec.npust.edu.tw/upload_files/teaching_material/20191216009/original/200620200658451334.pdf。
12. 行政院公共工程委員會，公共工程技術資料庫第 02388 章生態護岸

    https://pcces.pcc.gov.tw/CSInew/。
13. 888 營建互聯網

    https://www.888civil.com。
14. 行政院農業委員會水土保持局技術研究發展平臺

    https://tech.swcb.gov.tw>apizFile。

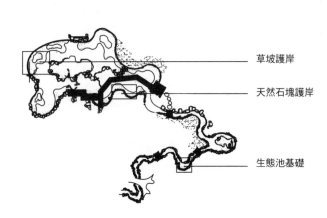

生態池平面配置圖

草坡護岸

天然石塊護岸

生態池基礎

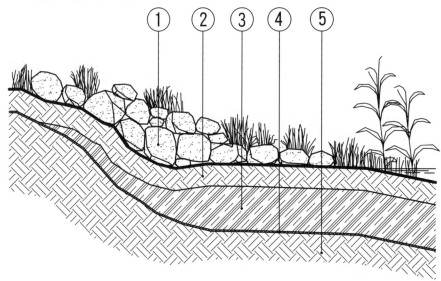

1. 天然石塊護岸。
2. 15cm厚，回填土。
3. 30cm厚，黏土層。
4. 0.2cm厚，PE防水膜。
5. 原有土壤夯實。

護岸	生態池天然石塊護岸	單位：cm	圖號：2-20-1
		本圖僅供參考	

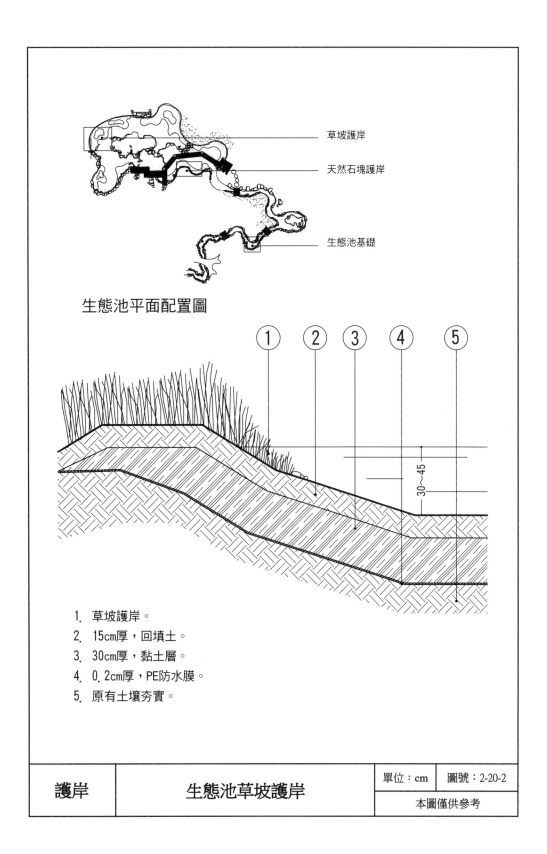

生態池平面配置圖

草坡護岸

天然石塊護岸

生態池基礎

1. 草坡護岸。
2. 15cm厚，回填土。
3. 30cm厚，黏土層。
4. 0.2cm厚，PE防水膜。
5. 原有土壤夯實。

護岸	生態池草坡護岸	單位：cm	圖號：2-20-2
		本圖僅供參考	

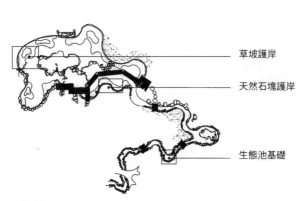

生態池平面配置圖

草坡護岸
天然石塊護岸
生態池基礎

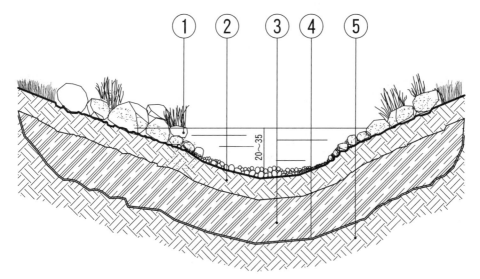

1. 天然石塊護岸。
2. 15cm厚，回填土。
3. 30cm厚，黏土層。
4. 0.2cm厚，PE防水膜。
5. 原有土壤夯實。

護岸	生態池基礎	單位：cm	圖號：2-20-3
		本圖僅供參考	

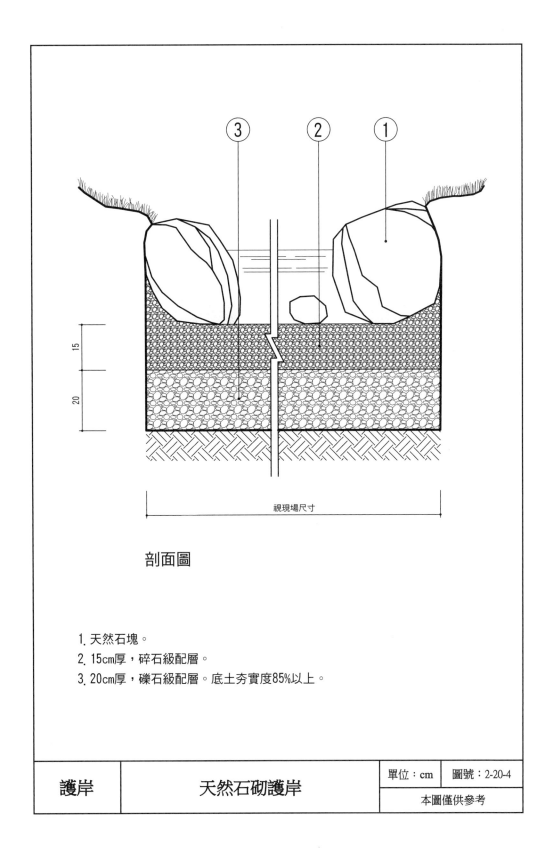

③　②　①

15

20

視現場尺寸

剖面圖

1. 天然石塊。
2. 15cm厚，碎石級配層。
3. 20cm厚，礫石級配層。底土夯實度85%以上。

護岸	天然石砌護岸	單位：cm	圖號：2-20-4
		本圖僅供參考	

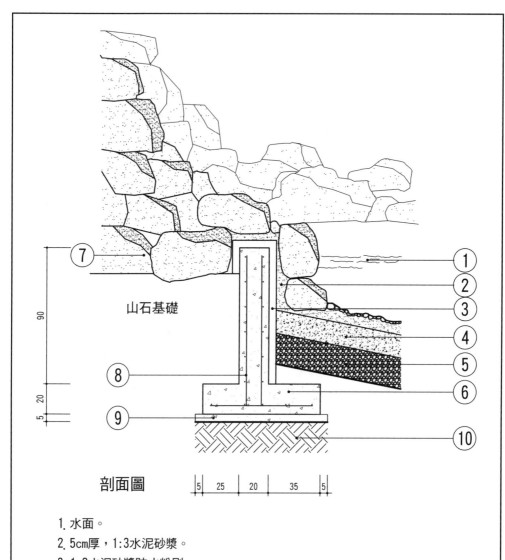

剖面圖

山石基礎

1. 水面。

2. 5cm厚，1:3水泥砂漿。

3. 1:2水泥砂漿防水粉刷。

4. 15cm厚，碎石級配層。

5. 20cm厚，礫石級配層。

6. 210kgf/cm² (3000psi) 混凝土。

7. 石塊。

8. #3@15cm鋼筋雙層雙向。

9. 5cm厚，140kgf/cm² (2000psi) 混凝土打底。

10. 原土整平夯實，夯實度85%以上。

護岸	漿砌卵石護岸	單位：cm	圖號：2-20-5
		本圖僅供參考	

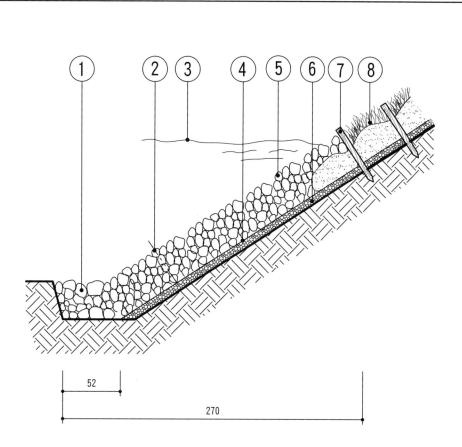

剖面圖

1. 河床。
2. 50cm厚，底部岩層。
3. 高水位線。
4. 坡度不超過1.5：1。
5. 頂部岩層厚度至少45cm。
6. 15cm厚，碎石級配層夯實。
7. φ6×60cm木樁。
8. 河岸植物。

護岸	植岩石層護岸	單位：cm	圖號：2-20-6
		本圖僅供參考	

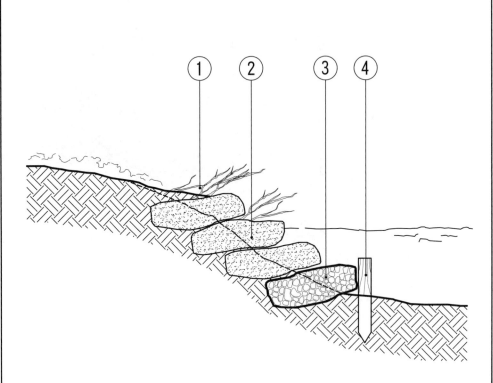

剖面圖

1. 植物纖維毯，或人造地工織物，捲成臘腸狀，加植深根性挺水植物。
2. 150×50cm纖維袋裝入沃土或椰子殼纖維。
3. 10號鐵絲網裝入150×50cm石塊。
4. 8×8×70cm固定木樁。

護岸	抗沖蝕網植生護岸	單位：cm	圖號：2-20-7
		本圖僅供參考	

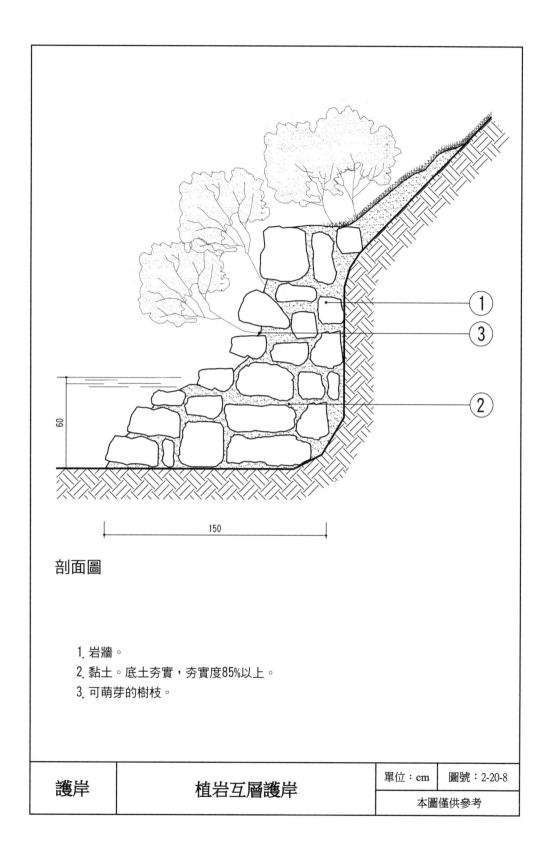

剖面圖

1. 岩牆。
2. 黏土。底土夯實，夯實度85%以上。
3. 可萌芽的樹枝。

護岸	植岩互層護岸	單位：cm	圖號：2-20-8
		本圖僅供參考	

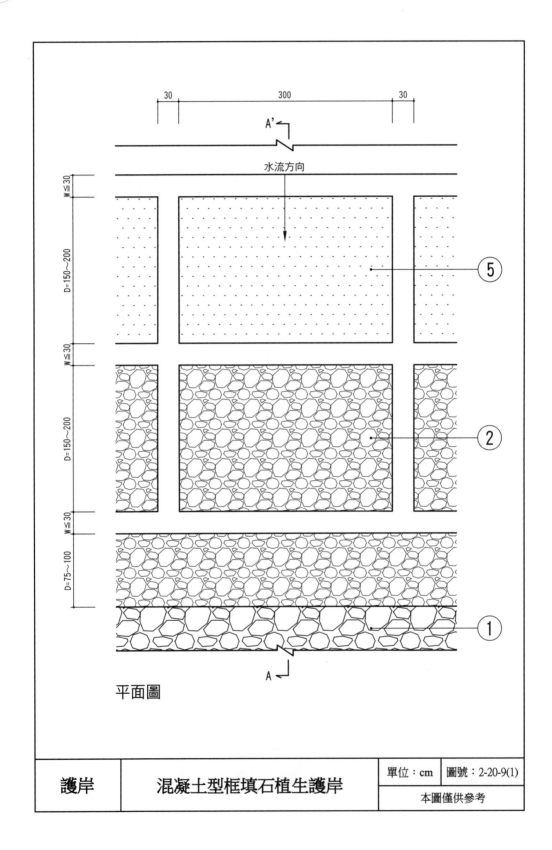

平面圖

護岸	混凝土型框填石植生護岸	單位：cm	圖號：2-20-9(1)
		本圖僅供參考	

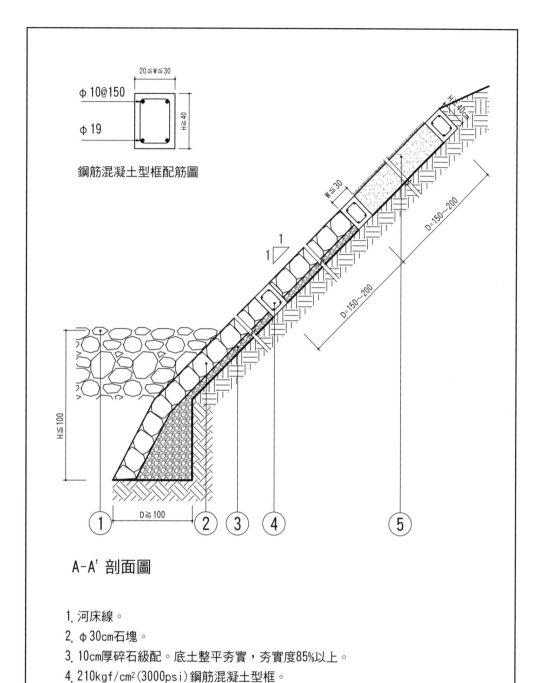

鋼筋混凝土型框配筋圖

A-A' 剖面圖

1. 河床線。
2. φ30cm石塊。
3. 10cm厚碎石級配。底土整平夯實，夯實度85%以上。
4. 210kgf/cm²(3000psi)鋼筋混凝土型框。
5. 填沃土。

護岸	混凝土型框填石植生護岸	單位：cm	圖號：2-20-9(2)
		本圖僅供參考	

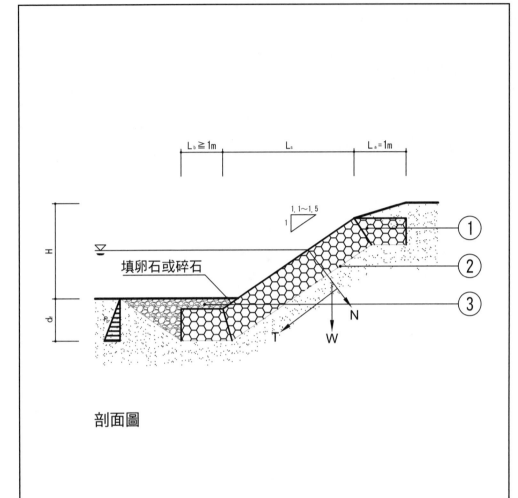

剖面圖

1. 蛇籠（φ=80cm甲種蛇籠，φ=80cm乙種蛇籠）。
2. 過濾層（地工織物或碎石級配或二者同時採用）。
3. 碎石級配。底土夯實，夯實度85%以上。

護岸	席式蛇籠護岸	單位：cm	圖號：2-20-10
			本圖僅供參考

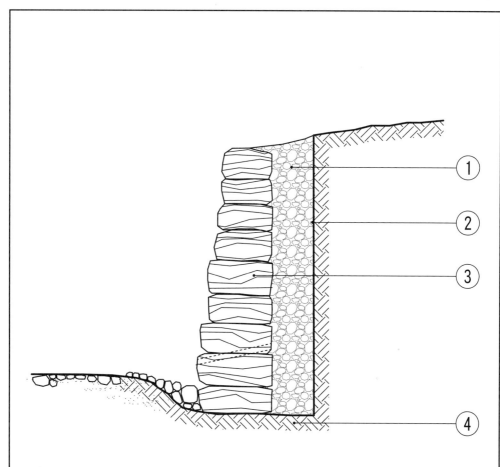

剖面圖

1. 背填碎石級配。
2. 尼龍紗網。
3. 乾砌天然石塊。
4. 底土整平夯實,夯實度85%以上。

護岸	乾砌石護岸	單位:cm	圖號:2-20-11
		本圖僅供參考	

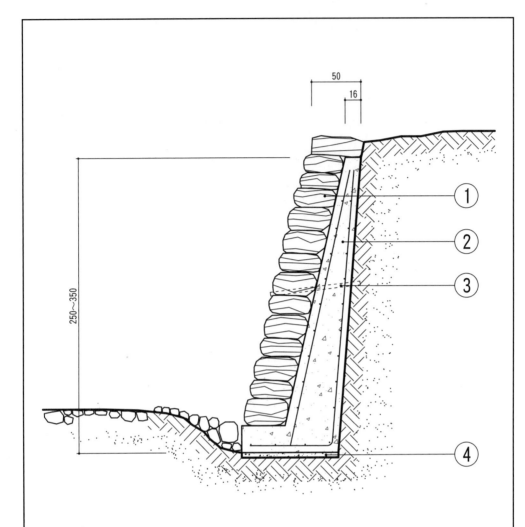

剖面圖

1. 砌塊石。

2. 210kgf/cm²(3000psi)混凝土，#4@15cm或#5@15cm鋼筋雙層雙向。底土整平
   夯實，夯實度85%以上。

3. φ5cm PVC排水管，每2m²一支。

4. 5cm厚，140kgf/cm²(2000psi)混凝土打底。

護岸	Ⅰ型砌石護岸	單位：cm	圖號：2-20-12
		本圖僅供參考	

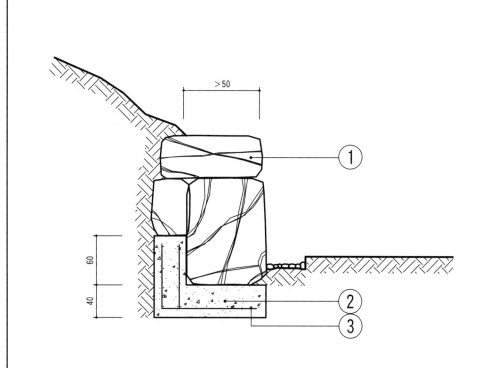

剖面圖

1. 頂石平整。

2. 210kgf/cm²(3000psi)混凝土。底土整平夯實，夯實度85%以上。

3. #4@15cm鋼筋雙層雙向。

護岸	F型砌石護岸	單位：cm	圖號：2-20-13
		本圖僅供參考	

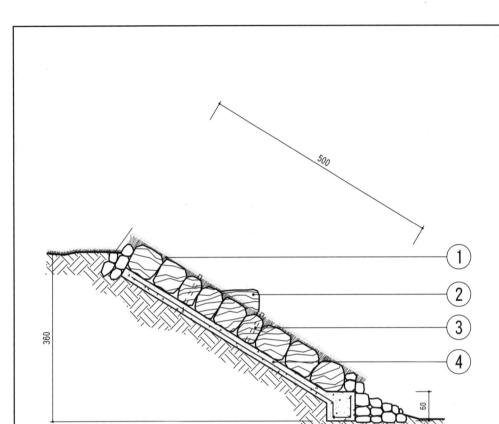

剖面圖

1. 深勾縫並設置土穴栽植植物。

2. 視現場地形設置可供坐息之石塊。

3. φ5cm PVC排水管,每2m²一支。

4. #4@15cm鋼筋雙向,210kgf/cm²(3000psi)混凝土。底土整平夯實,夯實度 85%以上。

護岸	L 型砌石護岸	單位:cm	圖號:2-20-14
		本圖僅供參考	

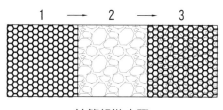

箱籠組裝步驟

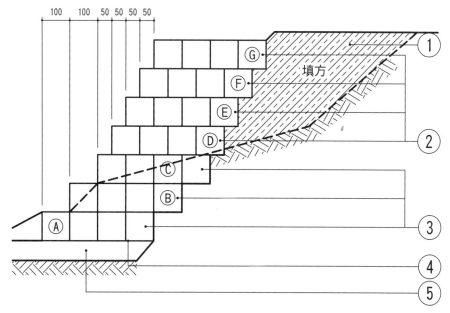

剖面圖

1. 填土夯實，夯實度85%以上。
2. 土石籠（內加透水不織布內填土方）。
3. 箱籠（內裝塊石規格同拋塊石）。
4. 尼龍紗網，L=95。
5. 拋塊石≧φ30cm，大於70%。

護岸	箱籠護岸	單位：cm	圖號：2-20-15
		本圖僅供參考	

表 2-20　護岸單價分析表

項次	項目及說明	單位	工料數量	單價	複價	備註
2-20-1	生態池天然石塊護岸					
	天然石塊	m^3				
	回填土壤（15cm 厚）	m^3				
	黏土層（30cm 厚）	m^3				
	PE 防水膜（或皂土毯 0.5cm 厚）（0.2cm 厚）	m^2				
	夯實	m^2				
	大工	工				
	小工	工				
	工具損耗及零星工料	式				
	小　計	m^2				
2-20-2	生態池草坡護岸					
	草種種植	m^2				
	回填土壤（15cm 厚）	m^3				
	黏土層（30cm 厚）	m^3				
	PE 防水膜（或皂土毯 0.5cm 厚）（0.2cm 厚）	m^2				
	夯實	m^2				
	大工	工				
	小工	工				
	工具損耗及零星工料	式				
	小　計	m^2				
2-20-3	生態池基礎					
	天然石塊	m^3				
	回填土壤（15cm 厚）	m^3				
	黏土層（30cm 厚）	m^3				
	PE 防水膜（或皂土毯 0.5cm 厚）（0.2cm 厚）	m^2				
	夯實	m^2				
	大工	工				
	小工	工				
	工具損耗及零星工料	式				
	小　計	m^2				
2-20-4	天然石砌護岸					
	挖土	m^2				
	回填土及殘土處理	m^3				
	碎石級配	m^3				
	礫石級配	m^3				
	天然石塊	m^3				

項次	項目及說明	單位	工料數量	單價	複價	備註
	夯實	m²				
	大工	工				
	小工	工				
	工具損耗及零星工料	式				
	小　計	m²				
2-20-5	漿砌卵石護岸					
	挖土	m³				
	回填土及殘土處理	m³				
	碎石級配	m³				
	210kgf/cm² 混凝土	m³				
	140kgf/cm² 混凝土	m³				
	#3@15cm 鋼筋雙層雙向	kg				
	模板	m²				
	1：2 水泥防水粉刷	m²				
	1：3 水泥砂漿	m³				
	硓咕石	m³				
	夯實	m²				
	大工	工				
	小工	工				
	工具損耗及零星工料	式				
	小　計	m²				
2-20-6	植岩石層護岸					
	河床底整平斜坡夯實	m²				
	碎石級配	m³				
	岩石層	m³				
	木樁	支				
	植物	m²				
	大工	工				
	小工	工				
	工具損耗及零星工料	式				
	小　計	m²				
2-20-7	抗沖蝕網植生護岸					
	木樁（包括防腐處理）	支				
	纖維袋裝土	包				
	10 號鐵絲網裝小石頭	m³				
	植深根性植物	支				
	大工	工				
	小工	工				
	工具損耗及零星工料	式				

項次	項目及說明	單位	工料數量	單價	複價	備註
	小 計	m^2				
2-20-8	植岩互層護岸					
	地坪整理夯實	m^2				
	砌岩牆	m^3				
	回填黏土質	m^3				
	植萌芽樹枝	式				
	植物根	株				
	大工	工				
	小工	工				
	工具損耗及零星工料	式				
	小 計	m^2				
2-20-9	混凝土型框填石植生護岸					
	210kgf/cm^2 鋼筋混凝土	式				
	Ø 1.9cm 鋼筋	式				
	Ø 1cm 鋼筋	式				
	Ø 30cm 石塊	m^3				
	碎石級配	m^3				
	填土	式				
	植草皮	式				
	夯實	m^2				
	大工	工				
	小工	工				
	工具損耗及零星工料	式				
	小 計	m				
2-20-10	席式蛇籠護岸					
	蛇籠	式				
	過濾層	式				
	碎石級配	式				
	夯實	m^2				
	大工	工				
	小工	工				
	工具損耗及零星工料	式				
	小 計	m				
2-20-11	乾砌石護岸					
	碎石級配	式				
	無紡土工布	式				
	乾砌原形石塊	m^3				
	夯實	m^2				
	大工	工				

項次	項目及說明	單位	工料數量	單價	複價	備註
	小工	工				
	工具損耗及零星工料	式				
	小　計	m				
2-20-12	I 型砌石護岸					
	砌原形石塊	m^3				
	210kgf/cm^2 混凝土	m^3				
	140kgf/cm^2 混凝土	m^3				
	#4@15cm 或 #5@15cm 鋼筋	kg				
	Ø 5cm PVC 排水管	支				
	夯實	m^2				
	大工	工				
	小工	工				
	工具損耗及零星工料	式				
	小　計	m				
2-20-13	F 型砌石護岸					
	頂石	式				
	210kgf/cm^2 混凝土	式				
	#4@15cm 鋼筋雙層雙向	kg				
	夯實	m^2				
	大工	工				
	小工	工				
	工具損耗及零星工料	式				
	小　計	m				
2-20-14	L 型砌石護岸					
	頂石	式				
	土穴	式				
	植栽	式				
	石塊	m^3				
	Ø 5cm PVC 排水管	式				
	210kgf/cm^2 混凝土	式				
	#4@15cm 鋼筋雙向	kg				
	夯實	m^2				
	大工	工				
	小工	工				
	工具損耗及零星工料	式				
	小　計	m				
2-20-15	箱籠護岸					
	土石籠	式				
	箱籠	式				

項次	項目及說明	單位	工料數量	單價	複價	備註
	透水不織布	式				
	拋塊石	式				
	填土夯實	m²				
	大工	工				
	小工	工				
	工具損耗及零星工料	式				
	小　計	m				

VI

衛生設施
（Hygiene Facilities）

21 洗手台（Sinks）

　　洗手台的設置，主要提供作為清潔使用。有創意的洗手台造型，可為環境增添趣味性。常用材料包括抿石子、馬賽克磁磚、大理石、鵝卵石、石槽、清水混凝土及不鏽鋼等。

（一）洗手台設計原則

1. 與景區動線作串聯。
2. 配合景區使用分區作整體規劃。
3. 設置於可及性高的地點。
4. 水源取得方便。
5. 配合景區既有排水給水系統設計。
6. 符合成人、兒童及輔具使用者的人體工學。
7. 必須易於維修及保養。
8. 有利檯面清潔及排水通暢。
9. 質感力求自然與親切。

（二）洗手台設計準則

1. 具創意性和趣味性的設計。
2. 造型圓融，避免尖角造成傷害。
3. 洗手台面距離地面至少要有 80 ～ 85cm。身高較高或者想避免偶而需彎腰洗臉者，則可提高至 90cm。
4. 無障礙者使用不小於 85cm，成人使用約 75 ～ 80cm；兒童使用約 60cm，且洗手台下面距洗手台邊緣 20cm 之範圍，與地面 65cm 範圍內應淨空，並

符合 A102.6 膝蓋淨容納空間規定。

5. 洗手台深度不小於 45cm。

6. 構造簡單，堅固耐用。

7. 符合友善的通用設計。

8. 配合排水系統作整體設計。

9. 洗手台排水管之設置應能排水快、防堵塞及漏水，並易於清洗。

(三) 洗手台材料選擇原則

1. 以可回收再利用性為優先。

2. 必須易於維護及保養。

3. 必須堅固及耐用。

4. 色彩須兼具實用及美感。

(四) 洗手台相關法規及標準

1. 內政部，2008，建築物無障礙設施設計規範，第五章廁所盥洗室之 507 及附錄 1 之 A102.6 膝蓋淨容納空間規定。

2. 內政部，2017，公共場所親子廁所盥洗室設置辦法。

(五) 以下施工圖樣僅供參考，實際應用仍須因地制宜作適度調整。

參考文獻

1. 王小璘、何友鋒，1993，觀光農園設施物圖樣參考圖集，臺灣省政府農林廳，p.228。

2. 王小璘、何友鋒，2001，觀光農園公共設施物圖集，行政院農業委員會，p.402。

3. 內政部，2008，建築物無障礙設施設計規範。

4. 內政部，2017，公共場所親子廁所盥洗室設置辦法。

5. 100 室內設計
https://www.100.com.tw。

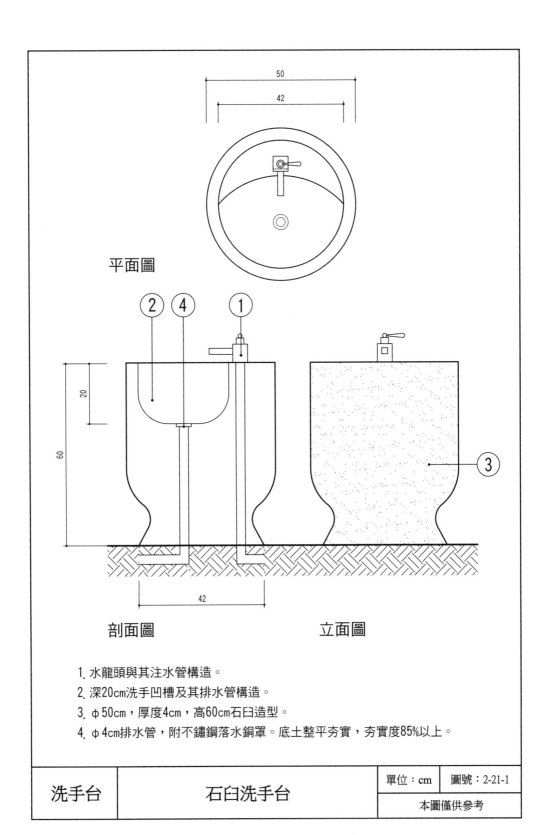

平面圖

剖面圖　　　　　　　　　　立面圖

1. 水龍頭與其注水管構造。
2. 深20cm洗手凹槽及其排水管構造。
3. φ50cm，厚度4cm，高60cm石臼造型。
4. φ4cm排水管，附不鏽鋼落水銅罩。底土整平夯實，夯實度85%以上。

洗手台	石臼洗手台	單位：cm	圖號：2-21-1
		本圖僅供參考	

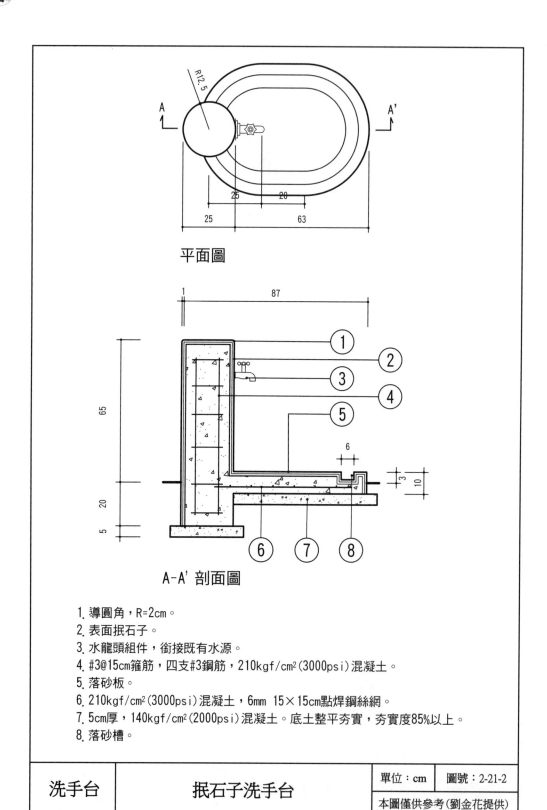

平面圖

A-A' 剖面圖

1. 導圓角，R=2cm。
2. 表面抿石子。
3. 水龍頭組件，銜接既有水源。
4. #3@15cm箍筋，四支#3鋼筋，210kgf/cm²(3000psi)混凝土。
5. 落砂板。
6. 210kgf/cm²(3000psi)混凝土，6mm 15×15cm點焊鋼絲網。
7. 5cm厚，140kgf/cm²(2000psi)混凝土。底土整平夯實，夯實度85%以上。
8. 落砂槽。

洗手台	抿石子洗手台	單位：cm	圖號：2-21-2
		本圖僅供參考(劉金花提供)	

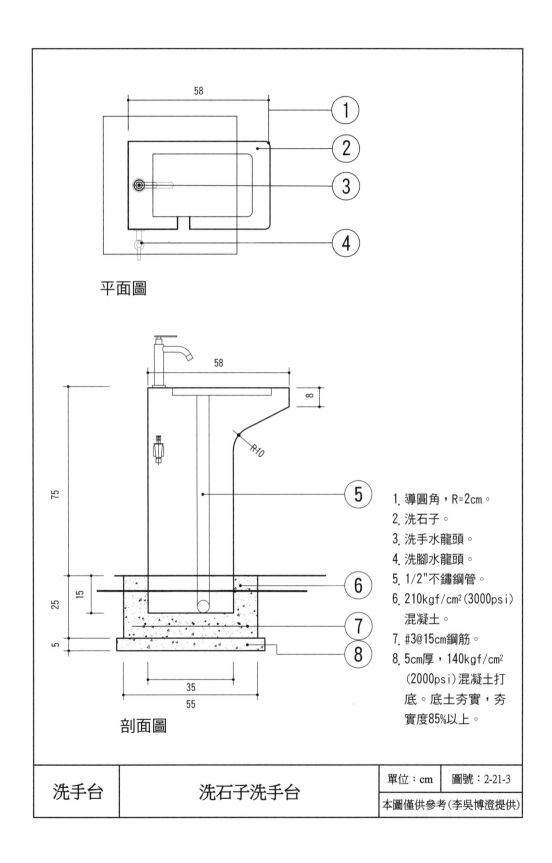

平面圖

剖面圖

1. 導圓角，R=2cm。
2. 洗石子。
3. 洗手水龍頭。
4. 洗腳水龍頭。
5. 1/2"不鏽鋼管。
6. 210kgf/cm²(3000psi)
　 混凝土。
7. #3@15cm鋼筋。
8. 5cm厚，140kgf/cm²
　 (2000psi)混凝土打
　 底。底土夯實，夯
　 實度85%以上。

洗手台	洗石子洗手台	單位：cm	圖號：2-21-3
		本圖僅供參考(李吳博澄提供)	

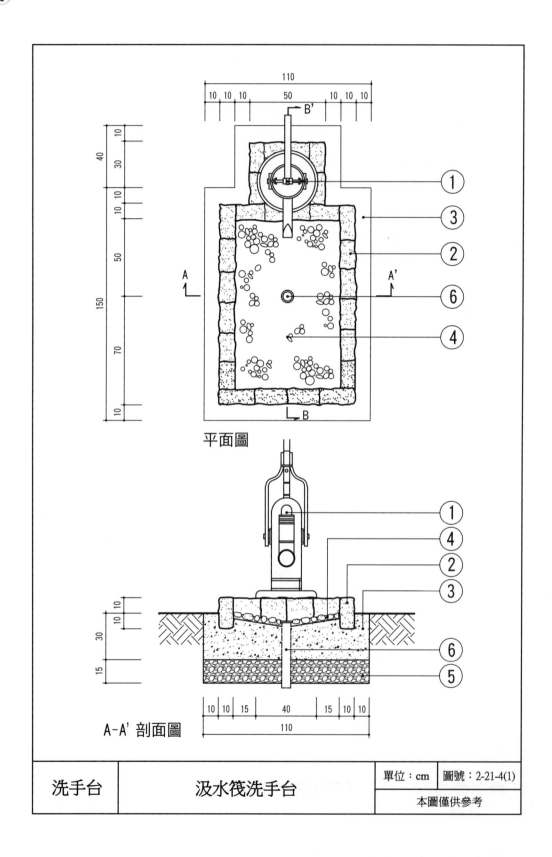

平面圖

A-A' 剖面圖

洗手台	汲水筏洗手台	單位：cm	圖號：2-21-4(1)
		本圖僅供參考	

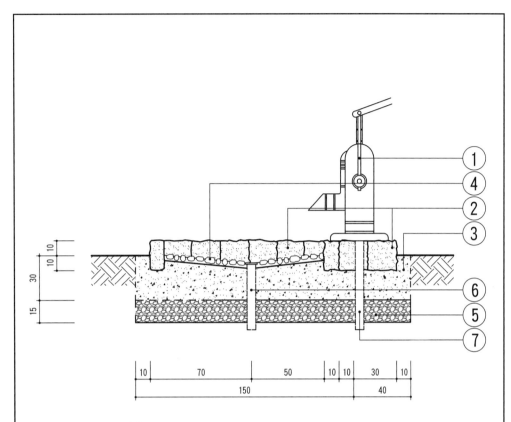

10
10
10
30
15

10 70 50 10 10 30 10
150 40

B-B' 剖面圖

1. 汲水筏。
2. 20×10×20cm花崗岩以1:3水泥砂漿黏貼。導圓角，R=2cm。
3. 140kgf/cm²(2000psi)混凝土基座。
4. 抿石子。
5. 15cm厚，碎石級配層夯實。底土整平夯實，夯實度85%以上。
6. φ5cm PVC排水管，附不鏽鋼平面落水銅罩。
7. 給水管。

洗手台	汲水筏洗手台	單位：cm	圖號：2-21-4(2)
		本圖僅供參考	

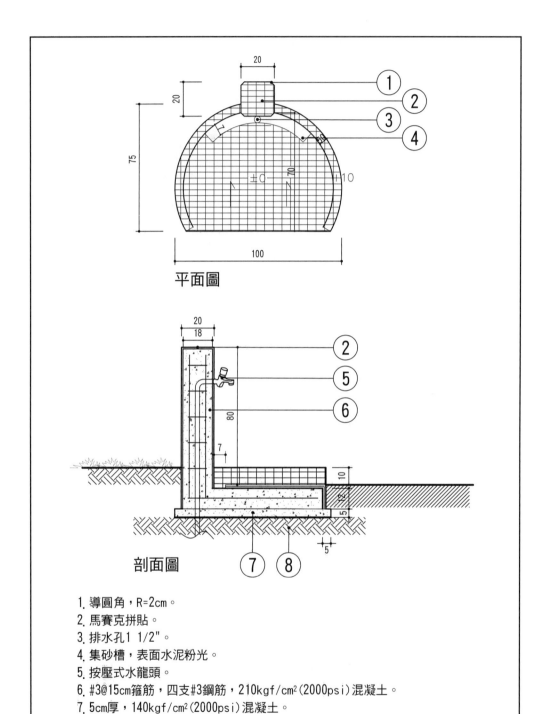

平面圖

剖面圖

1. 導圓角，R=2cm。
2. 馬賽克拼貼。
3. 排水孔1 1/2"。
4. 集砂槽，表面水泥粉光。
5. 按壓式水龍頭。
6. #3@15cm箍筋，四支#3鋼筋，210kgf/cm² (2000psi)混凝土。
7. 5cm厚，140kgf/cm² (2000psi)混凝土。
8. 底土整平夯實，夯實度85%以上。

洗手台	馬賽克洗手台	單位：cm	圖號：2-21-5
		本圖僅供參考(劉金花提供)	

■ 表 2-21　洗手台單價分析表

項次	項目及說明	單位	工料數量	單價	複價	備註
2-21-1	石臼洗手台					
	石臼洗手台	只				
	Ø 4cm 排水管	式				
	水龍頭	只				
	接頭	只				
	彎接頭	只				
	Ø 2cm 給水管口管	支				
	夯實	m²				
	大工	工				
	小工	工				
	工具損耗及零星工料	式				
	小　計	座				
2-21-2	抿石子洗手台					
	土方工作，開挖	m³				
	土方近運利用（含推平，運距 2km）	m³				
	210kgf/cm² 預拌混凝土	m³				
	140kgf/cm² 預拌混凝土	m³				
	#3 鋼筋，SD280，連工帶料	kg				
	#3@15cm 箍筋	kg				
	點焊鋼絲網，D = 6mm，15×15cm	m²				
	普通模板，一般工程用	m²				
	水泥砂漿粉刷，1:3 水泥砂漿，連工帶料（含 1:3 水泥砂漿及工資），地坪及牆面，打底	m²				
	抿石子，普通水泥，1～2 分石	m²				
	落砂板（含工料）	式				
	管材，銜接既有水源之設備及配管線等工程	式				
	夯實	m²				
	大工	工				
	小工	工				
	工具損耗及零星工料	式				
	小　計	座				
2-21-3	洗石子洗手台					
	預鑄洗石子洗手台（含固定 RC 基礎、Ø = 1/2" 不鏽鋼管、水龍頭 ×2、PVC 管及安裝五金）	座				

項次	項目及說明	單位	工料數量	單價	複價	備註
	設置 FRP 格柵陰井及框座	組				
	210kgf/cm² 預拌混凝土	m³				
	140kgf/cm² 預拌混凝土	m³				
	基礎模板製作及裝拆	m²				
	鋼筋加工及組立	T				
	夯實	m²				
	大工	工				
	小工	工				
	工具損耗及零星工料	式				
	小　計	座				
2-21-4	汲水筏洗手台					
	舊式汲水筏	組				
	花崗岩塊	塊				
	140kgf/cm² 混凝土	m³				
	碎石級配（夯實）	m³				
	抿石子	m²				
	Ø 5cm PVC 排水管	式				
	挖土	m³				
	回填土及殘土處理	m³				
	鑿井或給水工程	式				
	夯實	m²				
	大工	工				
	小工	工				
	工具損耗及零星工料	式				
	小　計	座				
2-21-5	馬賽克洗手台					
	210kgf/cm² 預拌混凝土	m³				
	140kgf/cm² 預拌混凝土	m³				
	普通模板，一般工程用	m²				
	#3 鋼筋，SD280，連工帶料	kg				
	#3@15cm 箍筋	kg				
	1：3 水泥砂漿，連工帶料	m³				
	不鏽鋼按壓式水龍頭出水組，含安裝	組				
	鋪貼壁磚（瓷質馬賽克面磚，一級品）	m²				
	夯實	m²				
	大工	工				
	小工	工				

項次	項目及說明	單位	工料數量	單價	複價	備註
	工具損耗及零星工料	式				
	小　計	座				

22 垃圾桶（Litter Bins）

垃圾桶係提供使用者丟棄果皮、紙屑等廢棄品之構造物。垃圾容器屬於功能性的公共設施，是維護環境整潔最重要且最常見的衛生設施。藉由垃圾桶造型、色彩的設計和數量及位置之配置，可以美化環境，並締造視覺創意和驚豔的效果。

（一）垃圾桶配置原則

1. 垃圾桶的位置應以可及性高、便於使用且易於發現為原則。
2. 配合休憩區、步道及廣場設置。
3. 配合戶外活動區人潮多寡配置數量。
4. 如設於步道旁，每隔 50m 設置一個為原則。
5. 如設在廣場，每隔 30m 設置一個為原則。

（二）垃圾桶設計原則

1. 配合休息區、座椅及野餐烤肉區配置。
2. 避免影響周遭環境。
3. 構造力求簡單。
4. 設計具有創意性。
5. 易於維養及更換。

（三）垃圾桶設計準則

1. 高度不得低於 60cm。
2. 能符合專用垃圾袋規格大小。
3. 造型和風格、色彩與環境相協調。
4. 開口大小需適當。
5. 要能穩固於地上。
6. 桶內應設洩水孔或鏤空。
7. 應以使用堅固且簡單的構造為主。
8. 應考慮天氣變化及清理頻率。
9. 可作為公共藝術設計。

(四) 垃圾桶材料選擇準則

1. 可回收再利用性。

2. 外觀材料須易於維護。

3. 內部材料應容易清理。

4. 質感及色彩須與周遭環境協調。

5. 使用的材料須具有地方特性。

(五) 垃圾桶的種類

1. 依型式分：

⑴有蓋式：週轉蓋、上蓋。

⑵無蓋式。

⑶內槽外箱分離式。

2. 依材料分：

⑴木製。

⑵竹製。

⑶紅磚製。

⑷FRP 製。

⑸陶製。

⑹RC 製。

⑺玻璃纖維仿木製。

⑻金屬製：鋁合金、鐵板、鑄板、不鏽鋼。

⑼組合式。

3. 依安置方法分：

⑴柱固定。

⑵支架固定。

4. 依使用形式分：

⑴提耳式。

⑵平口式。

⑶提耳式＋綁繩。

⑷拖桶式。

⑸折疊式分類回收架。

(六) 垃圾桶相關法規及標準

1. 內政部營建署，2003，市區道路人行道設計手冊，第四章規劃設計準則之 4.8 街道傢俱之 (六) 垃圾桶。
2. 交通部，2020，公路景觀設計規範，第六章公路景觀設施之 6.5 街道傢俱。
3. 臺中市政府，2015，臺中市公共場所及營業場所資源回收桶設置辦法。

(七) 以下施工圖樣僅供參考，實際應用仍須因地制宜作適度調整。

參考文獻

1. 王小璘、何友鋒，1993，觀光農園設施物圖樣參考圖集，臺灣省政府農林廳，p.228。
2. 王小璘、何友鋒，1999，公園綠地規劃設計準則研究，內政部營建署，p.186。
3. 王小璘、何友鋒，1999，景觀設施專業施工、監造制度研究，內政部營建署，p.380。
4. 王小璘、何友鋒，2000，彰化縣二林鎮觀光酒廠規劃報告，彰化縣政府，p.220。
5. 王小璘、何友鋒，2001，觀光農園公共設施物圖集，行政院農業委員會，p.402。
6. 王小璘、何友鋒，2002，石崗鄉保健植物教育農園規劃設計及景觀改善，行政院農委會，p.105。
7. 交通部，2020，公路景觀設計規範，交通技術標準規範公路類公路工程部。
8. 內政部營建署，2003，市區道路人行道設計手冊。
9. 臺中市政府，2015，臺中市公共場所及營業場所資源回收桶設置辦法。
10. 臺北市專用垃圾袋資訊服務網
    http://www.wenshop.com.tw/taipeicity/Introduction.htm。

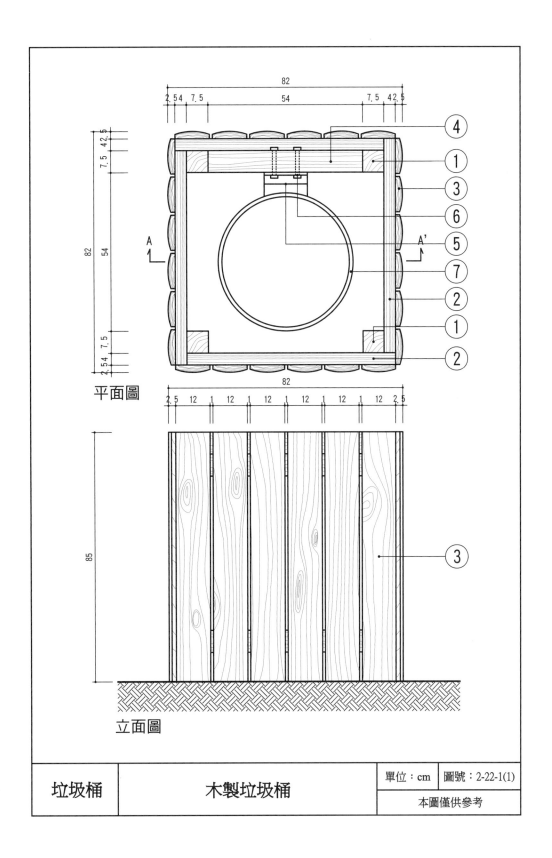

平面圖

立面圖

垃圾桶	木製垃圾桶	單位：cm	圖號：2-22-1(1)
		本圖僅供參考	

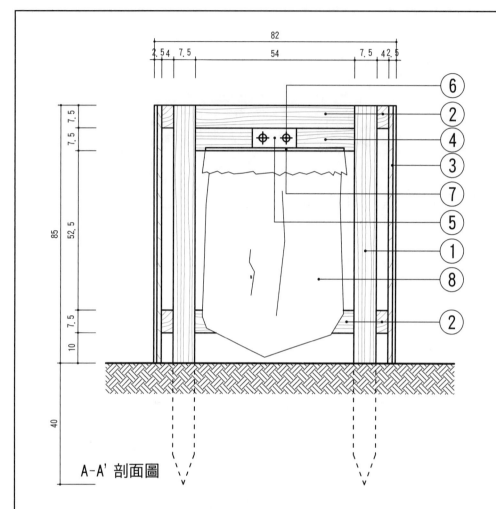

A-A' 剖面圖

1. 7.5×7.5×125cm實木立柱，經防腐處理，面刷護木油，末端削尖埋入土中 40cm深(註)。土壤整平夯實，夯實度85%以上。

2. 4×7.5×73cm實木橫梁，經防腐處理，面刷護木油。

3. 2.5×12×85cm實木面板，經防腐處理，面刷護木油，以 2號套頭釘固定於 支架上。

4. 7.5×7.5×54cm實木補強橫梁，經防腐處理，面刷護木油。

5. L形可掀式活動不鏽鋼固定鐵件。

6. φ1.6cm不鏽鋼螺栓。

7. φ1.6cm不鏽鋼垃圾袋圓框。

8. 垃圾袋。

註：亦可採用玻璃纖維仿木。

垃圾桶	木製垃圾桶	單位：cm	圖號：2-22-1(2)
			本圖僅供參考

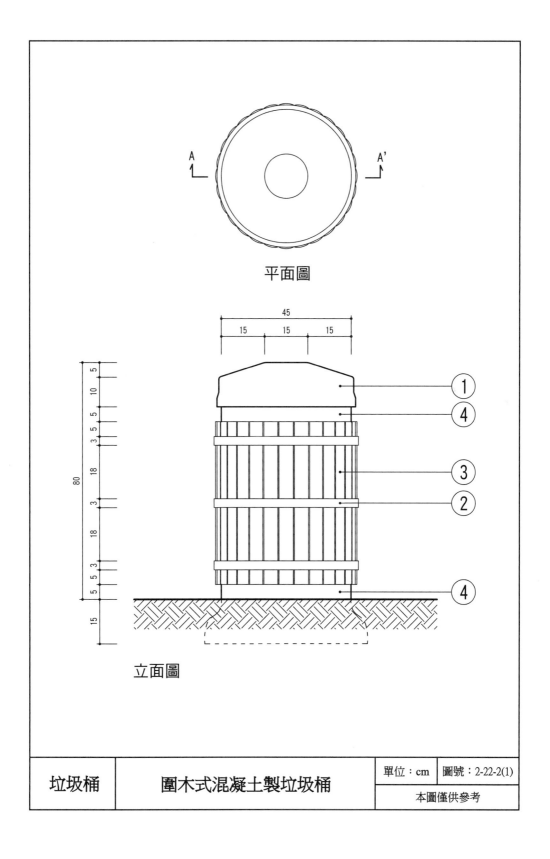

平面圖

立面圖

垃圾桶	圍木式混凝土製垃圾桶	單位：cm	圖號：2-22-2(1)
		本圖僅供參考	

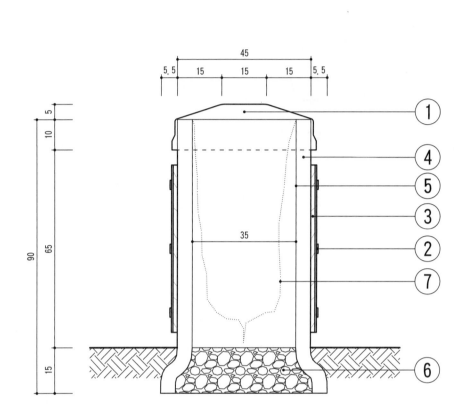

A-A' 剖面圖

1. φ45cm GRP鏤空頂蓋。
2. 3×0.5cm厚，鐵環三片緊束實木飾板。
3. 5×2.5×55cm實木飾板，經防腐處理，面刷護木油。
4. φ45×90×5cm厚，預鑄混凝土垃圾桶。
5. φ35×75cm金屬製鏤空襯桶。
6. 15cm厚，碎石級配層夯實。底土夯實，夯實度85%以上。
7. 垃圾袋。

垃圾桶	圍木式混凝土製垃圾桶	單位：cm	圖號：2-22-2(2)
		本圖僅供參考	

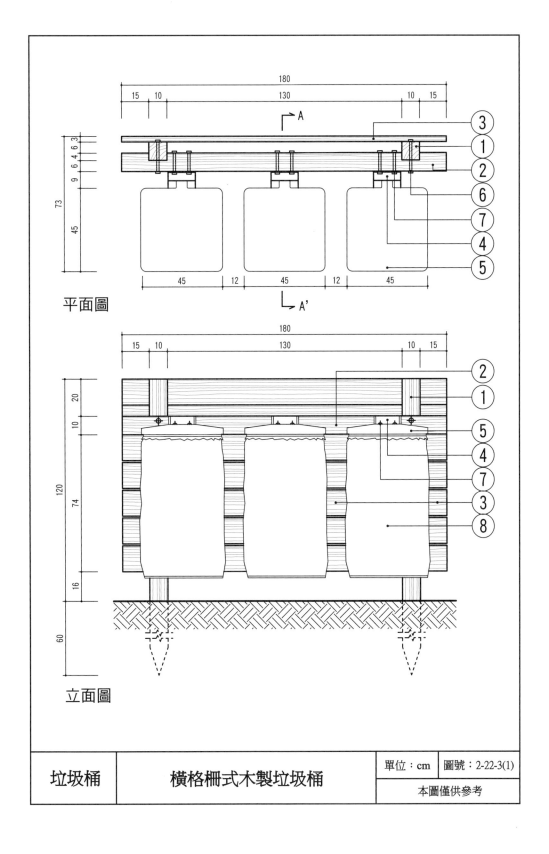

平面圖

立面圖

垃圾桶	橫格柵式木製垃圾桶	單位：cm	圖號：2-22-3(1)
		本圖僅供參考	

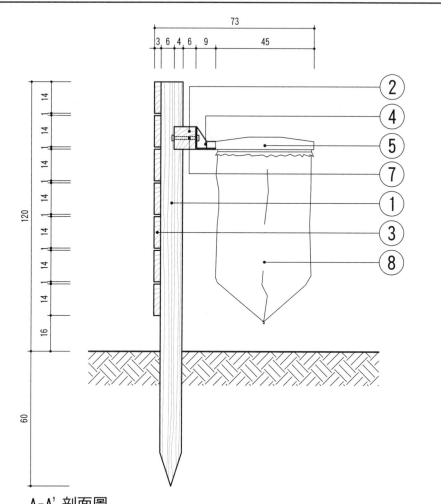

A-A' 剖面圖

1. 10×10×180cm實木支柱，經防腐處理，面刷護木油，末端削尖埋入土中 60cm深。底土整平夯實，夯實度85%以上。

2. 10×10×180cm實木橫梁，經防腐處理，面刷護木油。

3. 3×14×180cm實木木板，經防腐處理，面刷護木油，以 3/8"木牙螺栓固 定。

4. 不鏽鋼L形固定鐵件。

5. 45×45cm GRP可掀式垃圾桶蓋。

6. φ1.6cm不鏽鋼螺栓，每處二支。

7. φ1.3cm不鏽鋼螺栓，每處二支。

8. 垃圾袋。

垃圾桶	橫格柵式木製垃圾桶	單位：cm	圖號：2-22-3(2)
		本圖僅供參考	

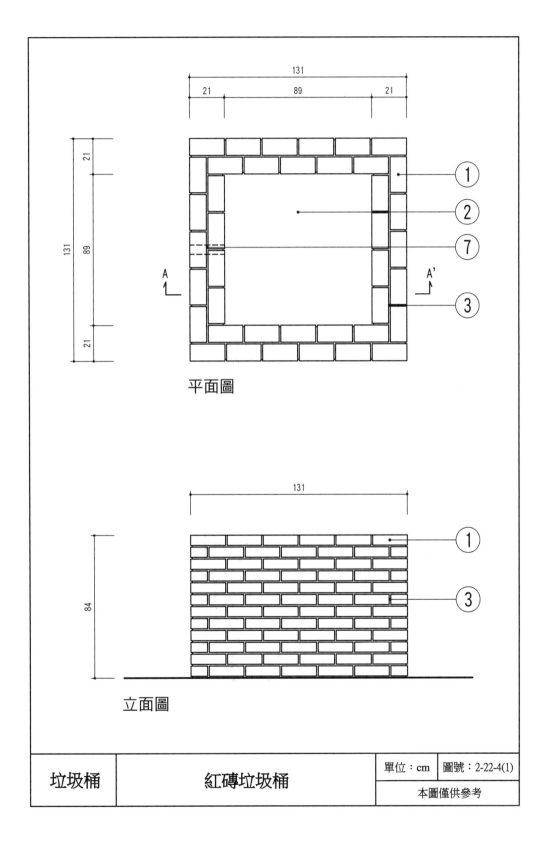

平面圖

立面圖

垃圾桶	紅磚垃圾桶	單位：cm	圖號：2-22-4(1)
		本圖僅供參考	

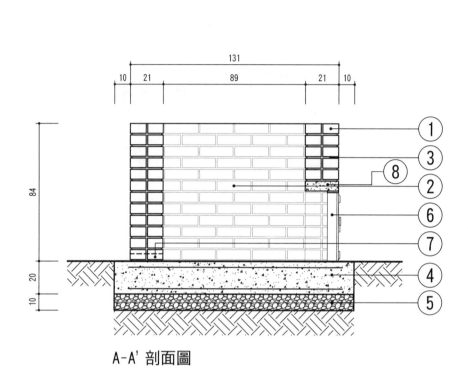

A-A' 剖面圖

1. 21×10×6cm紅磚塊平砌垃圾桶。

2. 89×89×84cm磚造垃圾桶內部鏤空，放置垃圾。

3. 1cm厚，1：3水泥砂漿黏貼。

4. 20cm厚，#3@20cm鋼筋雙層雙向，210kgf/cm²(3000psi)混凝土基座。

5. 10cm厚，碎石級配。底土整平夯實，夯實度85%。

6. 40×42×7cm活動式金屬門，方便垃圾的處理。

7. φ5cm PVC排水管。

8. 6cm厚，140kgf/cm²(2000psi)混凝土層。

垃圾桶	紅磚垃圾桶	單位：cm	圖號：2-22-4(2)
		本圖僅供參考	

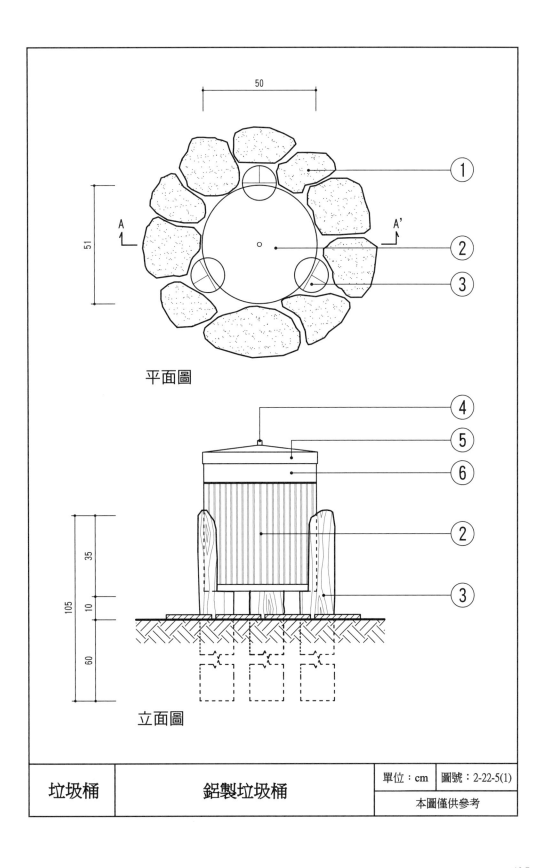

平面圖

立面圖

垃圾桶	鋁製垃圾桶	單位：cm	圖號：2-22-5(1)
		本圖僅供參考	

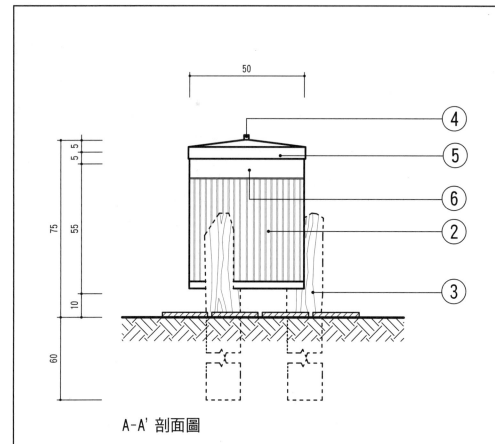

A-A' 剖面圖

1. 15〜30cm厚，天然石片鋪面。

2. φ50×1.5cm厚，預鑄鋁製垃圾桶。

3. φ15cm實木木樁三支，經防腐處理，面刷護木油，向內嵌入10×60cm，頂端45度切斜角，埋入土中深度60cm。底土夯實，夯實度85%以上。（註）

4. φ2cmㄇ字型鋁製垃圾桶蓋柄。

5. 5cm寬，預鑄鋁製垃圾桶蓋頂蓋收邊。

6. 8cm寬，預鑄鋁製垃圾桶收邊。

註：亦可採用玻璃纖維仿木。

垃圾桶	鋁製垃圾桶	單位：cm	圖號：2-22-5(2)
		本圖僅供參考	

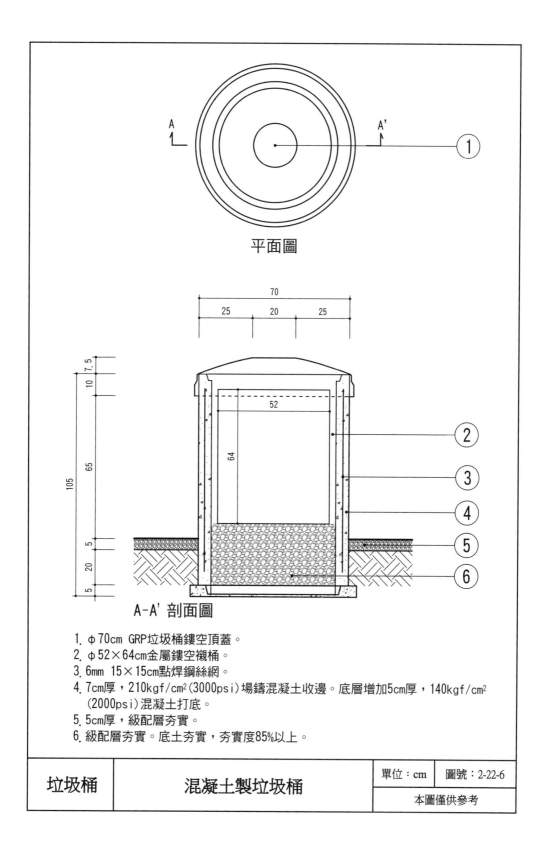

平面圖

A-A' 剖面圖

1. φ70cm GRP垃圾桶鏤空頂蓋。
2. φ52×64cm金屬鏤空襯桶。
3. 6mm 15×15cm點焊鋼絲網。
4. 7cm厚，210kgf/cm² (3000psi)場鑄混凝土收邊。底層增加5cm厚，140kgf/cm²
   (2000psi)混凝土打底。
5. 5cm厚，級配層夯實。
6. 級配層夯實。底土夯實，夯實度85%以上。

垃圾桶	混凝土製垃圾桶	單位：cm	圖號：2-22-6
		本圖僅供參考	

┃ 表 2-22　垃圾桶單價分析表

項次	項目及說明	單位	工料數量	單價	複價	備註
2-22-1	木製垃圾桶					
	實木立柱	支				
	實木橫梁	支				
	實木面板	支				
	實木補強橫梁	支				
	防腐處理、護木油	式				
	不鏽鋼圓框（含固定鐵件）	組				
	零料五金	式				
	夯實	m²				
	大工	工				
	小工	工				
	工具損耗及零星工料	式				
	小　計	座				
2-22-2	圍木式混凝土製垃圾桶					
	挖土	m³				
	回填土及殘土處理	m³				
	鐵環	片				
	實木飾板	支				
	防腐處理、護木油	式				
	預鑄混凝土製垃圾桶	只				
	GRP 垃圾桶鏤空頂蓋	只				
	金屬製鏤空襯桶	只				
	碎石級配	m³				
	夯實	m²				
	大工	工				
	小工	工				
	工具損耗及零星工料	式				
	小　計	座				
2-22-3	橫格柵式木製垃圾桶					
	實木支柱	支				
	實木橫梁	支				
	實木木板	支				
	防腐處理、護木油	式				
	Ø 1.6cm 不鏽鋼螺栓	支				
	Ø 1.3cm 不鏽鋼螺栓	支				
	L 型不鏽鋼配件	組				
	GRP 可掀式垃圾桶蓋	組				
	零料五金	式				

項次	項目及說明	單位	工料數量	單價	複價	備註
	夯實	m²				
	大工	工				
	小工	工				
	工具損耗及零星工料	式				
	小　計	座				
2-22-4	紅磚垃圾桶					
	挖土	m³				
	回填土及殘土處理	m³				
	紅磚	塊				
	1：3 水泥砂漿	m³				
	210kgf/cm² 混凝土基座	m³				
	#3@20cm 鋼筋雙層雙向	kg				
	140kgf/cm² 混凝土	m³				
	碎石級配層	m³				
	活動式金屬門	樘				
	Ø 5cm PVC 排水管	支				
	夯實	m²				
	大工	工				
	小工	工				
	工具損耗及零星工料	式				
	小　計	座				
2-22-5	鋁製垃圾桶					
	實木製木樁	支				
	防腐處理、護木油	式				
	預鑄鋁製垃圾桶（含桶蓋）	只				
	天然石片	片				
	挖土	m³				
	回填土及殘土處理	m³				
	夯實	m²				
	大工	工				
	小工	工				
	工具損耗及零星工料	式				
	小　計	座				
2-22-6	混凝土製垃圾桶					
	挖土	m³				
	回填土及殘土處理	m³				
	預鑄混凝土製垃圾桶	只				
	GRP 垃圾桶鏤空頂蓋	只				
	金屬製鏤空襯桶	只				

項次	項目及說明	單位	工料數量	單價	複價	備註
	點焊鋼絲網， D = 6mm，15×15cm	m²				
	210kgf/cm² 場鑄混凝收邊	m³				
	140kgf/cm² 混凝土	m³				
	碎石級配層（5cm）	m³				
	碎石級配層（18.5cm）	m³				
	夯實	m²				
	大工	工				
	小工	工				
	工具損耗及零星工料	式				
	小　計	座				

Ⅶ

水電設施
（Water and Electrical Facilities）

23 燈具（Lightings）

　　光是人們感知周遭環境的重要媒介之一，它不僅提高夜間的方便和安全，且可隨著光影的變化產生各種不同的環境氣氛、美感和體驗。燈光本身也可以成為一個活動的藝術品，配合不同的環境屬性而營造不同的風格。燈具係指用於車道、步道、庭園等處，提供夜間照明用之設備。燈柱和基座透過良好的設計，可以引人注目，並可增加空間的垂直度。

（一）常用的燈具種類

 1. 依用途分：

  ⑴照明用（車道、步道和庭園等）。

  ⑵裝飾用（腳燈、矮燈和線燈等）。

  ⑶指示用（標誌、號誌和解說等）。

 2. 依燈泡種類分：

  ⑴白熾燈。

  ⑵鹵素燈。

  ⑶低壓螢光燈。

  ⑷低壓鈉燈。

  ⑸高壓螢光燈。

  ⑹高壓鈉燈。

  ⑺LED 燈。

  ⑻感應照明燈。

 3. 依結構分：

⑴造型亮燈（公園、園道、步道等）。

⑵共桿亮燈（車道、人行道等）。

（二）燈具設置原則

1. 設置位置應不影響且不突出行進動線。

2. 應考量不同物種之棲息特性。

3. 避免影響夜行性生物之棲息場所。

4. 避免直接照射植物，而影響其生長生理週期，如照樹燈。

5. 若因安全需求而設置，需另加以遮光板罩避免影響周遭環境及生態。

（三）燈具配置原則

1. 一般性原則：

⑴不同區域使用燈具應有不同照度設計：

活動廣場、運動場及遊戲區平均照度	20Lux
一般區域	3Lux
步道及自行車道	5Lux
階梯	7Lux

⑵公共空間之景觀照明，建議燈光色溫為 3000k～4000k，演色性（Ra）值須大於 60。

⑶同一路段之照明設施設計應力求一致（包括光源、燈具型式等），以減少後續維護管養成本及維修便利性。

⑷因應節能及離峰時間使用，需以跳盞多迴路設計。

2. 功能性原則：

⑴車道燈：

A. 增加夜間的安全性和辨識性。

B. 儘可能避免受到周遭環境的影響而降低照明的功能。

C. 每隔 5～10m 設置一座。

D. 燈具與有濃密樹冠的喬木應保持 7m 的距離為宜。

E. 燈具照明須避免影響周遭環境生態及生物棲息地。

F. 車道或道路之交叉口，應設置三至四盞放射式燈具，以確保交通安全。

G. 投光避免朝向鄰近建築物。

⑵步道燈：

    A. 增加夜間的安全性和辨識性。

    B. 儘可能避免受到周遭環境的影響而降低照明的功能。

    C. 每隔 5 ～ 10m 設置一座。

    D. 需要設置之處包括地形高差有變化之處、階梯及臺階起迄點、戶外活動區等。

    E. 燈具與有濃密樹冠的喬木應保持 5 ～ 6m 的距離為宜。

    F. 燈具照明須避免影響周遭環境生態及生物棲息地。

    G. 投光避免朝向鄰近建築物。

⑶庭園燈：

    A. 考量周遭環境狀況，選擇適當的位置、間距、高度、型式、照度及投光方向等。

    B. 須不影響周遭植物之生理及正常生長。

    C. 選擇適當區位，藉由夜間照明營造意境、裝點美景。

    D. 點綴用的庭園燈須配合植栽、座椅和步道設置。

⑷停車場及廣場：

    A. 照射空間範圍之進出口、轉彎處、重要及次要動線之交會處應設置高燈，以確保行人及車行之安全。

    B. 考量照射基地範圍之大小及周遭環境狀況，選擇適當的燈具位置、間距、高度、型式、照度及投光方向等。

    C. 光源須視植物種類與樹冠應保持適當距離。

（四）燈具設計準則

1. 一般性準則：

    ⑴同一基地以不超過二種造型為宜。

    ⑵高燈可採用共桿型式附掛指標和旗幟。

    ⑶人行道側照明，可以共桿附掛於路燈方式設置。

    ⑷高燈燈罩不低於 2.5m，短燈不低於 1m。

    ⑸構造宜簡約及容易維護。

2. 功能性準則：

    ⑴車道燈：

A. 高度約爲 3.5 ～ 4m 之間。

B. 宜採用放射式燈具，以達到均勻的亮度。

C. 照明度宜在 150W 以下。

D. 在車道或道路的交叉口，可設置三至四盞放射式燈具，以確保交通的安全。

E. 投光方向避免直接照射樹木。

(2) 步道燈：

A. 高度約爲 2.8 ～ 3m 之間。

B. 燈具以單燈單光源爲宜，且避免過於刺眼。

C. 照明度宜在 75W 以下。

D. 投光方向避免直接照射樹木及灌叢。

E. 燈光以黃、白色調爲宜，避免使用紅、藍、綠等色光。

F. 利用燈具造型、色彩與質感，營造地方自明性。

(3) 庭園燈：

A. 高度約爲 40 ～ 60cm 之間。

B. 燈具宜採用反射式，如爲重點照明，則可採用投射式。

C. 燈具應採用白色燈具，以免影響庭園的視覺效果。並應避免使用多光源型式。

D. 投光方向避免直接照射樹木及灌叢。

E. 利用燈具造型、色彩與質感，營造地方自明性。

(4) 停車場：

A. 光源應與樹冠保持 7m 的距離。

B. 停車空間及車道之地面照度基準爲 30Lux。

C. 車道出入口地面照度基準爲 100Lux。

D. 基地內通路之地面照度基準爲 60Lux。

(五) 燈具材料選擇原則

1. 燈具需耐用、易維護，且亮度應適當，避免過度刺眼影響視覺。

2. 儘量選擇節能燈具。

3. 庭園燈應考慮燈具的防水效果。

4. 地燈和腳燈應選擇較堅固的材質，避免遭受不必要的撞擊而損壞。

5. 色彩以黑灰白爲原則。

6. 位於特殊區域則採用與環境融合之低彩度低亮度塗裝。

7. 爲營造區域自明性，可以創意性設計搭配。

8. 如爲共桿高燈應具擴充性。

(六) 照明相關法規及標準

1. 經濟部中央標準局，1987，中國國家標準 CNS 12112 照度標準。

2. 內政部營建署，2003，市區道路人行道設計手冊，第四章規劃設計準則之 4.8 街道傢俱之 (三) 照明設施。

3. 交通部，2015，交通工程規範，自行車道與一般公路共用時，參照第七章公路照明。

4. 交通部運輸研究所，2017，自行車道系統規劃設計參考手冊（2017 年修訂版），第五章車道舖面暨附屬設施設計之 5.9 自行車道照明。

5. 交通部，2020，公路景觀設計規範，第五章公路附屬設施之景觀之 5.3 照明設施。

6. 內政部，2022，市區道路及附屬工程設計規範（111 年 2 月修訂版），自行車道與人行道共用設置於市區道路時，參照第三篇道路附屬工程設計第十九章道路照明。

7. 全國法規資料庫，2022，建築技術規則建築設計施工編第 116-3 條規定。

8. 2023 最新 CNS 國家照度標準表，https://www.ezneering.com。

(七) 以下施工圖樣僅供參考，實際應用仍須因地制宜作適度調整。

參考文獻

1. 王小璘，2001，王功漁港港區照明、親水及安全設施工程規劃設計，彰化縣政府。

2. 王小璘、何友鋒，1999，公園綠地規劃設計準則研究，內政部營建署，p.186。

3. 王小璘、何友鋒，1999，景觀設施專業施工、監造制度研究，內政部營建署，p.380。

4. 王小璘、何友鋒，2000，彰化縣二林鎮觀光酒廠規劃報告，彰化縣政府，p.220。

5. 王小璘、何友鋒，2002，台中市自行車專用道系統之研究計畫，臺中市政府，p.515。

6. 王小璘、何友鋒，2013，101年台中港路──臺灣大道景觀旗艦計畫成果報告，臺中市政府，p.160。

7. 內政部營建署，2003，市區道路人行道設計手冊。

8. 內政部營建署，2022，市區道路及附屬工程設計規範（111年2月修訂版）。

9. 交通部，2020，公路景觀設計規範，交通技術標準規範公路類公路工程部。

10. 交通部，2015，交通工程規範，交通技術標準規範公路類公路工程部。

11. 全國法規資料庫，2022，建築技術規則建築設計施工編第116-3條規定。

12. 何友鋒、王小璘，2011，台中生活圈高鐵沿線及筏子溪自行車道建置工程委託設計監造案，臺中市政府。

13. 經濟部中央標準局，1987，中國國家標準CNS 12112照度標準。

14. 臺中市政府建設局，2021，臺中美樂地指引手冊。

15. 良品工研所，2023，最新CNS國家照度標準表
https://www.ezneering.com。

16. 經濟部標準檢驗局花蓮分局
https://hualien.bsmi.gov.tw/wSite/mp?mp=8。

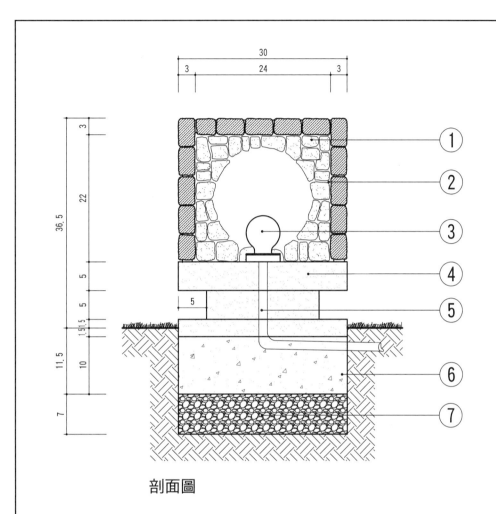

剖面圖

1. 5×5×3cm天然石塊立砌方體構造，四邊設φ17cm孔洞作為燈窗，固定庭園燈頂蓋。

2. 2cm厚，粗砂黏貼層。

3. 省電燈泡。

4. 30×30×13cm H型場鑄混凝土燈具基座，φ1～1.5cm基座管徑中空置入PVC管，埋入土中深度1.2cm以上。

5. φ2cm PVC管內部裝燈通線，電線需用防水外被。

6. 10cm厚，140kgf/cm²(2000psi)混凝土底層。

7. 7cm厚，碎石級配層。底土夯實度85%以上。

燈具	天然石塊製庭園燈	單位：cm	圖號：2-23-1
		本圖僅供參考	

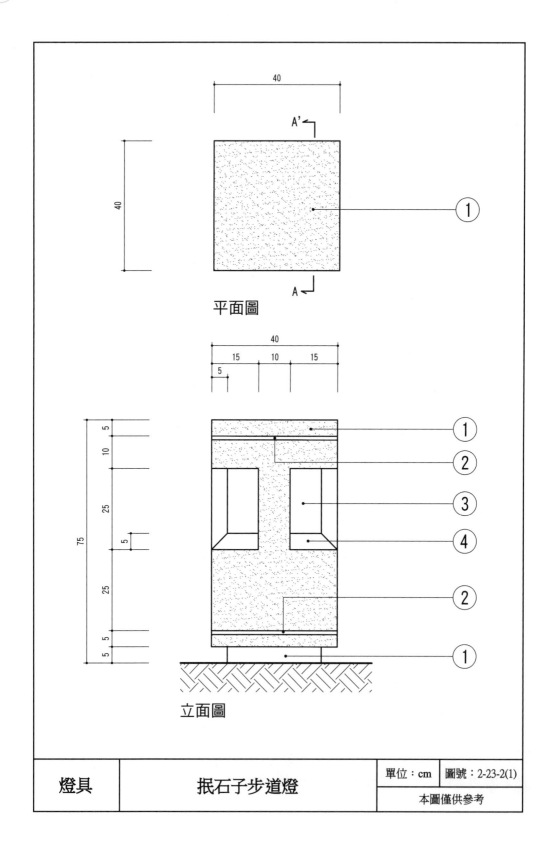

平面圖

立面圖

燈具	抿石子步道燈	單位：cm	圖號：2-23-2(1)
		本圖僅供參考	

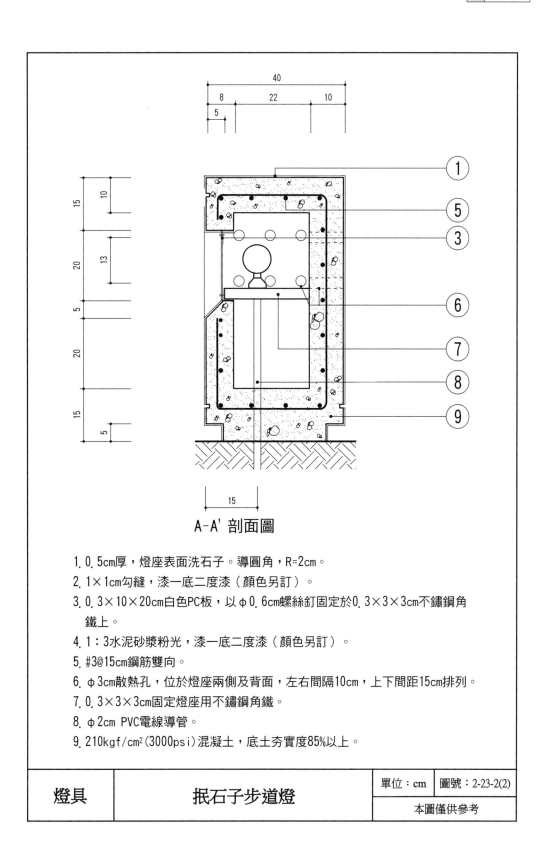

A-A' 剖面圖

1. 0.5cm厚，燈座表面洗石子。導圓角，R=2cm。

2. 1×1cm勾縫，漆一底二度漆（顏色另訂）。

3. 0.3×10×20cm白色PC板，以φ0.6cm螺絲釘固定於0.3×3×3cm不鏽鋼角鐵上。

4. 1:3水泥砂漿粉光，漆一底二度漆（顏色另訂）。

5. #3@15cm鋼筋雙向。

6. φ3cm散熱孔，位於燈座兩側及背面，左右間隔10cm，上下間距15cm排列。

7. 0.3×3×3cm固定燈座用不鏽鋼角鐵。

8. φ2cm PVC電線導管。

9. 210kgf/cm² (3000psi)混凝土，底土夯實度85%以上。

燈具	抿石子步道燈	單位：cm	圖號：2-23-2(2)
		本圖僅供參考	

429

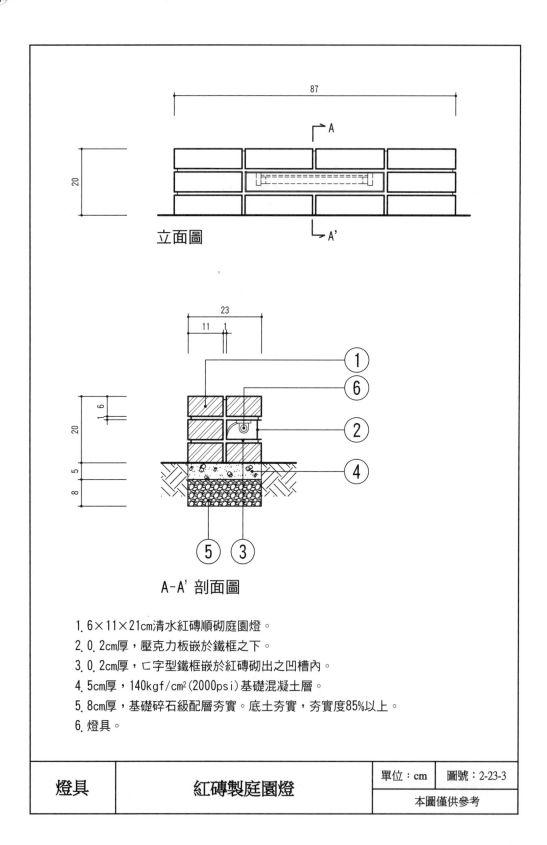

立面圖

A-A' 剖面圖

1. 6×11×21cm清水紅磚順砌庭園燈。
2. 0.2cm厚,壓克力板嵌於鐵框之下。
3. 0.2cm厚,ㄈ字型鐵框嵌於紅磚砌出之凹槽內。
4. 5cm厚,140kgf/cm²(2000psi)基礎混凝土層。
5. 8cm厚,基礎碎石級配層夯實。底土夯實,夯實度85%以上。
6. 燈具。

燈具	紅磚製庭園燈	單位:cm	圖號:2-23-3
		本圖僅供參考	

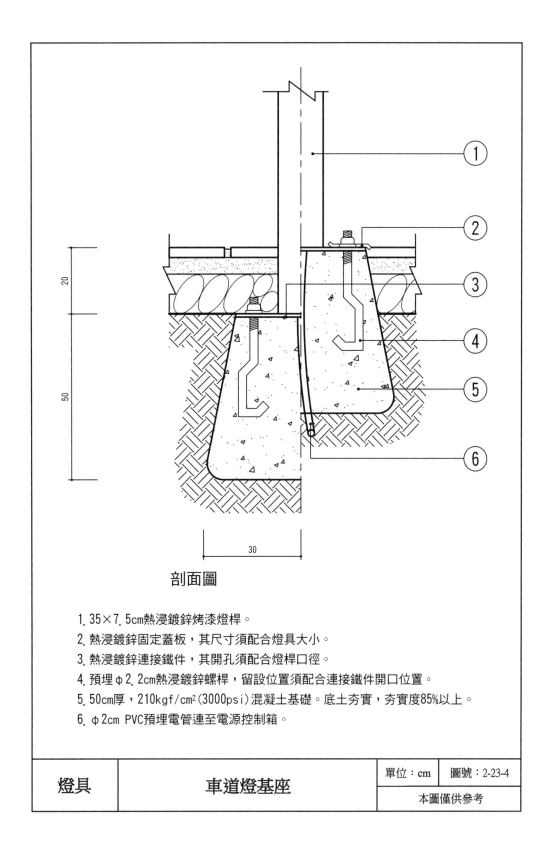

剖面圖

1. 35×7.5cm熱浸鍍鋅烤漆燈桿。

2. 熱浸鍍鋅固定蓋板，其尺寸須配合燈具大小。

3. 熱浸鍍鋅連接鐵件，其開孔須配合燈桿口徑。

4. 預埋φ2.2cm熱浸鍍鋅螺桿，留設位置須配合連接鐵件開口位置。

5. 50cm厚，210kgf/cm²(3000psi)混凝土基礎。底土夯實，夯實度85%以上。

6. φ2cm PVC預埋電管連至電源控制箱。

燈具	車道燈基座	單位：cm	圖號：2-23-4
		本圖僅供參考	

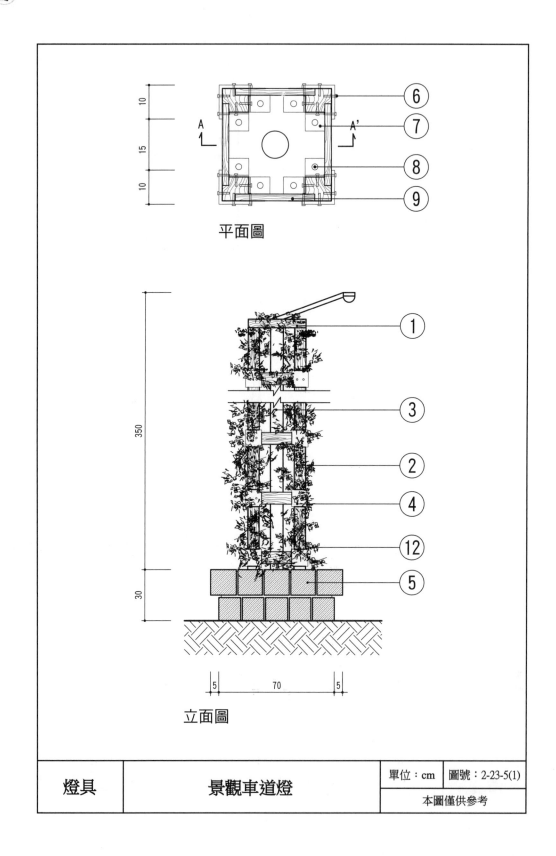

平面圖

立面圖

燈具	景觀車道燈	單位：cm	圖號：2-23-5(1)
		本圖僅供參考	

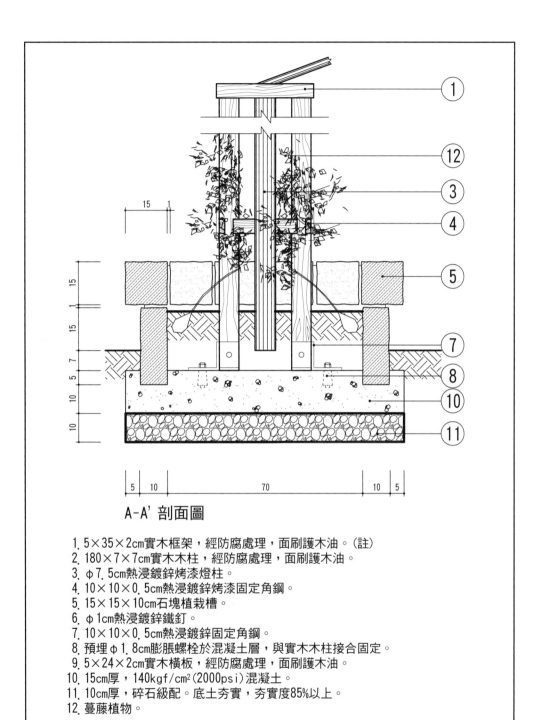

A-A' 剖面圖

1. 5×35×2cm實木框架，經防腐處理，面刷護木油。(註)
2. 180×7×7cm實木木柱，經防腐處理，面刷護木油。
3. φ7.5cm熱浸鍍鋅烤漆燈柱。
4. 10×10×0.5cm熱浸鍍鋅烤漆固定角鋼。
5. 15×15×10cm石塊植栽槽。
6. φ1cm熱浸鍍鋅鐵釘。
7. 10×10×0.5cm熱浸鍍鋅固定角鋼。
8. 預埋φ1.8cm膨脹螺栓於混凝土層，與實木木柱接合固定。
9. 5×24×2cm實木橫板，經防腐處理，面刷護木油。
10. 15cm厚，140kgf/cm² (2000psi)混凝土。
11. 10cm厚，碎石級配。底土夯實，夯實度85%以上。
12. 蔓藤植物。

註：亦可採用玻璃纖維仿木。

燈具	景觀車道燈	單位：cm	圖號：2-23-5(2)
		本圖僅供參考	

433

▊ 表 2-23　燈具單價分析表

項次	項目及說明	單位	工料數量	單價	複價	備註
2-23-1	天然石塊製庭園燈					
	挖土	m³				
	回填土及殘土處理	m³				
	天然石塊	m³				
	1：3 水泥砂漿	m³				
	H 型預鑄混凝土基座	m³				
	Ø 2cm PVC 管	式				
	140kgf/cm² 混凝土	m³				
	碎石級配	m³				
	燈具	只				
	模板	m²				
	夯實	m²				
	大工	工				
	小工	工				
	工具損耗及零星工料	式				
	小　計	座				
2-23-2	抿石子步道燈					
	表面洗石子	m²				
	1：3 水泥砂漿	m³				
	白色晴雨漆	m				
	白色 PC 板	塊				
	螺絲釘	支				
	不鏽鋼角鐵	支				
	白色晴雨漆	m²				
	#3@15cm 鋼筋雙向	kg				
	Ø 2cm PVC 電線導管	支				
	210kgf/cm² 混凝土	m³				
	清水模板	m²				
	燈具	只				
	夯實	m²				
	大工	工				
	小工	工				
	工具損耗及零星工料	式				
	小　計	座				
2-23-3	紅磚製庭園燈					
	挖土	m³				
	回填土及殘土處理	m³				
	清水紅磚	塊				

項次	項目及說明	單位	工料數量	單價	複價	備註
	1：3 水泥砂漿勾縫	m³				
	壓克力板	才				
	鐵框	組				
	140kgf/cm² 混凝土	m³				
	碎石級配	m³				
	燈具（含燈座）	只				
	夯實	m²				
	大工	工				
	小工	工				
	工具損耗及零星工料	式				
	小　計	座				
2-23-4	車道燈基座					
	挖土	m³				
	熱浸鍍鋅烤漆燈桿	支				
	熱浸鍍鋅蓋板	塊				
	熱浸鍍鋅鐵件	塊				
	熱浸鍍鋅螺桿	支				
	Ø 2.2cm 預埋熱浸鍍鋅螺桿	支				
	210kgf/cm² 混凝土	m³				
	夯實	m²				
	大工	工				
	小工	工				
	工具損耗及零星工料	式				
	小　計	座				
2-23-5	景觀車道燈					
	挖土	m³				
	回填土及殘土處理	m³				
	實木框架	支				
	實木木柱	支				
	實木橫板	支				
	防腐處理、護木油	式				
	Ø 7.5cm 熱浸鍍鋅烤漆燈柱	支				
	熱浸鍍鋅角鋼	根				
	天然石	塊				
	Ø 1cm 鍍鋅鐵釘	支				
	Ø 1.8cm 膨脹螺栓	根				
	140kgf/cm² 混凝土	m³				
	碎石級配	m³				
	燈具	具				

項次	項目及說明	單位	工料數量	單價	複價	備註
	夯實	m^2				
	大工	工				
	小工	工				
	工具損耗及零星工料	式				
	小　計	座				

24 排水設施（Drainage Facilities）

排水工程係指景觀地形工程中與排水有關之施工作業，使降雨能有效的爲排水系統收集，減少降雨產生之逕流對基地土壤的沖蝕。

排水設施可分爲有蓋、無蓋兩種。有蓋排水設施主要包括排水溝渠、水溝蓋板及陰井。無蓋排水設施則不含水溝蓋板。排水溝係由透水管及溝槽內回填之濾層或由地工織物所包裹之透水材料所構成，可提供景區及道路完善的排水，避免積水、髒亂的情形發生。水溝蓋板則提供排水溝維修口。陰井係基於進排水、沉沙、雜物清理、溝渠轉換考量，於排水渠道間製作之有蓋混凝土容器式構造物。

（一）常用排水設施

1. 混凝土排水溝：係以現場澆注混凝土而成之排水溝渠。
2. 漿砌卵石溝：係以混凝土砌卵石於溝渠邊坡上而作成之排水溝渠。
3. 草溝：係以卵石鋪底，上覆表土並植草，使其有自然形貌之排水溝渠。

（二）排水設施設計原則

1. 通則：
   (1) 除特殊乾旱地區或須考慮生態工程之路段外，排水設施依地區降雨特性所研選頻率之降雨強度、道路種類之等級、排水溝造物、風險損失等因素，採合理化公式或其他適用方法推算。
   (2) 配合區域性排水系統或雨水下水道系統設計之。
   (3) 無區域排水系統或雨水下水道系統則依舖面廣場或道路集水面積範圍所需容納排水量設計之。
2. 排水溝渠：
   (1) 順應地形設置排水溝渠。
   (2) 排水設施以採重力式排水爲原則，但受地形高程限制者，得依需要設置抽水設備或採壓力管流架相關設計。
   (3) 在兩條排水溝渠交會處，需將不同方向的排水口錯開，以免汙水倒灌。
   (4) 不同頻率之流量需求有流量紀錄者，由歷年流量資料推算；僅有雨量紀錄者，由雨量資料依雨量與逕流之關係，間接推求；在無紀錄地區，得以經驗公式決定。

(5)排水設施如與其他水路共用時，其斷面尺寸應爲原設計流量加上共用水路之流量。

(6)溝渠及箱（管）涵設計應考量排水斷面、水位或水深、計算方程式、最小出水高度需求、粗糙係數、設計流速限制、最小斷面要求及人孔佈設。

(7)L 型側溝之進水口應設置於道路交叉口及路面或廣場局部最低點、豎曲線最低點及其前後約 3m 處或地下道入口處。

(8)設計流量推算，設計者宜訪談當地居民是否有暴雨淹水紀錄及調查原有區域排水溝渠斷面尺寸，並考量集水區之未來土地利用情形；條件許可時，應採保守方式推算。

3. 水溝蓋板：

(1)排水口的設置必須配合舖面，並保持表面的平整。

(2)排水口應與路緣石作整體設計，其選用的式樣應能防止一般廢棄物掉入排水溝。

(3)表面逕流量較大者，以設置鍍鋅格柵板及鑄鐵蓋板爲原則。

(4)表面逕流量較小者，或動線出入口，以設置化妝蓋板爲原則。

(5)鍍鋅蓋板造型以簡潔爲宜。

(6)鑄鐵蓋板以具地方特色圖形設計爲宜。

(7)化妝蓋板留設排水溝縫；面材以舖面材質延伸爲宜。

(8)配合排水溝深度，水溝蓋板尺寸以方便清潔維修爲原則。

4. 陰井：

(1)結構體可採現場澆置或預鑄方式爲之。

(2)陰井應固著於其基底上，並做出適當而穩固之安裝，使能適合高程。

(3)陰井底部應有斜度，以便於清理。

(三) 排水設施設計準則

1. 排水溝渠：

(1)面材配合排水坡度需平整。

(2)L 型側溝設計之坡度應與道路或舖面廣場縱坡度一致。

(3)L 型側溝進水口之設置間距應視地形、集水面積、道路或舖面廣場縱向坡度、橫向坡度、流向、L 型側溝容量、進水口尺寸等條件綜合檢定決定，以 5 ～ 10m 間爲原則。

⑷ L 型側溝進水口之設置尺寸與型式應視水理特性、漂浮物阻塞可能性、安全與經濟等因素,選用緣石、格柵或複合式進水口。

⑸ 排水口的式樣應能防止一般廢棄物或落葉掉入排水溝。

⑹ 排水溝渠內部應保持平順,以利排水。

⑺ 排水溝渠的斜率,混凝土為 1：200,石材為 1：60。

2. 水溝蓋板:

⑴ 一般道路、人行道及廣場,水溝蓋板為 60×60cm。

⑵ 接合處必須保持平整密合,以免造成行走上的阻礙。

⑶ 格柵方向應與人行方向垂直,且格柵間隙不得大於 1.3cm。

⑷ 化妝蓋板周邊須與路緣石保持等距及平行。

⑸ 必須能與舖面材料互相配合。

⑹ 水溝蓋須容易清理。

3. 陰井:

⑴ 陰井應設於轉角處,或每隔 20 ～ 30m 設置一個。

⑵ 一般道路、人行道及廣場陰井口為 40×60cm。

⑶ 陰井之進水管和出水管,其管端應適當安放或砌平,使與該等構造物內牆面齊平。

⑷ 管之外端應伸出牆外足夠之距離,便有足夠空間作適當連接之用。

⑸ 管與構造物之牆間接縫,應用水泥砂漿或規定之材料整齊封堵,以防止漏水。

⑹ 陰井須容易清理。

(四) 排水設施材料選擇準則

1. 排水溝渠:

⑴ 透水管可為有孔混凝土管、有孔鋼筋混凝土管、有孔硬質塑膠管或其他型式透水管等。

⑵ 透水管應就排水量、開孔面積與結構強度,以及經濟因素等考慮研選。

⑶ 材料需具安全性並符合載重條件。

⑷ 為防止大量泥沙進入透水管內,透水管之開孔孔徑不得大於 2cm。

⑸ 管槽斷面尺寸視施工機具種類、透水管尺寸、透水管埋設深度、濾料層需要厚度等因素決定,管槽底寬至少為 45cm,其頂面應以不透水材料回填。

2. 水溝蓋板：

　　⑴必須能與舖面材料相互配合。

　　⑵配合當地特色之材質。

　　⑶如面層須塗裝，則採用與環境融合之低彩度低明度塗裝。

　　⑷以鍍鋅鋼材、鑄鐵、不鏽鋼、石材為主。

　　⑸須容易清理。

3. 陰井：

　　⑴必須能與舖面材料相互配合。

　　⑵配合當地特色之材質。

　　⑶如面層須塗裝，則採用與環境融合之低彩度低明度塗裝。

　　⑷須容易清理。

（五）排水設施相關法規及標準

1. 內政部營建署，2003，市區道路人行道設計手冊，第四章規劃設計準則之 4.13 排水設施。

2. 交通部，2017，公路排水設計規範。

3. 交通部運輸研究所，2017，自行車道系統規劃設計參考手冊（2017 年修訂版），第五章車道舖面暨附屬設施設計之 5.2 排水。

4. 內政部營建署，2018，都市人本交通道路規劃設計手冊（第二版），第四章都市人行環境規劃設計之 4.3.2 人行環境設計原則之九、集水井或清掃孔設置。

5. 交通部，2020，公路景觀設計規範，第四章公路構造物之景觀考量之 4.5 公路排水設施。

6. 內政部，2022，市區道路及附屬工程設計規範（111 年 2 月修訂版），第二篇道路工程設計第七章道路排水設計及第三篇道路附屬工程設計第十六章景觀及生態設計之 16.3 排水設施之景觀及生態考量。

（六）以下施工圖樣僅供參考，實際應用仍須因地制宜作適度調整。

參考文獻

1. 王小璘、何友鋒，1994，休閒農業區設施物參考圖集，台灣省農會，p.512。

2. 王小璘、何友鋒，1991，台中發電廠景觀規劃設計，台灣電力公司，p.275。

3. 王小璘、何友鋒，1991，嘉義縣番路鄉巄頭休閒農業區規劃研究，行政院農委會，p.286。

4. 王小璘、何友鋒，1999，公園綠地規劃設計準則研究，內政部營建署，p.186。

5. 王小璘、何友鋒，1999，景觀設施專業施工、監造制度研究，內政部營建署，p.380。

6. 王小璘、何友鋒，2002，石崗鄉保健植物教育農園規劃設計及景觀改善，行政院農委會，p.105。

7. 王小璘、何友鋒，2010，大台中公園綠地景觀建設願景計畫專案計畫成果報告，臺中市政府，p.194。

8. 內政部營建署，2003，市區道路人行道設計手冊。

9. 內政部營建署，2022，市區道路及附屬工程設計規範（111年2月修訂版）。

10. 交通部台灣區國道新建工程局，1996，施工標準規範、施工技術規範。

11. 交通部，2017，公路排水設計規範。

12. 交通部，2020，公路景觀設計規範，交通技術標準規範公路類公路工程部。

13. 何友鋒、王小璘，2006，台中市都市設計審議規範手冊，臺中市政府，p.109。

14. 何友鋒、王小璘，2011，台中生活圈高鐵沿線及筏子溪自行車道建置工程委託設計監造案，臺中市政府。

15. 臺中市政府建設局，2021，臺中美樂地指引手冊。

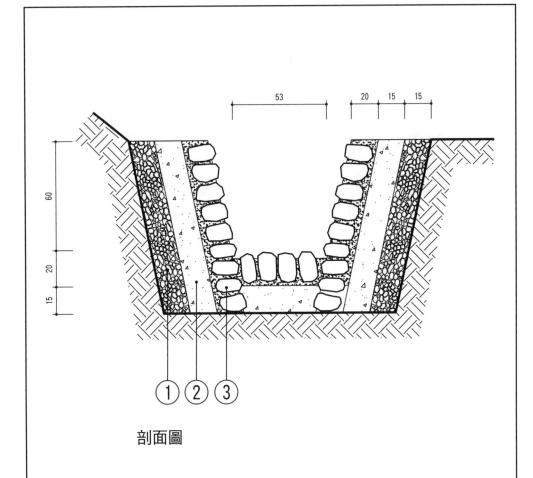

剖面圖

1. 15cm厚，φ3～5cm碎石或小卵石。
2. 15cm厚，210kgf/cm²（3000psi）混凝土。
3. 粒徑20cm，漿砌卵石，1:3水泥砂漿填縫。

排水設施	漿砌卵石排水溝	單位：cm	圖號：2-24-1
		本圖僅供參考	

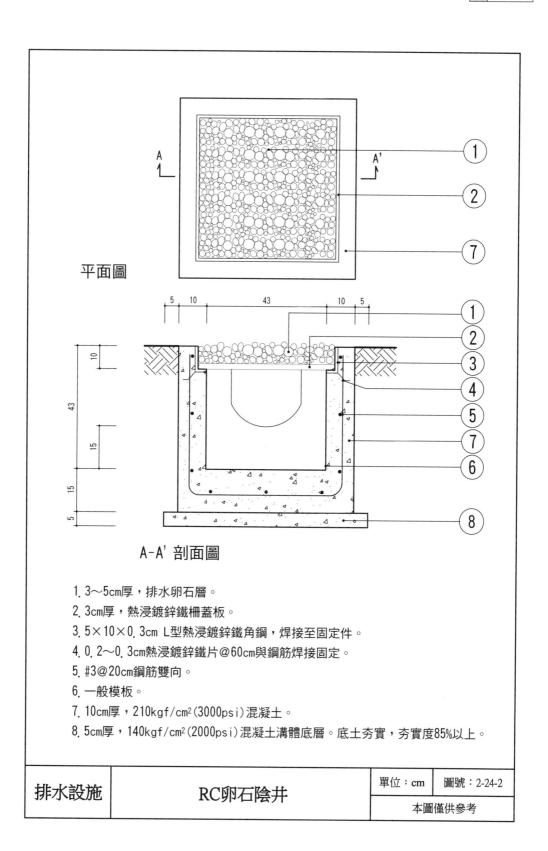

平面圖

A-A' 剖面圖

1. 3～5cm厚，排水卵石層。

2. 3cm厚，熱浸鍍鋅鐵柵蓋板。

3. 5×10×0.3cm L型熱浸鍍鋅鐵角鋼，焊接至固定件。

4. 0.2～0.3cm熱浸鍍鋅鐵片@60cm與鋼筋焊接固定。

5. #3@20cm鋼筋雙向。

6. 一般模板。

7. 10cm厚，210kgf/cm²(3000psi)混凝土。

8. 5cm厚，140kgf/cm²(2000psi)混凝土溝體底層。底土夯實，夯實度85%以上。

排水設施	RC卵石陰井	單位：cm	圖號：2-24-2
		本圖僅供參考	

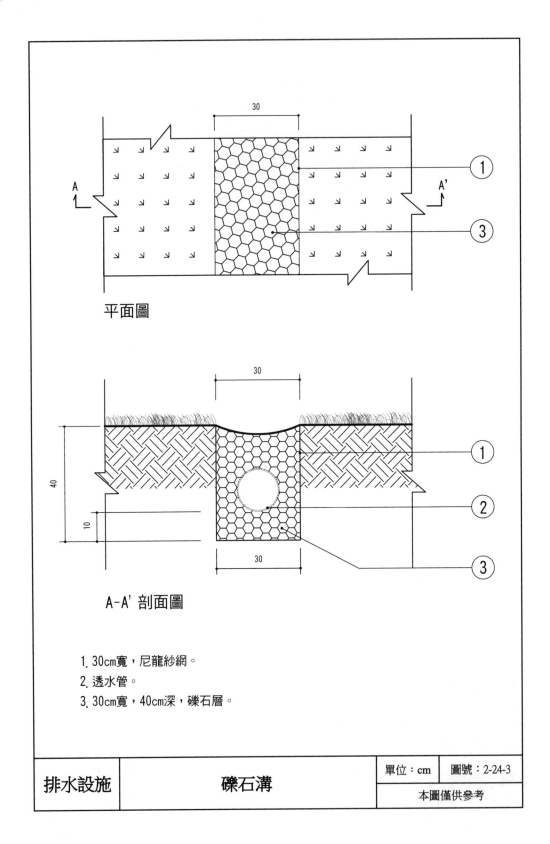

平面圖

A-A' 剖面圖

1. 30cm寬,尼龍紗網。
2. 透水管。
3. 30cm寬,40cm深,礫石層。

排水設施	礫石溝	單位:cm	圖號:2-24-3
		本圖僅供參考	

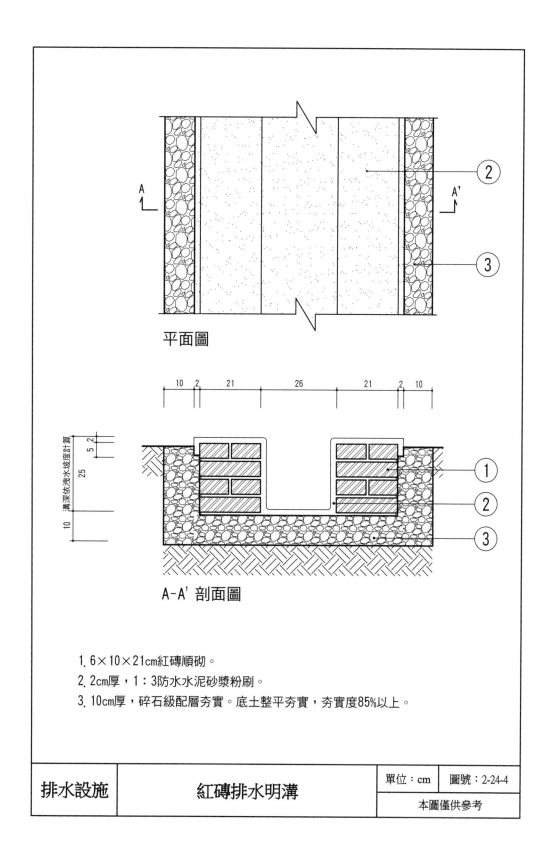

平面圖

A-A' 剖面圖

1. 6×10×21cm紅磚順砌。

2. 2cm厚，1：3防水水泥砂漿粉刷。

3. 10cm厚，碎石級配層夯實。底土整平夯實，夯實度85%以上。

排水設施	紅磚排水明溝	單位：cm	圖號：2-24-4
		本圖僅供參考	

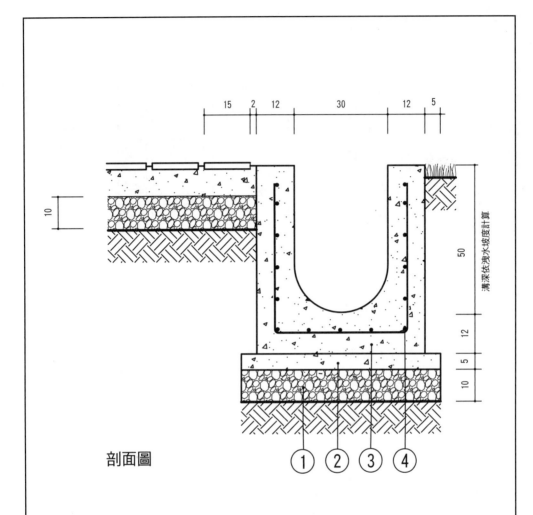

剖面圖

① ② ③ ④

1. 10cm厚，碎石級配層。底土整平夯實，夯實度85%以上。

2. 5cm厚，140kgf/cm²(2000psi)混凝土基礎層。

3. 12cm厚，210kgf/cm²(3000psi)混凝土。

4. #3@15cm鋼筋雙向。

排水設施	RC排水明溝	單位：cm	圖號：2-24-5
		本圖僅供參考	

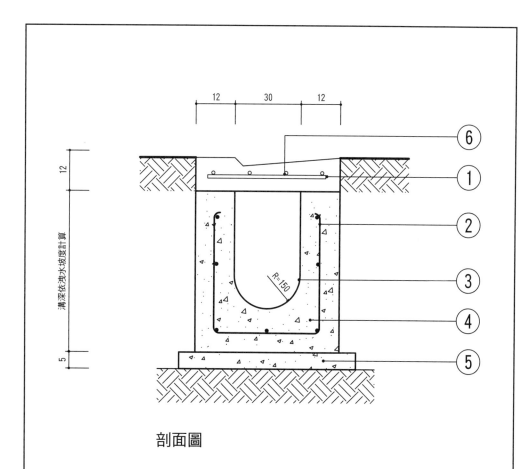

剖面圖

1. 54×54×12cm RC溝蓋。

2. φ1cm竹節鋼筋@12cm雙向。

3. 一般模板面層，圓弧 R＝15cm。

4. 12cm厚，210kgf/cm²(3000psi)混凝土溝體。

5. 5cm厚，140kgf/cm²(2000psi)混凝土底層。底土整平夯實，夯實度85%以上。

6. #3@15cm鋼筋雙向。

排水設施	RC有蓋排水明溝	單位：cm	圖號：2-24-6
		本圖僅供參考	

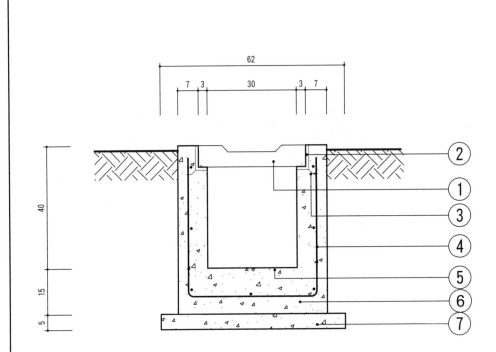

剖面圖

1. 36×36×8cm厚，預鑄溝蓋（包括φ1cm竹節鋼筋@12cm雙向）。

2. 5×10×0.3cm L型鍍鋅鐵角鋼，焊接至固定件。

3. 0.2～0.3cm鍍鋅鐵片@60cm與鋼筋焊接固定。

4. #3@15cm雙向鋼筋。

5. 一般模板。

6. 10cm壁厚，210kgf/cm²(3000psi)混凝土。

7. 5cm厚，140kgf/cm²(2000psi)混凝土溝體底層。底土整平夯實，夯實度85%以上。

排水設施	預鑄RC有蓋明溝	單位：cm	圖號：2-24-7
		本圖僅供參考	

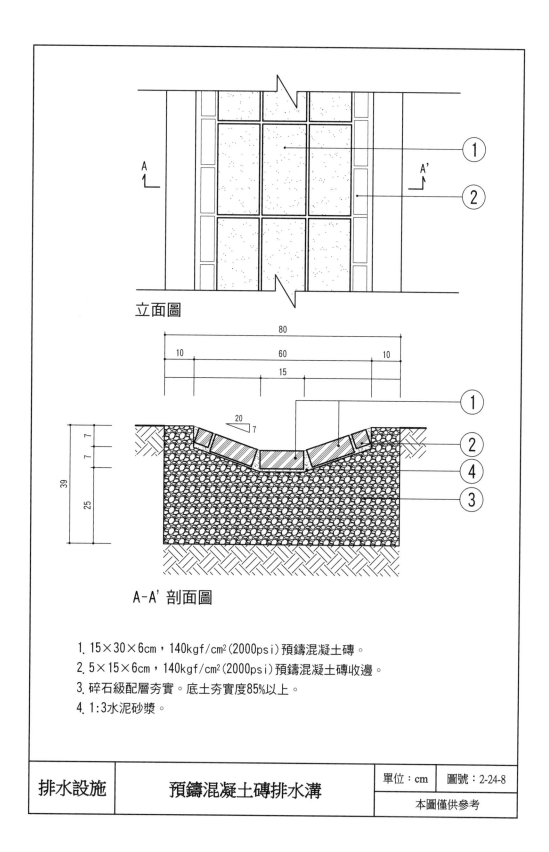

立面圖

A-A' 剖面圖

1. 15×30×6cm，140kgf/cm² (2000psi) 預鑄混凝土磚。
2. 5×15×6cm，140kgf/cm² (2000psi) 預鑄混凝土磚收邊。
3. 碎石級配層夯實。底土夯實度85%以上。
4. 1:3水泥砂漿。

排水設施	預鑄混凝土磚排水溝	單位：cm	圖號：2-24-8
		本圖僅供參考	

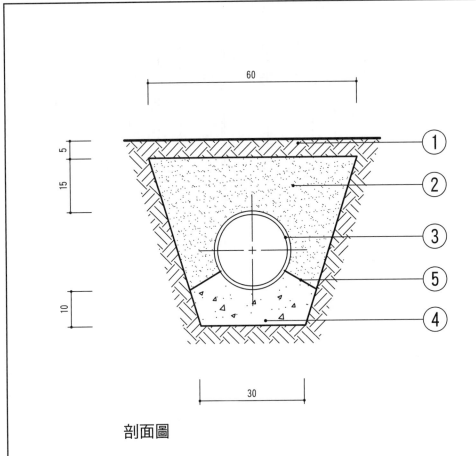

剖面圖

1. 5cm厚，回填土（夯實度95%以上）。

2. 12cm以上厚度清砂充填於鑄鐵管周圍，並灑水夯實。

3. φ22cm鑄鐵管。

4. 10～15cm厚，140kgf/cm²（2000psi）混凝土底層。

5. 30度斜度之混凝土底層，以鞏固鑄鐵排水管。

排水設施	鑄鐵管排水暗溝	單位：cm	圖號：2-24-9
		本圖僅供參考	

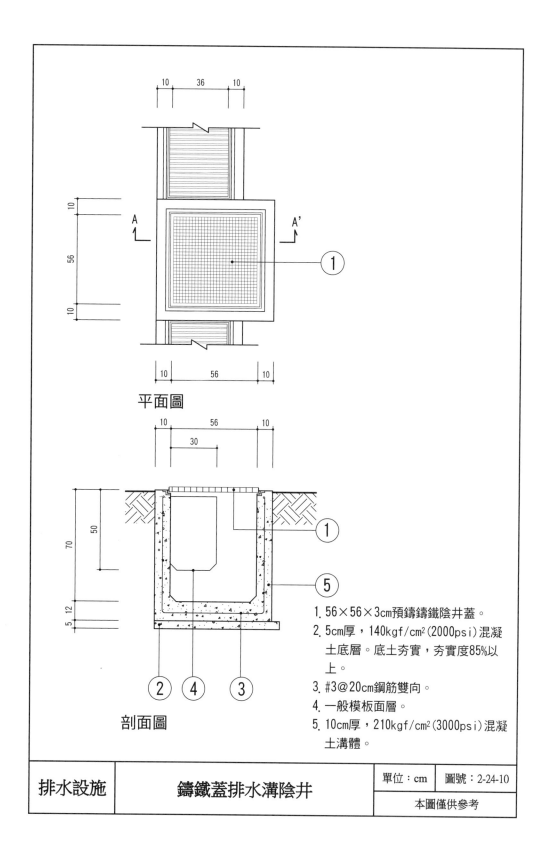

平面圖

剖面圖

1. 56×56×3cm預鑄鑄鐵陰井蓋。
2. 5cm厚，140kgf/cm²(2000psi)混凝土底層。底土夯實，夯實度85%以上。
3. #3@20cm鋼筋雙向。
4. 一般模板面層。
5. 10cm厚，210kgf/cm²(3000psi)混凝土溝體。

排水設施	鑄鐵蓋排水溝陰井	單位：cm	圖號：2-24-10
		本圖僅供參考	

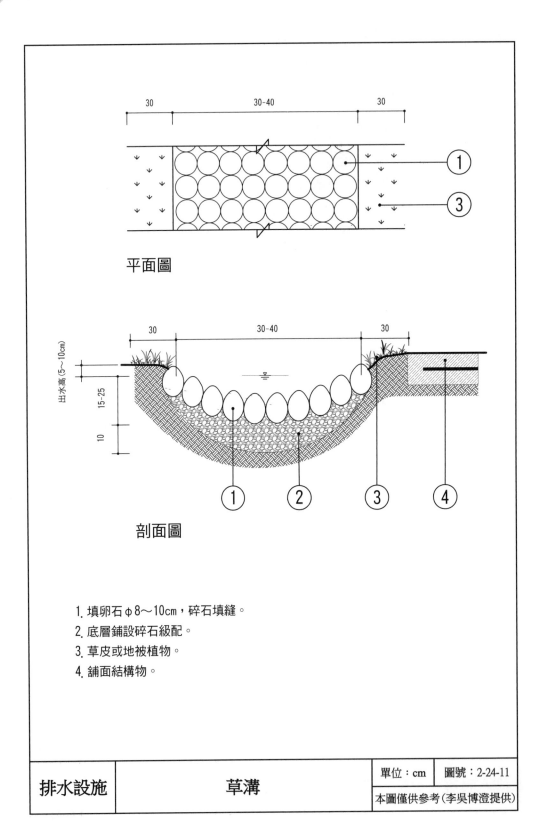

平面圖

出水高(5～10cm)

15-25

10

剖面圖

1. 填卵石φ8～10cm，碎石填縫。
2. 底層鋪設碎石級配。
3. 草皮或地被植物。
4. 鋪面結構物。

排水設施	草溝	單位：cm	圖號：2-24-11
		本圖僅供參考(李吳博澄提供)	

表 2-24　排水設施單價分析表

項次	項目及說明	單位	工料數量	單價	複價	備註
2-24-1	漿砌卵石排水溝					
	挖土	m³				
	回填土及殘土處理	m³				
	砌卵石	m³				
	1：3 水泥砂漿	m³				
	210kgf/cm² 混凝土	m³				
	背填碎石或小卵石	m²				
	大工	工				
	小工	工				
	工具損耗及零星工料	式				
	小　計	m				
2-24-2	RC 卵石陰井					
	挖土	m³				
	回填土及殘土處理	m³				
	卵石層	m³				
	熱浸鍍鋅鐵柵蓋板	塊				
	L 型鍍鋅鐵角鋼	m				
	0.2～0.3cm 熱浸鍍鋅鐵片	支				
	#3@20cm 鋼筋雙向	kg				
	清水模板	m²				
	210kgf/cm² 混凝土	m³				
	140kgf/cm² 混凝土	m³				
	夯實	m²				
	大工	工				
	小工	工				
	工具損耗及零星工料	式				
	小　計	座				
2-24-3	礫石溝					
	礫石	L. m³				
	4"HDPE 透水管，2/3 透水型，螺旋管	m				
	4" 透水網管接頭，F75R	個				
	尼龍紗網	m²				
	小工	工				
	工具損耗及零星工料	式				
	小　計	m				
2-24-4	紅磚排水明溝					
	挖土	m³				

項次	項目及說明	單位	工料數量	單價	複價	備註
	回填土及殘土處理	m^3				
	1B 紅磚	塊				
	1：3 防水水泥砂漿粉刷	m^2				
	碎石級配	m^3				
	夯實	m^2				
	大工	工				
	小工	工				
	工具損耗及零星工料	式				
	小　計	m				
2-24-5	RC 排水明溝					
	挖土	m^3				
	回填土及殘土處理	m^3				
	碎石級配	m^3				
	210kgf/cm^2 混凝土	m^3				
	140kgf/cm^2 混凝土	m^3				
	#3@15cm 鋼筋雙向	kg				
	模板	m^2				
	夯實	m^2				
	大工	工				
	小工	工				
	工具損耗及零星工料	式				
	小　計	m				
2-24-6	RC 有蓋排水明溝					
	挖土	m^3				
	回填土及殘土處理	m^3				
	RC 溝蓋	塊				
	清水模板	m^2				
	210kgf/cm^2 混凝土	m^3				
	140kgf/cm^2 混凝土	m^3				
	#3@15cm 鋼筋雙向	kg				
	Ø 1cm 竹節鋼筋雙向	kg				
	夯實	m^2				
	大工	工				
	小工	工				
	工具損耗及零星工料	式				
	小　計	m				
2-24-7	預鑄 RC 有蓋明溝					
	挖土	m^3				
	回填土及殘土處理	m^3				

項次	項目及說明	單位	工料數量	單價	複價	備註
	預鑄 RC 溝蓋	塊				
	L 型鍍鋅鐵角鋼	m				
	鍍鋅鐵片	m				
	#3 鋼筋雙向	kg				
	清水模板	m²				
	210kgf/cm² 混凝土	m³				
	140kgf/cm² 混凝土底層	m³				
	夯實	m²				
	大工	工				
	小工	工				
	工具損耗及零星工料	式				
	小　計	m				
2-24-8	預鑄混凝土磚排水溝					
	挖土	m³				
	回填土及殘土處理	m³				
	140kgf/cm² 預鑄混凝土磚	塊				
	140kgf/cm² 預鑄混凝土磚收邊	塊				
	碎石級配	m³				
	1：3 水泥砂漿	m³				
	夯實	m²				
	大工	工				
	小工	工				
	工具損耗及零星工料	式				
	小　計	m				
2-24-9	鑄鐵管排水暗溝					
	挖土	m³				
	回填土及殘土處理	m³				
	清砂	m³				
	140kgf/cm² 混凝土	m³				
	Ø 22cm 鑄鐵管	支				
	夯實	m²				
	大工	工				
	小工	工				
	工具損耗及零星工料	式				
	小　計	m				
2-24-10	鑄鐵蓋排水溝陰井					
	挖土	m³				
	回填土及殘土處理	m³				
	210kgf/cm² 混凝土	m³				

項次	項目及說明	單位	工料數量	單價	複價	備註
	140kgf/cm^2 混凝土	m^3				
	#3@20cm 鋼筋雙向	kg				
	預鑄陰井蓋	塊				
	清水模板	m^2				
	夯實	m^2				
	大工	工				
	小工	工				
	工具損耗及零星工料	式				
	小　計	座				
2-24-11	草溝					
	機械開挖	m^3				
	碎石級配料鋪壓（含再生料）	m^3				
	卵石	m^3				
	小工	工				
	工具損耗及零星工料	式				
	小　計	m				

25 澆灌設施（Irrigation Facilities）

澆灌設施係指為使植物能定期定時獲得灌溉用水涵養所設置之澆灌噴灑設施及其相關設備。

景觀工程有 80% 以上為植物材料，供水為其生長的主要條件之一。為因應全球氣候變遷、水資源短缺等問題，選擇適當的澆灌設施、提高水資源之有效利用，並且選擇耐旱植物，乃當務之急。

（一）設施種類

1. 噴灌：
    ⑴噴灌是利用噴頭等專用設備，將有壓水經由管路系統和支管上的噴頭噴灑到空中，形成水滴落到地面和植物表面的噴灌方法。
    ⑵噴灌系統包括噴頭的組合型式和噴頭沿支管上的間距和支管間距等。
    ⑶噴灌強度是指單位時間內噴灑在地面上的水深。當噴灌強度大於土壤的滲透強度時，將產生積水或逕流，水無法充分滲入土壤。
    ⑷澆水時間過長，水量超過土壤的持水量，將造成水分和養分的深層滲漏及流失。
    ⑸噴頭的選擇，須考慮其本身性能及土壤允許的噴灌強度、噴灌區域的大小形狀、水源條件及用戶要求等因素。
    ⑹同一工程或一個工程的同組中，最好選用一種型號或性能相似的噴頭，以便於噴灌均勻的控制和整個系統的運作管理。
    ⑺用水管理內容主要包括：
        A.澆水計畫的制定：如澆水時間、澆水延續時間及澆水週期。
        B.建立系統運作檔案。
        C.澆水效果評價。
    ⑻閥門應設置在便於操作及維修的位置；手動操作噴灌系統，最好將閥門安裝在噴灑範圍之外，使操作人員不會在工作時被淋濕。
2. 微噴灌：
    ⑴微噴灌系統是利用水泵設備將水加壓或利用水的落差造成的有壓力水，通過壓力管道送到澆灌地區，以不同型號的噴頭噴射形成細小的水滴，均勻分布灑在澆灌區域內。

⑵若水壓控制得當，微噴灌噴灑的水滴較不會破壞土壤的團粒結構，因此也較不易傷害植物。

⑶噴頭組合平均噴灌強度不超過土壤的允許噴灌強度，可確保澆水定額充分入滲，且地表不產生積水和逕流。

⑷可配合植物的栽植間距設置，將微噴頭設置於主根系，直接提供植物需水，水量較噴灌更節省。

⑸坡面綠化工程中，坡度 75° 以上的坡體，以選用微噴灌或滴灌為宜。

⑹為方便噴灌作業，控制閥門的位置應安裝在便於操作的位置。

3. 滴灌：

⑴滴灌是將具有一定壓力的水，以水滴的方式均勻準確地直接輸送到植物根部附近的土壤表面和土層中或植物葉面，使植物根部或葉面經常保持在最佳水、肥、氣狀態的澆水方法。

⑵滴灌系統的設計參數包括植物、土壤條件、地形、氣象、水源、供電、灌溉季節天數、日灌溉時段等。

⑶滴灌系統的佈設必須：

A.確定系統供應能力。

B.規劃滴灌配置圖。

C.確定滴頭流量，劃設使用分區。

D.確定輸水管道。

E.選擇適當水泵。

⑷滴灌的優點包括：

A.精準且澆灌均勻度高。

B.以最節省的水量達到最大值的生物量（biomass）。

C.在有限的水量下增加使用效率。

D.增進植物成長。

E.減低植物鹽害，並控制雜草。

F.減少動力之需要。

G.增進肥料及化學藥劑之使用效率。

H.增進植物管理維護效果。

4. 多孔管噴灌：

⑴是藉由水源壓力沿主管輸送至各支線的穿孔管，待穿孔管內部充滿水分

之後，即由管壁上之細孔呈矩形狀噴出水量澆灌植物；係一種低壓式噴灑澆灌設施。

⑵多孔管可分為硬質管及軟質管兩種。硬質管的材質為塑膠類，如PVC（聚氯乙烯）塑膠等。一般在地形特殊或自然落差較大地區，需要以固定式之配置者可採用。

⑶硬質管因價格便宜、製造方便，為產量僅次於PE的第二大使用合成塑膠聚合物。惟硬質管管壁較厚，搬運不易；且因其含有一定的有害物質如汞加劑或塑化劑，致國際綠色和平組織稱為「毒塑膠」。

⑷軟質管以PE（聚乙烯）塑膠為材質，管壁較薄、材質輕、柔軟性佳、易於捲收搬移，可隨植物配置及栽種方式作機動性調整，故實用性比硬質管佳。

⑸軟質管噴出水滴飛行高度較低，受風的飛散損失較小，微風時有助於噴灑水滴之均勻性；且鑿孔之口徑小，噴出水滴細，對植物葉面及地表土衝擊力相對較小，有利土壤保水及植物生長。同時，若噴出水滴呈矩形狀，則噴灑分布均勻度佳，容易配合植栽配置進行澆灌。

5. 噴灌帶：

⑴噴灌帶是一種微灌設備，又稱「多孔軟管」、「噴水帶」、「微噴帶」。

⑵薄壁噴灌帶是在製造薄壁管的同時，在管的一側或中間部位熱合出「竹排式」減壓流道的針孔出水口，形成一種節水型的微噴管材。

⑶適用於景觀綠美化維養作業。

（二）配置原則

1. 給水設施應就近連接都市給水管線系統。
2. 澆灌範圍應能涵蓋所需澆灌面積。
3. 噴灌水柱應避免灑至周邊設施或人行步道。
4. 噴灑半徑不得重疊，以免該處水分過多，不利植物生長。
5. 噴灑未及之處須以人工澆灌補足。

（三）設計準則

1. 優先就地取用自然水體或採用中水、雨水和城市供水系統。
2. 城市供水系統、泉水、井水、河水等均可作為澆灌水源。
3. 採用節水澆灌系統。

4. 澆水量以可充分濕潤根群四周土壤為原則。

5. 澆水時應以柔軟分散水柱噴灑，勿以快速而強力水柱直接衝擊植物。

（四）澆水實施及養護原則

1. 視天候情況施以澆水，如遇雨天或連續陰天，可酌減次數；反之，如遇乾旱則增加澆灌次數。持續七天未下雨時，喬木、草地須每星期徹底澆水一次。

2. 春、秋季於傍晚澆水一次，夏季早、晚各一次，並避開上午十點至下午二點時段；冬季於上午澆水。

3. 盛夏中午達 30℃ 以上不宜澆水。

4. 喬木每株每次澆水量平均約為 18 ～ 20 公升；灌木約為 4 ～ 6 公升。

5. 澆水量以可充分濕潤根群四周土壤為原則。

6. 澆水時不得沖刷植物根部土壤。

7. 澆灌之泥水不得汙損道路，否則應立即清洗。

8. 草坪澆水不得用水柱式澆灌，以避免土壤沖刷。每次澆水量以能使水分深達表土約 15cm 為宜。

9. 平日應巡檢澆灌設施、調整及維修，含噴頭、給水管路之清洗等，以保持澆灌設施之正常使用。若有沖倒歪斜或損傷等情形，應立即予以修復、補植。

10. 任何型式的澆灌系統，均應確保澆灌用水水源不得為工業廢水或含有毒物質之汙水。

11. 耐旱植物種類可參考「景觀設計與施工總論 08 各類環境景觀植物種類之表 8-2 耐旱植物種類一覽表」。

（五）澆灌相關法規及標準

1. 交通部運輸研究所，2017，自行車道系統規劃設計參考手冊（2017 年修訂版），第五章車道舖面暨附屬設施設計之 5.10 自行車道植栽之 5.10.4 植栽維護管理。

2. 交通部，2020，公路景觀設計規範。

3. 桃園市政府，2017，景觀灌溉系統施工規範。

(六) 以下施工圖樣僅供參考,實際應用仍須因地制宜作適度調整。

參考文獻

1. 王小璘、何友鋒,1991,台中發電廠廠區植栽選種與試種研究,台灣電力公司, p.261。

2. 王小璘、何友鋒,1999,公園綠地規劃設計準則研究,內政部營建署,p.186。

3. 王小璘、何友鋒,1999,景觀設施專業施工、監造制度研究,內政部營建署, p.380。

4. 交通部運輸研究所,2017,自行車道系統規劃設計參考手冊(2017 年修訂版)。

5. 交通部,2020,公路景觀設計規範。

6. 桃園市政府,2017,景觀灌溉系統施工規範。

7. 百科知識──噴灌

   https://www.easyatm.com.tw。

8. 景觀灌溉系統第 02811 章

   https://pwb.tycg.gov.tw/fckdown.doc>02811。

9. 園林綠化自動噴灌系統

   https://ppfocus.com。

10. 滴灌系統設計規劃全攻略

    https://kknews.cc/zh-tw。

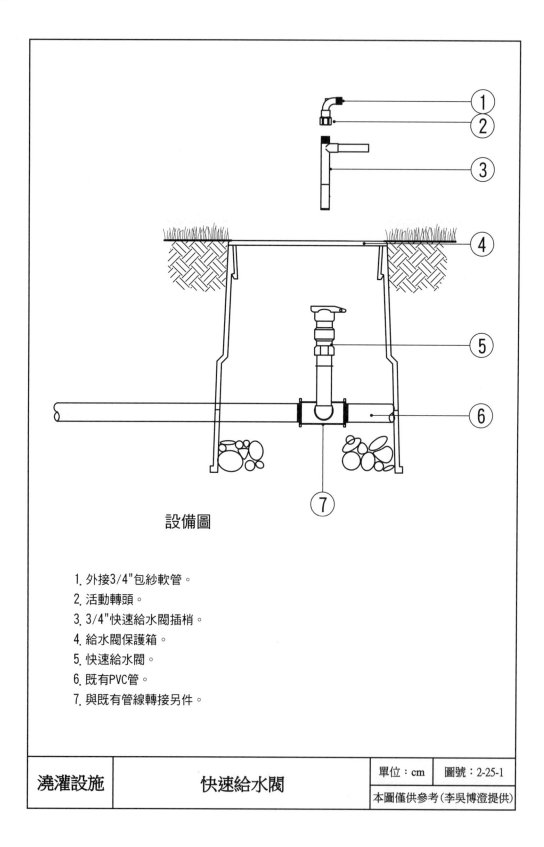

設備圖

1. 外接3/4"包紗軟管。
2. 活動轉頭。
3. 3/4"快速給水閥插梢。
4. 給水閥保護箱。
5. 快速給水閥。
6. 既有PVC管。
7. 與既有管線轉接另件。

澆灌設施	快速給水閥	單位：cm	圖號：2-25-1
		本圖僅供參考(李吳博澄提供)	

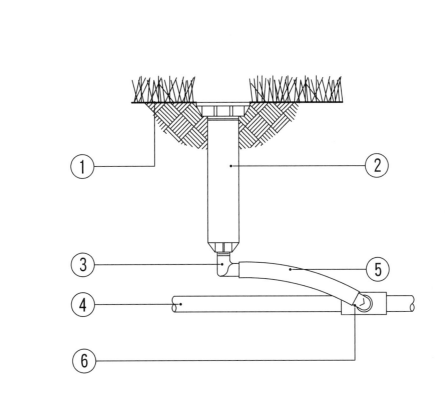

設備圖

1. 地坪面。
2. 1/2"隱藏式噴頭。
3. PE彎頭，1/2"牙口軟管塞頭。
4. PVC支管。
5. 1/2"PVC彈性軟管。
6. PVC三通接頭。

澆灌設施	隱藏噴灌式	單位：cm	圖號：2-25-2
		本圖僅供參考	

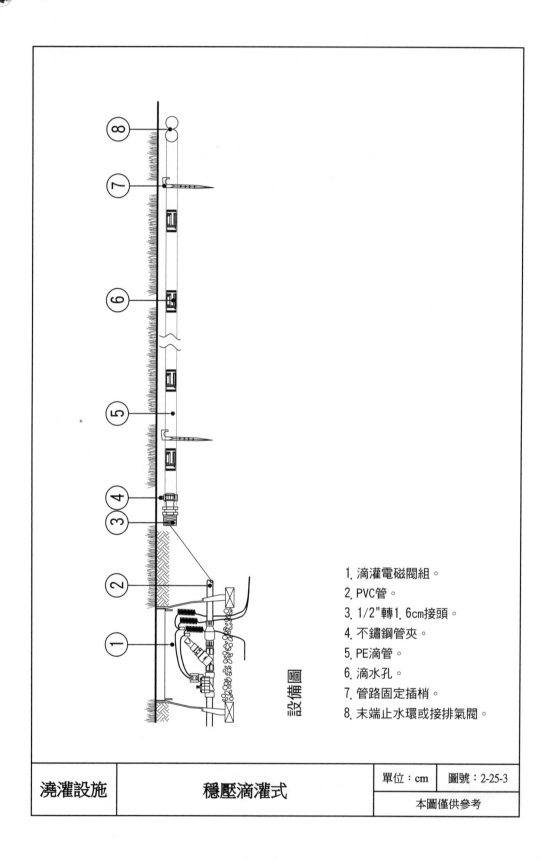

設備圖

1. 滴灌電磁閥組。
2. PVC管。
3. 1/2"轉1.6cm接頭。
4. 不鏽鋼管夾。
5. PE滴管。
6. 滴水孔。
7. 管路固定插梢。
8. 末端止水環或接排氣閥。

澆灌設施	穩壓滴灌式	單位：cm	圖號：2-25-3
		本圖僅供參考	

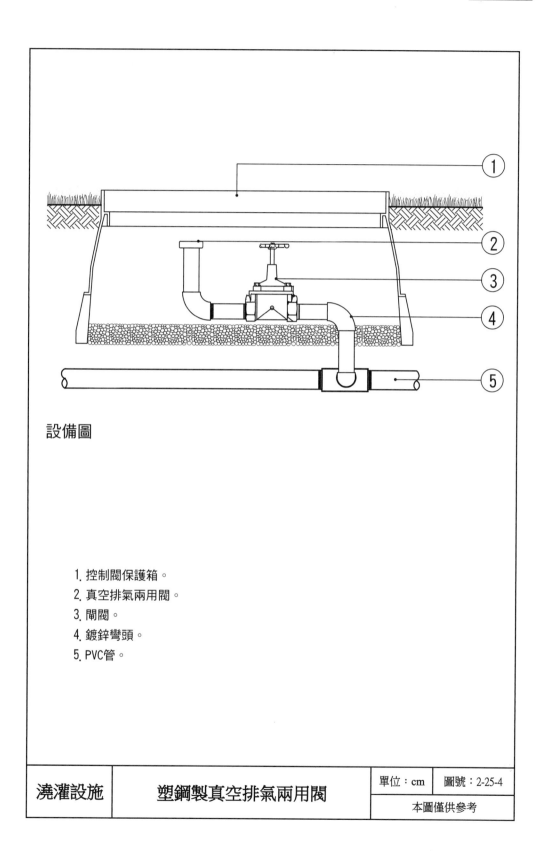

設備圖

1. 控制閥保護箱。
2. 真空排氣兩用閥。
3. 閘閥。
4. 鍍鋅彎頭。
5. PVC管。

澆灌設施	塑鋼製真空排氣兩用閥	單位：cm	圖號：2-25-4
		本圖僅供參考	

表 2-25　澆灌設施單價分析表

項次	項目及說明	單位	工料數量	單價	複價	備註
2-25-1	快速給水閥					
	快速給水閥 3/4"	只				
	快速給水閥插梢 3/4"	支				
	插梢用 90 度活動轉頭	只				
	HDPE 給水閥保護箱（方型）	只				
	銅製閘閥 3/4"（牙口式）	只				
	既有管線轉接另件	只				
	技術工	工				
	工具損耗及零星工料	式				
	小　計	只				
2-25-2	隱藏噴灌式					
	1/2" 隱藏式噴頭	只				
	1/2" 噴頭用彈性軟管	只				
	PVC 支管	只				
	1/2" PVC 彈性軟管	只				
	技術工	工				
	工具損耗及零星工料	式				
	小　計	只				
2-25-3	穩壓滴灌式					
	穩壓滴管 1.6cm	只				
	不鏽鋼防震接頭（牙口式）	只				
	雜項設備安裝工料	式				
	技術工	工				
	工具損耗及零星工料	式				
	小　計	只				
2-25-4	塑鋼製真空排氣兩用閥					
	HDPE 電磁閥保護箱（排氣閥用）	只				
	塑鋼製真空兩用排氣閥	只				
	銅製閘閥	只				
	雜項 PVC 及鍍鋅管配件	式				
	技術工	工				
	工具損耗及零星工料	式				
	小　計	只				

植物保全與種植
（Plant Pretection and Planting）

26　植栽槽（Planting Beds）

　　植栽槽係指供植物栽植之容器。與植栽盆不同之處，在於植栽槽通常規模較大，且多於現場施作。

　　植栽槽不僅可種植花木供作觀賞，並有保護植物的功能。同時，由於植栽槽具有視覺景觀的控制功能，經由妥善的設計，可以營造空間的特性，展現不同的地方風格。植栽槽也可以結合座椅，以達到兼具休憩功能之效果。

（一）植栽槽配置原則

1. 設於步道旁及休息區。
2. 配合座椅等設施設於廣場及活動區周邊。
3. 需有適度的陽光和遮蔭。
4. 避免設於廢氣及強風吹襲之處。
5. 設於兩個不同使用功能的場地之間。

（二）植栽槽設計原則

1. 可配合場地及活動需求設置座椅。
2. 須配合舖面作整體設計。
3. 植栽槽內填客土，應考慮植物種類所需的深度。
4. 植栽槽以種植低維護花木為宜。
5. 同一植栽槽之植物種類不宜過多。
6. 應注意植物高低、質感、花色之調和及開花期之搭配。
7. 避免選用有害的植物種類。（植物種類可參考「景觀設計與施工總論 09 各類有害植物種類」）

(三) 植栽槽設計準則

1. 植栽槽：

⑴植栽槽之造型、外觀材料、質感及色彩，應與周遭環境相協調，並力求簡潔。

⑵植栽槽的深度依種植之植物種類而定。

⑶植栽槽槽面需考慮抗壓強度，必要時需加入鋼筋補強。

⑷應鋪設滲水材料，以均勻滲透土層。

⑸植栽槽底部需設置排水管。

⑹移動式植栽槽底部須設置集水盤。

⑺若植栽槽表面的磚片貼面有脫落的情形，應使用與原有磚片的同型材料加以修補。

2. 植栽槽的座椅：

⑴比例及大小需符合人體工學。

⑵座面設計必須易於維護及保養。

⑶座位應與植栽槽有所區隔。

⑷座椅轉角處需以導圓角處理，避免造成使用者受傷。

⑸座椅設計可參考「景觀設計與施工各論 10 座椅」。

(四) 植栽槽的種類

1. 依材料分：

⑴紅磚砌。

⑵木製。

⑶塑木製。

⑷玻璃纖維仿木製。

⑸竹製。

⑹水泥製。

⑺RC 表面粉光。

⑻RC 表面貼面磚。

⑼石砌。

⑽仿石製。

⑾FRP 製。

(12) 塑膠製。

(13) 金屬製。

2. 依型式分：

(1) 固定式。

(2) 移動式。

(3) 吊掛式。

（五）植栽槽材料選擇原則

1. 耐久性。

2. 安全性。

3. 可再利用性。

4. 易於維護。

5. 能與整體環境協調。

6. 材料種類特性可參考「景觀設計與施工各論 01 舖面」。

7. 有害植物種類可參考「景觀設計與施工總論 09 各類有害植物種類」。

（六）植栽槽相關法規及標準

1. 交通部，2020，公路景觀設計規範，第六章公路景觀設施之 6.5 街道傢俱。

（七）以下施工圖樣僅供參考，實際應用仍須因地制宜作適度調整。

參考文獻

1. 王小璘、何友鋒，1999，公園綠地規劃設計準則研究，內政部營建署，p.186。

2. 王小璘、何友鋒，1999，景觀設施專業施工、監造制度研究，內政部營建署，p.380。

3. 王小璘、何友鋒，2001，觀光農園公共設施物圖集，行政院農業委員會，p.402。

4. 王小璘、何友鋒，2001，台中縣太平市頭汴坑自然保育教育中心規劃設計，臺中縣太平市農會，p.130。

5. 王小璘、何友鋒，2002，農業環境景觀生態規劃設計規範，行政院農委會，p.182。

6. 何友鋒、王小璘，2006，台中市（不含新市政中心及干城地區）都市設計審議規範及大坑風景區設計規範擬定，臺中市政府，p.395。

7. 交通部，2020，公路景觀設計規範，交通技術標準規範公路類公路工程部。

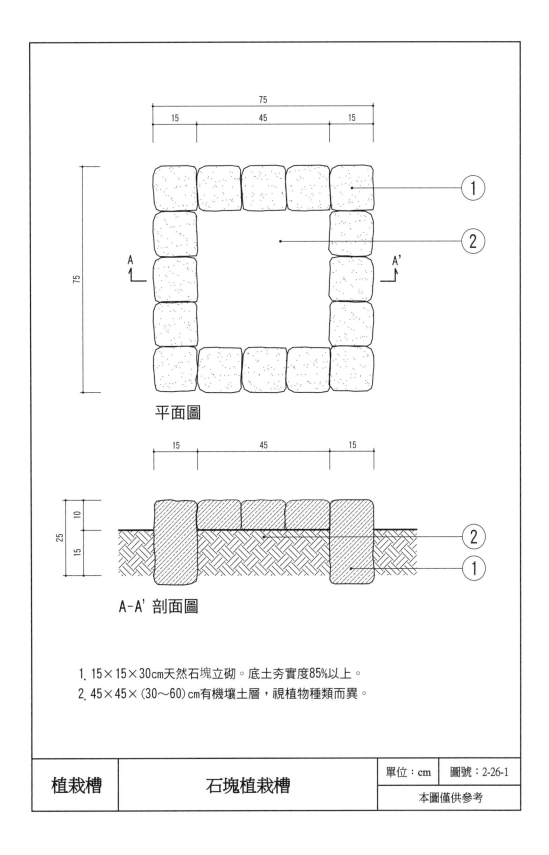

平面圖

A-A' 剖面圖

1. 15×15×30cm天然石塊立砌。底土夯實度85%以上。
2. 45×45×(30～60)cm有機壤土層，視植物種類而異。

植栽槽	石塊植栽槽	單位：cm	圖號：2-26-1
		本圖僅供參考	

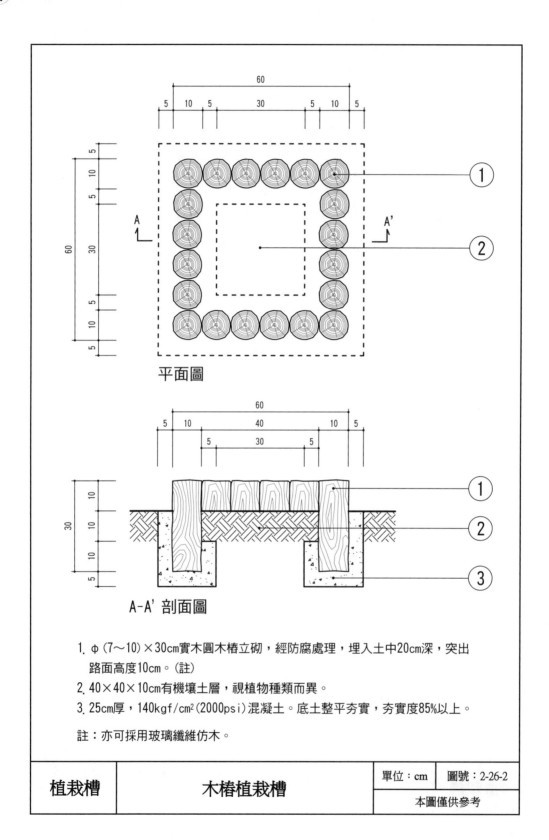

平面圖

A-A' 剖面圖

1. φ(7～10)×30cm實木圓木樁立砌，經防腐處理，埋入土中20cm深，突出
   路面高度10cm。（註）

2. 40×40×10cm有機壤土層，視植物種類而異。

3. 25cm厚，140kgf/cm²(2000psi)混凝土。底土整平夯實，夯實度85%以上。

註：亦可採用玻璃纖維仿木。

植栽槽	木樁植栽槽	單位：cm	圖號：2-26-2
		本圖僅供參考	

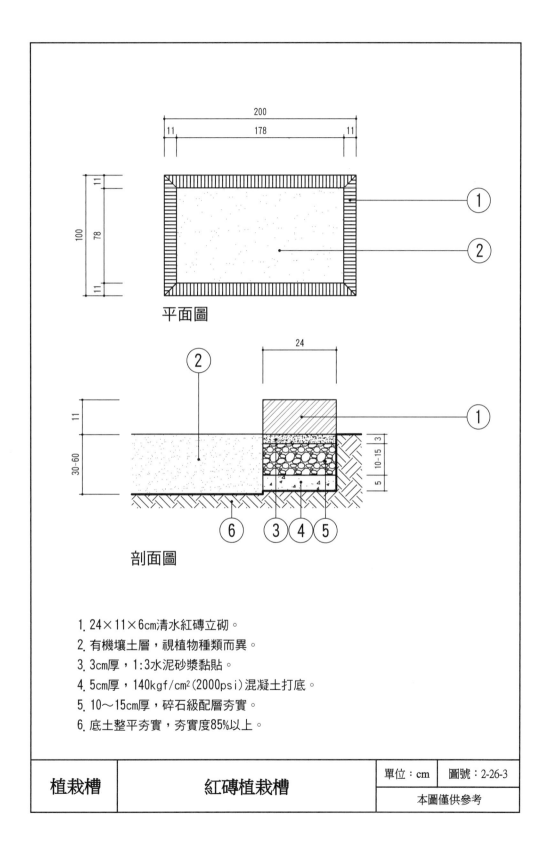

平面圖

剖面圖

1. 24×11×6cm清水紅磚立砌。
2. 有機壤土層，視植物種類而異。
3. 3cm厚，1:3水泥砂漿黏貼。
4. 5cm厚，140kgf/cm²(2000psi)混凝土打底。
5. 10～15cm厚，碎石級配層夯實。
6. 底土整平夯實，夯實度85%以上。

植栽槽	紅磚植栽槽	單位：cm	圖號：2-26-3
		本圖僅供參考	

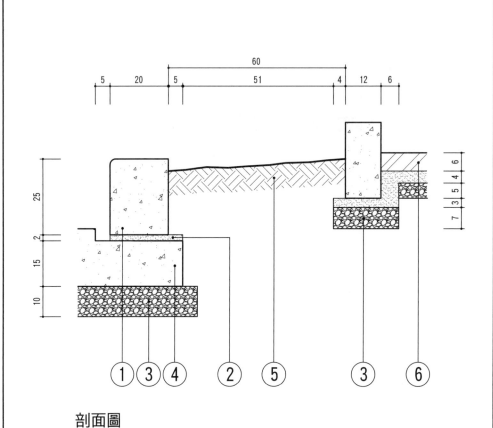

剖面圖

1. 25cm厚，210kgf/cm²(2500psi)混凝j土緣石。

2. 2cm厚，1:3水泥砂漿打底。

3. 6～10cm厚，碎石級配層。

4. 15cm厚，140kgf/cm²(2000psi)混凝土層。底土整平夯實，夯實度85%以上。

5. 30～60cm厚，有機壤土層，視植物種類而異。

6. 30×30×6cm石板鋪面。

植栽槽	混凝土植栽槽	單位：cm	圖號：2-26-4
		本圖僅供參考	

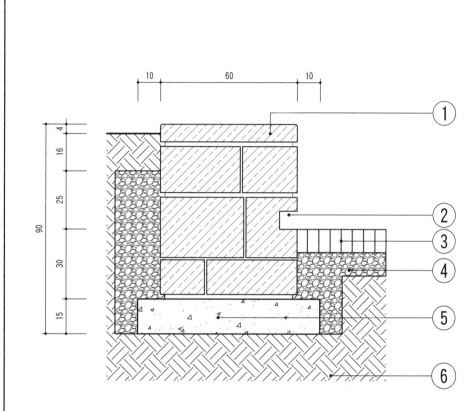

剖面圖

1. 石塊堆砌，以水泥1cm厚黏貼，表面鋪設石板，導圓角，R=2.5cm。
2. 離鋪面12cm內凹12cm，以利置放腳跟。
3. 紅磚鋪面。
4. 碎石級配夯實。
5. 15cm厚，140kgf/cm²(2000psi)混凝土基礎層。
6. 底土整平夯實，夯實度85%以上。

植栽槽	石塊植栽槽兼座椅	單位：cm	圖號：2-26-5
		本圖僅供參考	

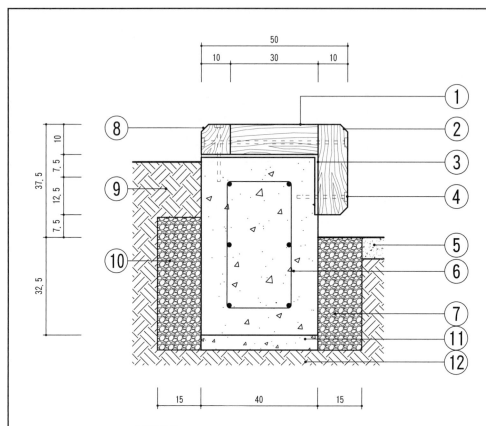

剖面圖

1. 10×30cm實木，表面刨光，經防腐處理，面刷護木油。
2. 10×30cm實木，表面刨光，經防腐處理，面刷護木油，邊緣以導圓角收邊處理，R=2.5cm。（註）
3. 1cm合成線。
4. φ1.6×50cm（17cm）鍍鋅螺栓固定。
5. 混凝土鋪面。
6. 210kgf/cm²（3000psi）混凝土，#3@15cm鋼筋單向，加橫支六支。
7. 15cm厚，碎石級配夯實。
8. 10×10cm實木，表面刨光，經防腐處理，面刷護木油，邊緣以R=2.5cm削角收邊處理。
9. 植栽槽內填有機土壤。
10. 15cm厚，碎石級配夯實。
11. 5cm厚，140kgf/cm²（2000psi）混凝土打底。
12. 底土整平夯實，夯實度85%以上。

註：亦可採用玻璃纖維仿木。

植栽槽	木製植栽槽兼座椅	單位：cm	圖號：2-26-6
		本圖僅供參考	

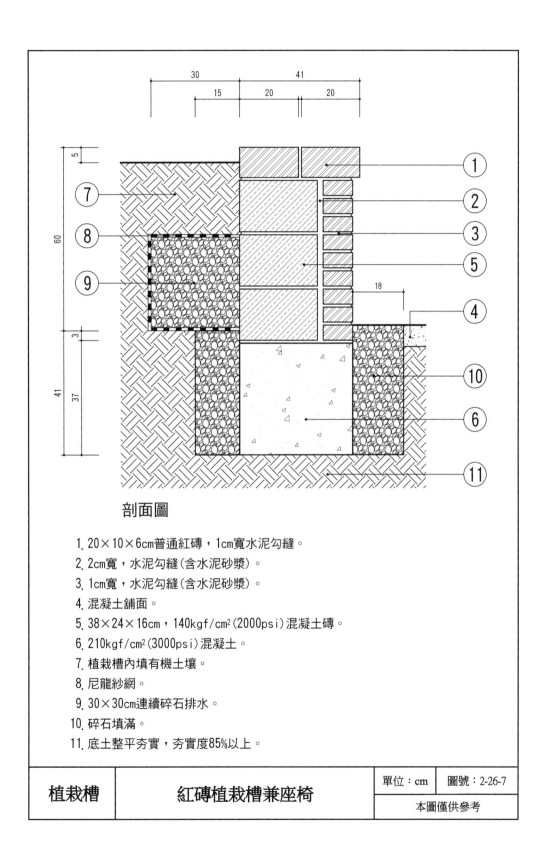

剖面圖

1. 20×10×6cm普通紅磚，1cm寬水泥勾縫。

2. 2cm寬，水泥勾縫(含水泥砂漿)。

3. 1cm寬，水泥勾縫(含水泥砂漿)。

4. 混凝土舖面。

5. 38×24×16cm，140kgf/cm²(2000psi)混凝土磚。

6. 210kgf/cm²(3000psi)混凝土。

7. 植栽槽內填有機土壤。

8. 尼龍紗網。

9. 30×30cm連續碎石排水。

10. 碎石填滿。

11. 底土整平夯實，夯實度85%以上。

植栽槽	紅磚植栽槽兼座椅	單位：cm	圖號：2-26-7
		本圖僅供參考	

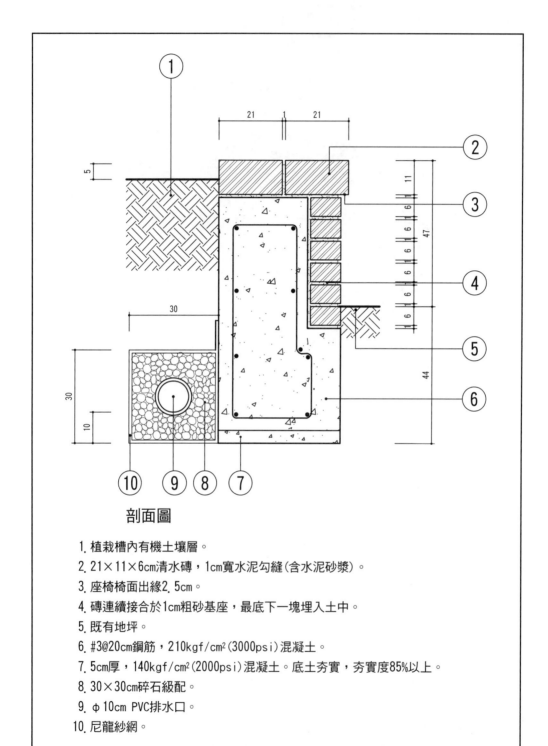

剖面圖

1. 植栽槽內有機土壤層。
2. 21×11×6cm清水磚，1cm寬水泥勾縫（含水泥砂漿）。
3. 座椅椅面出緣2.5cm。
4. 磚連續接合於1cm粗砂基座，最底下一塊埋入土中。
5. 既有地坪。
6. #3@20cm鋼筋，210kgf/cm²(3000psi)混凝土。
7. 5cm厚，140kgf/cm²(2000psi)混凝土。底土夯實，夯實度85%以上。
8. 30×30cm碎石級配。
9. φ10cm PVC排水口。
10. 尼龍紗網。

植栽槽	清水磚植栽槽兼座椅	單位：cm	圖號：2-26-8
		本圖僅供參考	

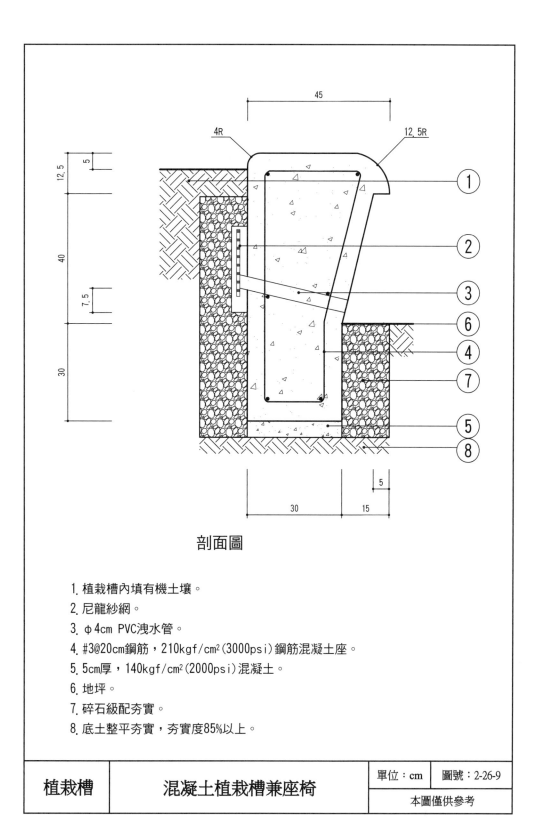

剖面圖

1. 植栽槽內填有機土壤。
2. 尼龍紗網。
3. φ4cm PVC洩水管。
4. #3@20cm鋼筋，210kgf/cm²(3000psi)鋼筋混凝土座。
5. 5cm厚，140kgf/cm²(2000psi)混凝土。
6. 地坪。
7. 碎石級配夯實。
8. 底土整平夯實，夯實度85%以上。

植栽槽	混凝土植栽槽兼座椅	單位：cm	圖號：2-26-9
		本圖僅供參考	

表 2-26　植栽槽單價分析表

項次	項目及說明	單位	工料數量	單價	複價	備註
2-26-1	石塊植栽槽					
	挖土	m³				
	回填土及殘土處理	m³				
	天然石塊	m³				
	有機壤土	m³				
	夯實	m²				
	大工	工				
	小工	工				
	工具損耗及零星工料	式				
	小　計	座				
2-26-2	木樁植栽槽					
	挖土	m³				
	回填土及殘土處理	m³				
	實木圓木樁	支				
	有機壤土層	m³				
	140kgf/cm² 混凝土	m³				
	防腐處理	式				
	夯實	m²				
	大工	工				
	小工	工				
	工具損耗及零星工料	式				
	小　計	座				
2-26-3	紅磚植栽槽					
	挖土	m³				
	回填土及殘土處理	m³				
	清水紅磚	塊				
	140kgf/cm² 混凝土	m³				
	碎石級配層	m³				
	有機土壤層	m³				
	1：3 水泥砂漿黏貼	m³				
	夯實	m²				
	大工	工				
	小工	工				
	工具損耗及零星工料	式				
	小　計	座				
2-26-4	混凝土植栽槽					
	石板舖面	塊				
	210kgf/cm² 混凝土緣石	m				

項次	項目及說明	單位	工料數量	單價	複價	備註
	140kgf/cm^2 混凝土	m^3				
	碎石級配	m^3				
	有機壤土層	m^3				
	1：3 水泥砂漿	m^3				
	夯實	m^2				
	大工	工				
	小工	工				
	工具損耗及零星工料	式				
	小　計	m				
2-26-5	石塊植栽槽兼座椅					
	挖土	m^3				
	回填土及殘土處理	m^3				
	碎石級配	m^3				
	140kgf/cm^2 混凝土	m^3				
	石（塊）板	m^3				
	1：3 水泥砂漿	m^3				
	水泥勾縫	m^2				
	夯實	m^2				
	大工	工				
	小工	工				
	工具損耗及零星工料	式				
	小　計	m				
2-26-6	木製植栽槽兼座椅					
	挖土	m^3				
	回填土及殘土處理	m^3				
	碎石級配	m^3				
	210kgf/cm^2 混凝土	m^3				
	模板	m^2				
	#3@15cm 鋼筋單向	kg				
	1：3 水泥粉光	m^2				
	140kgf/cm^2 混凝土	m^3				
	實木（10×30cm）	m				
	實木（10×30cm）（邊緣削角）	m				
	實木（10×10cm）	m				
	防腐處理、護木油	式				
	Ø1.6×50cm 鍍鋅螺栓	支				
	Ø1.6×17cm 鍍鋅螺栓	支				
	夯實	m^2				
	大工	工				

項次	項目及說明	單位	工料數量	單價	複價	備註
	小工	工				
	工具損耗及零星工料	式				
	小　計	m				
2-26-7	紅磚植栽槽兼座椅					
	挖土	m^3				
	回填土及殘土處理	m^3				
	碎石	m^3				
	210kgf/cm^2 混凝土	m^3				
	模板	m^2				
	140kgf/cm^2 混凝土磚	塊				
	普通紅磚	塊				
	不織布（隔板）	m^2				
	1：3 水泥砂漿	m^2				
	夯實	m^2				
	大工	工				
	小工	工				
	工具損耗及零星工料	式				
	小　計	m				
2-26-8	清水磚植栽槽兼座椅					
	挖土	m^3				
	回填土及殘土處理	m^3				
	碎石級配	m^3				
	210kgf/cm^2 混凝土	m^3				
	模板	m^2				
	清水磚	塊				
	1：3 水泥砂漿	m^2				
	尼龍紗網	m^2				
	#3@20cm 鋼筋	kg				
	140kgf/cm^2 混凝土	m^3				
	夯實	m^2				
	大工	工				
	小工	工				
	工具損耗及零星工料	式				
	小　計	m				
2-26-9	混凝土植栽槽兼座椅					
	挖土	m^3				
	回填土及殘土處理	m^3				
	碎石級配	m^3				
	210kgf/cm^2 鋼筋混凝土	m^3				

項次	項目及說明	單位	工料數量	單價	複價	備註
	140kgf/cm^2 混凝土	m^3				
	模板	m^2				
	#3@20cm 鋼筋	kg				
	尼龍紗網	m^2				
	Ø 4cm PVC 洩水管	支				
	夯實	m^2				
	大工	工				
	小工	工				
	工具損耗及零星工料	式				
	小　計	m				

27 樹圍（Tree Guards）

樹圍係指圍繞植物（通常指喬木）根部周圍地面，用以保護植栽根部不受人為踐踏受損之設施物。

樹木對人們而言，有溫暖而親近之感，在大面積的舖面廣場中，樹木能為整個空間帶來遮蔭的效果。而樹圍又是樹木與硬舖面間的緩衝，其主要功能除了保護樹木的樹幹和根部不受到破壞，且提供澆灌水進入植穴，以避免樹木枯竭而死。樹圍座椅則提供人們遮蔭、休息、賞景、聊天、閱讀，並親近植物的機會。良好的樹圍亦可藉由創意的設計，成為戶外的公共藝術品，是景區中不可或缺的設施。

（一） 常用樹圍種類

1. 平鋪圓形鑄鐵製鐵柵樹圍。
2. 平鋪正方形預鑄混凝土樹圍。
3. 樹圍座椅組合型式。

（二） 樹圍設計原則

1. 配合舖面廣場、人行道等空間作適當的配置。
2. 材料樣式須與周圍舖面或草地作整體考量。
3. 樹圍四周的舖面必須平整，且能提供排水管道，以便將地面水導入植穴。
4. 視空間大小設置樹圍座椅。
5. 樹圍座椅材料、尺寸需符合人體工學。

（三） 樹圍設計準則

1. 樹圍的設置必須避免傷及植物。
2. 樹圍內徑與樹幹需保持 45cm 的距離。
3. 樹圍直徑一般為 Ø 120 ～ 150cm，如有特殊情形可作適度調整。
4. 樹圍及樹幹間之導水區所採用的材料應具透水及透氣性。
5. 導水材料應易於搬動。
6. 導水區透水材料下方，應鋪設表土層。
7. 樹圍外緣必須有良好的基礎支撐。
8. 樹圍座椅可為單獨型及連續型。
9. 連續型樹圍座椅須考慮動線的順暢性與便捷性。

10. 樹圍座椅無論何種型式，均須維護植物之生長環境及座椅結構之安全性。

11. 座椅底面應與周圍舖面作整體考量。

12. 座椅設計可參考「景觀設計與施工各論 10 座椅」。

(四) 樹圍材料選擇原則

1. 耐久性。
2. 可回收性。
3. 可再利用性。
4. 易於維護。
5. 和整體環境互相配合。
6. 樹圍材料種類特性可參考「景觀設計與施工各論 01 舖面」。

(五) 樹圍相關法規及標準

1. 內政部營建署，2003，市區道路人行道設計手冊，第四章規劃設計準則之 4.7 植栽。
2. 內政部營建署，2018，都市人本交通道路規劃設計手冊（第二版），第四章都市人行環境規劃設計，4.3.2 人行環境設計原則之十一、景觀綠化及 4.3.4 公共設施帶之六、景觀元素。

(六) 以下施工圖樣僅供參考，實際應用仍須因地制宜作適度調整。

參考文獻

1. 王小璘、何友鋒，1993，觀光農園設施物圖樣參考圖集，臺灣省政府農林廳，p.228。
2. 王小璘、何友鋒，1994，休閒農業區設施物參考圖集，台灣省農會，p.512。
3. 王小璘、何友鋒，1999，公園綠地規劃設計準則研究，內政部營建署，p.186。
4. 王小璘、何友鋒，1999，景觀設施專業施工、監造制度研究，內政部營建署，p.380。
5. 王小璘、何友鋒，2001，觀光農園公共設施物圖集，行政院農業委員會，p.402。
6. 內政部營建署，2003，市區道路人行道設計手冊。

7. 內政部營建署，2018，都市人本交通道路規劃設計手冊（第二版）。

8. 何友鋒、王小璘，2006，台中市（不含新市政中心及干城地區）都市設計審議規範及大坑風景區設計規範擬定，臺中市政府，p.395。

9. 何友鋒、王小璘，2006，台中市都市設計審議規範手冊，臺中市政府，p.109。

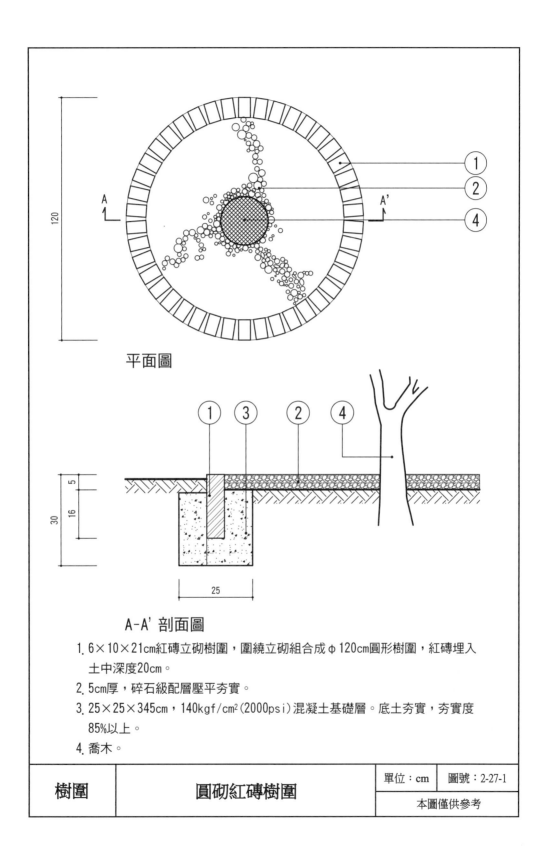

平面圖

A-A' 剖面圖

1. 6×10×21cm紅磚立砌樹圍，圍繞立砌組合成 φ120cm圓形樹圍，紅磚埋入土中深度20cm。

2. 5cm厚，碎石級配層壓平夯實。

3. 25×25×345cm，140kgf/cm²(2000psi)混凝土基礎層。底土夯實，夯實度85%以上。

4. 喬木。

樹圍	圓砌紅磚樹圍	單位：cm	圖號：2-27-1
		本圖僅供參考	

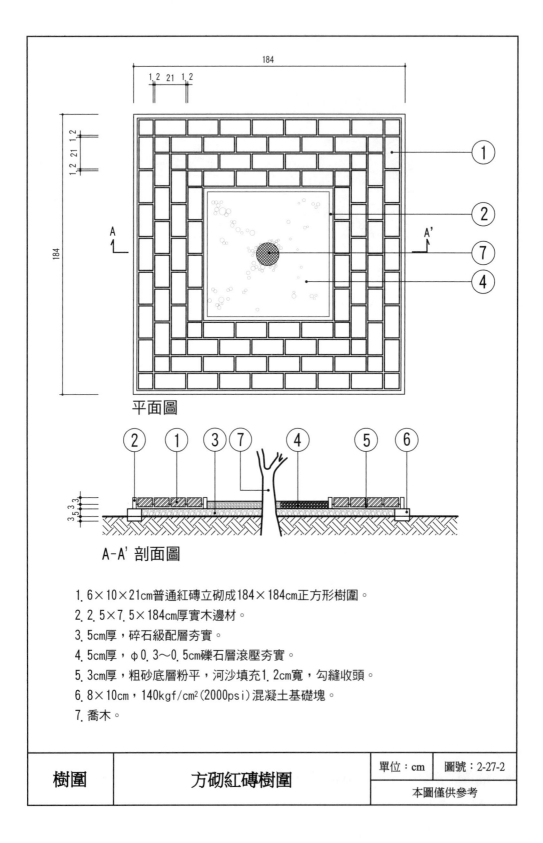

平面圖

A-A' 剖面圖

1. 6×10×21cm普通紅磚立砌成184×184cm正方形樹圍。

2. 2.5×7.5×184cm厚實木邊材。

3. 5cm厚，碎石級配層夯實。

4. 5cm厚，φ0.3~0.5cm礫石層滾壓夯實。

5. 3cm厚，粗砂底層粉平，河沙填充1.2cm寬，勾縫收頭。

6. 8×10cm，140kgf/cm²(2000psi)混凝土基礎塊。

7. 喬木。

樹圍	方砌紅磚樹圍	單位：cm	圖號：2-27-2
		本圖僅供參考	

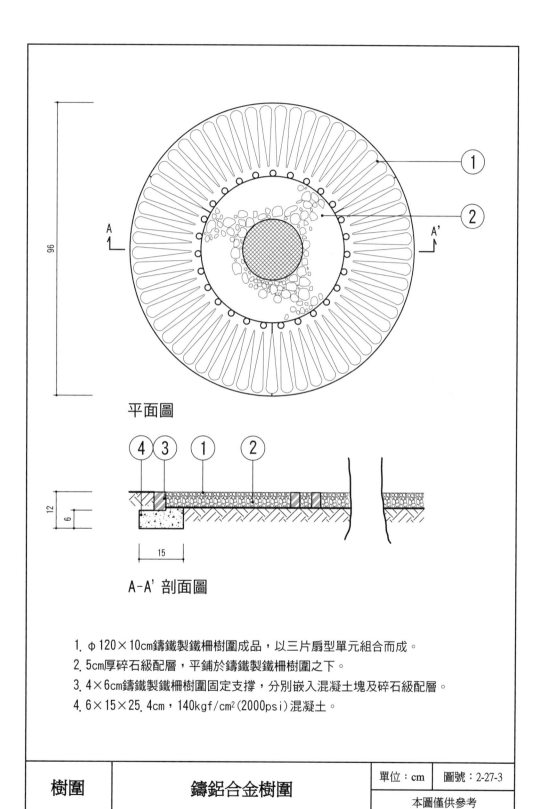

平面圖

A-A' 剖面圖

1. φ120×10cm鑄鐵製鐵柵樹圍成品，以三片扇型單元組合而成。

2. 5cm厚碎石級配層，平鋪於鑄鐵製鐵柵樹圍之下。

3. 4×6cm鑄鐵製鐵柵樹圍固定支撐，分別嵌入混凝土塊及碎石級配層。

4. 6×15×25.4cm，140kgf/cm²(2000psi)混凝土。

樹圍	鑄鋁合金樹圍	單位：cm	圖號：2-27-3
		本圖僅供參考	

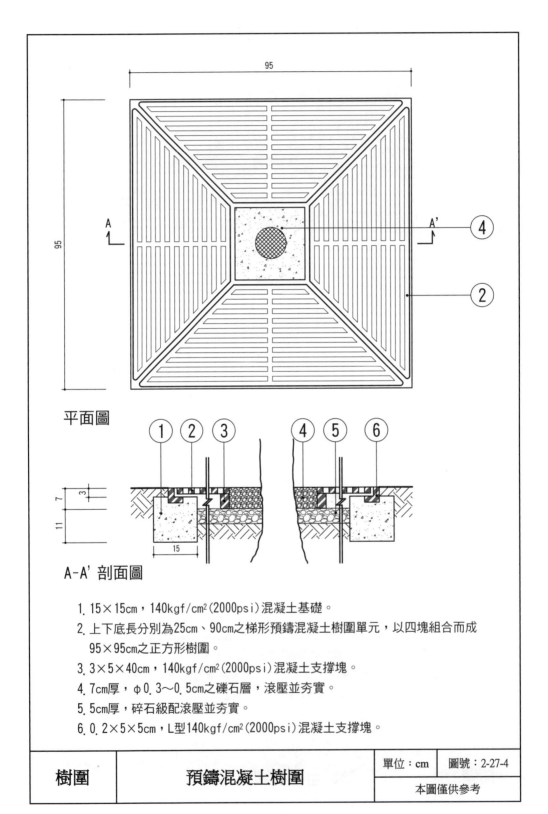

平面圖

A-A' 剖面圖

1. 15×15cm，140kgf/cm²(2000psi)混凝土基礎。

2. 上下底長分別為25cm、90cm之梯形預鑄混凝土樹圍單元，以四塊組合而成95×95cm之正方形樹圍。

3. 3×5×40cm，140kgf/cm²(2000psi)混凝土支撐塊。

4. 7cm厚，φ0.3～0.5cm之礫石層，滾壓並夯實。

5. 5cm厚，碎石級配滾壓並夯實。

6. 0.2×5×5cm，L型140kgf/cm²(2000psi)混凝土支撐塊。

樹圍	預鑄混凝土樹圍	單位：cm	圖號：2-27-4
		本圖僅供參考	

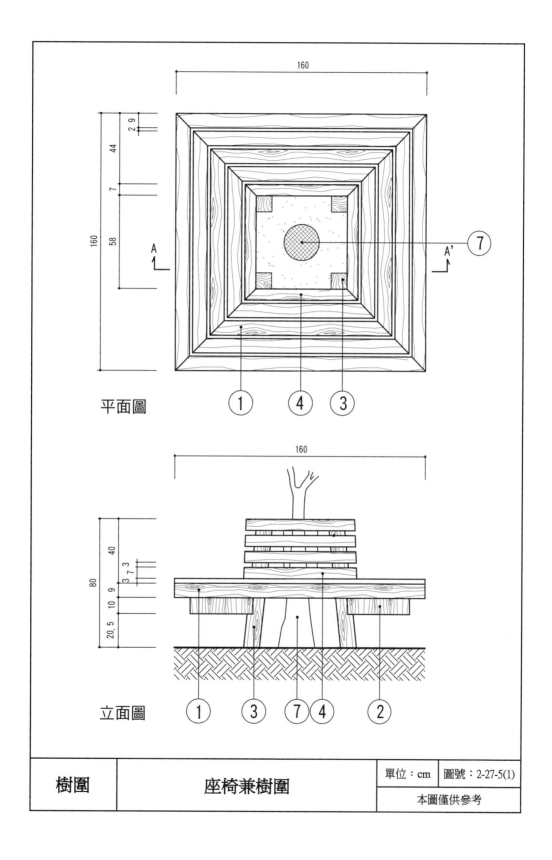

平面圖

立面圖

樹圍	座椅兼樹圍	單位：cm	圖號：2-27-5(1)
		本圖僅供參考	

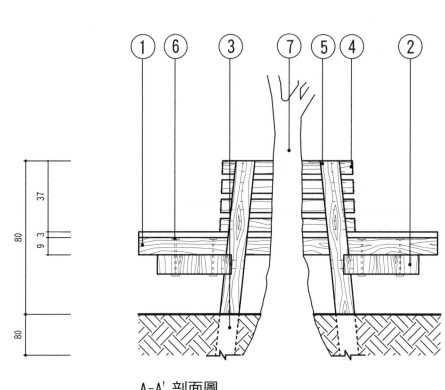

A-A' 剖面圖

1. 9×9×160cm實木椅面角材，經防腐處理，面刷護木油，以熱浸鍍鋅螺栓
   貫穿撐材桁木與基樁接合。（註）

2. 10×10×40cm實木桁木撐材八支，經防腐處理，面刷護木油，以2號套頭
   釘與基樁接合，嵌入基樁深度5cm。

3. 10×10×160cm實木基樁材四支，經防腐處理，面刷護木油，端部削尖，
   埋入土中80cm深。底土夯實，夯實度85%以上。

4. 7×7×55cm實木椅背角材十六支，經防腐處理，面刷護木油。

5. 2號無頭釘。

6. φ1.6cm熱浸鍍鋅螺栓，貫穿撐材桁木與基樁接合。

7. 喬木。

註：亦可採用玻璃纖維仿木。

樹圍	座椅兼樹圍	單位：cm	圖號：2-27-5(2)
		本圖僅供參考	

| 表 2-27　樹圍單價分析表

項次	項目及說明	單位	工料數量	單價	複價	備註
2-27-1	圓砌紅磚樹圍					
	挖土	m^2				
	回填土及殘土處理	m^2				
	紅磚	塊				
	碎石級配	m^3				
	140kgf/cm^2 混凝土	m^3				
	夯實	m^2				
	大工	工				
	小工	工				
	工具損耗及零星工料	式				
	小　計	座				
2-27-2	方砌紅磚樹圍					
	紅磚	塊				
	實木木板（含防腐處理）	支				
	碎石級配	m^3				
	0.3～0.5cm 礫石	m^3				
	粗砂	m^2				
	1：2 勾縫砂漿	m^2				
	140kgf/cm^2 混凝土	m^3				
	夯實	m^2				
	大工	工				
	小工	工				
	工具損耗及零星工料	式				
	小　計	座				
2-27-3	鑄鋁合金樹圍					
	挖土	m^2				
	回填土及殘土處理	m^2				
	預鑄扇形鐵柵	組				
	碎石級配	m^3				
	140kgf/cm^2 混凝土	m^3				
	鑄鐵製支撐架	式				
	夯實	m^2				
	大工	工				
	小工	工				
	工具損耗及零星工料	式				
	小　計	座				
2-27-4	預鑄混凝土樹圍					
	挖土	m^2				

項次	項目及說明	單位	工料數量	單價	複價	備註
	回填土及殘土處理	m²				
	預鑄混凝土單元	塊				
	140kgf/cm² 混凝土	m³				
	140kgf/cm² 混凝土支撐塊	塊				
	0.3～0.5cm 礫石	m³				
	碎石級配	m³				
	L 型 140 kgf/cm² 混凝土支撐塊	塊				
	夯實	m²				
	大工	工				
	小工	工				
	工具損耗及零星工料	式				
	小　計	座				
2-27-5	座椅兼樹圍					
	實木椅面角材	m				
	實木桁木撐材	支				
	實木基樁材	支				
	實木椅背角材	支				
	防腐處理、護木油	式				
	2 號無頭釘	支				
	Ø 1.6cm 熱浸鍍鋅螺栓	支				
	夯實	m²				
	大工	工				
	小工	工				
	工具損耗及零星工料	式				
	小　計	座				

28 植物支架（Plant Stakes）

　　為防止植物在種植後，新生組織成長期間，因風吹動搖導致根球位移、根部新生組織斷裂，進而影響植株日後生長發育，或因水分及養分供輸中斷導致死亡，須以支架固定，穩定植物的生長發育，並使植株有抗風能力，且使樹木不在風的吹襲下傾斜或倒伏。

（一）支架支撐原理

1. 植株的抗風性來自「根領」（Root Collar）的關節作用。
2. 根領可以將樹冠所承受的風力，分配到地下的支持根上。
3. 一棵從小生長的植物，其根領會先成長變粗，而其樹冠會依照其根領能承受的樹冠搖動而轉來的力量，長成適當大小。
4. 設置支架時，應儘量使植物根領可以感受到樹冠的搖動，以刺激其長大、長粗。
5. 一般樹木支撐以至少一年為佳。

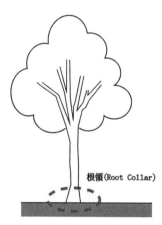

圖 1-28-1　樹木根領位置為支持樹體重心之主要部位

（二）支架構造原則

1. 支架須能防止植物因開花結果衍生危害或障礙。
2. 籬壁支架須為定點誘引，使綠籬植物能循序生長。
3. 蔓藤支架須能誘引蔓藤類植物攀附生長。
4. 植栽須包裹護幹材料，如環保、可再生之材質或 PE 防水透氣膜。

（三）支架支撐方法

　　支架固定工法可依植物大小、栽植方法、栽植場所而採用不同的施作工法。一般可分為單一柱、雙支柱、三支柱、3＋1 柱、四支柱、牽引索、鋼索地盤型及磐地支架等方法。

1. 單柱式：適用於主幹米徑小於 3cm 或受風面較小地區的植株。
   ⑴支架長度應大於植物全株高度以上。
   ⑵支架直徑應小於植物綁紮接觸部分的直徑大小。

⑶ 支架需設於迎風面，並深埋地下 60cm，且距離根球 5cm。

⑷ 支架緊靠樹幹固定的斜插立面角度應爲 45 ～ 60°。插入角度需迎向環境區域的主要背風面，且設置之支柱應在植樹時一併埋入土中並夯實。

⑸ 支架架設於每一植株時，其接觸樹幹之靠向需一致性靠左側或靠右側固定，且將支架端以槌頭或重物將其敲打插入地面直至穩固爲止。

⑹ 支架插入深度依不同土壤性質，以不會搖晃、不易拔出爲原則。

⑺ 支架與植株固定位置，應以軟墊包覆，並利用塑膠繩以「8」字結綑綁固定。

2. 雙柱式：適用於樹高 3 ～ 4m，米徑小於 6cm 之小樹。

⑴ 在根球兩側平行設置，間距約 50cm。

⑵ 須設立於迎風面。

⑶ 地面高度約 1.5m，地下須爲 60cm。

⑷ 支撐高度依照植株實際情況而定。一般固定於樹幹 1/2 ～ 2/3 處。

⑸ 須以橡皮帶鉤住樹幹，或於柱頂間用橫桿相連，以繩綑綁樹幹，使之不會被風吹倒，但可以使風力傳至根領，刺激根領長大。

3. 三柱式：適用於樹高 5m 以上或風力強勁地區的植株。

⑴ 在雙柱式基礎上增加一根斜柱，以強化穩固程度。

⑵ 支架長度約植株高度之 1/2。

⑶ 支架材料的直徑應小於植株綁紮接觸部位的直徑大小，以兼具固定與美觀。

⑷ 支架緊靠樹幹固定的斜插立面角度爲 45 ～ 60°，以有效抵擋風力吹襲。

⑸ 支架架設的平面角度應呈等邊三角形（即各 120° 夾角），其中一角需迎向環境區域的主要迎風面。

⑹ 支架架設於每一支樹幹時，其接觸之靠向需一致性靠左側或靠右側，且將支架端以槌頭或重物將其敲打插入地面直至穩固爲止。

⑺ 支架插入深度以不會搖晃、不易拔出爲原則，一般爲地下 30cm。

⑻ 各柱腳張開距離以 1.5m 以上爲原則。

4. 3 + 1 柱式：適用於較大的植株。

⑴ 支架長度宜約植株高度之 1/2。

⑵ 支撐點以樹高 1/2 ～ 3/5 處最佳。

⑶ 橫桿與支架以鐵線固定。

⑷ 支架與植株固定位置，應以軟墊包覆，並利用塑膠繩以「8」字結綑綁固定。

5. 四柱式：適用於較大的植株，及植栽槽或植穴框其寬度不足於展開立地角度成 60° 以下之情形者。

⑴ 利用四根支架插入土中作放射狀斜撐。

⑵ 柱頂間以橫桿相連。

⑶ 柱上相對綁緊兩支橫桿，並於橫桿上加紮兩支緊靠樹幹的橫桿。

⑷ 地面高度約 1m，地下約 50 ～ 70cm。

▌ 表 1-28-1　支架支撐比較表

	適合植株	優點	缺點
單柱式	主樹幹米徑 < 3cm	操作簡單。	抗風力稍嫌不足。
雙柱式	主樹幹米徑 < 6cm	操作簡單。	抗風力稍嫌不足。
3 + 1 柱式	主樹幹高 > 5m	操作簡單，適合強風地區。	植株越大，支架應增加高度或增加支撐量。根領無法長粗，尖削度不足以抗風。
四柱式	成熟或大型樹	使植株自然搖晃生長反應。	操作繁瑣、困難，抗風性較差。

6. 牽引索式：由繩索或鋼索及固定錨點所組成，適用於植栽槽或植穴，其寬度不足於展開立地成 60° 以下之情形者；屬柔性支撐，允許樹幹隨風擺動，刺激根領生長。其缺點為牽引索阻礙動線，易傷及行人；且其設置方位若與風向不合時，植物容易傾倒；若設置多條牽引索又有礙美觀。

⑴ 進行組合固定前應考量樹體的總重量，且需選用能負荷 1/3 總重量拉力的鋼索及吊帶等材料；並附以鍍鋅螺旋扣，作為調節固定張力之構件。

⑵ 以斜拉成立面角度 45 ～ 60° 之間。

⑶ 架設平面角度應呈等邊三角形（即各 120° 夾角）固定在堅硬的構造物上。

⑷ 牽引索與拉力需呈一條直線。

⑸ 固定錨點應深入土壤中 1m 以上或固定於堅固的支點上，確保在潮濕環境下，仍有足夠強度支撐整株樹木。

⑹ 牽引索固定位置需在植株高度 1/2 以上（最佳位置為 2/3 處）。

⑺ 地錨固定位置處與植株基部的距離，不可少於基部至上方固定處距離的

2/3。

(8) 若利用相鄰植物作為固定目標植株，需評估其具有足夠的強度支持。上方固定點須位在目標植株高度 1/2 以上（最佳位置為 2/3 處），下方固定點須位在鄰近植株高度 1/2 以下位置。

(9) 牽引索下方若有車輛往來，設置高度需大於 4m；若有行人往來，則需大於 2m。

(10) 地錨固定位置須明確標示，避免行人及工作人員受傷或其他機具造成牽引索及地錨受損。

(11) 牽引索應以軟性材料包覆，並塗上鮮豔色彩，警告行人或物體撞上。

7. 鋼索地盤式：植物放置於人工地盤的花臺或植穴中時，得以鋼索固定於樹幹基部與根球邊緣的中央位置，並向下拉至根球部下方或周邊的堅硬 RC 構造物或鋼構物體，並將其鎖緊固定。

8. 磐地支架式：植物種植地點若是位於人工地盤上，地錨無法打入，則採用磐地式地下支架，仿造植物根系的構造，將錨釘板打入樹穴側邊土壤，利用綁帶分別於直向及橫向進行根球固定並拉緊，再連接至側邊的錨釘板結構上，經覆土後將支架埋覆於地下。

本方法設置要點：

(1) 務必確認根球大小、高度及完整性。

(2) 依照根球大小調整錨釘板之支架長度。

(3) 依照需求預埋植筋或是先在樓板上定位鑽孔以便於固定，再完成防水處理。

(4) 回填土至磐地式支架等高之位置。

(5) 根球放置於磐地式支架正中央。

(6) 懸臂貼齊根球邊緣後，用束帶調整器從根球上緣將根球與懸臂略為拉緊。

(7) 喬木方向轉正並回填土至根球 1/3 高度。

(8) 將綁帶以絞緊器收緊。

(9) 回填土至根球等高之位置。

(四) 支架設計準則

1. 支架材料之直徑應小於植物接觸部位之直徑。

2. 支架架設單一植株之樹幹，其接觸面之靠向須一致。

3. 支架與樹幹之接觸部位，應加墊環保塑膠墊片（環）等軟質襯物，以防樹幹受傷。

4. 支架固定之繩結以可穩定緊綁之「8」字結綑綁為原則。繩結位置之朝向須一致。

5. 支架固定樹幹之綑紮高度，宜於全株樹高的 1/3 以上之位置。

6. 人工地盤之植物立支架，應配合個案設計合適的「地盤（地工）支架」固定之。

7. 支架之架設如屬水平或垂直構造，應注意其角度之等距美觀及綑綁位置與間隔之整齊一致。

8. 杉木支架入土深度至少 30cm，適用於小喬木。

9. 竹支架入土深度至少 20cm，適用於小喬木及灌木。

10. 支架架設時應力求整齊美觀。

（五）支架材料選擇原則

1. 選擇支架材料應考量材料之環保性和取得之便利性。

2. 支架材料應保持原色，並塗佈防腐塗料。

3. 應避免以焦油、瀝青或鉻化砷酸銅（CCA）防腐劑塗佈，減少公害汙染。

4. 可多採用當地生產之竹材、木材，如桂竹、孟宗竹、杉木或可重覆使用之材料，如環保塑膠、鐵件、鋁件等。

5. 支架固定之綑綁材料以使用年限可超過兩年為原則。

（六）支架維護管理原則

1. 苗木應視支架種類及風向，設立穩固並確具保護之作用。

2. 支架固定之後，每季或半年作一次檢查，其最佳更換時機為每年夏季颱風季節或秋冬季東北季風來臨之前，予以檢查及更換，同時亦可防治病蟲害的情況。

3. 支架檢查應以手扶支架左右搖晃；若容易晃動，應立即重新架設或更換。

4. 施工及養護期間，若有植株倒伏或支架損壞，應隨時扶正或修復。

5. 若植物生長良好穩固時應予拆除，以利植株生長。

6. 避免造成支架綁縛處嵌入樹體及積水等情事發生。

7. 斷根後支架之設立，使用認可之棉、麻、布、PE 帶、橡膠帶等繩條綑綁支

架，每隔一段時間應調整鬆緊度，以免影響植株之生長。

8. 為防風害、寒害和減少蒸散，沿海及山岳地區移植之植物均以稻草、草繩包裹樹幹，或採用其他越冬、防風設施予以保護。支架穩固性亦應特別加強。

9. 植物一旦倒伏，應迅速作適當修剪並扶正，扶正後應填土並架設支柱，以利生長勢之恢復。

10. 植物生長健壯，不須支柱保護作用時，可將支柱拆除。

(七) 支架相關法規及標準

1. 經濟部水利署，2012，施工規範，第 02902 章種植及移植一般規定。
2. 經濟部水利署，2022，施工規範，第 02931 章植樹篇。

(八) 以下施工圖樣僅供參考，實際應用仍須因地制宜作適度調整。

參考文獻

1. 王小璘、何友鋒，1999，公園綠地規劃設計準則研究，內政部營建署，p.186。
2. 王小璘、何友鋒，1999，景觀設施專業施工、監造制度研究，內政部營建署，p.380。
3. 王小璘、何友鋒，2010，大台中公園綠地景觀建設願景計畫專案計畫成果報告，臺中市政府，p.194。
4. 內政部營建署，2017，市區道路植栽設計成果報告書。
5. 內政部營建署，2017，市區道路植栽設計參考手冊。
6. 公共工程技術規範，第 02902 章種植工程施工技術規範。
7. 李碧峰，2016，種樹移樹基礎全書，麥浩斯出版。
8. 社團法人臺灣環境綠化協會，2019，臺中市公園內植栽及行道樹修剪、種植及移植作業規範。
9. 桃園市政府，2016，樹木植栽設計施工手冊。
10. 經濟部水利署，2012，施工規範，第 02902 章。
11. 經濟部水利署，2022，施工規範，第 02931 章植樹篇。

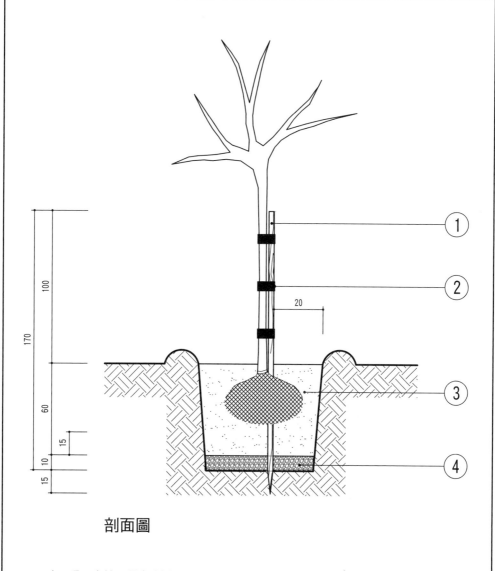

剖面圖

1. φ7cm木樁，端部削尖埋入土中深度85cm，並以橡膠片綑綁植株固定。

2. 1cm厚橡膠片，每25cm寬間隔配設一處，共三處。

3. 60cm深穴徑，種植後回填土並混入有機肥，植物四周圍留設一10cm高土丘，以利蓄水。

4. 10cm厚，碎石基礎底層夯實。

植物支架	單柱支架喬木種植法	單位：cm	圖號：2-28-1
		本圖僅供參考	

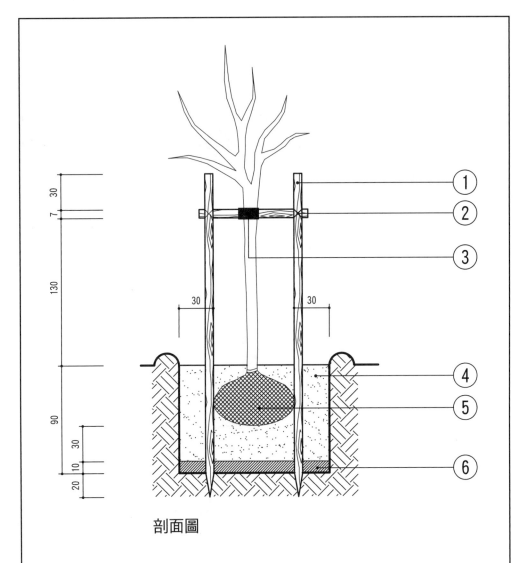

剖面圖

1. φ7cm木樁，經防腐處理，底端削尖後埋入土中100cm深。

2. 12號電鍍鐵絲綑綁木樁，樹幹採用16號電鍍鐵絲綑綁。

3. 1cm厚橡膠片。

4. 90cm深穴徑，種植後覆土並充分灌水，且植物四周圍留設一10cm高土丘，以利蓄水。

5. φ70×60cm土球以麻繩或稻草包覆綑綁。

6. 10cm厚，拌合沃土之有機肥。

植物支架	雙柱支架喬木種植法	單位：cm	圖號：2-28-2
		本圖僅供參考	

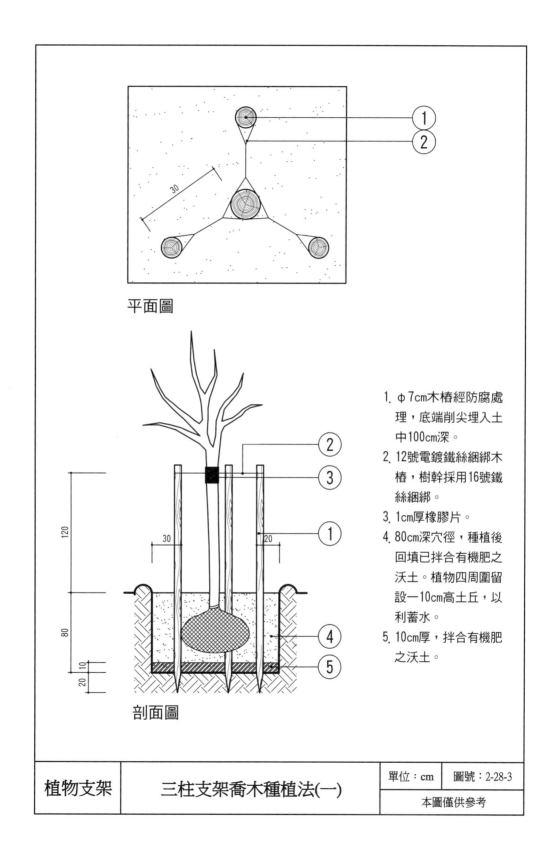

平面圖

剖面圖

1. φ7cm木樁經防腐處理，底端削尖埋入土中100cm深。

2. 12號電鍍鐵絲綑綁木樁，樹幹採用16號鐵絲綑綁。

3. 1cm厚橡膠片。

4. 80cm深穴徑，種植後回填已拌合有機肥之沃土。植物四周圍留設一10cm高土丘，以利蓄水。

5. 10cm厚，拌合有機肥之沃土。

植物支架	三柱支架喬木種植法(一)	單位：cm	圖號：2-28-3
		本圖僅供參考	

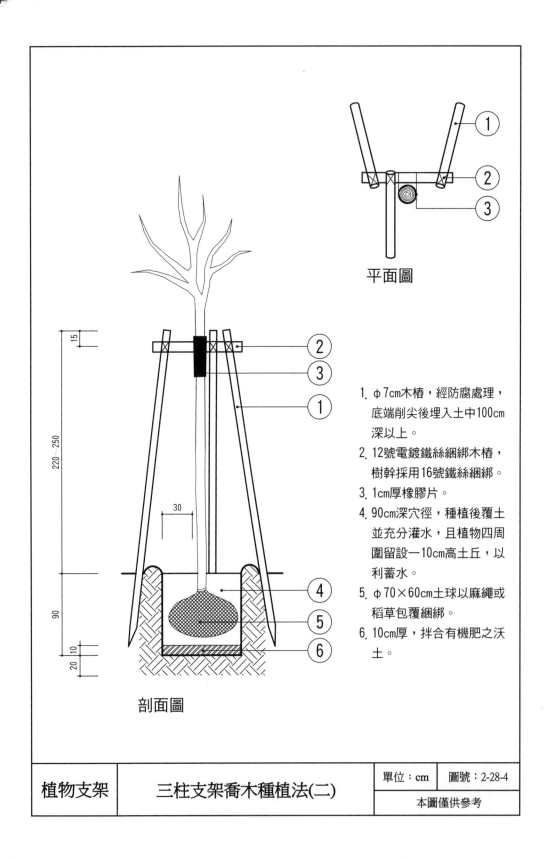

平面圖

剖面圖

1. φ7cm木樁，經防腐處理，底端削尖後埋入土中100cm深以上。

2. 12號電鍍鐵絲綑綁木樁，樹幹採用16號鐵絲綑綁。

3. 1cm厚橡膠片。

4. 90cm深穴徑，種植後覆土並充分灌水，且植物四周圍留設一10cm高土丘，以利蓄水。

5. φ70×60cm土球以麻繩或稻草包覆綑綁。

6. 10cm厚，拌合有機肥之沃土。

植物支架	三柱支架喬木種植法(二)	單位：cm	圖號：2-28-4
		本圖僅供參考	

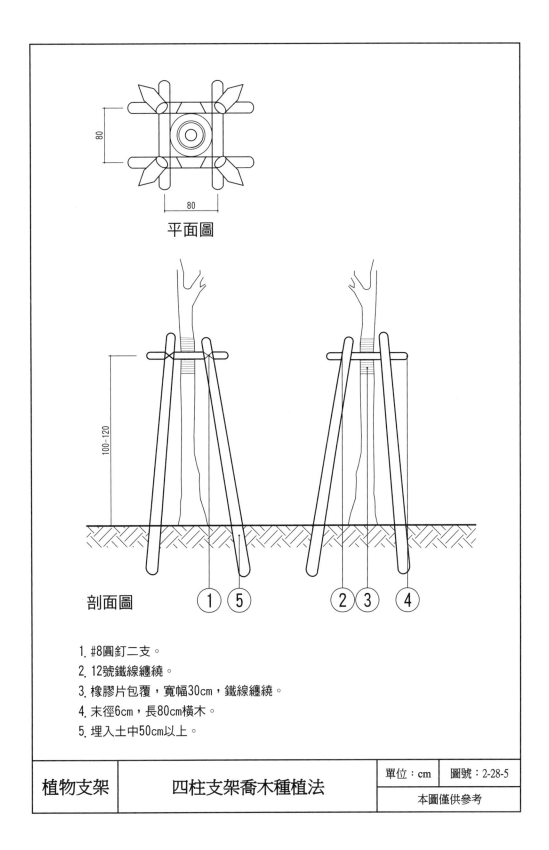

平面圖

剖面圖

① ⑤　② ③ ④

1. #8圓釘二支。
2. 12號鐵線纏繞。
3. 橡膠片包覆，寬幅30cm，鐵線纏繞。
4. 末徑6cm，長80cm橫木。
5. 埋入土中50cm以上。

植物支架	四柱支架喬木種植法	單位：cm	圖號：2-28-5
		本圖僅供參考	

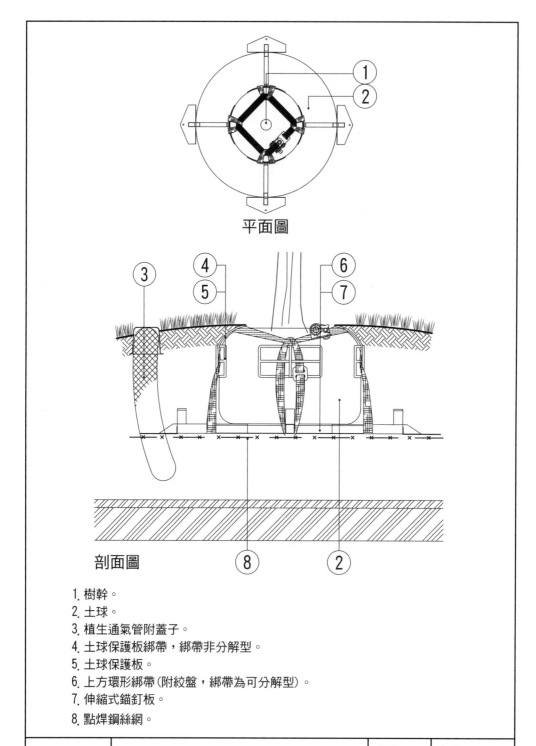

平面圖

剖面圖

1. 樹幹。
2. 土球。
3. 植生通氣管附蓋子。
4. 土球保護板綁帶，綁帶非分解型。
5. 土球保護板。
6. 上方環形綁帶(附絞盤，綁帶為可分解型)。
7. 伸縮式錨釘板。
8. 點焊鋼絲網。

植物支架	伸縮式磐地支架	單位：cm	圖號：2-28-6
		本圖僅供參考(許晉誌提供)	

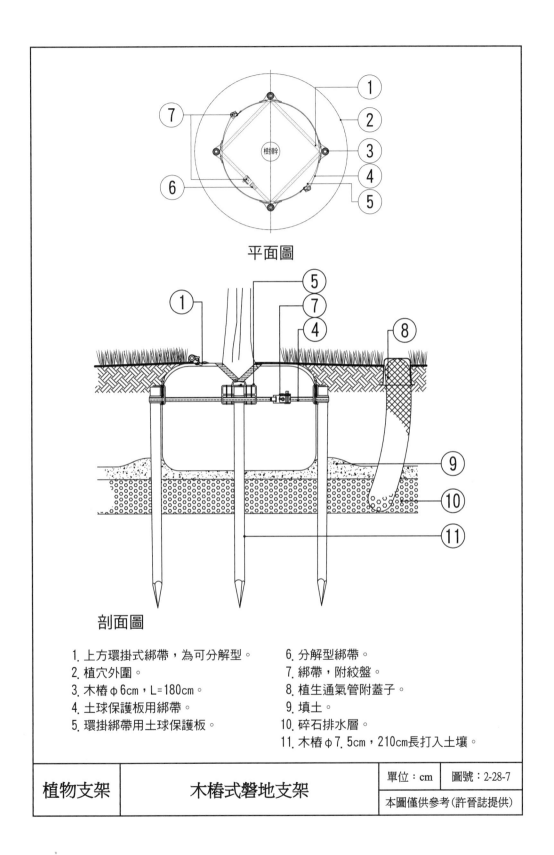

平面圖

剖面圖

1. 上方環掛式綁帶，為可分解型。
2. 植穴外圍。
3. 木樁φ6cm，L=180cm。
4. 土球保護板用綁帶。
5. 環掛綁帶用土球保護板。
6. 分解型綁帶。
7. 綁帶，附絞盤。
8. 植生通氣管附蓋子。
9. 填土。
10. 碎石排水層。
11. 木樁φ7.5cm，210cm長打入土壤。

植物支架	木樁式磐地支架	單位：cm	圖號：2-28-7
		本圖僅供參考(許晉誌提供)	

▌表 2-28　植物支架單價分析表

項次	項目及說明	單位	工料數量	單價	複價	備註
2-28-1	單柱支架喬木種植法					
	植樹 230 ～ 300cm	株				
	碎石基礎層	m³				
	挖土工（每天 40 株機械挖）	工				
	植栽機械吊運	工				
	機械回填壤土	m³				
	施肥	式				
	澆水，維護	式				
	Ø 7cm 木樁	支				
	1cm 厚橡膠片	個				
	防腐處理	式				
	大工	工				
	小工	工				
	工具損耗及零星工料	式				
	小　計	組				
2-28-2	雙柱支架喬木種植法					
	植樹 260 ～ 350cm	株				
	有機肥料	m³				
	挖土工（每天 40 株）	工				
	樹種	株				
	挖土工（每天 30 株）	工				
	回填壤土	m				
	施肥	式				
	澆水、維護	式				
	Ø 7cm 木樁（2m 長）	支				
	Ø 7cm 木樁（1m 長）	支				
	1cm 厚橡膠片	個				
	電鍍鐵絲	kg				
	防腐處理	式				
	柱架埋設工	工				
	大工	工				
	小工	工				
	工具損耗及零星工料	式				
	小　計	組				
2-28-3	三柱支架喬木種植法 (一)					
	植樹 200 ～ 300cm	株				
	挖土工（每天 40 株）	工				
	回填有機沃土	m³				

項次	項目及說明	單位	工料數量	單價	複價	備註
	施肥	式				
	澆水、維護	式				
	Ø 7cm 木樁	支				
	1cm 厚橡膠片	個				
	電鍍鐵絲	kg				
	防腐處理	式				
	大工	工				
	小工	工				
	工具損耗及零星工料	式				
	小　計	組				
2-28-4	三柱支架喬木種植法（二）					
	植樹 200～300cm	株				
	挖土工（每天 40 株）	工				
	回填有機沃土	m³				
	施肥	式				
	澆水、維護	式				
	Ø 7cm 木樁	支				
	1cm 厚橡膠片	個				
	電鍍鐵絲	kg				
	防腐處理	式				
	柱架埋設工	工				
	大工	工				
	小工	工				
	工具損耗及零星工料	式				
	小　計	組				
2-28-5	四柱支架喬木種植法					
	植樹 200～300cm	株				
	挖土工（每天 40 株）	工				
	回填壤土	m³				
	施肥	式				
	澆水、維護	式				
	Ø 7cm 木樁	支				
	1cm 厚橡膠片	個				
	鐵線	kg				
	防腐處理	式				
	柱架埋設工	工				
	大工	工				
	小工	工				
	工具損耗及零星工料	式				

項次	項目及說明	單位	工料數量	單價	複價	備註
	小　計	組				
2-28-6	伸縮式磐地支架					
	樹木錨定固定裝置（伸縮式）	組				
	小工	工				
	工具損耗及零星工料	式				
	小　計	組				
2-28-7	木樁式磐地支架					
	植栽，支柱，木樁〈含防腐處理〉，一支（D = 6 ～ 8cm，L = 240cm）	支				
	木樁式地下支架	組				
	小工	工				
	工具損耗及零星工料	式				
	小　計	組				

29 植物修剪（Tree Pruning）

　　修剪係針對不良枝進行修枝剪葉，其目的爲環境保護、去除空氣髒汙、固碳、抗風、涵養水源、降低溫度、公共安全、調節植株生長勢、花、果及種子生產，維護植株健康及生長強健、保持植物外型優美、提高周遭環境景觀品質及其他特殊需求。

（一）不良枝的種類

1. 交叉枝：和其他樹枝重疊成近似 S 型生長的樹枝。
2. 平行枝：兩枝以上平行生長的樹枝。
3. 忌生枝：朝向樹枝內部逆向生長的樹枝。
4. 逆行枝：迴轉彎折生長的樹枝。
5. 陰生枝：萌生於枝條腋下位置，會阻礙其他枝條生長的樹枝。
6. 幹頭枝：因先前整枝不良後，宿存的幹頭萌生的樹枝。

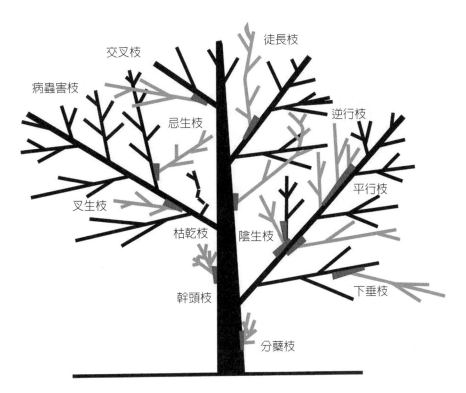

圖 1-29-1　不良枝示意圖（重繪自：內政部營建署，2017，市區道路植栽設計參考手冊）

7. 分蘗枝：從樹幹基部長出的樹枝。

8. 叉生枝：兩兩同等優勢枝條之中央部位所萌生的樹枝。

9. 下垂枝：朝向下方生長的樹枝。

10. 徒長枝：比其他樹枝強勢的樹枝。

（二）修剪的類型

1. 針葉樹：針葉樹的枝條較細，且無明顯的枝領和枝皮脊線，故修枝時切口需平滑，以利傷口之癒合。

　⑴小枝條：如圖 1-29-2 所示，A 為正確的修剪位置。

　⑵大枝條：如圖 1-29-3 所示。

　　A. 若枝徑小於 5cm 時，圖中 A、B 為正確的修剪位置。

　　B. 若枝徑大於 5cm 時，圖中 B、C 為正確的修剪位置，也可以採用三切法，避免撕裂樹皮。

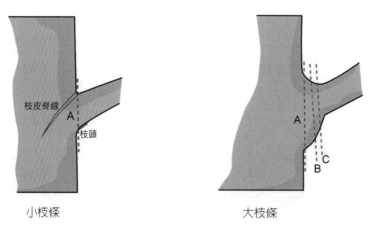

| 圖 1-29-2　針葉樹隆肉（枝領）　　| 圖 1-29-3　針葉樹大枝條隆肉（枝領）

（重繪自：社團法人臺灣環境綠化協會，2019，臺中市公園內植栽及行道樹修剪、種植及移植作業規範）

2. 闊葉樹：

　⑴枝條：

　　A. 小枝條：切口的位置與枝皮脊線的角度先均分假想線後，並使 a 與 b 角度約略相同，如圖 1-29-4。

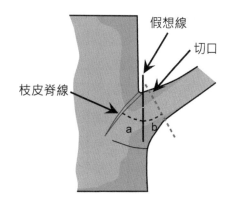

圖 1-29-4　枝領不明顯的修枝法（重繪自：社團法人臺
灣環境綠化協會，2019，臺中市公園內植栽及行道樹修
剪、種植及移植作業規範）

B. 大枝條（三切式修剪）：枝條直徑在 5cm 以上時，先於枝條下端離基
部約 20cm 處，鋸一受口，由下往上切（如位置 1），深度約為枝徑
1/3 或 1/4，再離受口約 1 ～ 2cm 由上往下鋸切（位置 2），切口處稍
微向外處向下切，樹枝會因重力自然墜下，最後將事先留下的一小截
枝條（位置 3）沿著枝領邊緣鋸切；須注意勿傷及枝皮脊線和枝領，
如圖 1-29-5。

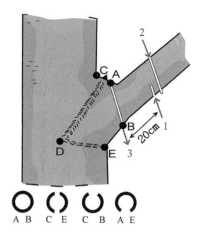

▌圖 1-29-5　大徑枝條修枝三切法及不同鋸切位置之傷口
癒合形狀（重繪自：邱志明，2016，景觀樹木修剪作業
規範綱要）

C. 疏剪：爲減少樹冠內不良枝及緊密之枝條，增加通氣及透光，以利植株生長，並避免病蟲害發生及公安問題。

D. 疏剪及截剪同時進行：大樹之修剪經常需將疏剪及截剪（截頂）合併實施，目的在降低植株高度與冠幅，減少樹冠內不良及緊密的枝條，增加通氣及透光，以維護植株之健康，並減少風阻，增強抗風力。

E. 控制樹型：爲控制樹型，較幼年的植株經過多次的截頂（幹）修剪，會在截頂處次生枝傷口處形成腫大的結構，其內匯聚植株的防禦物質，較具有抗病源菌物質。故該類植物應保留腫大結構，並定期修剪新生的枝條。

F. 主枝：修剪時應注意側枝應有主枝直徑的 1/3 以上，可降低枝條回枯的機率。以 35° 角斜切主枝，並避免傷害枝皮脊線及枝領，防止因平切造成下雨積水，導致樹幹腐朽。

G. 側枝：修剪前應確認枝領位置，切點應在枝領外側或切齊，以加快傷口癒合速度。若切點位置與枝領位置距離過遠，會留有殘枝，使傷口恢復速度較慢，增加病蟲害入侵之風險；若切入枝領範圍，則枝條無法復原導致後續腐朽問題之發生。

H. 殘枝：植物因氣候因子、生長競爭或修剪不當所造成的殘枝，修剪前應仔細檢查其與樹幹接連的位置，查看是否有癒傷組織形成；在修剪時應避免傷害到癒傷組織。

(2) 樹冠修剪：

A. 樹冠清理：主要清除樹冠上的枯枝、病蟲害枝、斷枝、逆枝、子枝及弱接的枝條，爲景觀最常見的修剪技巧。

B. 樹冠疏剪：移除樹上交叉枝、弱枝和部分枝條，減低樹葉密度，增加樹冠之通透性，使枝條有更大的生長空間，並減少風阻及提升空氣流通。

C. 樹冠提升：主要修除樹冠較低的枝條，以提供行人、車輛、建築物良好的視線。

D. 樹冠縮減：目的爲降低樹體大小，並確保剩餘枝條能維持樹冠結構之完整性；一次修除枝葉原則上不超過原 1/40。

E. 樹冠修復：針對先前曾遭截幹修剪或受到風暴破壞之植物，剪除其徒長枝、殘枝及枯枝等，自損壞枝條末端保留一至三個芽，使枝條生長

成永久枝，恢復原來之冠形結構及自然外觀。

(3) 主幹修剪：

A. 結構枝不得修剪：除非爲胸徑 10cm 以下，樹高 5m 以下，植株結構枝
爲塑造樹型架構，均不宜修剪。

B. 等勢幹：植物生長過程中，主幹通常較側枝優勢，但是在某些時候側
枝的生長也會跟主枝一樣優勢，稱爲等勢幹或分叉幹。宜在枝徑 3 ～
5cm 以下時即行修除，如圖 1-29-6。

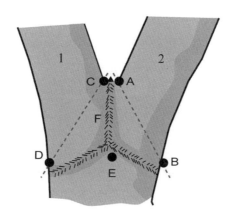

▌ 圖 1-29-6　等勢幹之切除方法（重繪自：社團法人臺灣
環境綠化協會，2019，臺中市公園內植栽及行道樹修剪、
種植及移植作業規範）

(A)欲保留樹幹 1，則小心由 A 至 B，或 B 至 A 鋸切。

(B)若欲保留樹幹 2，則小心由 C 至 D，或 D 至 C 鋸切。

(C)F 爲樹幹脊線，E 位於 B 及 D 相對位置，亦即 DEB 在一水平線上。

C. 截剪：一般用於幼小植株，爲修除較大較長之枝條或主幹，包含截頂
及截幹修剪。適用於植物主幹受颱風折斷或樹形不良；或欲降低樹高
及冠幅。應先行評估留存的枝條是否能維持生長和具有頂芽抑制之能
力，亦即留存之枝條須爲主幹直徑 1/3 以上。修剪方法如圖 1-29-7 所
示。

闊葉樹截幹時，正確之位置爲 A、B，其中 C 爲枝皮脊線之端部，B
和 C 在同一水平上。

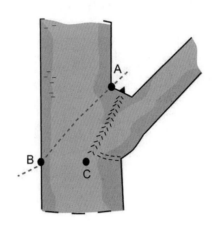

圖 1-29-7　截剪修剪方法（重繪自：邱志明，2016，景
觀樹木修剪作業規範綱要）

　　D.截頂：指切除主枝、芽及側枝上的枝條，其修剪位置位於節點處。修
　　　剪除主幹留存的側枝必須為主幹直徑 1/3 以上。

3. 棕櫚類：棕櫚類的葉、花或鬆散葉柄可能造成危險情況時，應進行修剪。

　⑴由葉鞘基部修剪，使葉片形成水平狀，即 180°。

　⑵若為作業方便，至少需留存 120°。

（三）幼齡樹結構性修剪

　　結構性修剪是針對幼齡植物進行修剪，使植物於幼齡期即維持良好的樹形樹
勢，可促進樹體良好結構及定型發展。

　　結構性修剪可分為五個步驟進行：

　1. 移除枯枝及染病枝條。

　2. 建立中央主幹，其他競爭性枝幹可移除或降級為亞枝條。

　3. 建立最低永久枝，由種植位置決定最低永久枝的高度。

　4. 建立結構枝，較大植株結構枝垂直間距至少 50cm，較小則為 30cm。

　5. 保留暫時性枝條，如結構枝之間以及最低永久枝下方的枝條，應暫時保留，
　　　以提供樹體養分，當樹木長大後方可移除。

（四）行道樹修剪

　1. 修剪目的：

⑴ 樹形調整：爲達到防風、防颱、防火、遮蔽、景觀等機能的樹形調整修剪，但樹幹結構不變。

⑵ 保全植株健康：去除腐朽及結構不安全枝條、夾皮枝幹。

⑶ 確保交通安全：避免樹木遮住交通號（標）誌、路燈或車行視線。

⑷ 友善環境：避免樹木遮住家戶。

⑸ 構成健康樹形：不良枝條之修剪。

⑹ 促進或避免過度開花結實。

⑺ 蒸散調節修剪：植物移植時進行小規模修剪以減低蒸散量，避免樹木枯萎。

⑻ 病蟲害防治：去除病源或減少病源量。

⑼ 減少花或果實、種子造成嫌惡，如木棉、掌葉蘋婆等。

⑽ 抑制植株大小，以免植物根系入侵下水道或建築等設施物等。

2. 修剪類型：包括樹冠清理、樹冠疏剪、樹冠提升、樹冠修剪、樹冠恢復。

(五) 灌木修剪

灌木修剪時應依照正確修剪時機及部位進行，以及選擇合適的修剪類型。修剪類型包括以下三種方式：

1. 疏剪：

⑴ 爲避免生長茂盛的強枝遮蔽弱枝的光線並使其死亡，必須作定期修剪。

⑵ 疏剪時於第一年從灌叢基部之老枝優先剪除。第二年春季新枝萌發，則次第往返操作。

2. 截剪：

⑴ 去除太密實的枝葉，以避免造成由於外側徒長枝的生長而遮蔽了內側枝葉，以及破壞植物外形的枝條。

⑵ 保留主枝避免造成殘枝幹（stub）。

⑶ 爲了減少樹形的大小，可以將部分由基部生長的枝條或較短的枝條剪去，以維持植物的自然外觀。

3. 疏剪和截剪同時實施。

(六) 綠籬修剪

利用修剪及整枝使植物以平面生長（如沿著牆或柵欄）的專業技術。透過樹冠

清理及樹冠截剪的方式，使植株保持一定葉量密度，並達到遮蔽及隔離的效果。必要時，亦可作造型整枝。

1. 綠籬修剪以平整、高度一致為原則。

2. 綠籬灌木修剪時，灌木群中枝葉層最高者為危險線，連結此線往上約 30cm（或以上）設定為修剪計畫線，如此留下的葉量層才足夠提供灌木繼續生長所需的養分。

3. 修剪時需使用合乎安全之綠籬修剪機，不得使用割草機、圓盤鋸等，以免造成灌木傷口的碎裂不易癒合，也避免傷及路人安全。

（七）修剪適當時機

修剪時機需視不同樹種或植物生長時期進行。

1. 一般修剪季：

   ⑴冬季修剪：一般樹種建議於冬末或初春萌芽前進行大尺度修剪。此時為植物休眠時期（11 月至翌年 2 月間），養分儲存完畢，消耗量較少，且溫度低，病害蟲害相對較少，可使植株利用生長季節癒合傷口。

   ⑵夏季修剪：此時為植物生長旺盛，進行小尺度修剪（直徑 10cm 以下）或不良枝修剪，能整理植株結構，也可減少修剪產生之傷口感染機率。

   ⑶開花植物：在修剪之前應先瞭解花芽形成的時間與著生位置。依花芽形成的時間不同分為兩大類型：

   A. 春天開花的植物（5 月底以前），其花芽大多在前一年就已形成，亦即花芽是著生在去年的枝條（2 年生枝條）上。這類型的花木，在冬季不宜重剪，應在開花後一至兩星期內進行修剪，如櫻花。

   B. 在夏或秋季開花的植物，其花芽於當年枝條上形成，因此應在冬季休眠期或早春新芽尚未開始萌發之前修剪，才能多發新芽，增加花芽著生機會，如臺灣欒樹、鐵刀木、九芎。

2. 防颱修剪：

   ⑴屬緊急性修剪，一般於夏季颱風（5 月～ 8 月）前進行。

   ⑵應避免進行大規模修剪，除不良枝外，針對過度密實樹冠枝條及植株過高者進行疏剪及截頂修剪。

   ⑶此時植株正值生長期，葉量修剪不得超過整體之 1/3。

3. 特殊性修剪：為配合當地民眾或社區居民之需求，針對減少某些樹木開花

的嫌惡氣味，如掌葉蘋婆等；或減少花或果實、種子造成嫌惡現象，如木棉、黑板樹等。

4. 枯枝、病株及不良枝條則可在任何季節時間進行修剪。

(八) 施工注意事項

1. 依修剪目的及地理位置、樹種、樹勢、樹齡、自然樹形及生長速度等因素，決定適當的修剪方式及時間。

2. 一年內修剪量不得超過樹冠總葉量之 25%，成熟老樹限 15%。

3. 修剪時，須遵守修剪原則，並對植株造成最小的傷害為優先考量。

4. 主枝回剪至側枝時，側枝直徑必須是主枝的 1/3 以上。

5. 進行截剪時，須注意截頂角度為 45°。

6. 修剪枝條間夾角過小，須從枝條外側向內側修剪，避免傷害樹皮。

7. 若枝領組織延長枝增長，僅需除去枝領外側之枯枝即可。

8. 工具在修剪前務必先利用漂白水進行消毒，避免病蟲害藉由修剪器具進行大規模之傳染。

9. 修剪時選用合適的工具，工具務必銳利，使樹木或樹枝切口平滑，可減少病蟲害侵入之機率。

10. 禁止使用釘鞋攀樹，除非沒有其他安全的修剪方式或進行空中救援時，方可使用。

11. 常見的修剪工具如：手鋸、電鋸、高枝鏈鋸以及高枝剪。須根據操作手冊進行完整的演練，方可在地面及高空進行修剪工作。

12. 個人保護裝備須包括安全帽、聽力保護、護目鏡、面罩、手套、安全鋸樹褲及工作鞋。

13. 須瞭解導電的風險，所有電器設備皆須視為具有致命的高電壓，直接或間接接觸與高壓電碰觸或連結的導電物體，包括工具、樹枝及車輛等，皆有觸電的危險。

14. 除內置電源外，其他使用電力之工具，皆禁止在帶電導體附近使用，避免因電源線接觸而發生危險。

15. 使用傷口塗佈劑對於植物傷口和腐朽進行防止及保護。塗佈時只需塗上薄薄一層，但對大傷口需要三至五年以上才能癒合者，則需每年，甚至每季定期塗佈才有效果。一般在綠化或行道樹上較不可行，主要用在重要的景

觀植物或是受保護樹木上。

16. 生長調節劑可施用於葉面、樹皮，或注射於植物內，以抑制樹木生長速度及減少徒長枝，使公共管線附近的樹木緩慢生長。

17. 樹木修剪宜由持有「景觀樹木修剪技術人員合格證書」之專門技術人員執行之。

18. 利用攀樹技術進行高空修剪時，必須符合攀樹安全規範。

（九）植物修剪相關法規及標準

1. 交通部運輸研究所，2017，自行車道系統規劃設計參考手冊（2017年修訂版），第五章車道舖面暨附屬設施設計之 5.10 自行車道植栽之 5.10.4 植栽維護管理。

2. 臺北市政府，2022，臺北市樹木修剪作業規範。

3. 高雄市政府，2019，高雄市景觀樹木修剪作業規範。

4. 臺中市政府，2019，臺中市公園內植栽及行道樹修剪、種植及移植作業規範，臺灣環境綠化協會。

5. 景觀公會全聯會，2014，景觀樹木修剪作業技術規則。

（十）以下施工圖樣僅供參考，實際應用仍須因地制宜作適度調整。

參考文獻

1. 王小璘、何友鋒，1981，南投縣鳳凰谷鳥園規劃設計，南投縣政府。

2. 王小璘、何友鋒，1990，苗栗縣大湖鄉石門休閒農業區規劃研究，行政院農委會，p.255。

3. 王小璘、何友鋒，1991，嘉義縣番路鄉龍頭休閒農業區規劃研究，行政院農委會，p.286。

4. 王小璘、何友鋒，1991，台中發電廠廠區植栽選種與試種研究，台灣電力公司，p.261。

5. 王小璘、何友鋒，1993，觀光農園設施物圖樣參考圖集，臺灣省政府農林廳，p.228。

6. 王小璘、何友鋒，1994，休閒農業區設施物參考圖集，台灣省農會，p.512。

7. 王小璘、何友鋒，1999，公園綠地規劃設計準則研究，內政部營建署，p.186。

8. 王小璘、何友鋒，2000，原住民文化園區景觀規劃設計整建計畫，行政院原住民委員會文化園區管理局，p.362。

9. 王小璘、何友鋒，2001，台中縣太平市頭汴坑自然保育教育中心規劃設計，臺中縣太平市農會，p.130。

10. 王小璘、何友鋒，2002，石崗鄉保健植物教育農園規劃設計及景觀改善，行政院農委會，p.105。

11. 王小璘、何友鋒，2002，農業環境景觀生態規劃設計規範，行政院農委會，p.182。

12. 王小璘、何友鋒，2006，台灣電力公司龍門計畫核能四廠景觀細部設計，台灣電力公司。

13. 何友鋒、王小璘，2011，台中生活圈高鐵沿線及筏子溪自行車道建置工程委託設計監造案，臺中市政府。

14. 內政部營建署，2017，市區道路植栽設計參考手冊。

15. 交通部運輸研究所，2017，自行車道系統規劃設計參考手冊（2017 年修訂版）。

16. 邱志明，2016，景觀樹木修剪作業規範綱要，林業研究專訊，23(2):66-71。

17. 桃園市政府，2016，樹木植栽設計施工手冊。

18. 高雄市政府，2019，高雄市景觀樹木修剪作業規範。

19. 景觀公會全聯會，2014，景觀樹木修剪作業技術規則。

20. 臺中市政府，2019，臺中市公園內植栽及行道樹修剪、種植及移植作業規範，社團法人臺灣環境綠化協會。

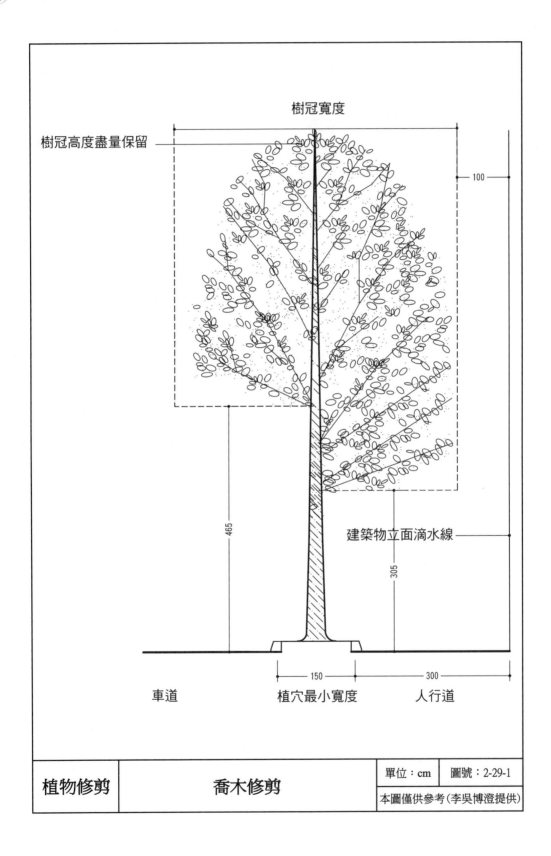

樹冠寬度

樹冠高度盡量保留

100

465

建築物立面滴水線

305

車道　　　　　　　植穴最小寬度　　　　　人行道

150　　　　　　　300

植物修剪	喬木修剪	單位：cm	圖號：2-29-1
		本圖僅供參考(李吳博澄提供)	

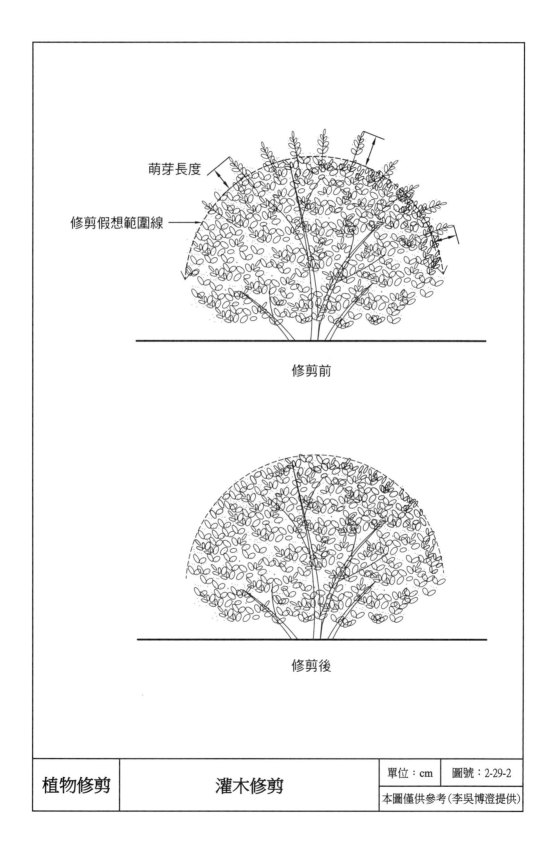

萌芽長度

修剪假想範圍線

修剪前

修剪後

植物修剪	灌木修剪	單位：cm	圖號：2-29-2
		本圖僅供參考(李吳博澄提供)	

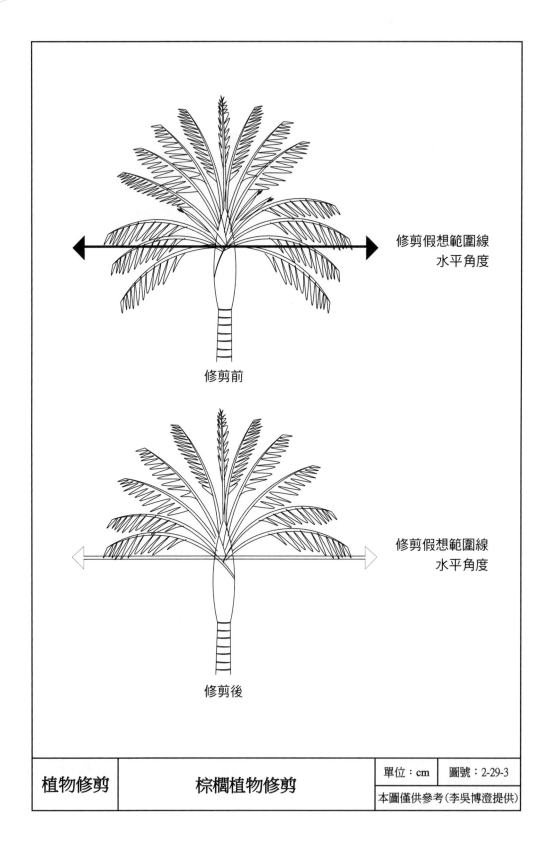

修剪假想範圍線
水平角度

修剪前

修剪假想範圍線
水平角度

修剪後

植物修剪	棕櫚植物修剪	單位：cm	圖號：2-29-3
		本圖僅供參考(李吳博澄提供)	

表 2-29　植物修剪單價分析表

項次	項目及說明	單位	工料數量	單價	複價	備註
2-29-1	喬木修剪 D（Ø < 20cm）					
	高空作業車	時				
	高空作業車操作人員	時				
	修剪機工具使用費	時				
	技術工	工				
	小工	工				
	工具損耗及零星工料	式				
	小　計	株				
2-29-2	灌木修剪					
	修剪機工具使用費	時				
	技術工	工				
	小工	工				
	工具損耗及零星工料	式				
	小　計	株				
2-29-3	棕櫚植物修剪					
	高空作業車	時				
	高空作業車操作人員	時				
	修剪機工具使用費	時				
	技術工	工				
	小工	工				
	工具損耗及零星工料	式				
	小　計	株				

30 植物種植法（Planting Methods）

植物種植係指植栽設計完成之後，承包商依設計圖，將植物包含喬木、灌木、綠籬植物、蔓藤植物、地被植物、草類及水生植物植生帶，運至現場種植的栽移施工方法。不同的植物種類，其栽移時期及種植方法亦有所不同。而同一基地內移植施工順序應從大樹先行種植。

（一）植物栽移原則

1. 喬木栽移原則：
   (1) 栽移適期：
      A. 常綠闊葉植物：早春發芽前最適宜，尤以春雨時期實施最佳；約3月至5月之間，其次為9月下旬至10月下旬。如樟樹、光臘樹、白千層、杜英、楊梅等。
      B. 落葉闊葉植物：秋末樹葉凋落至翌年春季，即樹液開始流動之際，約11月下旬至翌年3月之間；嚴寒時期除外，均可實施。如木棉、美人樹、桃花心木、印度紫檀、豔紫荊、菩堤樹、藍花楹、鳳凰木、刺桐、火焰木等。
      C. 針葉植物：以3月至4月為宜，其次為9月下旬至10月下旬。如南洋杉、蘭嶼羅漢松等。
      D. 常綠針葉植物：休眠至萌芽初期，約冬季至早春低溫時期。如松、柏、杉科等。
      E. 棕櫚科植物：生長旺季萌芽期間，約端午後至中秋期間。
      F. 禾本科竹類：休眠至萌芽期間，即清明節前後一個月內。如綠竹、桂竹、麻竹、鳳凰竹、唐竹、孟宗竹、四方竹、人面竹等。
   (2) 栽移要點：一般於移植前需先行斷根處理，以促進新根的發育生長，使植株在移植後能很快恢復吸收能力，以增加其存活率。
      斷根時需考量：
      A. 高度4m以上的喬木先修枝剪葉，以降低蒸散作用。
         其修剪量依樹種而異：
         (A) 針葉樹保留全部樹冠。
         (B) 闊葉樹修剪1/3的樹冠。

(C)椰子類植物保留約 1/4 的樹葉。

B. 斷根之前應先決定根球直徑大小。

   (A)一般樹齡長者或樹冠大者，其根球直徑亦需較大。

   (B)根球大小以移植樹木根部直徑的三至五倍為宜。

C. 移出後的根球應即處理：

   (A)以刀剪削平切斷根部的傷口，以利癒合。

   (B)以稻繩交叉綑綁保護，避免根球於搬運中碎落，傷及根群。

D. 挖植穴：

   (A)於預定種植處預留植穴，其大小一般以根球的兩倍大為宜，或穴徑至少比根球大 30cm 以上。

   (B)穴深為根球垂直徑加 15 ～ 30cm。

   (C)覆土後須立即灌水，排水不良者，可將植穴再加深 30cm，並置入粗礫石，以利排水。

E. 立支柱：為防止因強風或人為疏失，導致植株的搖晃或傾倒，傷及根群之生長，有必要設置支架。支柱無論採用何種型式，皆應避免插入樹根處，傷及主根；且支柱與樹幹綑紮處宜採用軟而堅韌的材料，避免樹皮受磨損可參考「景觀設計與施工各論 28 植物支架」。

F. 敷蓋與包裹：

   (A)以稻草覆蓋植株下之表土，以降低水分蒸散，並增加有機質。

   (B)將樹幹裹覆一層稻繩或粗麻布，以防日曬。

2. 灌木栽移原則：

(1)栽移適期：常綠灌木及落葉灌木栽移適期與喬木大致相同。應擇其休眠期或於冬、春兩季植株之生理作用緩慢時施行，以降低傷害程度。

(2)栽移要點：

A. 根系發達之灌木於移植前不需事先斷根，僅就植株之主、副根作大幅修剪，以減少水分蒸散。

B. 掘出植株根部後，可修剪其根群，促進日後新根發育。

C. 常綠灌木以帶土球方式栽植為主。落葉灌木則可以不帶土球，亦即以裸根方式種植；並於適當季節儘早定植，以提高其成活率。

D. 蔓性灌木中有纏繞莖者，應於定植初期以木條、竹竿、鐵絲等作為植株攀附之支柱，以引導植株生長方向。

E. 有蔓性莖者應於枝條長至下垂至地面時向上扶正，並以繩索、鐵絲等綁縛其莖，固定其生長方向與位置。

F. 挖樹穴及敷蓋之要點與喬木大致相同。

3. 綠籬栽移原則：綠籬栽移原則與灌木和地被植物大致相同；惟因其扮演之角色與功能不同而有不同的栽移方式。

　⑴綠籬的功能：綠籬是由小喬木、灌木及地被植物組成，利用行株距規則密集種植成單行或交錯種植成數行，以達到劃分空間、降低噪音與揚塵、引導動線、屏障不良景觀、導引視線、美化環境、襯托園景小品、提供生物棲地等。

　⑵不同高度綠籬之視覺效果：

　　30cm：引導行走路線。

　　90cm：分隔空間、阻隔動線。

　　1.2m：阻擋人們跨越。

　　1.8m：阻隔視線。

　　2.4m：圍構空間。

　　＞2.4m：將視線導向天空。

　⑶綠籬的種類：

　　依型式分：整型式、不整型式。

　　依特色分：普通綠籬、刺籬、花籬、果籬。

　　依高度分：矮籬（＜50cm）、中籬（50cm～1.2m）、高籬（1.2～2.0m）、綠牆（＞2m）。

　⑷綠籬植物選擇原則：

　　A. 一般原則：

　　　⑷枝葉濃密、耐修剪、生長緩慢的木本植物。

　　　⑻為了快速達成效果，可選擇生長迅速的草本植物。

　　　⑼耐旱、耐風、耐鹽或耐空氣汙染之種類。

　　　⑽對病蟲害具有抵抗力。

　　　⑾誘蝶誘鳥植物。

　　　⑿適合當地氣候風土之在地樹種。

　　　⒀常綠樹種較落葉樹種易於管理維護。

　　　⒁普通綠籬常用種類，如大葉黃楊、女貞、珊瑚樹、海桐、側柏、黃

金榕、黃楊、圓柏、鳳尾竹、羅漢松。

B. 刺籬：一般用枝幹或葉片具鉤刺或尖刺的種類，如火棘、花椒、金合歡、枸骨、柞木、黃刺玫等。

C. 花籬：一般用花色鮮豔或繁花似錦的種類，如丹季、五色梅、六月雪、月橘、木槿、各色馬纓丹、扶桑、迎春花、金絲桃、南美朱槿、茉莉花、梔子、矮仙丹、繡線菊等。

D. 果籬：一般用果色鮮豔、果實纍纍的種類，如山欓、冬青、紫珠等。

(5) 綠籬栽移要點：

A. 依使用目的、樹種及環境條件而定：

　(A) 矮籬株距約 15 ～ 30cm，行距約 20 ～ 40cm，寬度約 30 ～ 60cm。

　(B) 中籬株距約 30 ～ 60cm，行距約 40cm ～ 1m，寬度約 60cm ～ 1.5m。

　(C) 高籬株距約 60cm ～ 1.5m，行距約 1 ～ 1.5m，寬度約 1.5 ～ 2.5m。

　(D) 兩排以上之綠籬，植株應呈品字形交叉栽植。

B. 依樹苗高度及組合：

　(A) 小樹苗株距約 30 ～ 40cm。

　(B) 大於 30cm 之樹苗株距約 50 ～ 60cm。

　(C) 可採用二至三種樹苗組合，增加綠籬形色上之變化。

C. 規則式綠籬每年須修剪數次。

D. 為了使綠籬基部光照充足、枝葉繁茂，其斷面常剪成梯形、半圓形或矩形。

E. 修剪次數因植物生長情況及地點不同而異。

4. 地被植物的栽移原則：

(1) 栽移適期：

A. 地被植物包含匍匐性木本與草本植物，栽移適期因不同種類而異。

B. 種類選定後，應俟其生育期終了或休眠期間進行栽移。

(2) 栽移要點：

A. 選擇健壯莖段剪成每段約 15cm，以三至五支為一束，株行距約 10cm 斜角扦插；或將莖段均勻撒播於整平之地上，以滾輪將之壓入土中與土壤密接，而後充分澆水。

B. 為使覆蓋面積增大，可將其主枝截剪，以促進側枝生長。

C. 栽移前應先整地，使土壤有良好的透氣性與排水性，以促進植物的發育。

D. 整地過程對走莖切斷，亦能增加植株之數量與分枝數目。

5. 蔓藤植物栽移要點：

⑴說明：

A. 蔓藤植物包括蔓性及藤本兩種。

B. 蔓藤植物種植包含其牽引及固定材料之安置。

⑵栽移要點：

A. 整地：

㈠先用鋤頭挖鬆表土至少 20cm 深，並維持預定斜度，以利排水。

㈡其他部分比照草皮種植。

B. 植穴開挖及施基肥：

㈠植穴之大小，除依設計圖說之規定外，土球與植穴內壁植穴底部距離至少保持 10cm 以上。

㈡穴內掘出之礫石、混凝土及其他有礙植株生長之雜物，均應於種植完工後運離工地，或作為景區地形變化之基礎。

㈢植穴挖好後，應在穴底鋪置腐熟堆肥或其他適用之肥料與土壤之拌合物。

㈣當地面有不利植物生長之物或地表過於濕潤時，不可施放客土。

㈤客土施放前應與有機肥充分混合；並視土壤肥分及酸鹼值施用苦土石灰及硝石灰。

㈥若不需客土時，應在地表添加有機肥。

㈦種植完成後，若植穴所掘出之剩餘廢土量少時，可就地整平；苦土量多而影響該區域排水時，該廢土必須運離工地，或作為景區地形變化之基礎。

C. 種植：

㈠運送或移動蔓藤苗時，勿損及枝、葉；並避免直接曝曬於日照下。根球應保持完整與濕潤。

㈡自苗圃挖出後，四十八小時內應完成種植。

㈢利用客土或表土回填夯實，使苗木保持挺立；土球應完全埋入土中。

㈣填土後，植穴邊緣應與周圍土地密接，並恢復原來地形。

㈤植穴表面應形成一淺凹之窪地，以 3 ～ 5cm 深之腐熟堆肥覆蓋。

㈥種植工作完成後，須充分澆水潤濕，以免枯萎，並進行各項養護工作。

D. 牽引設施設置：

⑷竹、木支架應埋入土中至少 30cm，並予夯實。

⒝埋設時應注意不得傷及藤苗根部。

⒞支架頂部必須以堅固材料固定在擬被攀附的設施（如花架）上。

⒟牽引設施下端，應固定於釘入土中 45 ～ 60cm 之錨釘或竹片上，上端固定於被攀爬設施上，牽引設施必須拉緊，以確保不會因風而搖晃。

E. 藤苗固定：

⑷固定操作時必須不得傷及藤苗，亦不得綁繫太緊，以致於妨礙苗木生長。

⒝固定時應使藤苗緊貼支架或擬攀爬面上，以免鬆脫下滑。

6. 草類鋪植原則：

⑴草類鋪植前的準備工作：

A. 挖鬆表土 15 ～ 20cm 深，並維持傾斜度，以利排水。

B. 清除直徑大於 5cm 之石塊、混凝土、雜草根及其他不利草類生長的雜物。

C. 中和土壤酸鹼度，以近於中性為佳。

D. 施加基肥。

E. 全面整平夯實。

F. 改善土質，如加入沙、稻穀、有機質、泥炭土、蛭石等。

G. 有需要時作土壤消毒，可用火烤高溫消毒法。

H. 澆灌系統之裝設及埋設排水管。

⑵鋪植要點：

A. 草籽撒播法（常用於大面積之草坪）：

⑷將草籽與表土或河沙直接均勻撒播於平整之地表上，以細耙輕輕夯實耙平，使草籽與土壤密接。

⒝其上鋪蓋材料，如細木屑或篩過土壤之混合物，其厚度約 0.5cm。

⒞鋪蓋後，用輕輪滾壓夯實。

⒟再覆蓋稻草，於發芽後立即去除。

⒠充分澆水。

B. 草籽噴植法（常用於邊坡穩定）：

⑷先行澆水，以增加土壤的濕度。

⑻將草籽、肥料、黏著劑加水分攪拌後，以噴植機噴植於其上，約 3 ～ 5cm 厚。

⑼填方坡面噴植適當之肥料、草籽、黏著劑及水之混合物。

⑽挖方坡面土質貧瘠者，每 40 ～ 50cm 開一等高植溝，寬深各約 5 ～ 10cm，再行噴植；或依地質需要先噴植客土 3cm，再噴植草籽，但在礫石層地質則不需開溝。

⑾噴植時，噴嘴應與坡面保持直角，其前端與噴植面距 80 ～ 100cm。

⑿噴植後保水力差之坡面，須再加稻草或其他材料覆蓋。

C. 草莖撒播法（常用於邊坡穩定）：

⑷將草之走莖每三節切成一段，每段長約 10 ～ 15cm。以三至五支為一束。

⑻將走莖壓入土中，束距 10 ～ 20cm。

⑼表面覆蓋細質砂壤土，約 2cm 厚，再用輕滾輪滾壓，以促進走莖與土壤密接。

⑽植草工作完成後，必須將行間土面整平。

⑾充分澆水。

D. 草皮塊及草籽毯鋪植法（常用於景觀及休閒草坪）：

⑷在苗圃中，以割鏟切成 15×15cm 大小的草皮塊，厚度需 3cm 以上。鋪草籽毯可割鏟切成 30cm 寬，120cm 長。

⑻鋪草皮塊可以各種接合方式鋪設；鋪草籽毯則以密接或留條方式鋪設。

⑼鋪設時必須要拉線對齊，使其鋪得正直。

⑽各層草皮鋪設時，接頭的縫隙必須錯開，以免接頭處會出現對齊的現象。

⑾每道草皮間若以密接方式鋪設，則接縫儘量靠緊，並加以夯實。

⑿草皮平鋪地面後，應以滾筒夯實，或木板夯壓，使草根與土壤密切接觸。

⒀充分澆水。

⒁山坡地鋪植時，每張草皮須以竹籤斜插固定，以免被水沖走。

E. 植生帶鋪植法：

⑷植生帶因使用材料不同而分為以下兩種：

    a. 非織物植生帶，係以未經編織過程之棉紗及化學纖維（約各 50%）製之植生帶，中間夾有種子。

    b. 稻莖植生帶，係以強力黏著劑將遲效性肥料、草皮種子等固結於稻莖上，並編成帶狀，以利於鋪植。

⑻鋪植法：

    a. 將草種均勻密撒在兩層特製之纖維內，並附上必要的肥料和黏著劑，以促進快速發芽及成長。

    b. 鋪植時必須平鋪，不宜拉長或拉寬。

    c. 可鋪設鍍鋅鐵絲網及打設鋼筋，以有效防止植生帶表面局部崩塌。

    d. 鍍鋅鐵絲網直徑約 2mm，孔徑約 5×5cm。

    e. 兩條植生帶之間必須有 1cm 以上的重疊，鋪植時必須保持直線。

    f. 鋪植後再以鐵絲將植生帶與土壤固定之，其上再覆蓋約 0.5cm 之砂壤。

    g. 上覆稻草蓆。

    h. 充分澆水。

7. 水生植物：

⑴說明：

A. 水生植物係指適合生長於水域（含水中及水岸）或含水容器內之植物。

B. 水生植物包括沉水植物、浮葉植物、挺水植物及漂浮植物。

⑵一般通則：

A. 水生植物栽植土壤應以黏質壤土為原則。

B. 水生植物種植密度和覆土厚度。

⑷種植密度以葉尖相互跕觸而不重疊為準。

⑻若葉片重疊則太密，應施以間拔。

⑼覆土厚度以能掩蓋種子為原則（約種子直徑之 1～3 倍）。

⑽好光性或細小種子不必覆土。

⑾稍大的種子覆土厚度，只需至種子埋於土中至若隱若現的程度即可。

C. 若盆栽的水生植物生長過密，則須予以分株換盆。

D. 其他材料如肥料、農藥及其他藥劑使用應依設計圖說規定辦理。

E. 水生植物發生病蟲害時，如水池中養有魚類時，不可使用殺蟲劑，而應將有病蟲害之植株立刻移走。

F. 防止鳥類、螞蟻竊食。

G. 補植工作應於每兩個月辦理一次。

⑶沉水植物種植要點：

A. 沉水植物一般以盆缽種植後沉入無泥底水池的池底。

B. 若池底為有泥層之水池，則在沉水植物體繫上一金屬環（鋅環）以增加重量。

⑷挺水、浮葉植物種植要點：

A. 如水池底部為泥底，則直接種於池底。

B. 如水池底部為防水材料而無泥層，則以盆缽種植後置於水中。

C. 直接種於泥底水池時，至少需泥層 15cm 厚。

D. 如以盆缽栽植，應選用通透性良好的盆缽或網籃，或於盆缽上鑿孔，亦可在建造水池時用磚塊直接砌成預留孔隙的植栽槽。

E. 土壤應採用較黏重的黏質壤土，基肥必須腐熟。

F. 種植時植栽為裸根掘出，不帶根球，剪除枯褐老根、修剪新根後淺植於土中。

G. 種植後每株以石塊輕壓土壤表面。

H. 初植時池水不宜過深，至六個月之後始可調節於預定的深度。

I. 挺水植物適於種在 5 ～ 10cm 的淺水。浮葉植物適於 30cm 深的土中。

J. 植株大部分浸在水中，只有葉片和花浮在水面的深度。

K. 用盆缽栽植時，可用磚塊墊高盆缽來調節水深。

⑸漂浮植物種植要點：

A. 漂浮植物僅需將植物體移入水池中，不需固植於土壤中。

B. 為避免繁殖過多，可用能浮於水面之框架下繫磚塊，以限制其生長範圍。

（二）植栽相關法規及標準

1. 內政部營建署，2003，市區道路人行道設計手冊，第四章規劃設計準則之 4.7 植栽。

2. 交通部運輸研究所，2017，自行車道系統規劃設計參考手冊（2017 年修訂

版），第五章車道舖面暨附屬設施設計之 5.10 自行車道植栽之 5.10.3 植栽配置設計原則。

3. 交通部，2020，公路景觀設計規範，第七章公路植栽設計。

4. 內政部，2022，市區道路及附屬工程設計規範（111 年 2 月修訂版），第三篇道路附屬工程設計第十六章景觀及生態設計之 16.2 植栽設計要點。

5. 桃園市政府工務局，樹木植栽設計施工手冊。

6. 經濟部水利署，2017，河川區域種植規定。

7. 經濟部水利署，2022，施工規範，第 02931 章植樹篇。

(三) 以下施工圖樣僅供參考，實際應用仍須因地制宜作適度調整。

參考文獻

1. 王小璘、何友鋒，1981，南投縣鳳凰谷鳥園規劃設計，南投縣政府。

2. 王小璘、何友鋒，1990，苗栗縣大湖鄉石門休閒農業區規劃研究，行政院農委會，p.255。

3. 王小璘、何友鋒，1991，嘉義縣番路鄉巃頭休閒農業區規劃研究，行政院農委會，p.286。

4. 王小璘、何友鋒，1991，台中發電廠廠區植栽選種與試種研究，台灣電力公司，p.261。

5. 王小璘、何友鋒，1993，觀光農園設施物圖樣參考圖集，臺灣省政府農林廳，p.228。

6. 王小璘、何友鋒，1994，休閒農業區設施物參考圖集，台灣省農會，p.512。

7. 王小璘，1997，施工技術——植栽工程，造園季刊，25:65-73。

8. 王小璘、何友鋒，1999，公園綠地規劃設計準則研究，內政部營建署，p.186。

9. 王小璘、何友鋒，1999，景觀設施專業施工、監造制度研究，內政部營建署，p.380。

10. 王小璘、何友鋒，2000，原住民文化園區景觀規劃設計整建計畫，行政院原住民委員會文化園區管理局，p.362。

11. 王小璘、何友鋒，2001，台中縣太平市頭汴坑自然保育教育中心規劃設計，

臺中縣太平市農會，p.130。

12. 王小璘、何友鋒，2001，觀光農園公共設施物圖集，行政院農業委員會，p.402。

13. 王小璘、何友鋒，2002，農業環境景觀生態規劃設計規範，行政院農委會，p.182。

14. 王小璘、何友鋒，2002，石崗鄉保健植物教育農園規劃設計及景觀改善，行政院農委會，p.105。

15. 王小璘、何友鋒，2006，台灣電力公司龍門計畫核能四廠景觀細部設計，台灣電力公司。

16. 內政部營建署，2003，市區道路人行道設計手冊。

17. 內政部營建署，2017，市區道路植栽設計參考手冊。

18. 內政部，2022，市區道路及附屬工程設計規範（111 年 2 月修訂版）。

19. 交通部運輸研究所，2017，自行車道系統規劃設計參考手冊（2017 年修訂版）。

20. 交通部，2020，公路景觀設計規範，交通技術標準規範公路類公路工程部。

21. 何友鋒、王小璘，2006，台中市都市設計審議規範手冊，臺中市政府，p.109。

22. 何友鋒、王小璘，2011，台中生活圈高鐵沿線及筏子溪自行車道建置工程委託設計監造案，臺中市政府。

23. 社團法人臺灣環境綠化協會，2019，臺中市公園內植栽及行道樹修剪、種植及移植作業規範。

24. 邱志明，2016，景觀樹木修剪作業規範綱要，林業研究專訊，23(2):66-71。

25. 經濟部水利署，2017，河川區域種植規定。

26. 經濟部水利署，2022，施工規範，第 02931 章植樹篇。

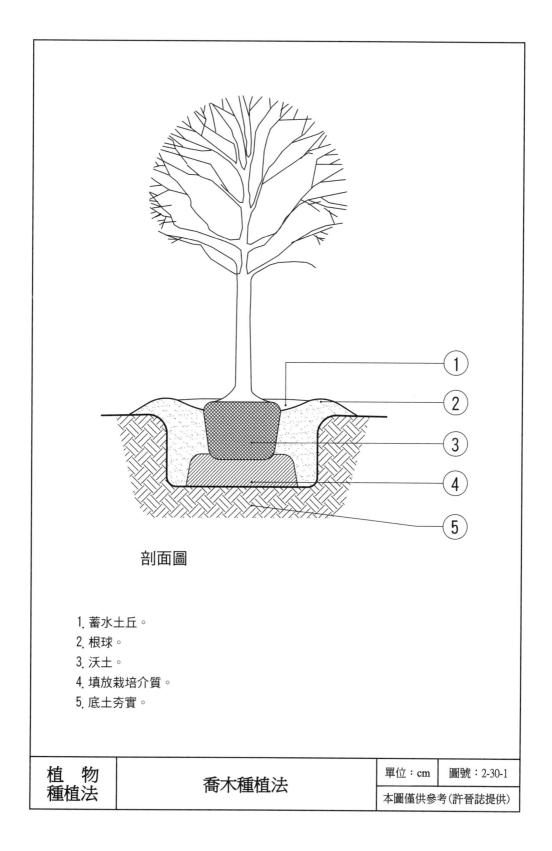

剖面圖

1. 蓄水土丘。
2. 根球。
3. 沃土。
4. 填放栽培介質。
5. 底土夯實。

植　物 種植法	喬木種植法	單位：cm	圖號：2-30-1
		本圖僅供參考(許晉誌提供)	

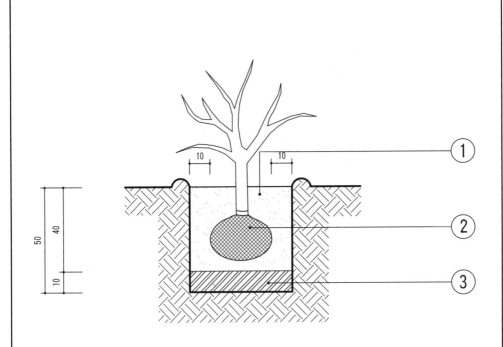

剖面圖

1. 50cm深,回填已拌合有機肥之沃土,植物四周圍設10cm高之土丘,以利蓄水。
2. 30×20cm土球以麻繩或稻草包覆綑綁。
3. 拌合有機肥之沃土。

植　物種植法	灌木種植法	單位:cm	圖號:2-30-2
		本圖僅供參考	

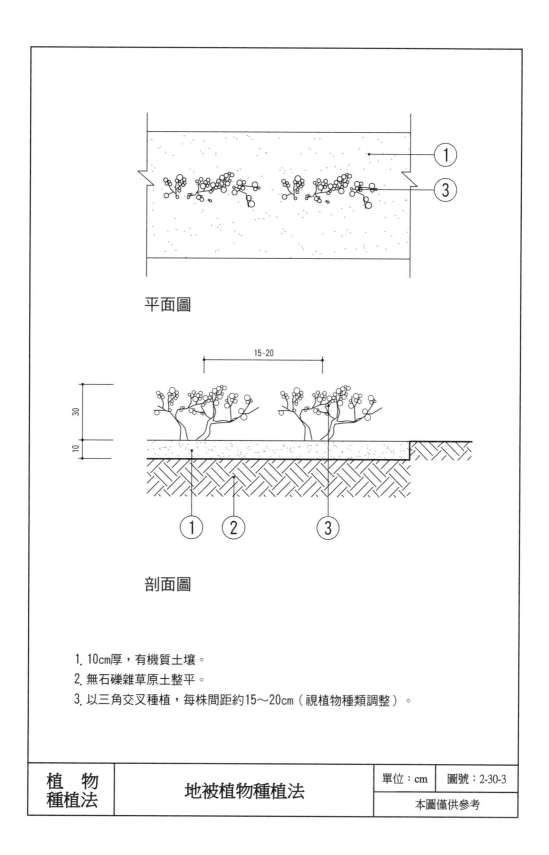

平面圖

剖面圖

1. 10cm厚，有機質土壤。
2. 無石礫雜草原土整平。
3. 以三角交叉種植，每株間距約15～20cm（視植物種類調整）。

植 物 種植法	地被植物種植法	單位：cm	圖號：2-30-3
		本圖僅供參考	

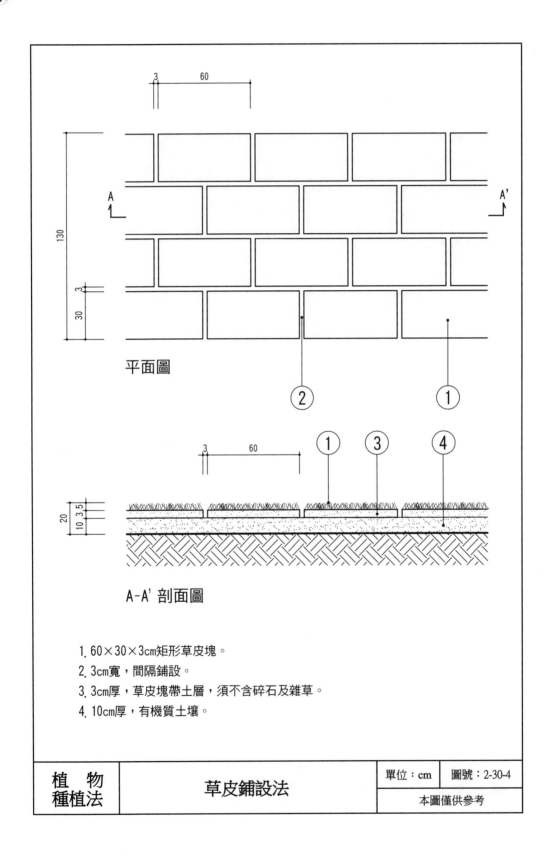

平面圖

A-A' 剖面圖

1. 60×30×3cm矩形草皮塊。
2. 3cm寬，間隔鋪設。
3. 3cm厚，草皮塊帶土層，須不含碎石及雜草。
4. 10cm厚，有機質土壤。

植 物 種植法	草皮鋪設法	單位：cm	圖號：2-30-4
		本圖僅供參考	

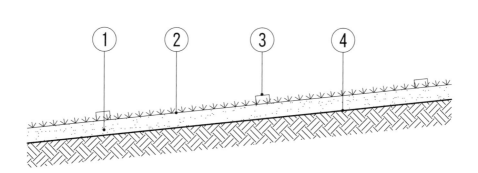

剖面圖

1. 沃土≧10cm。
2. 種植草籽，分布均勻。
3. 0.6cm⊓型鍍鋅鋼絲固定稻草蓆。
4. 原坡面及夯實壤土。

植　物 種植法	灑草種	單位：cm	圖號：2-30-5
		本圖僅供參考(許晉誌提供)	

▍表 2-30　植物種植法單價分析表

項次	項目及說明	單位	工料數量	單價	複價	備註
2-30-1	喬木種植法					
	植株，270 ≦ 樹高 < 300cm，100 ≦ 樹幅 < 120cm，∅ 6〜8cm（1m 幹徑 15cm 含以下）	株				
	挖掘苗木工資	式				
	搬運費	式				
	機械挖掘及廢土處理	式				
	栽植工及植穴局部換土工料	式				
	肥料，有機肥料（基肥工料）	kg				
	灌水	式				
	植物保護，新植喬木撫育費（1 年）	株				
	客土，砂質壤土（客土施放）	m³				
	夯實	m²				
	技術工	工				
	小工	工				
	工具、材料損耗及零星工料	式				
	小　計	株				
2-30-2	灌木種植法					
	植樹 100〜150cm	株				
	挖掘苗木工資	式				
	搬運費	式				
	機械挖掘及廢土處理	式				
	栽植工及植穴局部換土工料	式				
	肥料，有機肥料（基肥工料）	kg				
	灌水	式				
	植物保護，新植喬木撫育費（1 年）	株				
	客土，砂質壤土（客土施放）	m³				
	夯實	m²				
	技術工	工				
	小工	工				
	工具、材料損耗及零星工料	式				
	小　計	株				
2-30-3	地被植物種植法					
	植株	株				
	挖掘苗木工資	式				
	搬運費	式				
	機械挖掘及廢土處理	式				

項次	項目及說明	單位	工料數量	單價	複價	備註
	栽植工及植穴局部換土工料	式				
	肥料，有機肥料（基肥工料）	kg				
	灌水	式				
	有機壤土	m^3				
	夯實	m^2				
	技術工	工				
	小工	工				
	工具、材料損耗及零星工料	式				
	小　計	株				
2-30-4	草皮鋪設法					
	表土層底（包括消除雜草）	m^2				
	草皮塊土層	m^3				
	草皮塊	m^2				
	搬運費	式				
	機械挖掘及廢土處理	式				
	栽植工及植穴局部換土工料	式				
	肥料，有機肥料（基肥工料）	式				
	灌水	式				
	夯實	m^2				
	技術工	工				
	小工	工				
	工具、材料損耗及零星工料	式				
	小　計	m^2				
2-30-5	灑草種					
	植草，草種噴植，混合草種（混合草籽）	m^2				
	黏著劑，草蓆	式				
	肥料，有機肥料	kg				
	小工	工				
	工具、材料損耗及零星工料	式				
	小　計	m^2				

筆記欄

01 舖面—優良

不同材質舖面的組合

細緻的舖面組合（英國倫敦）

色彩與質感均佳

具有文化特色的舖面（西班牙格拉納達）

能反應地方特色的舖面

林下生態舖面（法國）

不同材質的和諧組合

與環境協調的自然舖面

01 舖面─不良

過度設計的材質和圖案

施工不良導致舖面破裂

施工及維護不良（西班牙格拉納達）

材料、施工和維護均有待改善

材料銜接及施工品質不良

設計和施工不良

伸縮縫切割不齊

舖面間距不符人體工學

舖面材質選用不當維護不易

02 緣石─優良

緣石可界定不同的材料和機能　　優質的緣石連接步道和綠帶　　具有地方色彩的緣石

施工品質優良　　　　　　　　兼具功能和趣味性的緣石

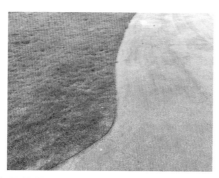

鋼板取代緣石作收邊發揮同樣功能（英國倫敦）　　巧妙界定空間的緣石（英國倫敦）

簡易低維護且具美感的緣石　　　　　　具有美感的緣石

02 緣石─不良

過於複雜的組合

設計及施工欠佳

施工品質有待改善

施工不良選材不當的緣石

不當的施工無法發揮緣石應有的功能

施工不良的緣石

緣石材料應具有耐久性

緣石收邊不良

03 坡道—優良

坡道有利身障及手推車通行（英國倫敦）

透水性的步行坡道

優質的人行坡道（英國倫敦）

轉換坡道有明確的方向標示意象

不同的空間採用不同的坡道材質（英國倫敦）

坡道可創造不同的意境（新加坡）

簡單且易維護的步道舖面（瑞士）

幽靜的步道（法國莫內花園）

03 坡道－不良

圖案過度設計的坡道舖面（新加坡）

坡面不平整易造成危險

坡面材質不利行走

坡道表面材質應考慮步行安全

施工不良

施工品質不佳

排水設施宜減量

起點不平順易造成行走危險

04 階梯—優良

採用當地材料

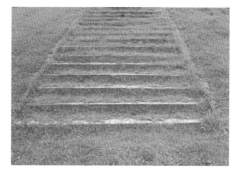

生態性的階梯

舒適的階梯連貓兒都喜歡

天然材料與環境融和（英國伊甸）

與環境相協調的階梯步道

階梯扶手提高步行的安全性（英國）

設計與施工品質均佳

良好的施工與選材

考量地形和動線的靈活設計

04 階梯—不良

階高不一致容易造成危險（瑞士）

高低不平的階梯

施工品質有待改善

施工不良的階梯

臺階不平順

施工及維護不良

施工有待改善

材料及工法均有待改善

應設置適度的階梯平臺

05 木棧道—優良

兼具樹木保護的木棧道（新加坡）

安全平順的木棧道

高架木棧道有利生物通行

因地制宜的木棧道和木平臺

生態池中的木棧道有利生物棲地保護

與環境和諧的木棧道

高架棧道提供不同的遊憩體驗

與環境和諧的木棧道

品質優良的木棧道

05 木棧道—不良

施工品質有待改善

木棧道缺乏連續性（英國）

高低不平的木棧道（韓國）

木棧道舖面不平整

施工及排水不良

施工品質不良

崎嶇不平的木棧道

06 停車場—優良

風景區的停車場可以兼作觀景點

安全美觀的停車櫃（英國）

綠化停車場

停車場的綠化舖面

施工品質良好的停車場

兼具美感和功能的停車場（瑞士伯恩）

意象鮮明的停車架

雅典的公共自行車（希臘）

林下停車場

06 停車場—不良

行穿線應有連續性

複雜的行穿線圖樣容易分散人車注意力（英國）

未妥善利用區外自然資源

排水不良的停車場

配置不良的停車場

動線規劃不明確（日本）

施工及維護欠佳

停車架設置區位不妥

07 車阻－優良

簡明易懂的車阻

可調整型車阻（澳洲）

附近莫非有酒廠？（英國）

佛性的車阻設計（荷蘭）

具地域文化的街道車阻（西班牙）

車阻可以有效引導動線（美國紐約）

車阻亦可以兼作美化環境

巧妙的設計，人過車不過

在地水果造型的車阻
（西班牙格拉納達）

07 車阻－不良

車阻阻擋行人通行

過度設計的車阻

過量的車阻形成不友善的環境

多餘的車阻

過多的車阻限縮步行空間

施工的難易應納入設計考量（瑞士）

不具功能的車阻

車阻間距未能有效管制人車動線

08 涼亭—優良

第一代逢甲大學學思園中的涼亭　　　　環境中的視覺焦點　　　　不同樓層有不同的視野
營造優雅的氛圍　　　　　　　　　　　　　　　　　　　　　　　　　（韓國）

具有地方風格的涼亭　　　　　　　　　特殊的在地風格

 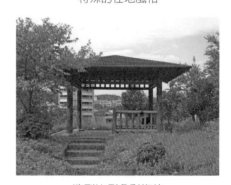

意象鮮明的涼亭　　　　　　　　　　　造型比例色彩均佳

優質的造型與色彩　　　　　　　　　　功能和美觀兼具的涼亭

08 涼亭—不良

功能及效果不彰

整體造型突兀

造型色彩與環境不協調

稍嫌拙重的造型

未考慮身障者的使用需求

可及性不高

未與環境融合（英國）

位置不佳

09 花架—優良

連續性的花架具導引作用

花架作為入口意象

使用漁網作頂蓬彰顯地方特色

利用花架分隔空間且具有穿透性

頗具質感的花架（韓國）

優美的花架（新加坡）

花架營造出光與影的對話

與環境協調的花架

09 花架—不良

功能不顯的花架（香港）

茂密的樹蔭下設置花架略顯多餘

花架未與既有樹木保持適當距離

樹蔭下的花架效果不彰

花架未能發揮應有的功能

造型材料與環境不協調

不具連續性的花架效果有限

高維護的花架

10 座椅—優良

舒適怡人的坐息區（英國倫敦）

為生硬的道路環境增添光彩
（西班牙巴塞隆納）

結合花臺與舖面設計的休憩座椅

考量輪椅停放空間

喵星人已給了答案

您可能也會想來坐一下
（法國巴黎）

動物園中的頂級座椅（瑞士）

主子愜意毛小孩更開心

八卦椅令人驚豔（英國）

公園廢木再利用　讚（英國）

適合三五好友的坐息區
（法國莫內花園）

迎著冬日的陽光（英國倫敦）

10 座椅─不良

過度且不協調的設計

不符人體尺度

有人會來坐嗎？

設置區位不當

材料尺寸均不符合人體工學

位置材質及尺寸均有待改善

坐在出風口前，容易造成腦中風（英國倫敦）

材料選擇不當

不當的材質與施工

11 野餐桌椅—優良

環保與創意兼具

就地取材具地方特色

選擇親水區設置

融入環境的野餐桌椅

清爽古趣的烤肉區

優靜愉悅的野餐區（英國伊甸）

環境優美的野餐區

舒適的野餐桌椅

舒適怡人的野餐區（西班牙馬拉加）

11 野餐桌椅—不良

材質的選擇有待加強

不易維護的材質

地坪設計不良導致不易維護
（西班牙巴塞隆納）

可及性不高

缺乏遮蔭的野餐桌椅
（法國莫內花園）

烤肉石座椅無法久坐

材質硬冷無法久坐

12 露營烤肉—優良

露營帳台符合設置間距

因地制宜的露營區

善用天然資源的露營區

色彩豐富的營帳和造型俐落的
烤肉棚

室內烤肉區

半室外的烤肉區

造型新穎的露營區

環境舒適的烤肉區

環境優美的烤肉區

可與三五好友享受戶外烤肉的樂趣（英國）

13 標示牌─優良

結合圖示與文字說明（紐西蘭）

顯而易懂

位置恰到好處
（西班牙巴塞隆納）

利用圖示說明禁止事項
（西班牙巴塞隆納）

優質的指示牌

與自然環境相融合（新加坡）

與周遭環境融為一體（新加坡）

活潑生動的色彩

顯而易懂的訊息（紐西蘭）

13 標示牌—不良

不易閱讀（西班牙巴塞隆納）

不易辨識

標示牌過低不易閱讀（新加坡）

與舖面設計不協調

燈具標示牌應與樹幹分開設置

容易分散注意力（英國）

位置不顯

區位不當

14 解說牌—優良

簡而易懂的生態解說牌
（法國巴黎）

優質的解說牌
（西班牙巴塞隆納）

解說牌位置與解說對象棲地契合
（西班牙巴塞隆納）

創意解說牌（英國）

公園解說牌（瑞士）

解說牌與環境融為一體（日本）

意象鮮明的解說牌

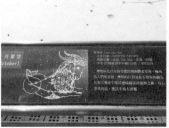

臺中都會公園優質的解說牌

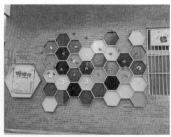

蜂蜜產品解說牌

易於辨識的設計

可供餵食的城市水域
（英國倫敦）

寵物公園解說牌

14 解說牌—不良

文字說明過於複雜（英國伊甸）

設計與施工均有待加強

缺乏整體規劃

版面高度及位置容易傷及行人

解說文字分布不均

過多訊息集中於一處

解說過於簡陋

過於複雜的解說設施

15 圍牆—優良

設計與施工均佳

圍牆兼植栽槽

古樸的矮牆

具地方特色的材質

具有地方特色的圍牆

以當地咾咕石建置圍牆

矮牆兼座椅

15 圍牆─不良

圍牆、緣石與燈具未作整體規劃

施工不良

彩繪圍牆不易維護

磚牆水平垂直皆不平順且收邊不良

設計與維護有待加強

未妥善維護的圍牆

不同材質的圍牆增加維護的難度

16 圍籬—優良

具有巧思的圍籬

圍籬兼具保護植栽及區隔動線

設計及施工品質良好

與環境融為一體（德國阿爾高）

具鄉土風格

雅緻的圍籬

可供植物攀爬

劃分景區型塑意象

公園中的圍籬
（西班牙巴塞隆納）

裝飾性的矮籬

欄杆為環境增加質感

兼具隔離和美觀

16 圍籬—不良

圍構效果有限的竹籬

竹籬施工品質不佳

高差大的地區不宜採用橫式圍籬

維護不良

有安全疑慮的圍籬

圍籬角邊不圓順有安全疑慮

圍籬施工品質有待加強

17 園門─優良

簡潔且易維護的園門

園門成為環境的重要元素

具在地風格的設計

實用且易維護（西班牙巴塞隆納）

與環境對比的色彩有助於辨識

進入景區的園門（英國）

意象鮮明的園門

美觀與實用兼具

優雅的入口園門
（法國莫內花園）

典雅且具導引性的園門
（西班牙格拉納達）

簡潔小巧的園門（西班牙）

易於辨識的園門（西班牙）

17 園門—不良

施工及維護品質不良

區位設置不當且不易維護（英國）

功能有限且不易維護的園門

設計及施工不佳

園門滾輪未妥善維護無法推移

與環境風格不協調

18 欄杆─優良

反應在地文化的裝飾

美感和施工品質均佳（香港）

兼具美感和安全的設計

欄杆也可成為景緻的一部分

欄杆具有動線引導的作用

優質的休憩平臺

地形變化較大之處需設置欄杆

具有保護植栽的功能（英國）

具有地方特色的欄杆（瑞士）

欄杆上可附設解說牌

18 欄杆—不良

地形高差路段不宜採用橫式欄杆

間距與高度不一，易造成危險

不連續性的欄杆易造成危險

橫式欄杆容易誘導孩童攀爬

維護不良的欄杆

不當的材料增加維護難度

不友善的欄杆材質

耐用性不高的竹材

19 擋土牆—優良

綠化擋土牆

擋土牆與植栽相互呼應

階段式綠美化擋土牆

垂直綠化緩和剛硬的牆面

兼具美觀的擋土牆

防止邊坡滑動的綠化擋土牆

以生態工法砌築牆體

採用在地石材可與環境融和

綠化擋土牆降低了量體的壓迫感
（英國）

具有地方特色的擋土牆

由在地居民美化擋土牆

19 擋土牆—不良

施工品質待改善

設計與施工均有待改善

選石與施工品質不佳

不連續的擋土牆

未設置擋土牆的坡面易滑落

施工品質有待加強

擋土牆未作整體規劃

20 護岸—優良

第一代逢甲大學學思園的生態護岸

自然草坡與護岸

生態池護岸

生態護岸可提供生物棲息與繁殖

護岸亦可以提供親水設施

人工護岸能融入周遭環境

優質的護岸和塊石

生態護岸能提供生物棲息

多孔隙提供生物棲息

20 護岸—不良

護岸施工品質有待加強

河道與護岸均有待改善

護岸施工品質不良

護岸凌亂缺乏維護

施工及維護均有待改善

未妥善保護水岸

生物棲地可再加強

護岸沒有連續性

21 洗手台─優良

符合人體工學設計的洗手台

具有地方特色的洗手台

懷舊洗手台

原民風格的洗手台

適合不同身高的人使用（新加坡）

可及性高的洗手台

易維護的洗手台（香港）

具巧思的洗手台

創意洗手台

21 洗手台─不良

排水範圍不足

可及性不高使用不方便

未與步道串接易增加維護工作

使用不便的設計（日本）

區位不明顯

材質缺乏防水性

過於厚重的洗手台

排水系統未作整體規劃

22 垃圾桶─優良

易於辨識又好維護（英國）　　簡單、實用、好維護（英國）　　置於都市廣場一目瞭然（德國）

易於辨識的垃圾桶組合　　　　　　附近有居酒屋嗎？（美國加州）

具色彩美學的設計　　　　懷舊垃圾桶　　　　　　看圖識字不會丟錯
（英國伊甸）　　　　　　　　　　　　　　　　（加拿大）

垃圾桶也可以很有質感（加拿大）　　易於分類的垃圾桶　　　　毛小孩專用垃圾桶

22 垃圾桶─不良

未與動線串連（新加坡）

位置不顯

可及性不高

位置不佳，效果不彰

施工品質不良

未整體規劃，有礙觀瞻（韓國）

位置不妥當

可及性有待改善

23 燈具—優良

與樹冠保持適當距離可以發揮照
明作用（英國）

燈具設計可以很靈活
（西班牙巴塞隆納）

點綴於植栽叢中的庭園燈

燈具可以引導動線

堅實矮燈易於維護

與環境和諧

燈具是我的后冠（瑞士）

既可觀賞又有動線導引作用
（新加坡）

照明公共藝術

因應照明需求的組合燈具

燈與樹保持距離（西班牙）

綠化燈柱（瑞士）

23 燈具－不良

設計與施工品質待改善

燈具和座椅無適當距離

海邊不適宜設置精緻的燈具

高燈位置不當影響步行動線

影響植物正常生長的照樹燈

燈具與周邊環境設施未作整體規劃

電線電桿宜地下化

燈具與植物距離太近

24 排水設施─優良

施工品質優良

創意設計的排水管

兼具排水功能和美觀

排水設施兼作水景

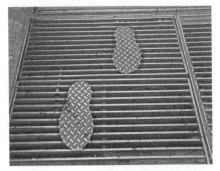

設計的巧思

設計及施工品質均佳

具有巧思的排水管

石籠排水溝

24 排水設施─不良

未與舖面作整體設計

化妝蓋板未平行路緣石

維護品質不佳

水溝蓋板缺乏一致性影響景觀

缺乏維護的排水溝

設計及維護不佳

草溝設置不當

施工品質欠佳

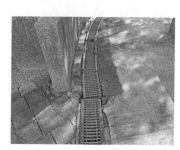

品質不良的排水設施

25 澆灌設施—優良

具創意的灑水設施（香港）

位置及噴灌強度視需求範圍而異

快取式給水閥蓋板

美化後的大型水槽

能涵蓋澆灌面積的噴頭

水撲滿提供澆灌水源

幾世紀前已規劃全市澆灌系統
（西班牙馬拉加）

特色人孔蓋
（西班牙馬拉加）

25 澆灌設施—不良

澆灌範圍分布不均

澆灌位置不當容易導致水的浪費

外露的管線容易絆倒行人

不當的澆灌位置

噴灑範圍影響行人動線

噴灑半徑超過澆灌範圍

不易維護的澆灌設施

26 植栽槽－優良

連續性植栽槽有利植物生長

連續的植栽槽可以軟化生硬的舖面和牆面
（法國巴黎）

植栽槽與生長良好的植物

與擋土牆搭配的植栽槽

座椅式植栽槽與環境風格統一

植栽槽兼座椅增加其功能（加拿大）

兼具功能與美觀的植栽槽
（西班牙）

組合式植栽槽

採用地方材料的植栽槽

26 植栽槽─不良

植栽槽空間有限不利植物生長

木製植栽槽不易維護

植栽槽空間不足

植栽槽兼座椅未作導圓角處理

沒有妥善維護可惜了

施工及維護不良

多層植栽槽限制根群生長

植栽槽空間不足維護不易

27 樹圍—優良

色彩豐富的樹圍（法國）

設計及施工品質良好的樹圍
（法國巴黎）

樹圍兼作座椅使用
（法國巴黎）

鑄鐵樹圍可承受較大壓力，保護植物根系

樹圍加強植物保護作用（英國）

樹圍內寬廣的透水舖面，提供植物
良好生長環境（法國）

藝術造型的樹圍（西班牙）

粗礦的樹圍將自然帶入城市（法國）

簡潔的樹圍兼座椅（英國倫敦）

27 樹圍—不良

植物生長空間不足且施工不良

有限的空間容不下壯碩的喬木

樹穴範圍不足且施工品質不良

與鋪面配置不協調且維護不良

樹穴空間不足

施工品質不良

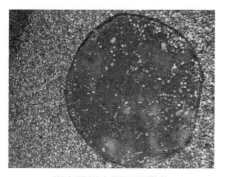

樹穴鋼板太厚不易彎曲

樹穴範圍不足影響植物生長（英國）

28 植物支架—優良

支架支撐施工品質良好

支撐施工品質良好

施工良好挽救植株

拯救老樹的堅固支架

保護列管的支架

支撐垂垂老矣的高齡喬木

臺南孔廟保護老樹支架

支架及綑綁技術均佳

移植後保護樹幹立支架

穩固的支架

28 植物支架—不良

支撐點錯誤效果不彰

綑綁處未包覆墊片保護

未作早期支架（西班牙巴塞隆納）

缺乏支架支撐

沒有支架保護的植物

綑綁支撐點太低不正確

過多的支架

支撐點位置及綑綁方式不正確

29 植物修剪—優良

修剪後樹形優美

細緻整齊的修剪

適當修剪後的優美樹形

樹形完整

樹形優良

樹形優美的大喬木

優型樹（英國倫敦）

優型樹修剪（西班牙馬拉加）

29 植物修剪—不良

不良枝消耗植物生長所需養分

錯將植物生長點鋸掉

錯誤的修剪導致樹形不良

修剪不正確導致喬木分支過低

太多不良枝未經修剪

行道樹生長早期未作修剪

未配合支架作適度修剪

修剪不正確

未作早期修剪

30 植物種植法—優良

單株優型樹展現生命力
（紐西蘭南島）

風土植物營造地方特色
（西班牙）

自然生態的植群

優質草坪有賴定期維護
（英國倫敦）

漸層式植栽強化空間立體感
（新加坡）

利用植栽營造美麗好望角
（新加坡）

生態豐富的人造環境
（新加坡）

利用植物營造生態棲地
（新加坡）

透過植物強化視覺焦點
（新加坡）

色彩豐富的林相（日本）

鋪設良好的草皮

植物與設施提供水鳥棲息
（西班牙）

30 植物種植法—不良

草坪顏色不同顯示施工品質不良
（西班牙巴塞隆納）

未妥善維護的匍匐性地被植物

密度太高的植群

未經維護的根群

不當的地被植物影響步行的安全

不良的根系基盤

未妥善設計的行道樹

根群竄至運動場

拙劣的草皮種植

國家圖書館出版品預行編目資料

景觀設計與施工各論 / 王小璘, 何友鋒編著.
-- 初版. -- 臺北市：五南圖書出版股份有
限公司, 2024.03
　面；　公分
ISBN 978-626-393-118-3(平裝)
1.CST: 景觀工程設計 2.CST: 施工管理
435.7　　　　　　　　　113002222

5N66

景觀設計與施工各論

作　　　者 — 王小璘、何友鋒

發 行 人 — 楊榮川

總 經 理 — 楊士清

總 編 輯 — 楊秀麗

副總編輯 — 李貴年

責任編輯 — 巫怡樺、何富珊

編輯及校對 — 覃 慧

施工圖校正 — 李立森

照片提供 — 何欣慈、何英慈、覃　慧、詹大川、鄧皓軒、
　　　　　　 Hilary Roberts

封面設計 — 姚孝慈、王小璘、何友鋒

出 版 者 — 五南圖書出版股份有限公司

地　　　址：106 台北市大安區和平東路二段 339 號 4 樓

電　　　話：(02) 2705-5066　　傳　　　真：(02) 2706-6100

網　　　址：https://www.wunan.com.tw

電子郵件：wunan @ wunan.com.tw

劃撥帳號：01068953

戶　　　名：五南圖書出版股份有限公司

法律顧問　林勝安律師

出版日期　2024 年 3 月初版一刷

定　　　價　新臺幣 800 元

經典永恆・名著常在

五十週年的獻禮 —— 經典名著文庫

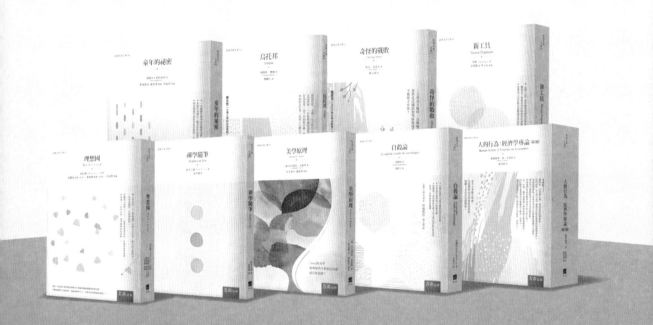

五南，五十年了，半個世紀，人生旅程的一大半，走過來了。

思索著，邁向百年的未來歷程，能為知識界、文化學術界作些什麼？

在速食文化的生態下，有什麼值得讓人雋永品味的？

歷代經典・當今名著，經過時間的洗禮，千錘百鍊，流傳至今，光芒耀人；

不僅使我們能領悟前人的智慧，同時也增深加廣我們思考的深度與視野。

我們決心投入巨資，有計畫的系統梳選，成立「經典名著文庫」，

希望收入古今中外思想性的、充滿睿智與獨見的經典、名著。

這是一項理想性的、永續性的巨大出版工程。

不在意讀者的眾寡，只考慮它的學術價值，力求完整展現先哲思想的軌跡；

為知識界開啟一片智慧之窗，營造一座百花綻放的世界文明公園，

任君遨遊、取菁吸蜜、嘉惠學子！